Discovery CHANNEL

GUÍAS OCEANO

Suiza

OCEANO

SUIZA

GUIAS OCEANO

ACERCA DE ESTE LIBRO

Equipo editorial

Para la versión original:
Edición
Huw Hennessy
Director del proyecto
Brian Bell

Para la versión en lengua española:
Dirección
Carlos Gispert
Edición
Joaquín Navarro
Traducción
Geaxi Uribarri Bilbao
Diseño de cubierta
idee

OCEANO GRUPO EDITORIAL, S.A.
Milanesat, 21-23
EDIFICIO OCEANO
08017 Barcelona (España)
Teléfono: 93 280 20 20*
Fax: 93 203 17 91
www.oceano.com

ISBN: 84-95199-92-0
(OCEANO Langenscheidt Ediciones, S.L.)
ISBN: 84-494-2058-X
(OCEANO GRUPO EDITORIAL, S.A.)
ISBN: 987-9361-46-6
(EDICIONES OCEANO ARGENTINA, S.A., firma integrante de la presente coedición)

Impreso por
Insight Print Services Pte. Ltd. Singapur
Printed by
Insight Print Services Pte. Ltd. Singapore

Océano y Discovery Channel aúnan su dilatada experiencia y gran profesionalidad para introducir en el mercado esta nueva serie de Guías Océano. Calidad y máxima actualización configuran nuestros principales objetivos para el nuevo milenio.

Cómo utilizar esta guía

Este libro ha sido cuidadosamente estructurado para dar a conocer el país al lector y para que éste se oriente por sus diferentes paisajes y monumentos:

◆ La sección de *Rasgos*, señalada con una franja amarilla en la parte superior de las páginas, está dedicada a la historia y la cultura del país a través de unos capítulos informativos.

◆ La sección de *Lugares*, con una franja azul, ofrece un recorrido completo por los destinos de mayor atractivo.

◆ La sección *Guía práctica* ofrece datos útiles e información sobre viajes, hoteles, restaurantes, comercios y festivales. La información puede ser consultada recurriendo al índice impreso en la solapa de la contraportada. Además, las solapas pueden utilizarse como marcadores.

Los colaboradores

Esta edición de la *Guía Océano de Suiza* ha sido puesta al día por **Huw Hennessy**, realizada sobre la versión de los escritores **Marianne Flueler-Grauwiler**, **Rowlinsons Carter** y **Klaus Speich**.

La sección de *Rasgos* de esta edición revisada ha sido ampliada a fin de reflejar el auge de las vacaciones y actividades al aire libre, para las que Suiza ofrece excelentes oportunidades. Así mismo, los capítulos que se han incluido son: «El arte» y «Vino y gastronomía», de **Paul Wade**; «Gente», de **Kathy Arnold**; «Flora y fauna» de **Vivien Stone**; «Los lagos y las montañas», de **Mike Ivory** y «Actividades al aire libre», del suizo **Danny Aeberhard**.

A fin de revisar y ampliar la sección de *Lugares*, **Paul Karr**, un colaborador habitual de estas guías, ha viajado por toda Suiza: «visitaba las cataratas del Oberland bernés, caminaba con sigilo entre las vacas de Wengen, recorría de arriba abajo las calles de Ginebra, viajaba en los magníficos trenes y vivía lo mejor de la noche de Basilea».

El libro incluye cuatro apartados de reportajes fotográficos, que ilustran algunas características detalladamente, como por ejemplo la red ferroviaria de Suiza y sus fotogénicos destinos, además de sus edificios históricos y tradiciones rurales: «Los ferrocarriles alpinos», de **Anthony Lambert**; «La arquitectura», de **Vivien Stone**; «La vida del campo», de **Danny Aeberhard**, y «El turismo», de **Mike Ivory**.

Jael Bertschinger, arpista del grupo de música de cámara *Ensemble Pyramide* de Zurich, se ha encargado de actualizar y aportar más información a la *Guía práctica.* Gracias a sus conocimientos sobre música, Bertschinger ha podido ofrecer una detallada información de los numerosos festivales de arte y música que se celebran en Suiza a lo largo de todo el año.

Esta *Guía Océano de Suiza* mantiene la calidad fotográfica por la que es reconocida la serie *Océano*, con numerosas imágenes nuevas tomadas por **Jerry Dennis**.

Alison Copland corrigió y revisó la edición y **Elizabeth Cook** realizó el índice.

Leyendas de los mapas

- Frontera internacional
- Frontera cantonal
- Aduana
- Parque nacional/ Reserva natural
- Aeropuerto: internacional/regional
- Estación de autobuses
- Información turística
- Oficina de correos
- Iglesia/Ruinas
- Monasterio
- Mezquita
- Sinagoga
- Castillo/Ruinas
- Yacimiento arqueológico
- Cueva
- Estatua/Monumento
- Lugar de interés

Los principales puntos de interés que aparecen en la sección *Lugares* tienen una correspondencia alfanumérica con un mapa a todo color (por ejemplo, ❶). En la parte superior de las páginas impares, un segmento del mapa indica dónde encontrarlo.

Suiza
GUIAS OCEANO

SUMARIO

En el interior de la portada hay un mapa de Suiza occidental.
En el interior de la contraportada hay un mapa de Suiza oriental.

Introducción

Historia

Rasgos

El invierno en Wengen.

Lugares

Una mirada a...

Cuadros informativos

Guía práctica

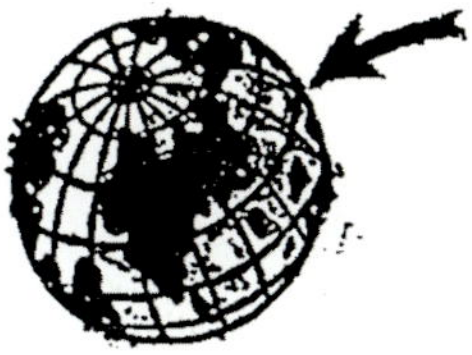

◆ **El ínice completo de la Guía práctica está en la página 323.**

HB-BII

ATRACTIVOS MITOS

Suiza, un país lleno de contradicciones que desafían los tópicos, ha sido idealizada y falseada

La imagen popular de Suiza está tan plagada de mitos que las obras que intentan relatar su historia no saben por dónde empezar. Entre las alusiones más conocidas se encuentra la de Orson Welles en la película *El tercer hombre*, quien apuntó que el reloj de cuco constituía la única producción de la civilización suiza en muchos siglos. Un académico y estudioso sobre Suiza confesó que había llegado al extremo de plantearse la razón de ser del país. El hogar de Guillermo Tell no está definido por fronteras naturales ni tampoco por una lengua, una cultura y una religión comunes.

Desde 1863, año en que Thomas Cook dirigiera el primer viaje organizado desde Gran Bretaña, el país es un importante destino turístico. *El prisionero de Chillon,* de Byron, y los enfrentamientos entre Sherlock Holmes y el profesor Moriarty en las cataratas de Reichenbach de la mano de Conan Doyle contribuyeron a la idealización de este montañoso país, de la misma forma que las conocidas aventuras de *Heidi*, de Johanna Spyri.

La imagen de los banqueros y las lecheras, el chocolate y los relojes, las estaciones de esquí y las canciones tirolesas no encaja fácilmente con los orígenes del nombre alemán (*Schweiz*) de Suiza. Fue invención de los Habsburgo, que concedieron al conjunto heterogéneo de sus vecinos del sur el nombre de sus miembros más belicosos: los Schwyz. Era un juego de palabras con el término alemán para designar el «sudor» (*Schweiß*), y con ello hacían referencia a su indiferencia por la higiene.

Los «pacíficos» suizos, hasta hace unos 150 años, libraron constantes guerras contra ellos mismos u otros; sus varones eran los principales mercenarios de la época. Los conflictos extranjeros que influyeron en el territorio suizo no estaban relacionados con los foráneos, sino con los resultados de los intentos realizados para prevenir la división de la Confederación Suiza por voluntad propia. A sus poderosos vecinos les interesaba contar con un Estado neutro, pero entre las riñas domésticas que amenazaban este lugar figuraban las guerras civiles, los levantamientos de los campesinos y las disputas religiosas.

De alguna manera, los suizos fueron capaces de librarse del desastre. Lo que no llegó a ocurrir en el país incidió en la formación del carácter de Suiza. Los nacionalistas del siglo XIX abogaban por los lazos lingüísticos como los principales criterios para establecer las fronteras de la Europa moderna. Los suizos hicieron caso omiso, como con la idea de que era preferible un gobierno centralizado o la de que se necesitaba un monarca o un ejército profesional. «Los suizos nos creemos realistas y racionales –comenta uno–. Pero no lo somos. Haremos lo imposible por definir un principio, pensaremos en una decena de excepciones de la norma y argüiremos que más vale utilizar el sentido común. Es decir, que creemos en el principio de los no principios.»

PÁGINAS ANTERIORES: senderismo en el Obergabelhorn; paracaidismo en los Alpes; en globo sobre la región de Jungfrau; Fasnacht en Basilea.
IZQUIERDA: lanzamiento de la bandera.

ANTONES XIII OHRT der EIDGENOSSSCHAFT 1 ZURICH 2 BERN 3 LUCERN 4 URI 5 SCHWEIZ 6 UNDE
S GALLEN ABT
STATT 3 PUNDTEN 4 WALLIS 5 MULHAUSEN 6 BIEL 7 NEUBURG NEUFCHATEL 8 GENFF GENEVE 9 BISCHOFF BASEL
FREYE AMPTER
THAL
BADEN
ESCHALENS 4 ORBE 5 GRANSON
1 BELLINZONA 2 RIVIERA 3 VALLEBREGNIA PALENSERTHAL
GASTER
NOUVELLE CARTE
DE LA
SUISSE
TREIZE CANTONS
A AMSTERDAM
ELSSAS
BOURGOGNE
BAILLAGE
DE
GEX
LEMANUS LACUS LAC DE GENEVE
SAVOYE
MILAN

7 ZUG 8 GLARUS 9 BASEL 10 FREIBURG 11 SOLOTHURN 12 SCHAFFHAUSEN 13 APPENZELL CONFOEDERATI ZUGEWANDTE OHRT
1 THURGEU
2 SARGANS
1 LAUIS LUGANO 2 LUGGARUS LOCARNO 3 MENDRIS 4 MEINTHAL
1 MURTEN 2 SCHWARZENBURG
1 RAPERSCHWEIL 2 ENGELBERG 3 GERSAU
AMSTELODAMI Apud IOANNEM COVENS, et CORNELIUM MORTIER Geographos
HELVETIÆ ANTIQUÆ
GEOGRAPHICUS INDEX
LACUS BODAMICUS BODEN SEE

Fechas decisivas

PREHISTORIA

HACIA 10 000 a.C.: Los pueblos cazadores-pescadores se asientan en el Mittelland.

HACIA 400 a.C.: Los réticos entran en el país por el sudeste; las tribus celtas ocupan el sudoeste. En el año 58 a.C. los pueblos germánicos fuerzan la marcha de los poderosos celtas helvecios hacia Gaul.

EL IMPERIO ROMANO Y EL SACRO IMPERIO ROMANO GERMÁNICO

58 a.C.: Julio César persigue a los helvecios y consigue derrotarlos en Bibracte, Burgundia.

58 a.C.-400 d.C.: Los romanos ocupan una zona de defensa a lo largo del Rin y el Danubio, donde conviven con los celtas en relativa armonía.

HACIA 500: Las tribus de pueblos alamanes invaden Suiza desde Alemania y se establecen en el norte tras derrotar a los romanos, mientras que los burgundios se afincan en el sur. Los réticos permanecen en los Grisones.

HACIA 600: Los monjes irlandeses san Columbano y san Gall introducen el cristianismo.

614: Se funda la abadía de San Gall, que más tarde se convertiría en uno de los principales centros de enseñanza de Europa.

771: El rey Carlos, futuro Carlomagno, incorpora Suiza al reino de los francos. El país está entonces dividido en los distritos en los que se basa la demarcación actual de los cantones.

834: El tratado de Verdún divide el país entre el antiguo reino de los burgundios franceses y los alamanes de origen germano.

1032: Con la batalla de Morat, el rey Conrado II de Alemania conquista el reino de los burgundios y lo incorpora al Sacro Imperio Romano Germánico.

EL NACIMIENTO DE LA CONFEDERACIÓN SUIZA

SIGLOS XII Y XIII: Las dinastías y familias nobles, entre ellas la de los Habsburgo, los Saboya y los Zähringe, fundan muchas de las principales ciudades actuales y desarrollan los fundamentos del poder, además de las autoridades regionales autónomas.

1291: La muerte del emperador Rodolfo de Habsburgo provoca una situación de inestabilidad, que conduce al histórico juramento de Rutli por el que se proclama la Confederación Suiza. Origen de la leyenda heroica de Guillermo Tell.

1315: En la batalla de Morgarten, los Habsburgo de Austria son vencidos por los campesinos de Schwyz y Lucerna es admitida en la Confederación.

1351-1353: Zurich, Berna, Glaris y Zug se unen a la Confederación, que ya suma ocho cantones.

1386: En la batalla de Sempach, la Confederación vuelve a apuntarse una victoria ante Austria con la muerte del duque Leopoldo; heroica actuación de Arnold von Winkelried.

1389: Tras la firma del tratado de Viena se firma la paz; luego de una nueva derrota de los austríacos en la batalla de Näfels, se garantiza la paz durante siete años y queda confirmada la legitimidad de la Confederación.

1415: Austria y la Confederación ratifican un tratado de paz con una vigencia de veinte años.

1476: Berna declara la guerra a Carlos el Temerario en nombre de la Confederación. La derrota y posterior muerte del monarca están a punto de desatar una guerra civil, que se evita gracias a la mediación del ermitaño san Nicolás de Flüe.

1499: Con el tratado de paz de Basilea se consigue la anexión de la ciudad y Suiza se independiza del imperio.

1501-1513: La Confederación se amplía a trece cantones con la incorporación de Schauffhausen y Appenzell.

1513: El señor de Zurich, Hans Waldmann, perece en la batalla de Novara.

1515: Batalla de Marignano entre el rey Francisco I de Francia y la Confederación. La derrota de Suiza relega el país a una oposición neutral en Europa.

PERÍODO DE CONFLICTOS RELIGIOSOS

1518: El clérigo reformista Zwinglio pronuncia un sermón en Zurich contra las convenciones católicas.

1524: Zwinglio contrae matrimonio con una viuda adinerada y escandaliza a la Iglesia con el quebrantamiento de su voto de castidad.

1524-1528: La Reforma se extiende y divide la Confederación; Schauffhausen, Berna, Basilea, Grisones y San Gall se unen a los reformistas, mientras que Zug, Friburgo y Solothurn conservan el catolicismo.
1529: Zurich declara la guerra a los cantones forestales y de nuevo en 1531, al fallecer Zwinglio.
1535: Los reformistas berneses se anexionan Vaud, al que pertenece el lago Leman. Jean Calvino, humanista francés, funda la Iglesia de Ginebra.
1555: Crece el nuevo movimiento como reacción contra la Reforma, que aún divide más la Confederación y obliga a los protestantes a refugiarse en Zurich.
1616-1648: Guerra de los Treinta Años, durante la cual Suiza se mantiene neutral y conserva su soberanía en la paz de Westfalia.

La Ilustración
1712: La paz de Aargau establece la igualdad entre católicos y protestantes. Florece la economía suiza: las zonas rurales continúan dedicándose a la agricultura y el pastoreo, y los centros urbanos desarrollan industrias prósperas, entre las que destaca la relojera.
1755: La presencia de Voltaire en Ginebra hace tambalearse el fundamento calvinista; tras varios intentos, establece un teatro en la ciudad en 1766.
1798: El ejército napoleónico saquea la capital suiza y conquista el país. Se restablece la Confederación siguiendo el nuevo sistema revolucionario francés y recibe el nombre de «República Helvética».
1814: En el Congreso de Viena, Suiza solicita la neutralidad, pero invade Francia.
1815: El tratado de París garantiza a los suizos la posición de neutralidad.
1844: Un nuevo enfrentamiento entre católicos y protestantes en Lucerna culmina en guerra civil.
1848: La Constitución federal establece las instituciones democráticas en los cantones y centraliza el poder en manos de un gobierno nacional.
1859: Se aprueba una nueva ley que aumenta las restricciones de la actividad de los mercenarios suizos en el extranjero.
1864: Se firma la primera convención de Ginebra y se funda la Cruz Roja.
1870: Guerra franco-prusiana; Suiza queda al margen pero sigue el conflicto con inquietud.

Neutralidad en dos guerras mundiales
1901: Henri Dunant, fundador de la Cruz Roja, recibe el primer premio Nobel de la Paz de la historia.
1914-1918: Estalla la Primera Guerra Mundial. Suiza se mantiene neutral. La entrada de un aluvión de refugiados provoca una huelga general, que es disuelta rápidamente por el ejército.
1920: Se celebra la primera reunión de la Sociedad de Naciones en Ginebra.
1939-1945: Segunda Guerra Mundial. Suiza es neutral una vez más, pero moviliza a su ejército y prepara una estrategia de defensa. Los suizos contribuyen con generosidad a las reparaciones de la posguerra.
1945: Nace la Organización de las Naciones Unidas, y la sede europea se establece en Ginebra.
1955: Se inaugura en Ginebra el Centro Europeo de la Energía Nuclear.
1959: El Parlamento suizo rechaza la petición del derecho a voto y de elección de las mujeres, que no se aprueba hasta 1971.

1979: La región del Jura se convierte en cantón.
1980: Apertura del túnel de San Gotardo, que une Suiza e Italia.
1997: Los bancos suizos hacen pública la existencia de alrededor de 57 millones de dólares en cuentas inactivas, muchas de las cuales fueron abiertas por judíos alemanes antes de la Segunda Guerra Mundial. La Asociación de Bancos Suizos publica una lista con los nombres de los titulares de las cuentas y se establece un fondo de resarcimiento.
1998: El gobierno suizo ratifica su deseo de unirse a la Unión Europea.
1 de enero de 2001: Un año más tarde que muchos otros países, Suiza festeja el nuevo milenio.
2002: En marzo se celebra un referéndum sobre la entrada de Suiza en la ONU.

Páginas anteriores: mapa de la Confederación Suiza cuando estaba constituida por trece cantones.
Izquierda: cruz lombarda del siglo XVII.
Derecha: el Palacio de la Naciones Unidas, Ginebra.

ORÍGENES

Los primeros pobladores de Suiza fueron celtas, los cuales construyeron palafitos a orillas de los lagos hoy día mundialmente conocidos

Durante el poco usual duro invierno de 1853, el nivel del lago de Zurich descendió de una manera inusual, presentando una franja de lodo en las orillas. Los emprendedores habitantes se dieron cuenta de que si apuntalaban el perímetro del lago, obtendrían tierras libres y se pusieron manos a la obra con palas y picos.

Los ansiosos oportunistas de Obermeilen, una población situada a unos 39 km de Zurich, se toparon, mientras cavaban, con lo que parecía ser un bosque de troncos de madera justo debajo de la superficie. Alguien tuvo el sentido común de llamar al eminente arqueólogo Ferdinand Keller, de Zurich, quien, probablemente teniendo al historiador griego Herodoto en la mente, pudo proclamar el descubrimiento de uno de los eslabones perdidos de la Prehistoria de Suiza. Los pilares, afirmó, demostraban la existencia de una antigua tribu celta que había construido sus viviendas sobre una plataforma sostenida por troncos clavados en el fondo de una masa de agua.

Antecesores del hombre de Cro-Magnon

Los útiles hallados en los alrededores de los troncos eran de piedra y hueso más que de metal, lo cual indica una fecha anterior a la Edad del Bronce, que por lo general se sitúa a partir del año 1500 a.C. Sin embargo, los indicios de presencia humana en Suiza se remontan mucho más en el tiempo. El fragmento de una mandíbula descubierta en el Jura ha sido identificado como perteneciente a una mujer de hace unos 50 000 años y un cráneo más completo de Neuchâtel era de un adulto Cro-Magnon joven del año 12 000 a.C. Se han encontrado cuevas de trogloditas prehistóricos cerca de las ciudades de Ginebra, Villeneuve y Thayngen, mientras que los troncos sumergidos de los alrededores de Obermeilen constituyen una prueba fehaciente de las comunidades que construían allí sus viviendas, muy elaboradas.

Así mismo, se han hallado cientos de poblaciones sumergidas en lagos, ciénagas y ríos, algunas de las cuales cuentan con unos 40 000 troncos clavados en el lodazal. Los pobladores de los lagos suizos, al igual que los trogloditas anteriores y el pueblo denominado «beaker», siguen anclados en la Prehistoria. La transición a la historia comienza con los escritos romanos del siglo I d.C. Para entonces, los habitantes de los lagos ya habían sido desalojados por otras tribus celtas y una rama de los etruscos, los réticos.

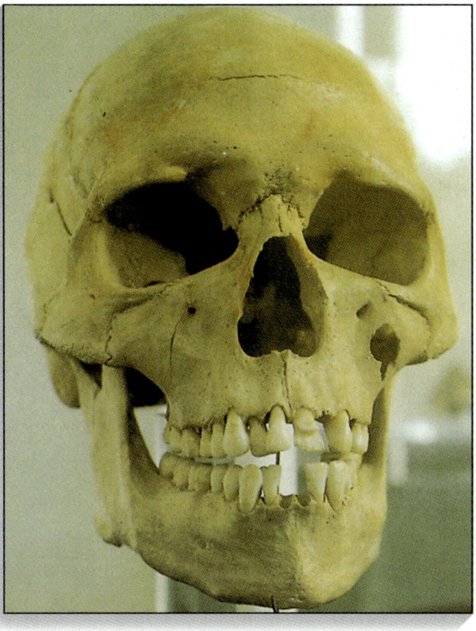

IZQUIERDA: el celta, idealizado en la pintura suiza, una imagen que figura en las monedas de 2 francos, 1 franco y 50 céntimos suizos.

DERECHA: cráneo de 12 000 años hallado en el Jura.

Debido a que la provincia suiza ocupaba un territorio entre Italia y las líneas de defensa romanas a lo largo del Rin y el Danubio, los romanos fortificaron los pasos estratégicos de las montañas estratégicas y aplicaron en la zona todos sus conocimientos de construcción de calzadas. De hecho, Suiza conserva muchos más restos romanos de lo que se pueda suponer. Tácito describió Baden, conocida por sus manantiales cerca de Zurich, como «un lugar que durante muchos años de paz había crecido hasta convertirse en una ciudad frecuentada a menudo por sus aguas medicinales». La gran ciudad romana era, no obstante, Aventicum, la actual Avenches, donde una muralla de unos 7 kilómetros salvaguardaba un complejo de palacios, templos y arcos de triunfo.

Los alamanes

Las ruinas romanas constituyen el testimonio de la caída del imperio ante la presión de las tribus germanas en los albores del siglo V d.C., cuando los alamanes invadieron las tierras del norte y los burgundios, las del sur. Los réticos consiguieron huir a las montañas de los Grisones, mientras que el actual Tesino se acercaba Italia y los ostrogodos y los lombardos compartían el destino de esta tierra hasta bien entrada la Edad Media. Los fundamentos de los componentes germanos, franceses, romanches e italianos de la Suiza moderna habían quedado establecidos.

Ante la amenaza de los francos bajo Clodoveo, la hostilidad mutua entre los alamanes y los burgundios se atemperó, pero en vano. Los francos fueron derrotados en el año 469 y los burgundios, en el año 534 en Autún, de donde los romanos habían desalojado a sus anteriores pobladores, los celtas. Una vez más, toda la Suiza moderna, a excepción de Tesino, estuvo subyugada por un solo poder y su futuro, vinculado a los gobernadores merovingios, carolingios y francos durante muchos siglos.

Clodoveo había prometido convertirse al cristianismo si conseguía vencer a los alamanes y el día de Navidad del año 496 recibió el sacramento del bautismo. Como vencedor de la cristiandad ortodoxa, se pronunció contra los heréticos cristianos arrianos y los paganos. Los burgundios

Resistir ante los romanos

Los helvecios eran la tribu más poderosa de los celtas y habitaban la zona entre el lago Constanza y Ginebra, en los Alpes y en el Jura. El año 58 a.C., la presión de los germanos los obligó a destruir sus 12 ciudades y 400 pueblos de la región entre los Alpes y el Jura, y emigrar a la Galia. Quemaron los puentes que dejaron atrás y 368 000 hombres, mujeres y niños se reunieron en Ginebra el 28 de marzo del año 58 para emprender el éxodo, pero se encontraron con que la salida a través del Ródano había sido cerrada.

El culpable era Julio César con su ejército, quien emprendía la conquista de la Galia. Los emigrantes consiguieron pasar el cordón romano, pero fueron perseguidos y atrapados en Bibracte, moderna ciudad de Autún, en Burgundia. En sus *Comentarios sobre las guerras de las Galias,* César resalta el espíritu belicoso de los helvecios. Su resistencia duró desde la una del mediodía hasta la puesta del sol, pero la rendición ante las legiones romanas era inevitable y fueron obligados a volver por donde habían llegado.

Los etruscos réticos se negaron a someterse a Roma otros 40 años. Entre sus formas de defensa destaca la resistencia de las mujeres, las cuales frustradas por su falta de armas, arrojaban a sus bebés contra los conquistadores «llevadas por la desesperación».

pertenecían al primer grupo, mientras que los alamanes se encontraban entre los últimos, por lo que en gran medida la historia de Suiza estuvo estrechamente relacionada con los acontecimientos religiosos de la época, desde los tiempos de los reyes merovingios hasta la coronación de Carlomagno como emperador de Occidente en el año 800.

LINGUA ROMANA

El legado de los romanos en Suiza es la lengua romanche, una combinación del latín y el dialecto toscano de los réticos, que todavía se habla en los Grisones.

Los monjes irlandeses

La tarea de restablecer la ortodoxia en Suiza recayó en de los monjes irlandeses, tatuados y de pelo largo, que en el año 610 habían emprendido su viaje bajo el liderazgo de san Columbano, armados con palos gruesos y con un par de botas colgadas al cuello. Siguieron el curso del río Limmat, más allá de Zurich, hasta la población de Tuggen situada junto a un lago. Según una crónica del año 771, el lugar fue de su agrado, aunque no la maldad de sus habitantes, entre los que dominaban la crueldad y el engaño, practicaban las supersticiones paganas y brindaban con cerveza a la salud de sus dioses. Gall, el aplicado ayudante de Columbano, arrojó al lago las imágenes de los dioses y sus vasijas, ante lo cual, los enfurecidos alamanes los expulsaron de sus tierras.

Los monjes se interesaron entonces por la localidad de Pregentia (Bregenz), de la que tenían noticia también por sus prácticas paganas. Tras comprobar la veracidad de estas noticias, Gall destruyó las imágenes.

Expulsado del país por sus acciones, Columbano, con un grupo de monjes, se dirigió a Italia atravesando los Alpes, pero Gall no estaba en condiciones de viajar y se quedó atrás en los bosques situados al este de Arbon. En el año 614 fundó la famosa abadía que lleva su nombre (*véanse págs. 260-261*).

Alemania, que había rechazado con firmeza la fe cristiana, acogió otros monasterios importantes como los de Rheinau, fundado por el visigodo Pirminio, Pfäfers y Einsiedeln. Cada uno de estos monasterios estableció una red de parroquias que impulsaron la conversión total de Suiza, propiciaron avances en la agricultura y desbrozaron grandes extensiones de bosque.

Enfrentamientos con el Papa

A medida que el reino merovingio se fue debilitando por sus excesos y su incapacidad, se dividió en dos partes, Austrasia y Neustria, la misma división que existía en el microcosmos de Suiza entre los burgundios y los alamanes. Finalmente, ambas partes se unieron bajo el reino de los francos con Carlos al frente, el futuro Carlomagno, en el 771. Coronado emperador de Occidente por el papa Adriano en el año 800, Carlomagno se vio a la altura del mismo Pontífice, el cual, sin embargo, superaba los poderes seculares de los reyes en virtud de los amplios estados y las enormes riquezas que poseía. El trono imperial y el papado se convertirían, en poco tiempo, en

unos rivales estrechamente unidos para liderar el mundo occidental.

Mientras Carlomagno y el papa Adriano siguieron en términos amistosos, el conflicto no se materializó, pero los indicios del peligro eran obvios en Suiza. Los terratenientes religiosos no aceptaban recibir órdenes de los condes seculares y exigían una inmunidad legal que los supeditara sólo a la corona imperial. Una dudosa cadena de mando anunciaba problemas inminentes.

La amenaza se hizo realidad poco después del fallecimiento de Carlomagno en el año 814. Su heredero, Luis el Piadoso, no fue capaz de controlar a sus cuatro hijos rebeldes y, a su muerte, el imperio quedó dividido entre los tres supervivientes: Lotario, Luis el Germánico y Carlos el

IZQUIERDA: el ejército de César se enfrenta a los helvecios, cerca de Ginebra, en el año 58 a.C.
DERECHA: Clodoveo I, el primer rey cristiano.

Calvo. Este reparto, ratificado por el tratado de Verdún en el año 834, dividió el país según las líneas antiguas. Los teutónicos alamanes se convirtieron en súbditos de Luis el Germánico, mientras que los romanizados burgundios pasaron a serlo de su hermano Lotario.

El reino de Burgundia, del que el «reino suizo de Transjurane» sólo constituía una pequeña parte, finalmente sucumbió, víctima de la incompetencia de sus sucesivos reyes, y en 1032 fue anexionado por Conrado II de Franconia, rey de Germania, tras la batalla de Morat. La Alamania suiza corrió mejor suerte. Fracasaron dos intentos de recuperar el ducado de Alemania, de manera que las dos partes principales de Suiza acabaron bajo el dominio del imperio germánico. Tesino, en el sur, se encontraba involucrado en conflictos italianos, mientras que los tres cantones forestales suizos estaban demasiado alejados para que pudieran revestir algún interés.

Los primeros cristianos

Según la tradición, el cristianismo llegó por primera vez a la Helvecia romana con Mauricio, un enviado de la legión cristiana de Egipto. Fue víctima de una purga de cristianos llevada a cabo por el emperador Maximiliano, y fue ejecutado en el lugar de la actual Valais, cuyo nombre se cambió por el de St-Maurice en honor de su martirio.

En cualquier caso, parece ser que en el año 381 Suiza tenía un arzobispo, Theodor o Theodul. Sin embargo, se puede decir que se trataba de un comienzo falso para la nueva religión, ya que el país mantuvo una estrecha relación con las sectas heréticas durante un par de siglos.

Feudos familiares

Durante los siglos XII y XIII, la mayor parte de Suiza estuvo gobernada por reyes y emperadores germanos, pero detrás de todo subyacía un complejo entramado de feudos del que salieron cuatro grandes familias, las cuales intentaron, cada una por su parte, hacerse con las riendas del país. Ninguna de ellas consiguió del todo sus aspiraciones, aunque con el tiempo los Saboya y los Habsburgo acabaron siendo dueños de un reino (Italia) y un imperio dinástico (austrohúngaro).

Las otras dos familias, los Zähringe y los Hohenstaufen, prosiguieron con el tiempo la lucha entre Enrique IV (rey de Alemania y sacro emperador romano germánico) y el papa Gregorio VII. Cuando todo se calmó, la familia Hohenstaufen se estableció como titular del ducado de Alemania mientras que los Zähringe se hicieron fuertes en la ciudad y en las propiedades de Zurich, que utilizaron como trampolín para aspirar a casi toda la Suiza moderna en 1127.

El sistema de defensa con el que los Zähringe pretendían consolidarse influyó de modo decisivo en la forma que adoptaría el país en un futuro. Fortificaron numerosas poblaciones estratégicas y las convirtieron en ciudades con carta de privilegios. Un pequeño asentamiento a orillas del Sarine se convirtió en Friburgo y otros crecieron hasta formar Burgdorf, Morat y Thun. El centro de la línea de defensa entre Friburgo y Burgdorf constituía un bastión en Berna.

A lo largo del siglo siguiente se fundaron otras cien poblaciones nuevas y se dice que una persona que viajara por las tierras bajas pasaba por las puertas de un pueblo cada 20 km más o menos.

No todas las poblaciones salieron adelante, pero las que lo consiguieron fueron adquiriendo tal grado de independencia que estuvieron preparadas para hacer frente a cualquier agresor. Sin embargo, raras veces eran lo suficientemente fuertes para defenderse solas, por lo que buscaban ayuda en las comunidades emparentadas o en los príncipes poderosos, y Suiza empezó a parecerse a una versión reducida de las antiguas ciudades-estado de Grecia. La población urbana se mantuvo dentro de límites relativamente moderados: a finales de la Edad Media, Basilea tenía entre 9 000 y 12 000 habitantes; y las poblaciones de Ginebra, Zurich, Berna, Lausana y Friburgo, unos 5 000 cada una.

Sucesión estancada

Tras la muerte sin descendencia de Bertoldo V en el año 1218, se desató una lucha por la posesión de sus estados entre dos rivales: Tomás de Saboya y el conde Rodolfo de Habsburgo. En una batalla decisiva que los ejércitos de los dos contendientes libraron en Chillon, Tomás derrotó a las fuerzas de Rodolfo, aunque no pudo saborear su victoria durante mucho tiempo. Murió pocos meses después (en 1268) en el camino de regreso a casa desde Italia. Sus logros fueron desaprovechados por su incompetente hermano Felipe.

FUENTE INTELECTUAL

Halagada por las numerosas visitas de Carlomagno, hoy en día la ciudad de Zurich aún se refiere al sacro emperador romano como «la fuente de su vida intelectual».

Sed de grandeza

De acuerdo con el ultimátum que el papa Gregorio lanzó a los príncipes germanos, si no eran capaces de ponerse de acuerdo para nombrar un emperador, él mismo elegiría a uno. Su respuesta fue sugerir el nombre de una persona insignificante a quien ellos podrían dominar. El elegido fue Rodolfo de Habsburgo, que entonces tenía 55 años de edad. Entre sus hazañas figuraban «importantes matanzas» de fuerzas leales a conflictivos arzobispos, una conmovedora batalla (a instancias de Zurich) contra el desagradable conde

El futuro del país pendía de un hilo y todo el territorio pudo haberse dividido en cientos de partes. Además de las ciudades con carácter independiente, había numerosos principados que no sabían qué dirección tomar durante el período de estancamiento hasta la sucesión del reino de Alemania y el Sacro Imperio Romano Germánico. Los poderosos estados eclesiásticos, que no aceptaron una autoridad temporal en el país, se encontraban divididos entre la lealtad a la corona imperial, semidivina, y su fidelidad al papado.

IZQUIERDA: retrato de Carlomagno, emperador del Sacro Imperio Romano Germánico.
ARRIBA: viviendas fortificadas en cuevas en el cantón de San Gall (siglos XII y XIII).

de Ratisbona y la ocupación de varios castillos. En aquellos tiempos, sin embargo, tales logros no hacían de él más que un príncipe germano más y no tenían valor imperial.

No obstante, el recién coronado Rodolfo se propuso fijar los fundamentos de la gran dinastía Habsburgo. Sus objetivos principales en Suiza consistían en socavar el poder de Felipe de Saboya y después, reunir todas las tierras posibles, sobre todo de las abadías.

Los abades de San Gall se vieron obligados a ceder sus tierras y sus granjas; el monasterio de Murbach, que atravesaba graves dificultades financieras, tuvo que entregar Lucerna. Toda propiedad que fuera dudosa, acabaría en manos de los Habsburgo. En la actualidad, se considera que esta forma de arrasar con todo fue el catalizador posterior de la historia política de la nación suiza. De acuerdo con esta teoría, todos los acontecimientos anteriores no serían más que el prólogo de la Confederación Suiza.

La rebelión de los cantones forestales

El escenario de estos acontecimientos contenciosos fueron los denominados cantones forestales (Unterwalden, Schwyz y Uri) situados a orillas del lago de Lucerna, al norte de los Alpes. Lo que distinguía a los habitantes alamanes del resto de la nación era que en épocas remotas se habían librado del feudalismo riguroso que imperaba en otras regiones de la actual Suiza. Desde tiempos inmemoriales, los habitantes de los valles de Uri y Schwyz habían gozado de una forma de autogobierno basada en asambleas populares (*Markgenossenschaft*), que no funcionaban según las estructuras jerárquicas del feudalismo.

Los hechos que siguieron en Uri son poco claros y, como tales, son característicos de la confusión que rodeó el nacimiento de la Confederación Suiza. Aunque las monjas de la abadía de Nuestra Señora de Zurich recaudaban los impuestos, el poder político recayó en los Zähringe y después, al debilitarse la familia, pasó a manos de los Habsburgo cuando éstos asumieron el gobierno de Zürichgau, un extenso distrito que englobaba los tres cantones forestales.

La verdad sobre Tell

La autenticidad de las hazañas de Guillermo Tell ha sido discutida durante muchos años, incluso Voltaire afirmó que toda esa historia de la manzana era muy sospechosa.

El hecho de que la mayor parte de la población la constituyesen los campesinos libres, con el consiguiente derecho de que disfrutaban a llevar armas y servir en el extranjero, les infundió delirios de grandeza y orgullo. Se creían libres de cualquier obligación ante los señores feudales, salvo ante el emperador. La coronación de Rodolfo como emperador llevó la situación a un punto crítico: el emperador que estaban dispuestos a reverenciar y la persona a la cual odiaban por instinto, de repente coincidían en la misma persona. ¿Concluiría en amor o en odio?

La versión tradicional ofrece una respuesta. Rodolfo habría sido reverenciado por sus súbditos si se hubiese dignado tratar temas como el hurto de cabras u otras cuestiones de índole parroquial, pero como emperador estaba demasiado ocupado. Nombró algunos agentes para que se encargaran de estos asuntos, pero los orgullosos campesinos los juzgaron inadecuados para la dignidad de que se les había investido. Se decía que eran «tiranos codiciosos y crueles, que exigían impuestos, castigaban, encarcelaban e injuriaban a los pobres habitantes».

La tiranía de los hombres de Rodolfo, sobre todo Landenberg y Gessler, y la fama de Guillermo Tell, hicieron que los pueblos de los cantones aunaran sus fuerzas y firmaran el histórico Pacto fundacional en 1291 (*véase pág. 29*).

Así pues, el nacimiento de la libertad suiza no fue una rebelión contra el dominio de los Habsburgo, sino una confirmación de las anteriores alianzas entre las comunidades, las cuales probablemente habían adoptado esta idea de grupos parecidos de la actual Italia. En efecto, hay quienes afirman que no existió tal tiranía por parte de la casa de Habsburgo.

Sin embargo, los habitantes de los cantones forestales hubiesen tenido suficientes razones para alarmarse por el cordón *de facto* que se formó a su alrededor con la imparable expansión de las propiedades de la dinastía. Los suizos que idolatraron a Guillermo Tell se caracterizaban, sin duda en los primeros tiempos de la Confederación, por su gran sensibilidad y su capacidad de reacción ante las amenazas de la intervención foránea.

IZQUIERDA: ilustración que representa a un caballero suizo del Medievo en una batalla; la actividad guerrera fue habitual durante la mayor parte de la Edad Media en todos los países de Europa.

Guillermo Tell

Los orígenes del más célebre héroe popular de Suiza se remontan a los comienzos de la historia, cuando el emperador Rodolfo ejercía el poder sobre sus súbditos recurriendo a la tiránica actuación de sus recaudadores.

Entre ellos, uno de los hombres más odiados era Herman Gessler, nativo del cantón de Uri. El altanero y mezquino Gessler colocaba su sombrero sobre un palo en el mercado de la ciudad y obligaba a todos los a que pasaran por delante a que le dedicaran la debida reverencia.

Un campesino de la región, llamado Guillermo Tell, ignoró el sombrero y fue arrestado. El sarcasmo de las palabras que intercambiaron el encolerizado Gessler y el impenitente Tell no se puede transcribir, pero como de todos es sabido, Guillermo Tell fue obligado a disparar una flecha contra una manzana colocada sobre la cabeza de su hijo. Dando muestras de su extraordinaria puntería, la flecha dio en el blanco, lo cual levantó sospechas sobre una segunda flecha que Tell guardaba en su carcaj. «Si hubiese herido a mi hijo –dijo éste desafiando a Gessler–, esta segunda saeta se hubiese clavado en vuestro corazón.» El gobernador ordenó que lo arrestaran.

Tell fue conducido a los calabozos de Gessler en Axenstein, a los que se llegaba tras cruzar un lago. Mientras una violenta tormenta amenazaba con hundir la embarcación, los remeros, que se encontraban en aguas desconocidas, liberaron a Tell para que los pusiera a salvo. Al alcanzar la orilla consiguió saltar por la borda y dejar a sus captores, junto con Gessler, a la deriva. Toda la tripulación consiguió salvarse, pero Guillermo Tell ya había desaparecido. Sin embargo, no se había alejado mucho; conocía el camino que tomaría Gessler para regresar al castillo y esperaba emboscado cerca de Kussnacht cuando apareció el gobernador. La segunda flecha acertó en el corazón de Gessler, quien murió tras suspirar: «Es la saeta de Tell».

La historia, adornada con algunas variaciones y que culmina con los disidentes de Rütli, que siguen el ejemplo de Tell y lanzan una ofensiva, ofrece una imagen de los republicanos alpinos amantes de la paz, dispuestos a someterse a un rey alemán como Federico II, pero capaces al mismo tiempo de organizar una devastadora réplica contra tiranos como los viles miembros de los Habsburgo.

En una carta privada, el escéptico historiador suizo François Guilliman afirma que se trataba de una historia inventada para alimentar el odio contra Austria. Sin embargo, el propio Guilliman fue uno de los que contribuyeron a encumbrar la figura de Guillermo Tell, aunque su fama universal la debe a la obra de teatro homónima escrita por Schiller en 1804 y a la conocida ópera de Rossini, interpretada por primera vez en 1829.

Friedrich von Schiller, nacido en Alemania, nunca había pisado tierras suizas y la mayor parte de sus conocimientos sobre la historia de este país procedían de la obra *Historia de Suiza*, escrita por Johannes von Müller y publicada durante la Revolución Francesa. La historia de Tell, en la que Von Müller creía a pies juntillas, aparecía como la contribución de Suiza al creciente espíritu de Igualdad, Fraternidad y Libertad.

DERECHA: leyenda o realidad, Guillermo Tell continúa siendo el héroe nacional de Suiza.

El historiador Christopher Herold apunta con ironía que «el primero que se atreviera a poner en duda la existencia de un hombre llamado Guillermo Tell o un gobernador de nombre Gessler, se salvaba de la deshonra nacional y del posible linchamiento de sus compatriotas sólo por el hecho de que sus libros eran tan aburridos e indigestos que pocas personas sabían de su existencia».

Sin embargo, otros historiadores reanudaron la investigación de Von Müller, sobre todo tras el descubrimiento del documento original del pacto de 1921, descrito en el próximo capítulo. Demostraron que aparecen leyendas muy similares (arqueros, objetos colocados sobre la cabeza de un hijo, una segunda flecha) en la mitología de la Europa central y septentrional e incluso en Asia Menor.

LA CONFEDERACIÓN SUIZA

Una Suiza independiente emergió a finales de la Edad Media, afianzando su destreza en guerras estratégicas y despiadadas

El 1 de agosto de 1291, los tres cantones forestales firmaron un pacto perpetuo, apenas dos semanas después de la muerte de Rodolfo. «Los habitantes del valle de Uri –rezaba en latín el texto del acuerdo–, la democracia del valle de Schwyz y la comunidad de montañeros del Unterwalden, ante la maldad de la época... han prometido en buena fe ayudarse unos a otros, con consejos o favores, con personas o bienes, dentro del valle o fuera de él, con fuerza y poder, frente a cualquier persona que pueda ejercer alguna forma de violencia, abuso o daños, o que pueda planear algún mal contra sus personas o sus bienes...».

Esta novedosa declaración establecía los fundamentos de un código legal, con la condición de que «en los mencionados valles no se aceptarán ni se recibirán bajo ningún concepto jueces que hayan obtenido su cargo por un valor o por dinero, ni tampoco una persona que no sea nativa o habitante de los valles». En este pacto fundacional, los tres cantones se garantizaban mutuamente una alianza perpetua en defensa de su autonomía y sus libertades frente a los ataques de potencias o enemigos externos.

Rodolfo falleció con la pena de no haber podido asegurar para su hijo Albrecht la sucesión no hereditaria al trono imperial, y en su lugar la familia recibió el título ducal, mientras que la corona fue a parar a Adolfo de Nassau. La pérdida de la dignidad imperial contribuyó a que los Habsburgo no fueran considerados tan imponentes a los ojos de la Confederación, la cual casi inmediatamente decidió establecer una alianza con la ciudad de Zurich que propició una coalición contra los Habsburgo en el este del país.

En 1292, Zurich atacó la localidad de Winterthur, que pertenecía a los Habsburgo, pero fue derrotada. El duque Albrecht tomó represalias ocupando la ciudad de Zurich y, finalmente, recuperó la corona para los Habsburgo. Sin embargo, poco más tarde el duque fue asesinado en una emboscada y la familia volvió a perder la corona germana, en esta ocasión ante las tropas del conde Enrique de Luxemburgo.

Noche de violencia

Los ataques violentos no provenían sólo de una parte de la población. En 1314, un grupo de hom-

bres del Schwyz asaltó la abadía de Einsiedeln en territorio de los Habsburgo, se llevaron prisioneros a los monjes y saquearon todos sus bienes, llevándose incluso el ganado. A raíz de ello, al año siguiente, en 1315, los airados Habsburgo reanudaron las hostilidades temporalmente interrumpidas. El duque Leopoldo reunió un ejército en Zug, con tropas procedentes de Lucerna, Winterthur y sobre todo de Zurich. A su llegada a la aldea de Haselmatt, cerca de Aegeri, sus fuerzas tuvieron que hacer frente a las verticales y heladas pendientes de Morgarten.

Sus adversarios los esperaban emboscados tras un peligroso accidente del camino. Debido a la pesada carga que suponían las armaduras que llevaban, los austríacos y sus aliados suizos apenas

IZQUIERDA: ilustración que representa el histórico juramento que hicieron los tres cantones forestales, germen de la futura Confederación Suiza, en Rütli (1291), tal como se entendió el acto en la época de la Revolución Francesa.

DERECHA: el «árbol genealógico» de los cantones confederados suizos hasta 1815.

tuvieron tiempo de dirigir la vista hacia lo alto cuando un alud de rocas y troncos se les vino encima procedente del Fligerfluh, un espolón del Morgarten. Los confederados se arrojaron sobre sus aturdidos enemigos blandiendo sus temibles alabardas. Los austríacos sólo pudieron retroceder por el mismo camino por el que habían llegado y la vuelta se convirtió en una huida y ésta, a su vez, en un callejón sin salida, pues muchos de los que consiguieron escapar se ahogaron en los lagos arrastrados al fondo por el peso de sus armaduras.

MEMORIAL DE ALBRECHT

El monasterio de Königsfelden, cerca de Baden, fue construido en 1308 por Elisabeth, viuda del duque Albrecht, en el lugar donde su marido cayó muerto en una emboscada tendida por un grupo de nobles suizos.

El triunfo de los campesinos frente a los caballeros

La batalla de Morgarten, una victoria que aún se celebra en Suiza, probablemente fue el primer triunfo, en la Europa medieval, de unos pobres campesinos ante un ejército de caballería. Según las crónicas, cuando terminó la lucha, los hombres del Schwyz se hicieron con las armas de los muertos y los ahogados, se adueñaron de sus posesiones y acopiaron grandes riquezas y armamento. Para conmemorar la ocasión se construyó la capilla de San Jacobo, pero quizás el mejor epitafio fue una frase atribuida al bufón del duque de Austria antes de la batalla: «Han sido aconsejados sobre la mejor forma de entrar en el país, pero nadie les ha explicado cómo pueden salir».

La inesperada victoria sobre los austríacos aumentó el prestigio de los cantones forestales entre sus vecinos, y otras regiones se adhirieron a la Confederación. En 1332, Lucerna fue la primera ciudad en unirse, seguida de Zurich (1351), Glaris y Zug (1352) y Berna (1353), hasta sumar un total de ocho miembros. Pero tras la adhesión de Berna, los cantones rurales, temerosos del peso de las zonas urbanas, no admitieron más ciudades hasta 1481. Zurich salió de la Confederación, pero volvió al ver que ni siquiera con el apoyo de las tropas de Carlos VII de Francia podía librarse de la derrota.

Se formó un pacto parecido en Retia, donde la ciudad de Chur se adhirió a las poblaciones y a los valles de los alrededores en la «Liga de la casa de Dios». La expansión de este tipo de ligas estaba impulsada por la bancarrota sufrida por los pequeños feudos a causa de la peste negra, las pobres cosechas y la hambruna. Obligados a empeñar sus propiedades, los señores feudales vieron cómo eran devorados por las ciudades prósperas. Berna adquirió el valle de Hasli a los empobrecidos señores de Weissenburgo, además de los derechos feudales sobres sus vasallos. En estas circunstancias, los nuevos «señores» no tenían ninguna prisa para conceder a sus recién comprados súbditos la libertad que ellos mismos tanto apreciaban.

El tratado de Viena

Los sucesivos duques de Habsburgo nunca dejaron de reclamar las tierras suizas que perdieron ante la Confederación y consiguieron recuperar a Zug durante un tiempo. No obstante, su principal objetivo era Zurich, que se libró sólo gracias a la intervención de los cantones forestales.

No obstante, Suiza tomó la ofensiva a tiempo. Lucerna lanzó un ataque en los bastiones austríacos de los alrededores; Zug, en el castillo de St Andreas cerca de Cham; Zurich, en Rapperswill, y Schwyz, en Einsiedeln. En junio de 1386, el duque Leopoldo III, nieto del duque derrotado en Morgarten, decidió negociar con los suizos de una vez por todas tras la batalla de Sempach (*véase recuadro de la pág. 131*).

En 1389, tras otra derrota sufrida por los austríacos en Näfels, se firmó en Viena un tratado de paz de siete años, que concedía a la Confedera-

IZQUIERDA: las tropas burgundias, los próximos adversarios de los suizos.
DERECHA: muerte heroica de Arnold von Winkelried en la batalla de Sempach (1386).

ción la posesión de las tierras conquistadas, lo cual no significó que los Habsburgo dejaran de volver a intentar hacerse con Zurich en repetidas ocasiones mediante toda clase de subterfugios diplomáticos. Otro tratado amplió la paz a veinte años, y su ratificación en el año 1415 fue una clara demostración de la disposición de Austria a aceptar los hechos. A pesar de que la Confederación continuase formando parte del imperio alemán, el vínculo fue perdiendo su valor. Poco a poco los alemanes empezaron a referirse a los estados confederados como «Die Schweiz» (Suiza) por el valle de Schwyz, el estado que a ellos les parecía el más representativo de sus cada vez más distantes vecinos.

Aunque estuvieran bien encaminados hacia la aprobación de una Constitución, todavía se encontraban un poco alejados de un gobierno amplio. Se trataba de una alianza muy débil, cuyos miembros no eran iguales ni se sentían unidos unos a otros. Por ejemplo, Zurich se mantenía distante de Lucerna, y ésta, a su vez, de Glaris. Así mismo, los reglamentos variaban enormemente de un estado a otro. Los cantones rurales solían ser bastante democráticos, con magistrados nombrados en asambleas populares, mientras que en las ciudades el poder supremo era ejercido por los magistrados, que gobernaban con mayor o menor liberalidad a su antojo. Sin embargo, durante el siglo XV Suiza fue, progresiva

ARNOLD VON WINKELRIED

La victoria de los confederados en la **batalla de Sempach** de 1386 se debió, en gran parte, a Arnold von Winkelried, un héroe nacional con orígenes históricos tan confusos como los de Guillermo Tell.

Los austríacos emprendieron la batalla protegidos por sus armaduras; la infantería suiza se enfrentó a ellos con una formación en cuña. Los caballeros austríacos se apearon y avanzaron también en cuña con sus alabardas en posición de ataque. Su táctica fue eficaz, porque los suizos no pudieron acercarse lo suficiente para atacar.

Los suizos caían como moscas y la derrota parecía segura hasta que la situación cambió de signo milagrosamente. «Un buen hombre piadoso se adelantó entre las filas de los suizos», relata un cronista. Los suizos creen que era Arnold von Winkelried. «Yo os abriré camino; ¡cuidad de mi esposa y mis hijos!», gritó.

El emprendedor Von Winkelried abrió sus brazos y se abalanzó contra el enemigo al tiempo que provocaba la caída de algunas lanzas que lo apuntaban. Sus camaradas atacaron, al ver su cuerpo tendido, por el hueco que quedó despejado y arremetieron con furia, una técnica de lucha que aplicaban a la perfección.

El duque Leopoldo murió en la batalla, pero cuando amortajaron su cuerpo observaron que, misteriosamente, su cabeza no tenía ninguna herida.

pero inexorablemente, adquiriendo las características de una importante potencia europea. Sus proezas militares ya habían quedado demostradas y los fundamentos económicos también empezaban a parecer sólidos. Tras la depresión que asueló toda Europa en el siglo XIV, la Confederación destacó por la producción de lana, telas y lino; Zurich, por su seda. La atracción del dinero frente al trueque de bienes que funcionaba hasta entonces como método de pago ocupó un lugar destacado y determinante en el poder político.

Este desarrollo no fue una idea tan altruista como parece, ya que gran parte del capital que producían las nuevas fortunas no eran más que botines de guerra, el fruto de la victoria ante el gobernador

El acuerdo de Sempach

El acuerdo de Sempach, alcanzado después de la batalla de 1386, ha sido descrito como «el primer intento de contener el furor de la guerra, de regular el liderazgo y la formación de soldados mediante una ley inteligente y humana». Cinco siglos antes de la Convención de Ginebra, el pacto preveía un trato humano para los heridos e incluía cláusulas como la de que «las mujeres no deben ser atacadas, a no ser que alerten al enemigo o luchen por su cuenta, en cuyo caso serán castigadas merecidamente».

El pacto progresista era un reflejo de la cada vez más fuerte identidad de los suizos como nación independiente.

más poderoso de Europa: Carlos II el Temerario, duque de Burgundia.

La guerra burgundia

Los suizos, tan seguros de su superioridad militar, concebían las guerras foráneas como inmejorables oportunidades de negocio. No se percataron de que en esta ocasión estaban siendo manipulados por el astuto Luis de Francia. Como señala un eminente historiador, la guerra se llevó a cabo «instigada por Francia, en interés de Francia y en provecho de Francia».

Las hostilidades comenzaron en el año 1476, cuando Berna declaró la guerra a Carlos el Temerario en nombre de la Confederación. Carlos se encontraba en esos momentos fuera de Alemania, por lo que las tropas de Berna aprovecharon la favorable coyuntura e invadieron Burgundia y tomaron Héricourt. A su regreso, Carlos atravesó Berna en dirección al lago de Neuchâtel, deteniéndose sólo para ocupar la ciudad de Grandson y ahorcar o ahogar a los 412 prisioneros que hizo.

El primer combate en las inmediaciones del lago de Neuchâtel se libró el 2 de marzo de 1476, cuando, después de una escaramuza inicial, los burgundios fueron sorprendidos por una ofensiva suiza inesperada. Su retirada fue tan apresurada y mal organizada que el botín que dejaron fue indescriptible. Entre las 420 piezas de artillería y cuantiosos bienes, había reliquias sagradas como, por ejemplo, fragmentos de la veracruz y la corona de espinas que llevaba Jesucrito cuando fue crucificado. Se dice que el botín incluía tanta seda como para que los campesinos de la Confederación pudiesen confeccionar sus trajes con este tejido durante años. Por el contrario, el número de pérdidas humanas fue reducido.

Pocas semanas después, Carlos regresó con un ejército de 25 000 hombres y sitió Morat, castigando duramente a la ciudad con fuego de artillería que destruyó parte de la muralla y numerosas casas. Conscientes de que el próximo objetivo después de Morat sería la localidad de Berna, las tropas de la Confederación entraron en la ciudad con un ejército tan grande como el de los sitiadores burgundios, que contaban con la ayuda de los arqueros ingleses. La batalla sólo favoreció a un bando: Carlos perdió entre 8 000 y 10 000 hombres, frente a unos pocos cientos de suizos que perecieron en la contienda.

Dos días después de la batalla se produjo una decisiva victoria del enemigo de Carlos, el duque de Lorena, cuando se recuperó un cuerpo congelado del lago, medio comido por los lobos, pero las larguísimas uñas del cadáver (típicas de Carlos el

Temerario) no dejaron lugar a dudas respecto a su verdadera identidad.

El reparto del botín

Los destrozos de la guerra burgundia fueron cuantiosos, pero el reparto del botín, en lo que respecta a los cantones rurales, favoreció tanto a las ciudades que el debate sobre la admisión de nuevas ciudades en la Confederación, en este caso Friburgo y Solothurn, estuvo a punto de desatar una guerra civil entre los confederados, divididos entre los que estaban a favor de su inclusión y los que no.

SANGRIENTO GRANDSON

«La visión de tantos cuerpos colgados es horrible, aterradora», decía el embajador del duque de Milán ante las fuerzas burgundias en Grandson, ocupado por Carlos el Temerario en 1476.

María y Maximiliano

La muerte de Carlos el Temerario y la desintegración del ducado de Burgundia en el siglo XV fueron tan inesperados y repentinos como el colapso de la Unión Soviética en el siglo XX. En realidad, el ducado englobaba Holanda y Bélgica y por el sur se extendía hasta el Mediterráneo. En estas circunstancias, los Países Bajos podían restablecer sus propias identidades y lo que hasta entonces no era más que el reino insignificante de Luis XI adquirió un papel preponderante y se convirtió en la Francia moderna.

Sin embargo, se consiguió mantener la paz gracias a Nicolás de Flüe, quien más tarde sería beatificado. Intentó alcanzar un acuerdo con los sectores enfrentados por el que se admitían las ciudades si éstas se comprometían a abandonar sus alianzas y propuso un nuevo acuerdo, el denominado *Stanser-verkommnis* (la dieta de Stans), que regularía el reparto del botín obtenido en las diversas contiendas en el futuro. Nicolás fue canonizado unos cinco siglos más tarde.

IZQUIERDA: retrato del duque de Borgoña Carlos el Temerario (1433-1477).
ARRIBA: *La muerte y el mercenario*, detalle del lienzo titulado *Danse Macabre*, de Niklaus Manuel (h. 1484-1530).

El protagonismo de los suizos a la hora de provocar el fallecimiento de Carlos no fue tan significativo como su propio mal juicio, pero los soldados suizos obtuvieron un extraordinario prestigio y en toda Europa eran considerados los aliados más útiles.

Las últimas dificultades de Carlos el Temerario comenzaron con una complicación en la proposición de matrimonio de su hija María y Maximiliano, hijo del emperador Federico de Habsburgo. Finalmente, el matrimonio se celebró y salvó las finanzas de los Habsburgo en lo que se puede considerar su peor momento. Pero el soldado suizo que, en gran medida, abrió el camino de Maximiliano a su atractiva herencia, apuntaba, con gran imparcialidad, al cuello del emperador.

El error del heredero residió en tender a los suizos una mano en señal de amistad. Les propuso que se olvidaran de la Confederación y que se unieran en la Liga de Suabia, una coalición que él mismo encabezaba. Pero al poco tiempo estalló la guerra a lo largo de toda la línea del Rin, desde la ciudad de Basilea hasta las fronteras de Vorarlberg y el actual cantón de los Grisones. La denominada guerra suaba se prolongó durante seis meses y en esta contienda, una vez más, destacaron las muestras de valor que eran de esperar de las tropas suizas.

ASTUCIA MILITAR

«Se puede observar la disposición de los hombres, cautela y astucia», escribió el reformista Zwinglio en referencia a la destreza militar de los suizos. «Hacen creer una cosa, pero esperan obtener otra.»

El tratado de paz de Basilea

El tratado de paz que firmaron en Basilea el 22 de septiembre de 1499 aseguró la liberación de Retia del imperio alemán, que se adhirió a la Confederación y redujo así el vínculo entre la Confederación y el imperio a una simple formalidad. Este paso era como admitir la independencia, aunque la independencia oficial no sería declarada hasta el tratado de Westfalia, 150 años después. El floreciente prestigio que iba adquiriendo la Confederación animó a otras ciudades, como Basilea y Schaffhausen, a solicitar la adhesión en el año 1501. Finalmente, con la unión de Appenzell en 1513, el número de miembros ascendió a 13 y se mantuvo inalterable durante los tres siglos siguientes.

La actividad de los mercenarios suizos en la Europa de los siglos XV a XIX respondió más a los problemas de las otras naciones que a los de Suiza en realidad, pero en aras de la objetividad debe resaltarse que el haber ayudado a Francia y a los Habsburgo contra los burgundios y después enfrentarse a los Habsburgo y romper así una lanza en favor de Francia, demuestra una vez más la imparcialidad que siempre se ha atribuido a Suiza.

La alianza italiana

Al principio, los suizos apoyaron a los franceses en la invasión de Italia en 1494. El cambio de bando lo propició la intervención de Matthäus Schiner, un hombre que en su juventud fue un pilluelo y acabó siendo cardenal y confidente del papa Julio II. Las ambiciones francesas sobre Italia inquietaban al Papa y Schiner le propuso que ofreciera dinero, indulgencias y otros incentivos a los suizos. Éstos aceptaron el trato y se firmó un acuerdo de cinco años entre la Santa Sede y Suiza. Los suizos guiaron a sus nuevos aliados fuera de Lombardía y restablecieron a los Sforza en Milán, que se convirtió en protectorado suizo. Los franceses se levantaron en armas, pero la disputa quedó definitivamente zanjada en la decisiva batalla que ambos ejércitos libraron en la ciudad italiana de Novara en 1513.

Los cantones rurales se dieron cuenta de que se les estaba escapando de las manos el equilibrio de poder compartido con las ciudades. Berna, Zurich y Lucerna podían reunir el doble de hombres que los restantes cantones juntos. Sobre todo Zurich, actuaba como un estado soberano bajo las órdenes de su burgomaestre Hans Waldmann, «ambicioso y dispuesto al soborno, cuya opulencia manifiesta desmentía su afectación de simpleza republicana». De familia humilde y «señor de Dubelstein», por un matrimonio fortuito, Waldmann personificaba el desprecio de los *nuevos ricos* de la ciudad hacia los campesinos, a quienes, por ejemplo, entre otras absurdas medidas, les ordenaba que sacrificaran sus perros porque perjudicaban la caza.

Torturas y ejecuciones

Alrededor de quinientos campesinos de Knonau marcharon sobre Zurich en protesta por los abusos e hicieron prisionero a Waldmann para que conociera en su propia carne la tortura encerrándolo en la prisión estatal de Wellenberg. Waldmann ya había estado en esa prisión por excesos en su juventud y más de una de las amantes a las que dejó plantadas habría deseado que no le concedieran la libertad. Sin embargo, en esta ocasión no consiguieron obtener mediante tortura cierta confesión que le hubiera supuesto la pena de muerte. No obstante, el consejo de la ciudad, impasible, decidió que aun así debía morir. Miles de personas se congregaron para ver cómo lo llevaban al cadalso situado fuera de las murallas de la ciudad. Se dice que se volvió hacia la urbe antes de agachar la cabeza. «Que Dios os proteja, mi querida Zurich, y os aparte de todo mal», fueron sus últimas palabras. Tras su muerte se produjeron disturbios en las calles y nuevas ejecuciones a medida que los plutócratas fortalecían su poder en la ciudad y excluían a los distritos rurales. Tras siglos de discusiones, finalmente la ciudad de Zurich acabó por erigir un monumento en honor de Waldmann en 1937.

Mientras que los emprendedores comerciantes amasaban enormes fortunas en las ciudades, la economía de la población rural se limitaba a los ejércitos mercenarios. Sin embargo, las guerras eran cada vez más caras y la artillería, indispensable para enfrentarse al enemigo, por ejemplo, ya quedaba casi fuera del alcance de los pequeños príncipes de quienes dependían normalmente los campesinos para trabajar. También los alemanes se dieron cuenta de esto, por lo que sus mercenarios comenzaron a intervenir.

La batalla de Marignano

Novara había constituido un gran triunfo para las tropas suizas, pero cuando, poco tiempo después, Francisco I subió al trono de Francia e inmediatamente se dirigió a Italia decidido a restablecer el honor francés, tres cantones (Berna, Friburgo y Solothurn) se negaron a combatir.

El cardenal Schiner, cuya misión sagrada cedió ante las urgencias de lo profano, se puso al frente de las agotadas fuerzas suizas. Los dos ejércitos se encontraron en el camino de Marignano el 13 de septiembre de 1515. Hasta la medianoche no dio comienzo la lucha, hasta que finalmente se inició y concluyó al amanecer. Por la tarde, los franceses destrozaron los diques de contención del río Lambro, por lo que de repente se inundaron los campos donde se encontraban las tropas suizas. La retirada de éstas, en perfecto orden, impresionó hasta tal punto a Francisco, que no ordenó a sus hombres que las persiguieran.

Izquierda: retrato de Matthäus Schiner (h. 1465-1522), obispo, cardenal e influyente político suizo.
Derecha: la batalla de Marignano (1515), una derrota aplastante para los suizos.

Por la «Paz Perpetua» que se concertó con Francia a continuación se reconoció el dominio suizo sobre Tesino, aunque el futuro cantón «italiano» no recibió este estatus hasta 1805.

El dolor de la derrota pesó sobre los suizos, quienes, a pesar de intentar formar otro ejército, recibieron una respuesta poco entusiasta. Aquella tarde de septiembre, en el camino de Marignano tuvo lugar el relevo de poder, que de Suiza pasó a Francia. Una Confederación débil, sin una firme autoridad central, fue vista como un anacronismo inadecuado y la notable potencia suiza quedó reducida, de repente, a un pequeño Estado neutral; no se encontraba en condiciones de enfrentarse al tirón cismático de la Reforma.

Soldados de fortuna

El historiador J. Chistopher Herold resumió de manera acertada la capacidad de los suizos al hacer un balance de la guerra y la paz: «Desde la Edad Media, [los suizos] ofrecieron sus servicios militares a las potencias extranjeras como mercenarios. Con el fin de ejercitar su profesión militar sin ser molestados y para poder gozar de sus logros en paz, adoptaron una política de neutralidad; es decir, el territorio de Suiza se convirtió en neutral, mientras sus ciudadanos participaban con imparcialidad en toda contienda europea durante muchos siglos. Los suizos debían su fama a las ocupaciones, a menudo realizadas a sangre y fuego».

LA REFORMA

Suiza estuvo en el corazón de la agitación religiosa de Europa; sus ciudades ardían en llamas mientras los temibles líderes de la Reforma retaban a las autoridades

El impacto de la Reforma fue mucho más fuerte en Suiza que en Alemania, pues mientras Martín Lutero se centraba en la teología y se conformaba con dejar la política en manos de los príncipes alemanes, Huldrych Zwinglio no realizó tal distinción entre las dos disciplinas, sino que perseguía una revisión completa de la sociedad suiza, de arriba abajo.

Zwinglio provoca a las masas

Nacido en Wildhaus en 1484, Zwinglio fue educado en Basilea y Berna con la intención de ingresar en la Iglesia. Era un estudiante con talento y mantenía correspondencia con otros humanistas destacados como Erasmo de Rotterdam.

Pero nunca fue un ratón de biblioteca; se fue a luchar a Italia, aunque poco a poco se fue mostrando más escéptico con la tradición mercenaria de Suiza y expresó sus objeciones de una forma tan contundente que el tumulto popular que desencadenaron sus palabras le obligó a retirarse durante un par de años a la abadía de Einsiedeln. Los abusos que se cometían en el recinto lo impresionaron tanto que decidió cambiar la dirección de sus energías críticas. Esto lo llevó al Concejo de Zurich, cuyos miembros habían llegado a la conclusión de que la reputación de la ciudad necesitaba un remedio vigoroso.

El primer sermón de Zwinglio, ya en calidad de «plébano», fue una provocación que hizo que el pueblo hablase de un «nuevo Moisés que había surgido para salvar a su gente de las limitaciones espirituales». El humanista Platter, miembro de la congregación, se ruborizó ante sus palabras. A diferencia de Lutero, Zwinglio no retó a la autoridad papal por el tema de las indulgencias ni otros aspectos similares. Él era partidario de crear un modelo de estado basado en el ideal griego, pero al poco tiempo empezó a pensar que para construir una nueva sociedad había que acabar con la anterior. Sus objetivos eran la misa y las imágenes de culto.

El rebelde de los cantones forestales

En 1524 mostró la opinión que le merecía el celibato al casarse con una viuda rica, y el mismo año recibió el apoyo del gobierno con la orden de retirar todos los cuadros e imágenes de las iglesias. Al romper los lazos con la diócesis de Constanza, Zwinglio fundó en Zurich su propia religión estatal. Poco a poco los cantones del norte y del este fueron adoptando las reformas que éste proponía, pero los cantones forestales se mostraron conservadores y católicos romanos. A sus ojos, la Reforma era un fenómeno urbano y, por lo tanto, sospechoso, cuando no pernicioso. Los cantones promulgaron una orden de arresto de Zwinglio si pisaba su territorio.

Las facciones suizas buscaron ayuda más allá de sus fronteras: los reformistas en Alemania y los católicos en Austria. La división se acentuó y en 1529 Zurich declaró la guerra a los cantones forestales. El enfrentamiento de los dos ejércitos en Kappel fue evitado en el último momento gracias a la intervención diplomática. Zwinglio no se sintió satisfecho con el acuerdo y manifestó que, algún día, los católicos serían los dominantes y entonces no habría perdón. Estaba en lo cierto, pues dos años más tarde, cuando las tropas se encontraron de nuevo en el mismo lugar, los cantones forestales cuadruplicaban en número a las fuerzas de Zurich. En esta ocasión, nadie impidió que se librara la batalla y Zwinglio resultó muerto, junto con muchos de sus compañeros y gran parte del Concejo de la ciudad de Zurich. Su cuerpo fue descuartizado, incinerado y «sus cenizas esparcidas al viento». Tras su muerte el liderazgo del movimiento de Zurich recayó en su hijo político Heinrich Bullinger, quien pensó que debía centrarse en los asuntos eclesiásticos y dejar la política a un lado.

La Ginebra decadente

Los ginebrinos del siglo XVI se caracterizaron por ser los ciudadanos más decadentes de Suiza. Lo más destacado de su moral era un estatuto que imponía una multa leve a los hombres que tenían más de una amante.

La causa de Calvino

En cierto modo, puede afirmarse que Jean Calvino, el segundo protagonista de la Reforma suiza, recogió lo que Zwinglio había sembrado. Sin embargo, el trabajo de Zwinglio se había centrado en Zurich y la conversión de la Suiza germanófona, mientras que Calvino se estableció en Ginebra y la parte francófona. Calvino y Ginebra formaban una pareja poco probable. El reformador había nacido en Picardía, en 1509, de modo que era «un francés del norte de gran inteligencia y capacidad de aprendizaje, pero de carácter lúgubre, austero» y en aquella época los habitantes de Ginebra eran las personas menos austeras de Suiza. Amantes del vino, les gustaban los juegos de azar y solían frecuentar las zonas de prostíbulos.

Tras la caída del Imperio Romano, la ciudad cambió a menudo de señores, pero pronto se convirtió en sede episcopal, y los obispos consiguieron ciertos acuerdos con la casa de Saboya, que controlaba todo el territorio de los alrededores. En 1421, sin embargo, el duque Amadeo VIII de Saboya usurpó la diócesis y la confió a un grupo variopinto de amigos de los saboyanos y descendientes reales.

Los hijos de Ginebra

La rebelión contra la casa de Saboya dio origen a los tres héroes de la historia de Ginebra: Bezanson Hugues, Philibert Berthelier y François Bonivard, este último inmortalizado en el poema romántico del poeta inglés Byron *El prisionero de Chillon*. Formaban un grupo de apasionados un tanto anarquista, conocidos como «los hijos de Ginebra». El primero fue decapitado por los obispos en el año 1519, el segundo consiguió huir y el último, sobre el que Byron sabía muy poco, fue encarcelado en Chillon.

Con la intención de librarse del autocrático gobierno de los Saboya, se dirigieron hacia la Confederación suiza, que gozaba de su mejor momento de prestigio militar, y en particular hacia Berna. La ciudad se encontraba entonces bajo la influencia de la doctrina de Zwinglio y el precio por obtener su apoyo era la reforma de los ginebrinos. Guillaume Farel, un fanático predicador de Neuchâtel, fue elegido para llevar a cabo el trabajo. La llegada de Farel en 1532, dos años después de que Bonivard fuese encarcelado por segunda vez, desencadenó una tormenta en la ciudad, que se dividió entre los adeptos a la Confederación, conocidos con el nombre de *eydguenots*, y los que se decantaron por los Saboya, los denominados mamelucos. Incitados por Farel, los primeros tomaron la catedral en 1535, destrozaron todo menos las paredes e introdujeron sus perros y mulas en el interior para mayor insulto y escarnio. Los sacerdotes renegados pisoteaban sus hábitos, mientras que los atribulados católicos rezaban a Dios suplicando que se produjera un milagro.

La mala fortuna de Ginebra, en esos momentos de enorme tensión religiosa, fue convertirse en el codiciado objetivo de tres vecinos avariciosos: Francisco I, el vencedor de Marignano; el emperador Carlos V y el supuesto aliado de Ginebra, la

Izquierda: Huldrych Zwinglio (1484-1531), pionero de la reforma humanista, difundió sus ideas desde la ciudad de Zurich donde residía.

Derecha: retrato de Jean Calvino, el sucesor de Zwinglio en Ginebra.

propia ciudad de Berna. La primera en llegar, con una tropa de 6 000 hombres, fue Berna, pero el miedo a una futura intervención francesa la hizo retroceder y evitó la anexión de la ciudad. Sin embargo, las fuerzas de la capital suiza ocuparon el castillo de Chillon y liberaron a Bonivard, quien descubrió que Ginebra había cambiado durante su ausencia forzada. Su abadía había sido tomada y secularizada, y toda la ciudad parecía un cementerio. La diferencia era Jean Calvino, con quien el feroz Farel había contado para que lo ayudara a aclarar las cosas. En aquel momento, la solución propuesta por Calvino fue considerada demasiado estricta por los ginebrinos, y en el año 1538 fueron desterrados los dos hombres. Farel regresó a Neuchâtel, donde permaneció el resto de su vida. No obstante, los tres años de luchas internas que estallaron a continuación en el Concejo de Ginebra y la amenaza de una ocupación por parte de la ciudad de Berna propiciaron la vuelta de Calvino.

Frenético de los castigos

«Tanto la espada, como la horca y la estaca estaban muy solicitados –relata un historiador suizo sobre el fervor suscitado por Calvino–. El carcelero afirmaba que sus prisiones estaban atestadas y el verdugo se quejaba de agotamiento. En tres años se dictaron 58 sentencias de muerte, 76 destierros y miles de penas de prisión...» Sin embargo, Calvino tachaba de blasfemia cualquier crítica contra su persona.

Un tal Pierre Amieaux, que se atrevió a insinuar que Calvino era un hombre perverso, fue conducido por las calles de la ciudad vestido con su camisa y con una antorcha en la mano, y fue obligado a confesar su miseria ante el público en tres plazas.

La cruzada moral de Calvino

Al aceptar la oferta que hicieron los habitantes de Ginebra (con sus propias condiciones), Calvino emprendió su misión como una venganza. Los ginebrinos no eran tan conscientes de las implicaciones que tenía su doctrina sobre la predestinación como del impacto del Consistorio, su tribunal de doce ilustres civiles que dictaminaba sobre temas espirituales y morales, tanto públicos como privados. Éstos tenían la potestad de entrar en los hogares ante cualquier sospecha de depravación y establecían las leyes sobre los vestidos, incluso el color, y sobre cómo y qué comía la población. La embriaguez, la blasfemia y el agnosticismo eran equiparables al asesinato.

En 1556, John Knox, un calvinista escocés, visitó la ciudad y la describió como «la escuela más pérfida de Cristo que jamás haya existido en la Tierra desde los días de los apóstoles». Para entonces, la mayoría de los detractores y oponentes de Calvino había huido de la ciudad, pero en Escocia y Nueva Inglaterra quedó constancia de sus obras, que podían ser interpretadas como escritos capitalistas por su aprobación del interés en los préstamos. Por lo menos 24 imprentas funcionaban día y noche para publicar sus obras en varios idiomas, de las que en la actualidad todavía se conservan más de 2 000 sermones y 4 721 cartas. «Su entrega espiritual podía superar cualquier dolencia física que le aquejara», comenta uno de sus biógrafos más fieles.

El último sermón del gran reformador

Calvino murió en el año 1564 y sus últimas palabras fueron pronunciadas en un severo sermón dirigido a las personas que se acercaron a presentarle sus respetos. Las instituciones que dejó a su muerte fueron duramente puestas a prueba por las dotes de persuasión de san Francisco de Sales, el líder de la Contrarreforma. Éste, gracias a la eliminación de los abusos más destacados de la Iglesia Católica, consiguió ganarse las zonas rurales situadas al sur del lago Leman, pero la ciudad siguió fiel al calvinismo, por lo que san Francisco ponía su vida en peligro cada vez que realizaba alguna visita clandestina a la ciudad mientras fue obispo oficial de Ginebra.

Los ginebrinos se sintieron, y aún se sienten en la actualidad, especialmente orgullosos de la forma en que se deshicieron del ataque pérfido sobre su religión que se produjo en 1602 por Carlos Manuel I de Saboya, quien pretendía resucitar el antiguo sueño saboyano de apoderarse de Ginebra. Los Saboya se acercaron con sigilo a la ciudad la noche del 11 de diciembre y cuando algunos hombres ya habían empezado a escalar las murallas, saltó la alarma. Los ciudadanos se precipitaron a la calle con sus ropas de dormir y atacaron a los invasores sufriendo varias bajas. Para protegerse de nuevas invasiones, Ginebra firmó con Enrique IV de Francia un acuerdo por el que tuvo que pagar un elevado precio, pues la ciudad debía concederle sus principales tierras de cultivo, el Pays de Gex, y era difícil imaginar cómo podría conseguir en adelante su sustento.

HOGUERAS EN PÚBLICO

El humanista español Miguel Servet pasó por la Ginebra de Calvino en su camino hacia Italia. Además de declararse unitario, tampoco estaba convencido del bautismo infantil, por lo que fue quemado en público en una hoguera.

Conflicto continuo

Si la Reforma y la Contrarreforma habían sido desagradables para Suiza, el problema puede considerarse nimio en comparación con la guerra de los Treinta Años que estalló a principios del siglo XVII como una guerra contra Bohemia y su religión, se convirtió en una prueba de fuerza entre Francia y los Habsburgo y desmanteló la Europa central. Los cantones suizos permanecieron neutrales, pero la contienda provocó la aparición de instintos atávicos que dividieron a la población suiza en dos bandos irreconciliables.

La riqueza de los hugonotes

Ginebra se topó con graves dificultades de sustento al pasar el Pays de Gex a manos de Enrique IV de Francia, pero los hugonotes franceses tenían la solución. Eran artesanos, relojeros, joyeros, comerciantes y, sobre todo, banqueros. En poco menos de un siglo, Ginebra pasó a ser una de las ciudades más ricas de Europa. En el ámbito político, el tratado de Westfalia, por el que se puso fin a la guerra de los Treinta Años, ratificaba la independencia de Suiza. Desde entonces, los cantones suizos no pertenecerían al imperio alemán, ni siquiera formalmente como había ocurrido durante muchos años.

Mientras el resto de Europa se encontraba en guerra, los suizos, discretos pero prósperos, se aprovecharon del tratado de Westfalia para enfrentarse entre sí y dejaron que los avances económicos se les escaparan de las manos. Parecía como si

IZQUIERDA: Calvino (*derecha*) y Farel (*izquierda*) en Ginebra, que se conmocionó por sus fervientes proclamas reformistas.
ARRIBA: muerte de Zwinglio en la batalla de Kappel.

El teatro de Voltaire

Ginebra despertó de su estado calvinista de autorrechazo cuando, en 1755, Voltaire llegó a la ciudad y dio a conocer el teatro a sus ciudadanos. El autor francés pasó la mayor parte de sus últimos veinte años de vida en Suiza, aunque regresó a París justo antes de su muerte en 1778.

La literatura de Voltaire no había sido del agrado de los antiguos libertinos, ahora escarmentados burgueses. Descubrió su especialidad mientras escribía una sátira sobre el presuntuoso duque de Orleans, por lo que fue condenado en París a seis meses de prisión. Sin embargo, continuó escribiendo sus relatos del desafortunado duque y fue devuelto a la Bastilla. Tras pasar una temporada en Gran Bretaña, empezó a interesarse por la tradición intelectual de Newton y Locke, entre otros.

Para entonces, la producción literaria de Voltaire era prolífica y a su regreso a Francia demostró poseer el talento, hasta entonces insospechado, de hacer dinero: compraba acciones en la lotería del gobierno y vendía maíz al ejército.

Sus relaciones románticas seguían los pasos de sus crecientes fama y fortuna, y gracias a ellas obtuvo el mecenazgo de Madame de Pompadour, la favorita del monarca francés Luis XV. Sin embargo, continuó con sus relatos sarcásticos sobre personajes conocidos, entre ellos el rey Federico de Prusia, para quien trabajaba entonces, alojándose en uno de sus palacios, y acumulaba una pensión de 20 000 francos anuales. Cuando Voltaire llegó a Ginebra, un lugar poco recomendable para una persona con un pasado como el suyo, cabía esperar lo que se le ocurriría, a pesar de sus achaques, de estar a punto de fallecer y de sus intenciones de vivir en paz.

Ante esta situación, adquirió la propiedad de Les Délices, empezó a dedicar tiempo al jardín y era atento con la gente que conocía en Ginebra. Invitó a un grupo selecto con la intención de presentarles a su huésped Lekain, el mejor actor francés de la época. Lekain, el propio Voltaire y su sobrina, Mme Denis, hicieron una lectura pública de una de sus obras, *Zaire*. Tras la actuación, escribió que nunca había visto derramar tantas lágrimas y que los calvinistas nunca antes habían sido tan tiernos, por lo que decidió que Ginebra necesitaba un teatro.

Cuando anunció su propósito, la ciudad se quedó boquiabierta. El consistorio respondió plenamente a las expectativas de la población ante semejante atentado contra la moral y hasta Voltaire, para quien la polémica era el pan nuestro de cada día, creyó que sería prudente retirarse a Lausana hasta que se calmara la situación y se tranquilizaron los ánimos de sus convecinos.

Ultraje al filósofo suizo Jean-Jacques Rousseau

Voltaire regresó con discreción el año siguiente, pero pronto volvió a sacar a relucir el tema al escribir en la *Enciclopedia* que a Ginebra le hacía falta un teatro que «uniera la sabiduría de Esparta con el esplendor de Atenas». Esta afirmación, en principio inofensiva, enfureció al otro gran hombre de la Suiza contemporánea: Jean-Jacques Rousseau, quien le espetó que, a pesar de no tener nada en contra del teatro, corrompería a los inocentes ciudadanos y los conduciría por el camino de la frivolidad, la ruindad y la perdición.

Sin sentirse intimidado, Voltaire inauguró su teatro en Les Délices, pero la autoridad lo mandó cerrar. Volvió a intentarlo en varios emplazamientos diferentes, pero siempre con el mismo resultado. Por fin, en 1766 construyó un teatro de madera expresamente para Ginebra, al que los puritanos acabaron prendiendo fuego. Voltaire culpó a Rousseau. Las llamas atrajeron a innumerables ciudadanos que se acercaban provistos de baldes de agua, pero al percatarse de que se trataba del teatro, se dice que vaciaron sus baldes mientras gritaban: «¡Que apaguen el fuego quienes querían el teatro!». Esta enemistad tuvo un final irónico cuando Rousseau fue enterrado en el Panteón de París, junto a Voltaire.

IZQUIERDA: retrato del escritor y filósofo francés Voltaire, la bestia negra de los calvinistas.

la Confederación necesitase de una amenaza externa para mantenerse unida, pues en caso contrario, cada cantón se desentendía del resto. San Gall y Neuchâtel eran la encarnación del absolutismo férreo; Berna, Friburgo, Solothurn y Lucerna seguían a las oligarquías basadas en la sucesión hereditaria. Sólo los cantones forestales conservaron cierto grado de democracia. La sociedad se dividió en función de las clases sociales: una pacífica protesta de los campesinos por un nuevo impuesto obtuvo tal apoyo popular que provocó un levantamiento del proletariado en gran parte de Suiza central.

Los propios campesinos se consideraban los «duros» enfrentados a los «débiles», y cortaban la barba, las orejas o ambas cosas a todas aquellas personas que no cumplían con su trabajo. Sin embargo, los agricultores, faltos de medios, no estaban a la altura de su común enemigo, por lo que sus dos cabecillas principales, Christian Schibi y Nicolas Leuenberger, fueron capturados, torturados y ejecutados.

ARRIBA: apasionado hasta el final, Jean Calvino (1509-1564) pronuncia su último sermón en su lecho de muerte.

Prosiguen las guerras religiosas

Se continuaron librando guerras religiosas con cualquier pretexto. Los despóticos católicos de Schwyz provocaron la primera guerra de Villmergen (1656) al entregar a tres protestantes del cantón al Tribunal de la Inquisición de Milán, y Berna y Zurich acabaron enfrentados con los cinco cantones católicos. En 1697, la guerra amenazaba a San Gall por el deseo de los católicos de llevar la cruz alzada en una procesión callejera. La segunda guerra de Villmergen, que volvió a salpicar a San Gall, se debió al desacuerdo sobre quién debería hacerse cargo de la construcción de una nueva carretera. Implicaron al Papa en el conflicto, el cual no se zanjó hasta que el ejército conjunto de Zurich y Berna obtuvo una sangrienta victoria.

La mano manipuladora de Luis XIV azuzaba gran parte de los problemas religiosos del siglo XVII. En primer lugar, necesitaba a los mercenarios suizos (entre 6 000 y 16 000 al año) para sus guerras y, a cambio, estaba dispuesto a ofrecer privilegios comerciales. No obstante, Suiza acabó siendo un dominio de la corona francesa en todo menos de nombre, y si no hubiera sido por el control de Gran Bretaña y Holanda, la situación se habría agravado. Los enviados suizos eran acogidos con generosa hospitalidad en la corte francesa y se comenta que los engatusaban para que cumplieran los deseos del rey. Cuando Luis XIV manifestó que hubiese podido asfaltar con piezas de oro una carretera entre París y Basilea con el dinero que había pagado a las tropas suizas, la delegación suiza, olvidando su adulación, le contestó: «Olvidáis, señor, que con la sangre suiza derramada al servicio de Francia podríais llenar un canal entre Basilea y París».

En los siglos XVII y XVIII, las principales ciudades de la Confederación tomaron diferentes direcciones. Zurich representaba la sede del progreso intelectual y liberal; Berna, la de la política y las finanzas, y Ginebra era la «capital» de la ciencia. Zurich, como otros miembros de la Confederación, poseía sus tierras vasallas y en ellas, las tendencias liberales eran sustituidas por los gobernadores patriarcales que tanto admiraba Goethe. Un buen ejemplo podría ser Landolt von Greifensee, que «detestaba a los campesinos progresistas y las ideas revolucionarias». Abogaba por la asistencia obligatoria a la Iglesia y defendía la flagelación como medida disciplinaria eficaz.

EL CONTRATO SOCIAL

«El hombre ha nacido libre, y sin embargo, por todas partes se encuentra encadenado», frase con la que Rousseau inicia *El contrato social.* (Traducción de Fernando de los Ríos.)

La elite francesa

Berna se caracterizaba por el uso de la lengua y las costumbres francesas. Tenía una Constitución elitista y todo el poder lo ostentaban 360 familias. La clase media no tenía ningún derecho político, pero podía disponer libremente del comercio, la educación y la religión. Las clases más bajas, entre las que se hallaban los extranjeros, no podían poseer una casa propia ni bautizar a sus hijos en la ciudad. Tampoco se les permitía la entrada al mercado antes de las once de la mañana, hora en la que las clases superiores (o mejor dicho, los sirvientes de éstas) finalizaban sus compras. En el año 1744, un grupo de ciudadanos dirigidos por un tal Henzi presentó una demanda solicitando la modificación de tan estrictos reglamentos. Tal atrevimiento costó la vida a Henzi.

En el año 1755, Ginebra, que anteriormente había estado sometida al consistorio de Calvino, se estremeció con la llegada del filósofo francés Voltaire. Según sus propias declaraciones, había ido a pasar en ella sus últimos años de vida (tenía entonces 61), pero quienes interpretaron sus palabras como una retirada tranquila y sin polémicas, no sospechaban lo que les esperaba en los siguiente años. (*véase el cuadro informativo de la pág. 40*).

Un golpe revolucionario

Puesto que Francia había sido el más poderoso aliado de Suiza, su Revolución se dejó notar en la Confederación. Como era de esperar, se topó con quienes estaban a favor de los estamentos políticos y sociales: los gobiernos de los cantones, las clases privilegiadas de las ciudades, la Iglesia y, cómo no, los refugiados aristócratas franceses, establecidos principalmente en Solothurn, Friburgo y Neuchâtel. Entre los que apoyaron la Revolución figuraban los territorios subordinados, las zonas francófonas y los emigrantes suizos de París. La Austria imperial hubiese podido constituir un aliado de los detractores, pero el temor a las ambiciones invasoras de los austríacos permanecía latente en Suiza, y Francia, bajo cualquier gobierno, era considerada como la mejor garantía posible ante la expansión de Austria. En cualquier caso, el interés de Suiza era mantenerse neutral.

Las relaciones franco-suizas, en la cuerda floja a causa de la Revolución, fueron puestas a prueba el 10 de agosto de 1792, cuando la población parisina atacó el palacio de las Tullerías, donde el deber de proteger a la realeza francesa correspondía a la Guardia Suiza. Parece ser que Luis XVI había ordenado un alto al fuego tras afianzar su propia seguridad, por lo que la muchedumbre la emprendió contra la guardia y mató a unos 800 hombres. Diez días después del incidente, la Asamblea francesa despidió a los mercenarios suizos que prestaban sus servicios en el país y los envió de vuelta a su país sin compensación económica alguna. Muchos de ellos, sobre todo los oficiales, se cambiaron de bando y lucharon con la coalición antirrevolucionaria a las órdenes de Austria y a sueldo de los británicos.

Los revolucionarios suizos de París se desvincularon de la indignación general tras la matanza de los guardias a fin de presionar la «liberación» de Suiza por parte de Francia. El gobierno francés se mostró cauteloso. Casi toda Europa había impuesto un bloqueo sobre Francia y sólo la frontera suiza permanecía abierta para recibir los productos de los suministradores austríacos, italianos y húngaros.

En 1798, la postura francesa se endureció bajo la influencia cada vez mayor de Napoleón Bonaparte. Cualquier pretexto les sirvió para ocupar el sur del lago de Ginebra, la primera invasión en la historia de la Confederación. Laharpe, que desde hacía tiempo sentía rencor contra Berna, le recordó a Napoleón que la ciudad guardaba un importante botín de oro. La capital era la piedra angular del ejército, pero abandonada por los restantes miembros y estancada por las desavenencias internas, no pudo hacer frente al ataque francés.

El saqueo de Berna

El 5 de marzo, el ejército francés entró en la ciudad y se puso manos a la obra. El tesoro fue cargado en once vagones, junto con las tres mascotas de la capital, tres osos llamados *Erlach*, *Steiger* y *Weiß*.

Las diez ciudades cantonales aceptaron la República Helvética proclamada por Francia, pero los tres cantones forestales adoptaron una actitud desafiante. Manifestaron que preferían morir «quemados bajo sus techos en llamas que someterse a las órdenes de un extranjero». Sin embargo, contaban con una representación minoritaria y tras las caídas de Glaris y Schwyz, la resistencia se concentró en la ciudad de Stans, en Nidwalden.

El comandante francés en la ciudad declaró que el 9 de septiembre de 1798 había sido el día más intenso de su vida: «Como una furia, la legión negra de los esclavos franceses mató y causó estragos en todo el distrito». Esa misma noche finalizó el desafío entre una nube de humo y sangre.

IZQUIERDA: *El tiovio elefante*, cuadro de Antoine Caron: el elefante representa a Ginebra, sus pasajeros «turcos» son protestantes infieles, y ambos están siendo atacados por fuerzas católicas.
DERECHA: Jean-Jacques Rousseau.

LOS VALORES FAMILIARES DE ROUSSEAU

Jean-Jacques Rousseau nació en el seno de una familia francesa, en Ginebra, en 1712. A pesar de haber pasado su vida yendo de un lado a otro, afirmó que nunca había perdido su pasión por la ciudad. En una de sus visitas, cuando se marchó, estaba tan emocionado que se desmayó.

En su disputa sobre el teatro con Voltaire, Rousseau encomiaba la nobleza de lo salvaje, la inocencia de la infancia y la perversión de la civilización. Sus críticos señalan que la ciega adoración de Rousseau por la infancia se aviene mal con el destino de los cinco hijos que tuvo con una sirviente analfabeta, Thérèse le Vasseur: los envió a un hospicio.

LA TRADICIONAL VIDA RURAL

En las comunidades rurales de los Alpes, la vida transcurre como siempre, con su música, su artesanía y su indumentaria típica

Una de las características más destacadas de Suiza es la coexistencia de dos economías extremas y completamente direrentes: por un lado, las industrias y empresas dinámicas y modernas y, por otro, la economía rural ganadera que, al menos en las zonas de montaña, tiene una gran tradición. La ganadería de las tierras altas constituye todavía un negocio familiar, y el gobierno ha destinado importantes ayudas para frenar la marcha de las nuevas generaciones a las ciudades y los centros industriales. Con ello, Suiza ha conseguido evitar el principal fenómeno de la Europa occidental, donde las comunidades rurales se están convirtiendo en poblaciones de paso. De hecho, los suizos se enorgullecen, por lo general, de su patrimonio rural, que comprende mucho más que los campesinos con barba y vestidos con sus trajes tradicionales que enarbolan banderas, cantan al estilo tirolés y tocan las típicas trompas de los Alpes en las exhibiciones folclóricas para los turistas.

AL SON DE LA MÚSICA

Los tradicionales cantos, con sus agudos falsetes mezclado con notas graves, se desarrollaron a partir de las llamadas de los pastores suizos e, igual que su instrumento nacional, la evocadora trompa de los Alpes, eran empleados como medio de comunicación en los valles de las montañas. El *alphorn*, o trompa de los Alpes, fabricado con un tronco de pino ahuecado que puede llegar a medir hasta 4 metros de largo, fue descrito por primera vez en 1555 y tiene su origen en las tradicionales poblaciones rurales de Appenzell y el Oberland bernés. A principios del siglo XIX, este instrumento musical estuvo a punto de desaparecer, pero un inesperado renacimiento cultural lo libró de esta eventualidad. Al parecer, los pastores lo tocaban para que las vacas se relajaran mientras las ordeñaban.

▷ **POR LOS ALPES**
Un rebaño de vacas pasta cerca del paso del Lucomagno, que, junto con el San Gotardo, es una de las rutas más importantes de las que atraviesan los Alpes de norte a sur.

△ **BIENVENIDA A LAS MONTAÑAS**
Un hombre de Col du Pillon, desde donde se puede tomar el transporte público hasta el glaciar de Les Diablerets, un pequeño pueblo de Vaud.

◁ **CON LA CESTA A LA ESPALDA**
La vida en el campo puede ser dura y a menudo exige realizar trabajos pesados. Esta cesta de Val Bregaglia fue fabricada para transportar forraje.

▷ **UNA SILLA DEL CAMPO**
En varios museos de todo el país se exhiben muestras del primer diseño suizo y gracias a ellos se consigue mantener la cultura. Esta silla y el reposapiés son muebles característicos de las cocinas rurales.

◁ **SABOR A QUESO**
Las técnicas tradicionales de elaboración de queso aún se utilizan en Château d'Oex. En los valles suizos se siguen empleando los métodos antiguos para procesar la leche.

▷ **COMODIDAD RURAL**
Una acogedora habitación típica de Appenzell, reconstruida en el museo al aire libre que se encuentra en Ballenberg, cerca del Oberland bernés.

◁ **EL TRABAJO EN MADERA**
Los diseños y trabajos elaborados en Brienz, el principal centro de talla en madera, no tienen parangón en el resto del país.

▷ **TRAJES TRADICIONALES**
Es impresionante la variedad de trajes regionales: se han contado alrededor de 400 tipos diferentes. A la derecha, una muestra tradicional de Emmental.

EL ARTE DE LA MADERA

En los alrededores del lago Brienz se asienta una comunidad de artesanos que utiliza las maderas locales, como el tilo, para fabricar obras de arte típicas de la zona, desde cajas de música o joyeros hasta esculturas. Incluso la arquitectura y los edificios típicos de la zona, con balcones profusamente decorados con tallas de madera, reflejan el trabajo que ha hecho de la ciudad de Brienz el foco de la talla de madera de Suiza.

Estos artesanos han transmitido la habilidad de fabricar objetos ornamentales y prácticos de generación en generación, y sus obras se venden en los talleres y estudios de la región. La escuela y museo *Kantonale Schnitzerschule Brienz* mantiene las técnicas tradicionales (abierto de 8:00 a 11:00 h y de 14:00 a 17:00 h durante el curso escolar). Justo enfrente se levanta la escuela de fabricación de violines, con cursos anuales, y también cerca se encuentra el Museo Jobin Living, que se precia de poseer la mayor colección de grabados antiguos y de cajas de música suizas.

LA SUIZA MODERNA

El país se mantuvo neutral durante las dos guerras mundiales y acabó siendo más próspero y más estable que antes

La República Helvética nació para favorecer los intereses de Francia en el ámbito geográfico y político. Se separaron algunas partes del sur, que pasaron a manos de una Italia controlada por Francia, Neuchâtel quedó aislada y Mulhausen fue anexionada por Francia. El resto estaba dividido en 23 cantones bajo un ejecutivo

fuertemente centralizado, que respondía al mismo sistema administrativo por el que se regían sus vecinos franceses. Con la Constitución se duplicaron las libertades individuales que introdujo la Revolución francesa, pero no fueron apreciadas tanto como se sintió la pérdida de la autonomía local. El colmo de la humillación para los descontentos suizos fue la elección entre la alianza militar con Francia (opción esta que, en la práctica, equivalía a poner fin a la neutralidad de Suiza) y la completa anexión.

Era imposible establecer una Constitución por las constantes disputas entre los suizos, y de 1798 a 1803 introdujeron seis modificaciones que no llevaron a ningún lugar. En 1803, Napoleón transigió: aceptó que los suizos tuvieran sus cantones con cierto grado de autogobierno, que mantuvieran su neutralidad e incluso la tortura judicial. La alianza perpetua se redujo a 50 años y Napoleón se reservó el derecho de reclutar a 16 000 hombres de Suiza. Con el Acta de Mediación, Napoleón asumió el cargo de mediador de la Confederación Suiza y durante unos años el país pudo finalmente restañar sus heridas.

El camino hacia la neutralidad

El Congreso de Viena, convocado por las potencias europeas vencedoras para repartirse el imperio de Napoleón tras la derrota de éste en 1814, presenció las protestas y presiones de los burgueses suizos por recuperar sus antiguos derechos, y sólo después de mucho esfuerzo consiguieron los cuatro grandes (Austria, el Reino Unido, Rusia y Prusia) que los suizos se pusieran de acuerdo para formar una débil federación. Los cantones, que eran 23, serían prácticamente autónomos, con sólo algunas funciones federales rotativas que ejercerían Berna, Zurich y Lucerna. Estas deliberaciones fueron interrumpidas por la noticia de la fuga de Napoleón de la isla de Elba. Suiza, cuya neutralidad estaba siendo discutida, se vio obligada a declarar la guerra a Francia, porque la neutralidad no tenía ningún sentido si Napoleón conseguía recuperar el poder.

El ejército suizo invadió Francia el 3 de julio de 1815, y el 22 del mismo mes interrumpió su avance y regresó a casa. Una vez libres de Napoleón, el tratado de París reconoció la neutralidad perpetua de Suiza el 20 de noviembre de 1815. Con el tratado se fijaron las fronteras suizas, que coinciden con las actuales. La Confederación perdió Mulhouse pero recuperó y amplió Ginebra, el Valais y Neuchâtel. El anterior territorio de Basilea lo compartía con Berna.

Aunque la situación internacional y el mapa de Suiza estuvieron asegurados, el panorama nacional en los 15 años siguientes fue caótico. Los cantones insistieron en acuñar su propia moneda y los pasos aduaneros entre ellos eran tan lentos que los comerciantes internacionales empezaron a utilizar otras rutas.

En 1830, por inspiración del ejemplo de la Revolución Francesa, la «restauración» pasó a ser «regeneración», un término equivocado a no ser que se refiriera a la regeneración de las fuerzas capaces de convertir la confusión en un completo caos. Los campesinos de los diferentes cantones perseguían sus respectivos sueños, que, aparte de desear el fin de la aristocracia, reflejaban un amplio espectro de diferencias. La orden reaccionaria se enfrentaba a la lógica sin sentido que percibían los aristócratas franceses en Friburgo cuando la ciudad exigió, por ejemplo, la oficialidad de la lengua alemana porque había gozado de este título hasta 1798.

FERVOR ANTIJESUITA

En vísperas de la guerra civil, el editor del diario *Basler Zeitung*, Jacob Burckhardt, expuso: «Los jesuitas son una maldición para cualquier persona o país que caiga en sus manos».

La «dieta federal» era impotente ante estos abusos, y siete cantones, entre ellos Lucerna y Zurich, conformaron una federación dentro de la federación y, en 1832, siguiendo su ejemplo, lo hicieron otras regiones. Estos grupos se arreglaron de tal manera que la Confederación quedó compuesta por dos partes antagónicas: «Una situación ominosa, que conseguía atemorizar a cualquier ciudadano ante el resultado...».

A medida que aumentaba la tensión entre las partes religiosas enfrentadas, el cantón de Argovia (Aargau) provocó la ira de todo el país al abolir todos los monasterios y conventos, en contra del Papa y el emperador de Austria, cuyos antepasados habían fundado Muri, uno de los monasterios implicados. El acuerdo alcanzado finalmente consistía en salvar los conventos, pero acabar con los monasterios.

Un consejo de guerra

En 1844, Lucerna, uno de los cantones católicos, decidió que sus intereses religiosos mejorarían si se confiaba la enseñanza a los jesuitas. Los extremistas protestantes lanzaron ataques por la ciudad, en uno de los cuales 100 voluntarios paramilitares perdieron la vida y 1 900 fueron capturados. Los siete cantones de mayoría católica constituyeron la Liga de Sonderbund, establecieron el Acta de Sucesión y nombraron un consejo de guerra. El príncipe de Metternich, el canciller austríaco que había sido uno de los arquitectos de la «nueva» Suiza en el Congreso de Viena, observaba horrorizado los acontecimientos. «Suiza –escribió– presenta la perfecta imagen de un estado en proceso de desintegración social... Se ha quedado sola como república en Europa y acoge a todo tipo de personas conflictivas. En lugar de mejorar sus problemas con los medios adecuados, la Confederación no levanta cabeza y constituye para sí misma y para sus preocupados vecinos una fuente de agitación y problemas».

La guerra civil enfrentó a los 415 000 habitantes de los siete cantones de la Liga de Sonderbund contra casi dos millones de habitantes de los cantones «federales». Por su parte, los cantones forestales adoptaron una posición neutral, mientras que Friburgo se quedó completamente aislado y Valais estaba comunicado con los demás sólo por los altos pasos alpinos. Era lógico que las fuerzas federales decidieron acabar primero con Friburgo y

que después cerraran todos los posibles accesos a Lucerna. La ciudad se rindió sin lucha, y pronto lo harían también las demás. La campaña finalizó en 20 días, con un saldo de 78 muertos y 260 heridos.

Los vencedores se mostraron indulgentes, y las primeras víctimas fueron los jesuitas, que fueron expulsados. Una nueva Constitución fue sometida a votación popular y, a pesar de que fue rechazada por siete cantones, éstos aceptaron la decisión de la mayoría. La Constitución federal de 1848 asignó el ministerio de asuntos exteriores y otras instituciones, como correos o la aduana, a un control central, restringido a las actividades mercenarias en el extranjero, y estipulaba que, por primera vez, todos los cantones contaran con instituciones democráticas. Por fin, los suizos conta-

IZQUIERDA: detalle de *Las celebridades del país*, cuadro de 1829.
DERECHA: cubierta del Pacto Federal de 1815.

ban con un gobierno nacional con futuro y estaban a la altura del resto de Europa.

En los años que siguieron, Zurich desempeñó un papel preponderante en los asuntos federales y bajo el dinámico liderazgo de su alcalde liberal, Jonas Furrer, vivió un período de renacimiento cultural cosmopolita sin precedentes.

> **ALERTA PARA LA MONARQUÍA**
> Cuando los monárquicos fueron apresados tras el golpe de Estado que se produjo en Neuchâtel, Federico Guillermo IV de Prusia describió el hecho como «una bofetada en el rostro de la monarquía europea».

La crisis de Neuchâtel

Animados por su democracia en expansión, los suizos consideraron la posibilidad de declarar la guerra a Prusia por la curiosa cuestión de Neuchâtel, la primera crisis de

política exterior a la que tenía que hacer frente la joven democracia. Desde 1707, Neuchâtel había sido un caso especial, cuando tuvo que someterse a Federico II de Prusia para frenar el avance de Luis XIV de Francia. Siguió bajo su autoridad incluso después de que fuera admitido como cantón en 1814; era, por tanto, un enclave monárquico en la confederación republicana. Estos adeptos de la monarquía se negaron a unirse a las fuerzas contra la Liga de Sonderbund en 1847 y fueron derrotados por los simpatizantes republicanos.

Un golpe de dos días

Sin embargo, un año más tarde, las grandes potencias rehabilitaron al príncipe de Prusia como «príncipe de Neuchâtel». Los suizos no lo aceptaron y continuaron reconociendo a los usurpadores republicanos. El 2 de septiembre, el conde Frédéric Pourtalès se lo arrebató a los usurpadores y Neuchâtel pasó de nuevo a manos de Prusia, pero únicamente durante dos días. En el contragolpe, unos cien monárquicos fueron hechos prisioneros, pero Federico Guillermo IV de Prusia se movilizó y los suizos respondieron con un ejército formado por 30 000 hombres.

Napoleón III, que no quería ver al ejército prusiano derrotado en sus tierras del sudeste, se ofreció a mediar en el conflicto y lord Palmerston (Reino Unido) recordó a Federico Guillermo las garantías de la neutralidad de Suiza.

Según el acuerdo alcanzado, Suiza liberaría a los prisioneros monárquicos, que regresarían a Prusia; Neuchâtel recobraría todos sus derechos cantonales en el seno de la Confederación Suiza y Federico Guillermo renunciaría a sus derechos de soberano, aunque podía seguir llamándose «príncipe de Neuchâtel» si así lo deseaba. Fue la última disputa de la era antigua entre Suiza y las autoridades extranjeras.

Mercenarios y refugiados

Los problemas provocados por los mercenarios suizos en el extranjero y los refugiados políticos continuaban sin haber sido solucionados. La Constitución federal de 1848 prohibía nuevas capitulaciones (contratos para sustituir a los mercenarios), pero no abolía las que ya existían, dos de ellas con el rey Bomba de Nápoles y con el Papa. Esto significaba que las tropas suizas tenían que participar en las guerras del *Risorgimento* italiano, una situación que seguía sin respetar la aprobación de una nueva ley federal en 1859, que reforzaba la prohibición de los servicios mercenarios.

Ese mismo año, un regimiento papal suizo fue acusado de cometer atrocidades tras tomar Perusa; el siguiente año, otra unidad fue derrotada en Castelfidardo por un ejército italiano que se uniría a Garibaldi. Unos 4 000 «voluntarios» suizos combatieron en la guerra de Secesión de Estados Unidos (a favor del Sur, en su mayoría), y 7 000 murieron al servicio de Francia en la Primera Guerra Mundial. En 1927 se prohibió el voluntariado (incluso para la legión francesa del extranjero); la Guardia Suiza del Vaticano, fundada en 1505 por el papa Julio II, cuyos contratos no estipulaban el deber de combatir, era la única excepción.

La convulsión política que se produjo a mediados del siglo XIX provocó una afluencia de fugitivos que interpretaban la neutralidad internacional de Suiza como una protección. El país se benefició, pero también resultó perjudicado por su reputación de lugar de asilo.

El Napoleón suizo

Luis Felipe, el futuro «rey ciudadano» de los franceses, pasó algunos años en los Grisones como profesor de matemáticas, pero al subir al trono protestó cuando Luis Napoleón, que más tarde lo sucedió como Napoleón III, pidió asilo en Suiza. De hecho, Napoleón adoptó la nacionalidad suiza y fue capitán del ejército helvético. Cuando la Dieta se negó a expulsarlo, Luis Felipe envió 25 000 hombres en su busca. Napoleón se trasladó a Londres para evitar el peligro.

Las actuaciones de Luis Felipe reflejaron la posición común de que la recompensa de la neutralidad suiza *no* era dar refugio a los fugitivos. Los suizos no compartían su opinión y, al menos en principio, la mayoría de la población acogía a los refugiados como mártires y los ayudaban a encontrar trabajo. Cuando el número de refugiados alcanzó la cifra de varios millares, las bienvenidas ya no eran tan calurosas y, sin trabajo, se convirtieron en personas molestas. El tema de los refugiados constituía una vergüenza para Suiza y hoy, lo que perdura de ello es quizás el sentimiento de que el sistema bancario secreto pueda encubrir demasiadas causas injustas.

A pesar de las dificultades con Neuchâtel, los suizos federales obtuvieron la paz interna, ventajas económicas e incluso una posición de respeto en las relaciones extranjeras.

Una nueva guerra

Siempre y cuando el equilibrio europeo de poder se mantuviera estable, la independencia y la neutralidad de Suiza estaban a salvo. Cuando la balanza se desequilibraba, surgían los problemas. La guerra francoprusiana de 1870 fue un caso particular por la composición racial y religiosa del país. La minoría política de los conservadores católicos y la minoría lingüística de los cantones radicales demócratas franceses se aliaron por temor a la germanización protestante. La amenaza se había fijado en la posible germanización del gobierno, por lo que se mostraron favorables a la autonomía cantonal. Entre centralistas y federalistas, liderados, respectivamente, por Louis Ruchonnet, originario de Vaud, y el canciller federal Emil Welti, cuyo lema rezaba «Una ley, un ejército», la división era racial y cultural.

Quien había quedado fuera de la división suiza era el Tesino italiano, donde las fuerzas de los conservadores y los radicales estaban muy igualadas. Las protestas por unas elecciones fraudulentas dieron pie a manifestaciones, disturbios y derrama-

Izquierda: las tropas francesas cerca de Hüningen (h. 1798).

Arriba: plantando el «árbol de la libertad» en Münsterplatz, Basilea.

La creación de la Cruz Roja

La internacional ciudad de Ginebra, conocida como escenario de tantas conferencias de paz y encuentros importantes, se puede considerar como un estado dentro de una ciudad. Acoge numerosas organizaciones internacionales de todas clases e incluso posee sellos propios para su correo. No es una coincidencia que la famosa bandera de la Cruz Roja que han distinguido a las ambulancias en innumerables guerras sea, de hecho, la bandera suiza con los colores invertidos, y tampoco es una casualidad que la sede de la organización se encuentre en Ginebra. Existe un fuerte vínculo que las une, aunque el origen de esta relación es una historia olvidada que merece la pena recordar.

Henri Dunant, fundador de la Cruz Roja, nació en Ginebra en 1828 y amasó una fortuna en Argelia como especulador de grano. Regresó a Ginebra con la intención de aumentar su capital, pero ante los problemas burocráticos, decidió dirigirse a lo más alto, al mismo Napoleón III.

Sus esfuerzos por conseguir una audiencia con Napoleón fueron toda una lección de adulación. Escribió un libro en el que demostraba, sin dejar lugar a dudas, que Napoleón, entre otras cosas, era heredero del emperador Augusto, un hecho implícito de alguna forma en el título: *El Imperio de Carlomagno restablecido* o *El Sacro Imperio Romano restablecido por Su Majestad el emperador Napoleón III*, por J. Henri Dunant, director y presidente de la Sociedad Financiera e Industrial de Mons-Djemila (Argelia), miembro de la Sociedad Asiática de París, de la Sociedad Oriental de Francia, de las Sociedades Geográficas de París y Ginebra, de la Sociedad Histórica de Argelia, etc. Dunant mandó imprimir una copia y después se la hizo llegar al propio emperador.

Siguió el rastro de Napoleón por Italia en vísperas de la batalla de Solferino (1859). El emperador tenía un objetivo en la mente, y también Dunant. Se vio metido en una de las batallas más sangrientas de la historia: se produjeron 33 000 bajas el primer día. Dunant se puso manos a la obra, limpiando heridas y ayudando en todo, puesto que, por término medio cada minuto caían 55 soldados. Al cabo de dos días y dos noches sin dormir, el hombre se convirtió en una leyenda. En esos momentos poco importaba ya que Napoleón se fijara o no en el libro.

Dunant volvió a Ginebra y escribió un relato conmovedor sobre los horrores que había presenciado. En *Un recuerdo de Solferino* exigía con fervor una organización neutral que se encargara de los heridos de la guerra. M. Gustave Moynier, presidente de la Sociedad para la Utilidad Pública de Ginebra, leyó la obra y le pareció una buena idea. Dunant viajó por Suiza en busca de apoyo y el resultado fue la ratificación de la primera Convención de Ginebra en el año 1864.

Sin embargo, tres años después de la fundación de la Cruz Roja, Dunant se marchó de la ciudad arruinado. Sin ningún dinero, ideó algunos planes ambiciosos, como poner el Próximo Oriente en manos de Napoleón o crear un Estado judío en Palestina. Ninguno de ellos llegó a cumplirse y, víctima de la persecución de sus acreedores, no podía permanecer demasiado tiempo en un lugar.

En 1887 regresó a Suiza para vivir de incógnito, como un ermitaño, en el poblado de Heiden, en Appenzell. Un periodista descubrió el destino del fundador de la Cruz Roja y a su primicia le siguieron otros periódicos. En 1901, el ermitaño de barba blanca de Heiden recibió el primer premio Nobel de la Paz, hecho que aprovecharon sus acreedores para volver a reclamar su dinero. Avergonzada ante el fracaso financiero de uno de los suyos, Ginebra, centro financiero y económico del país, llegó a cuestionar la autoría de Dunant como fundador de la Cruz Roja.

Él tuvo la última palabra. Cuando falleció en 1910, dejó el dinero que había ahorrado del premio Nobel a instituciones de caridad de Noruega y Suiza. Sus enconados acreedores, en cambio, no recibieron nada.

IZQUIERDA: retrato del ginebrino Henri Dunant, fundador de la Cruz Roja.

miento de sangre y, por un tiempo, parecía que estallaría la guerra civil en el cantón. Las elecciones de 1889, convocadas para poner a prueba las innovaciones democráticas, atrajeron a votar a los ciudadanos de Tesino que vivían en el extranjero. Los partidos enviaron barcos para que centenares de electores regresasen de Europa y América. El resultado acabó muy igualado, pero con el sistema mayoritario, los conservadores obtuvieron las dos terceras partes de los escaños.

Los radicales pusieron la ley de su lado, ocuparon edificios, encarcelaron al concejo municipal e instituyeron un gobierno provisional. La llegada de dos batallones de tropas federales y una promesa de representación proporcional calmó la situación. En 1892, los radicales habían recuperado el poder.

VISITANTES DESTACADOS

En lugar de los protestantes, entre los refugiados del siglo XIX se encontraban algunas de las principales figuras políticas europeas como Mazzini, Lenin, y, más tarde, Mussolini.

ARRIBA: ataques entre el distrito de Basilea y la ciudad homónima durante la guerra civil (1831).

La nueva economía

Una Suiza neutral suponía un flanco seguro para sus países vecinos; la cuestión era si Suiza tenía la voluntad y el poder necesarios para prevenir la invasión de su neutralidad. Quizás lo mejor que podía hacer Suiza en este aspecto era anunciar el aumento de la movilidad y las fuerzas de su ejército y, mientras tanto, ceder su territorio neutral como zona que acogiera las sedes de las organizaciones internacionales.

Los nuevos túneles, carreteras y ferrocarriles no fueron bien recibidos entre los campesinos, al menos en apariencia. La eficacia militar de la embrionaria Suiza dependía en gran medida de una economía basada en la ganadería no intensiva. Con el paso de los siglos, los cantones forestales se unieron y poco a poco dominaron a los que se dedicaban a la actividad mixta. La agricultura fue evolucionando, y a mediados del siglo XIX la producción de cereales constituía su principal actividad.

EL INCIPIENTE TURISMO

Después de las dos visitas de la reina Victoria a los Alpes, Suiza se convirtió en un destino turístico de moda entre la clase media europea.

Sin embargo, según un texto de la época, los visitantes recibían una acogida distinta a la de ahora: «Durante tres meses, las únicas hortalizas que comimos fueron patatas. De hecho, una persona que venga por razones de salud, sale beneficiada por el clima, pero pierde en lo que respecta a la buena comida y la comodidad doméstica».

Como anticipo del futuro auge de los deportes de invierno, la primera actividad fue el descenso en trineos, prestados por los lugareños.

En aquellas circunstancias, aumentó la producción de cereales y, en general, todo el país contaba con suficiente grano como para cubrir el consumo doméstico de 300 días. Sin embargo, los medios de transporte modernos expusieron a los campesinos suizos a la competencia con tierras tan remotas como Rusia. No sólo el coste de la producción era muy elevado, sino que no podían competir con los cereales que, gracias a los nuevos medios de transporte, eran importados sin dificultad.

UN PEÓN ESTRATÉGICO

Por su tamaño, Suiza sólo sería un peón en el tablero de juego de Europa, pero la apertura del túnel de San Gotardo en 1882 hizo que se convirtiera en una pieza clave, que ofrece la mejor ruta de norte a sur.

Los agricultores suizos cambiaron sus actividades y redujeron los cultivos de cereales. A finales del siglo XIX, sólo se producía una cantidad de cereales para seis meses. Se dieron cuenta de que habían regresado al punto de partida. Todavía disponían de unas condiciones excelentes para la ganadería y la producción de derivados lácteos, y volvieron a concentrar sus energías en estas actividades. Algunas cosas sí habían cambiado. La demanda exterior ya no se centraba en la carne de caballo, sino en la de vacuno.

El queso se vendía en tal cantidad que, por un tiempo, constituyó más de una tercera parte de las exportaciones agrícolas. La industria láctea y sus derivados también comenzaron a fabricar dos nuevos productos que desde entonces se han convertido en sinónimos de Suiza: el chocolate y la leche condensada.

Los relojes suizos

La industria relojera recibió un fuerte impulso (sobre todo después de la Primera Guerra Mundial) para que se adoptaran los sistemas de fabricación que permitieran producir para la exportación. La industria, en general, aumentó hasta controlar el 90 % de la producción mundial. En la década de 1970, cayó hasta un 40 % y siguió bajando mientras el franco suizo se fortalecía ante otras divisas en los mercados de exportación de la industria relojera. Un dólar a la baja hacía que los relojes estadounidenses fueran más baratos y con la entrada en liza de los eficientes fabricantes japoneses se produjo un vuelco radical.

Se avecina una guerra mundial

El tema de conversación política de Suiza, y del resto de Europa, giraba en torno al efecto dominó que empezó con el atentado de Sarajevo que costó la vida al archiduque Francisco Fernando, heredero del imperio astrohúngaro, y concluyó con la Primera Guerra Mundial.

La Suiza francófona, como en otras ocasiones, desconfió de los alemanes, sobre todo después de que éstos invadieran Bélgica y por las perspectivas alemanas que habían ganado terreno en el país. Más de 220 000 alemanes «auténticos» vivían en Suiza, la mitad de ellos concentrados en las ciudades de Basilea y Zurich. Los suizos francófonos apoyaban a Francia y el Reino Unido, mientras que la región de Tesino se alineó con Italia. Por su parte, los suizos de habla alemana sentían una especie de admiración por Alemania, por su avanzada tecnología, su industria y su comercio. Muchos criticaron la invasión de Bélgica, pero seguían creyendo en el país.

«En el terreno cultural y político es deseable una victoria alemana», escribió Karl Scheurer, jefe del departamento militar del cantón de Berna en agosto de 1914. Un mes más tarde, el ministro alemán de Berna informó a sus superiores: «Ya desde el primer momento del comienzo de la guerra, Suiza ha puesto a nuestra disposición todo su servicio de inteligencia militar secreta...».

El arresto y el juicio de dos oficiales del comandante en jefe, el general Wille, por pasar información secreta a Alemania y Austria, provocó protestas exigiendo su dimisión, que no tendría ningún efecto en la moral de un ejército que cumplía un servicio fronterizo aburrido y sin incidentes. Aunque se lanzaron algunas bombas, no hubo graves violaciones de la neutralidad. La verdadera guerra para Suiza era económica. La agotada agricultura era incapaz de alimentar a la población y siempre se corría el peligro de que no llegaran las provisiones importadas o las materias primas que hacían funcionar la industria. Un acuerdo alcanzado con las potencias centrales en 1915 estipulaba la importación de bienes y productos de Alemania y Austria, pero los aliados no se mostraron tan dispuestos. Estados Unidos garantizó el abastecimiento de pan.

Algunos suizos se habían arruinado con la guerra, mientras a otros les iba muy bien. Ante la falta de competencia extranjera, para los campesinos la situación era muy similar a la de tiempos pasados. Las presiones económicas recayeron sobre la clase obrera y su resentimiento se acentuó por la cuantiosa afluencia de extranjeros durante la guerra: especuladores, desertores, objetores de conciencia, además de los revolucionarios rusos como Lenin, Trotski, Zinóviev, Axelrod y Martov. Su sola presencia hacía que Suiza pareciese la capital revolucionaria del mundo y los socialistas suizos estaban influidos por la situación. Se veía llegar una huelga general, pero el Consejo General actuó con rapidez. El ejército fue enviado a Zurich para evitar que los socialdemócratas celebrasen una manifestación por el aniversario de la Revolución Rusa y toda la legión soviética de Berna fue trasladada a la frontera. La huelga sólo fue parcial, ya que los socialdemócratas cedieron ante una orden federal para desconvocarla. Algunos líderes huelguistas fueron encarcelados por breve tiempo, pero consiguieron algunos de sus objetivos, como por ejemplo, la semana laboral de 48 horas.

La Segunda Guerra Mundial

Con la inminencia de la guerra más presente que nunca, Suiza se aseguró de llenar sus graneros para evitar ser sorprendida de nuevo. La neutralidad ante los enfrentamientos estaba garantizada, pero un manual oficial alemán los sorprendió: según sus mapas, Suiza se encontraba dentro de los límites del Tercer Reich. Los suizos de habla alemana se asustaron tanto como los demás, ya que, en realidad, tenían muy poco en común con los alemanes, y menos aún con los fascistas. Cuando estalló la guerra, se eligió un comandante en jefe para Suiza, cargo que recayó en el francófono Henri Guisan, de Vaud, un cambio significativo en comparación con la anterior simpatía del estamento militar por Alemania. En un primer momento fueron movilizados 400 000 hombres y, más tarde 850 000, entre los que se incluían las tropas auxiliares y la guardia nacional, de una población total de cuatro millones. En las primeras etapas de la guerra, las tropas suizas ocuparon su posición habitual en las fronteras, pero con la caída de Francia, que dejó el país rodeado por el Eje, Guisan adoptó

Izquierda: un dibujo satírico representa la campaña a favor de la representación proporcional de finales del siglo XIX.

Derecha: un cartel apoya el derecho al voto cantonal en Zurich.

una estrategia que consistía en permitir al enemigo pasar la frontera, donde la defensa era difícil, para de este modo esperarlo en un lugar, como los Alpes, que favoreciera a Suiza.

No cabe duda de que el mando alemán había planeado invadir Suiza, incluso existía un nombre cifrado, *Tannenbaum* (abeto). No se conoce por qué no se llevaron a cabo dichos planes. Según una de las teorías, Hitler pensó que no merecía la pena emplear las tropas requeridas en vista de lo que Suiza representaba en términos de materias primas. Además, necesitaba, y ya antes lo había utilizado, el túnel de San Gotardo para obtener el carbón para sus aliados italianos. Sabía que los suizos habían sacado provecho de la mina del túnel y que lo volarían ante el primer signo de invasión, una pérdida potencial que supondría una invasión contraproducente. Si Hitler hubiese necesitado una excusa para invadir el país, ya la tenía: sus tropas habían descubierto en las dependencias francesas de La Charité-sur-Loire un acuerdo secreto sobre el intercambio de información entre la inteligencia suiza y la francesa, un epílogo irónico de la Primera Guerra Mundial. En cualquier caso, tras el desembarco de los aliados en África del Norte y Francia, Hitler tenía otras cosas en la mente.

Asistencia en la posguerra

Cuando llegó la paz, Suiza destinó una gran parte de su economía intacta a la reconstrucción de la

posguerra. Las consecuencias del fascismo en Italia y Alemania fueron profundas. Parece ser que, después de todo, los estamentos suizos llegaron a la conclusión de que no eran tan malas personas.

Sin embargo, el espíritu unificado de los años de la guerra se alteró en poco tiempo con los efectos de la guerra fría. Desde 1948, el Partido Comunista ejerció una notable influencia y las facciones opuestas provocaron la ruptura de la sociedad suiza. No obstante, la economía pasó con sigilo de una bonanza a otra, impulsada por las inmensas reservas de capital y la mano de obra extranjera, en cierta manera barata. La concesión del voto a las mujeres, propuesta denegada en 1959, y aceptada finalmente en 1971, demuestra que los suizos, además de algo extraños, eran algo

LA SOCIEDAD DE NACIONES

Suiza se mostró entusiasta ante la propuesta de una Sociedad de Naciones el año 1918 y, aunque no desempeñó un papel decisivo en su formación, Ginebra fue elegida como su sede. Por su condición de neutral, surgieron dudas sobre la legalidad de su participación; en 1920, la Declaración de Londres permitió la entrada de Suiza «por una antigua tradición». La Confederación participaría en las operaciones militares, limitándose a controlar el cumplimiento de las sanciones económicas impuestas por la Sociedad de Naciones. Cuando la posibilidad de anexión fue sometida a la aprobación del electorado suizo, la población se mostró dividida.

anticuados. Los conservadores y las clases medias bajas rompieron el tabú de los numerosos trabajadores extranjeros al sacar a relucir el tema. Los estudiantes no seguían adelante con las virtudes sagradas del país, por ejemplo, en lo referente a la exención del servicio nacional.

Incluso surgieron dudas sobre el sistema cantonal, establecido para la mayor parte de la población desde 1848, ante la propuesta de separar el Jura de Berna y formar un cantón propio. Y además salió a la luz que los intereses opuestos a la separación habían comprado los votos para evitar que se llevara a cabo.

El voto de las mujeres

Para las mujeres suizas el derecho al voto y a ser candidato no llegó hasta 1971 y hasta 1991 no fue aprobado el derecho al voto en las elecciones cantonales de Appezel-Rhoden.

Los últimos años

Los suizos, con su estilo de vida acomodado, se han considerado inmunes a los problemas del resto del mundo. En 1997 se descubrió que la industria bancaria de Suiza tenía unos 57 millones de dólares en cuentas inactivas, muchas abiertas por judíos alemanes antes de la Segunda Guerra Mundial, de los que 8,6 millones de dólares se encontraban bajo titulares de nombre suizo. El denominado escándalo del oro nazi tuvo un fuerte impacto en la sociedad en general, pero no un efecto tangible. En realidad, es cierto que casi nadie ignoraba la historia del célebre y vergonzoso tampón «J» que en los años anteriores y durante la Segunda Guerra Mundial los suizos estampaban en todos los pasaportes de los judíos, pero nadie se había imaginado que la prosperidad suiza quizás se debía a los infortunios de otros pueblos. De repente, por primera vez desde que se aprobara el secreto bancario en el país, los miembros del Parlamento decidieron levantarlo con la finalidad de sacar a la luz este espinoso asunto y encargaron a una comisión de historiadores que emitiera su informe.

Por otro lado, el voto de 1986 en contra de la entrada del país en las Naciones Unidas no parece que de momento o en un futuro próximo vaya a ser reconsiderado.

No obstante, mientras Suiza figure entre los países más ricos del mundo, el ciudadano medio no estará interesado en los grandes cambios que puedan alterar el equilibrio de la paz. Sin embargo, tras los resultados de las elecciones legislativas, celebradas en octubre de 1999, en las que resultó elegido el partido populista y derechista de la Unión Democrática del Centro (UDC), los observadores políticos están estudiando la posible influencia que pudo ejercer en el país la vecina Austria, cuyo populismo de derechas pareció haber encontrado eco en Suiza.

Los analistas coinciden en percibir el ascenso de partidos de tendencias conservadoras, ultraliberales y xenófobas, lo que conduce a posiciones aislacionistas, que teóricamente preservarían a una población envejecida de los supuestos peligros que entraña la globalización y, en el caso de Suiza, de su integración en Europa. Así, en el año 2000 dos tercios de los suizos votaron a favor de que su gobierno concertase acuerdos bilaterales con la Unión Europea con el objeto de favorecer una mayor circulación de bienes y personas, buscando quizás un futuro acercamiento mutuo, pero, tan sólo un año después, en marzo de 2001, se celebró un referéndum en el que, por abrumadora mayoría, los suizos rechazaron la inmediata integración en la UE. Tras el atentado terrorista del 11 de septiembre contra las Torres Gemelas de Nueva York, que acabaron derrumbándose, y que ha supuesto un durísimo golpe para las líneas aéreas de todo el mundo, entre ellas la hasta entonces boyante compañía nacional suiza, la Swissair, que ha quebrado, no parece que la actitud de los suizos vaya a modificarse en un futuro inmediato.

Izquierda: mujeres granjeras segando.
Derecha: Henri Guisan, comandante en jefe del ejército suizo durante la Segunda Guerra Mundial.

Los suizos

Con fama de eficientes, ahorradores y serios, los habitantes de esta rica nación muestran también algunas características muy particulares y no reconocidas

A pesar de figurar entre las naciones más ricas del mundo, durante muchos años de su historia este diminuto país sin salida al mar fue uno de los más pobres. Sin recursos naturales, sus hombres se marchaban al extranjero a trabajar, a menudo como mercenarios. En su país, el principio de «quien no malgasta no pasa necesidades» pasó a formar parte del carácter nacional.

Prudentes en sus gastos, concienzudos y ecologistas, los suizos han desarrollado una sensibilidad especial por los detalles. No es de extrañar que sepan dirigir bancos, hoteles y ferrocarriles, además de fabricar relojes y llevar a cabo ambiciosos proyectos de ingeniería.

La condena de los estereotipos

Los suizos siguen siendo víctimas de la mentalidad internacional que los concibe como banqueros sin rostro con trajes grises o como campesinos con barba y vestidos con sus curiosos pantalones cortos de cuero. Aunque no falten ejemplos de estos estereotipos, la diversidad de la población es sorprendente. Basta con pensar en los innumerables dialectos que se hablan en el país.

No es que los suizos estén libres de las clasificaciones. A pesar de la posición de neutralidad que han mantenido durante tanto tiempo en asuntos internacionales, la tensión interna del país ha sido notable. Así, en 1847 estalló una pequeña guerra civil y no faltan las disputas internas. Aunque las mujeres no obtuvieron el derecho al voto hasta 1971, los siete millones de habitantes del país disfrutan de un grado de independencia sin parangón en el resto del mundo.

Además de sus propios sistemas fiscales, los cantones tienen sus escuelas, su policía y sus juzgados. A su vez, los cantones se dividen en 3 000 comunidades, con poder para decidir desde cuestiones como los servicios públicos hasta las vacaciones oficiales y la conservación de las carreteras. Las decisiones más importantes se toman mediante la celebración de referendos, por lo que cada uno se siente muy orgulloso de su procedencia, lo cual es comprensible. De hecho, raras veces halagan a sus vecinos del otro lado de la colina o del otro lado del monte.

A todas las regiones les gusta reírse a costa de las demás. Considerados tontos y sosos, los berneses soportan el equivalente a los chistes de los irlandeses o los polacos. Tienden a seguir la máxima de «por qué arreglar lo que no está roto»,

y pocas veces votan a favor de nuevas ideas, salvo cuando se trata de restricciones medioambientales. Al oeste, el río Sarine y una línea imaginaria, llamada *Röstigraben* (la zanja de Rösti), separan a esta gente conservadora de sus vecinos francófonos. Este nombre jocoso inventado por la prensa suiza sirve para recordar que el *Rösti*, el pastel de patata crujiente, es un manjar germanosuizo. Por su parte, la población francófona de Suiza habla de la región bernesa de la margen oriental del río como *Outre-Sarine*, como si estuviera al otro lado del mar o incluso fuera, en el espacio.

Los habitantes de Zurich consideran a sus vecinos de Appenzell una gente obsesionada por el trabajo, los más obstinados e incluso los más conservadores de todos los suizos. Los suizos de

PÁGINAS ANTERIORES: celebraciones del Día Nacional de Suiza en Rütli; elaboración de queso a escala industrial.
IZQUIERDA: un baño en Val Verzasca, Tesino.
DERECHA: reparto del pan del día.

habla alemana, orgullosos de su laboriosidad y su disciplina, suelen tachar a los francófonos de holgazanes. Hace poco tiempo, en el año 1978, los francófonos de Berna decidieron separarse para conformar el nuevo cantón del Jura.

El resto del país trata a la comunidad italiana del Tesino con desconfianza, porque, en su opinión, disfrutan demasiado de la vida y consideran que no son tan trabajadores como ellos. Por lo que respecta a los habitantes de Valais, son tratados como «extraños»: la mayoría habla francés y el resto, un dialecto del alemán que resulta incompresible para los que no sean nativos de la zona.

Son diversas y dispares las opiniones sobre la gente de habla romanche de la región de los Grisones, que visten sus trajes tradicionales a diario con un orgullo envidiable.

Zurich, con su población urbana, se cree muy superior a la capital, Berna. En lo que respecta a Basilea y Ginebra, son casos extremos a ojos de los ciudadanos de Berna y Zurich, casi ajenos a Suiza. Incluso Locarno y Lugano están enfrentadas e ignoran el hecho de que la pequeña Bellinzona sea la capital del cantón.

El carácter de los suizos

Sin embargo, hay unas características nacionales por encima de las diferencias regionales. En la nación más ahorradora del planeta, los suizos aborrecen la idea de comprar a crédito; prefieren ahorrar para realizar sus adquisiciones. Así mismo, nunca se habla de dinero, y mucho menos para alardear. Por lo general, son educados, siempre tienden la mano cuando saludan, levantan con gran ceremonia su copa antes de beber y ondean su bandera nacional y las regionales siempre que se presenta la ocasión.

No obstante, los cambios sociales han sido significativos en la última década y ha aumentado la distancia que separaba a los ciudadanos progresistas de los conservadores rurales. Sobre todo en lo que respecta a la Unión Europea. La idea de entrar a formar parte de ella había sido torpedeada por el voto conservador de las zonas rurales, hasta que en el año 2000 se alcanzó un acuerdo bilateral entre Suiza y la Unión Europea, el primer voto a favor de Europa en los últimos años de la historia reciente del país.

A pesar de la división entre lo nuevo y lo antiguo, los suizos son fieles a sus raíces. El día de Nochebuena regresan en masa a su pueblo, ansiosos de saludar a sus amigos de la infancia, entonar villancicos y celebrar las fiestas. Sin embargo, existe un importante éxodo de intelectuales, sobre todo a Estados Unidos, donde los cualificados jóvenes suizos encuentran mejores perspectivas profesionales.

La influencia foránea es también notable. En efecto, con un 20 por ciento de la población nacida fuera de las fronteras suizas, los habitantes musulmanes/árabes superan en número a los de habla romanche.

Conocimientos técnicos

Otra característica de los suizos es su capacidad de inventiva. Con el paso de los siglos, la falta de recursos naturales se ha suplido con la innovación. En el año 1513, Urs Graf desarrolló el grabado, el arte de imprimir mediante una placa de metal grabada. En los siglos XVIII y XIX, los hábiles relojeros del Jura hicieron famosas marcas como Rolex, Ebel y Rado. Y el primer horno eléctrico fue encendido en el Hotel Bernina de la población St-Moritz en el año 1889.

CALIFICACIÓN INJUSTA

El escritor F. Scott Fitzgerald afirmaba que Suiza era un lugar donde nacen pocas cosas, pero terminan muchas. Sin embargo, el psiquiatra Carl G. Jung y el pintor Paul Klee se encuentran entre los innovadores reconocidos de Suiza.

Suiza ha ocupado un lugar preeminente en la tecnología punta. En 1986, en los laboratorios de IBM de Zurich, Gerd Binning y Heinrich Rohrer recibieron el premio Nobel de Física por su trabajo sobre el «microscopio electrónico de efecto túnel». Gracias a la dedicación del CERN (Centro Europeo para la Investigación Nuclear), un centro de investigación de la física de partículas, los quarks forman parte de la vida cotidiana.

Aunque la mayoría de las creaciones han sido de uso práctico, las recesiones de las décadas de 1980 y 1990 recuperaron el espíritu emprendedor y demostraron que las palabras «suizo» y «rigidez» no van unidas. Piénsese en los relojes Swatch, en el Smart y los *troinette*, los patinetes de moda que hoy abundan en las aceras de todo el mundo.

Se trata también de un país amante del deporte, donde tanto los hombres como las mujeres destacan en los deportes de nieve y hielo como el esquí, el descenso en trineo, el *bobsleigh* o el *curling*. Siguiendo a los turistas británicos que introdujeron la práctica del esquí hace más de un siglo, los suizos comenzaron a esquiar. La primera competición alpina del mundo se celebró en Mürren en el año 1931. Su terreno montañoso es también adecuado para formar campeones de deportes aéreos, como el paracaidismo, mientras que sobre el terreno llano, los competidores de las carreras de caballos consiguen excelentes marcas internacionales en los concursos de hípica, el adiestramiento de caballos y la especialidad de cuadrigas. Así mismo, en los numerosos lagos se forman los mejores remeros y navegantes.

Muchos aseguran que las competiciones de tiro al blanco nacieron en Suiza. De hecho, existen datos que demuestran que la asociación de tiro de Lucerna, fundada en 1446, fue el primer club de tiro del mundo, y la tradición se mantiene. Un

EXTREMO IZQUIERDA: una mujer de Val Bregaglia, Grisones.
IZQUIERDA: un jefe de estación de Zurich.
ARRIBA: una casa en Meiringen, en el Oberland.

deporte de implantación más reciente, el tenis, espera consolidarse entre la juventud femenina suiza gracias al éxito que está obteniendo en numerosos torneos una de las mejores tenistas del mundo en la actualidad, Martina Hingis.

A pesar de que los trípticos solían anunciar los deportes tradicionales como, por ejemplo el *Schwingen* (la lucha), Suiza está intentando modernizar su imagen. Por cada foto de monasterios o montañas que vea, encontrará otra de jóvenes que disfrutan de los «deportes de riesgo»: el *puenting*, el *snowboarding*, la escalada en hielo, etc. Cuanto más peligroso sea, mejor. Pese a no tener salida al mar, Suiza cuenta hasta con un equipo de surf internacional.

ESPIONAJE A LA SUIZA

Este dechado de democracia recibió un duro golpe hace poco, cuando salió a la luz lo que todo el mundo ya conocía: en un momento u otro, muchos ciudadanos suizos, bien como parte de su trabajo o por voluntad propia, habían espiado a otros ciudadanos y habían proporcionado datos de actividades dudosas a la policía. Toda esta información fue a parar a los archivos secretos que el gobierno había guardado desde la guerra sobre cientos de miles de habitantes suizos y extranjeros. No importó demasiado: los implicados protestaron. Se había recogido tanta información, en su mayor parte falsa, que nunca llegó a ser procesada.

La combinación de neutralidad y tolerancia del país ha atraído a un curioso número de personajes célebres a lo largo de los siglos. Muchos eran franceses o alemanes, exiliados con fácil acceso a su país de origen, como Jean Calvino (1509-1564). El reformista protestante francés se trasladó a Basilea, después a Ginebra, donde puso en práctica sus teorías sobre el papel de la Iglesia en el control del Estado. Durante 20 años aplicó sus doctrinas en Ginebra como un dictador.

A lo largo del siglo XX, entre los residentes famosos figuraban desde políticos radicales hasta reaccionarios. Lenin, el comunista arquetípico (1870-1924), abandonó Rusia en el año 1914 para vivir en Zurich, donde escribió su obra *El imperialismo, fase superior del capitalismo*. El líder fascista italiano Benito Mussolini (1883-1945) huyó de joven (en 1902) a Suiza, donde intentó organizar una revolución. Fue expulsado del país por provocar tumultos. Entre los numerosos gobernadores de todo el mundo exiliados se puede nombrar al sha de Persia, Mohammed Reza Pahlevi (1918-1980) o al dictador Mobutu Sese Seko, presidente de Zaire (1930-1997).

Y Einstein. Mucho antes de que se hiciera famoso, el físico alemán Albert Einstein (1875-1955) adoptó la nacionalidad suiza en 1901, cuando pasó a trabajar en la Oficina de Patentes de Berna. Cuatro años después, publicó cuatro trabajos muy avanzados, uno de los cuales enunciaba la teoría de la relatividad.

Refugio de famosos y gente adinerada

Hoy día, Suiza es un lugar de escape para los multimillonarios. Sin *paparazzi* ni prensa sensacionalista, el país acoge desde opulentos armadores griegos hasta ricos donjuanes. Algunos de ellos han amasado sus propias fortunas, como Ingvar Kamprad, fundador de la empresa sueca IKEA; otros han heredado cantidades millonarias, como el francés Léonard Lauer del imperio de la cosmética Estée Lauder.

En 1952, el actor Charlie Chaplin (1889-1977) huyó de la caza de brujas política de McCarthy en Estados Unidos para afincarse en Corsier, cerca de Vevey, y estableció una nueva tendencia en la industria del cine. Además de estrellas de la pantalla como Audrey Hepburn, también tuvieron su hogar en Suiza el dramaturgo Noel Coward y el actor y escritor Peter Ustinov. Y la fallecida Diana de Gales, anterior alumna de Rougemont, fue una de las discípulas famosas de las escuelas suizas.

IZQUIERDA: una adolescente de Lugano.

El idioma

Si cree que los suizos son unos políglotas que pasan sin dificultad del alemán al francés y el italiano, y además son capaces de hablar un inglés claro, está equivocado. Para empezar, los suizos de la zona alemana escriben y leen en una lengua que no hablan (alemán), y hablan una lengua que no es ni la oficial ni la nacional (el alemán suizo llamado *Schwyzerdütsch*) y es incomprensible al otro lado de la frontera. En segundo lugar, el francés oficial tal y como lo divulgan los burócratas en los textos escritos hace temblar a los puristas, mientras que el francés vernáculo no es nada malo, aunque cada área tiene sus propias características. Los suizos de la parte italiana pueden hablar el italiano estándar, la tercera lengua oficial, pero también tienen sus dialectos que dejarían perplejo a más de un italiano.

El romanche, lengua nacional pero no oficial, suena como una mezcla del italiano y el *Schwyzerdütsch,* aunque sea latino y etrusco. Se trata de un legado tanto de los réticos, que resistieron ante los romanos, como de los propios romanos. Sólo lo hablan 50 000 suizos en los Grisones (*Graubünden*) y se divide en cinco dialectos diferentes en las zonas de Unter Engadin, Ober Engadin, Vorderrheintal, Rheintal y la región de Oberhalbstein. En 1938 fue declarada lengua nacional con el fin de frenar a Mussolini, quien afirmaba que el romanche era italiano y que los Grisones podrían pasar a formar parte de Italia.

Los documentos gubernamentales se publican en las tres lenguas oficiales, mientras que los oficiales se escriben en la lengua «nacional» de la región. Ésta es la teoría, pero la práctica es algo más complicado. La mejor forma de entender el tema es seguir el orden cronológico.

El alemán llegó a Suiza con los alamanes, que expulsaron a los romanos. El *Schwyzerdütsch* se ramifica en grupos del dialecto alemán conocidos como «bajo», «alto» y «superior». La gramática no tiene nada que ver con la del alemán estándar, una convención relativamente reciente de la traducción que Lutero hizo de la Biblia. Los periódicos y los documentos oficiales se publican en alemán estándar, pero en el lenguaje oral se utiliza una de las formas dialectales. El «superior» es el dialecto de los habitantes de las zonas más altas de los Alpes y aunque ellos pueden entender a los hablantes de la variante «baja» del *Schwyzerdütsch*, éstos no pueden comprender su dialecto. A diferencia del Reino Unido, donde el acento identifica la clase social a la que pertenece el hablante, los diferentes acentos no revelan nada sobre el estatus social, pero sí de la procedencia y, por tanto, del carácter. Así, una persona puede ser prejuzgada de agresiva si tiene su acento de Zurich o de ingeniosa si es de Basilea. La población con estudios puede hablar y leer el alemán estándar, pero no suele estar muy dispuesta a hacerlo. En la radio y la televisión se emplean tanto el alemán como el *Schwyzerdütsch*, mientras que los escritores suizos reconocen que tienen un estilo rebuscado cuando escriben en alemán.

La historia del francés no es tan complicada. Alrededor del año 500 d.C., el territorio helvético se dividió entre los alamanes y los burgundios, también germánicos pero que poco a poco adoptaron la lengua romance que evolucionaría hasta dar paso al francés. Así se convirtieron en objeto de las burlas de los que

DERECHA: en Ginebra, los perros hablan francés: «Yo no ensucio las calles».

se mantuvieron fieles al alamán. El romanche, por su parte, era una jerga indescifrable.

Los descendientes de los burgundios siguieron en sus tierras y, en la actualidad, una quinta parte de la población concentrada en seis cantones habla francés: Ginebra, Vaud, Jura, Neuchâtel y gran parte de Friburgo y Valais. Los suizos franceses se sienten parte de la cultura de Francia, y algo que siempre pone profundamente nerviosos a los francófonos, tanto en París como en Ginebra, es lo que los suizos alemanes hacen con su lengua.

El italiano es la lengua habitual en el Tesino (Ticino) y algunas partes de los Grisones, pero los dialectos locales del italiano son tantos como hablantes, por lo que un habitante del norte del Tesino se quedaría atónito ante lo que se habla en el sur.

EL ARTE

Pese a ser una nación considerada conservadora, Suiza ha producido algunos de los estilos artísticos más innovadores de los últimos cien años

Basta con ver los billetes suizos para entender la importancia que sus habitantes conceden a su arte. El arquitecto Le Corbusier aparece en el billete de 10 francos, el compositor Arthur Honegger en el de 20 francos y el escultor Alberto Giacometti en el de 100 francos. El siglo XX experimentó un extraordinario florecimiento de las artes en Suiza, con la creación de museos y galerías tanto en los pueblos como en las ciudades. La asistencia a conciertos es numerosa durante todo el año y los festivales de verano atraen por igual a lugareños y visitantes.

La pintura

Esta nación de apariencia conservadora inspiró unas formas de arte muy avanzadas el siglo pasado. Imagínese la sorpresa de un público en el club de arte *The Cabaret Voltaire* de Zurich, el 8 de febrero de 1916, ante unos artistas que golpeaban botellas y recitaban poemas sin ton ni son: estaban presenciando el nacimiento de un nuevo movimiento artístico, el dadaísmo. Uno de los artistas que estaban detrás de este desorden era Jean Arp (1887-1966), nacido en Francia pero residente en Suiza desde 1909 aproximadamente, cuando conoció al bernés Paul Klee. Este último (1879-1940) está considerado como el pintor suizo más célebre. A pesar de las asociaciones con movimientos como el de los diseñadores de la Bauhaus, conservó su individualidad: sus lienzos casi infantiles de colores fuertes, para expresar sus fantasías personales.

El simbolista autodidacta Ferdinand Hodler (1853-1918) dejó destacados lienzos de paisajes suizos, muchos de los cuales están expuestos en los principales museos de Berna y Zurich.

La escultura

Algunos de los mejores escultores del siglo XX eran suizos. El más innovador fue Alberto Giacometti (1901-1966), hijo del pintor impresionista Giovanni. Capaz de dibujar y pintar con agilidad desde niño, tenía catorce años cuando esculpió a su hermano Diego. En 1935 creó la primera de sus figuras larguiruchas y durante el resto de su vida trabajó con pasión en ellas.

Pocos escultores consiguen despertar la curiosidad del público general como Jean Tinguely

(1925-1991), de Friburgo, que ideaba esculturas mecánicas, entre ellas algunas que incluso pintaban cuadros. En su obra *Metamatic-automobile-odorante-et-sonore* (1959) realizó 40 000 dibujos abstractos mientras participaba en una exposición en la primera Bienal de París. A pesar de su imagen excéntrica, sus esculturas transmiten un mensaje artístico: «La máquina me permite, por encima de todo, llegar a la poesía –declaró Tinguely–. Lo único estable es el movimiento». Robert Müller (n. 1920) y Max Bill (1908-1994) figuran también entre los escultores suizos destacados. Müller trabajó con láminas de metal pintadas de negro, con trozos de chatarra, siempre bien pulidos y acabados para eliminar la sensación de «basura». Bill poseía un talento especial para la arquitectura, la pintura, la escritura y el diseño gráfico. Inspirándose en las matemáticas, sus esculturas se basaban a menudo en la hélice o la espiral. Y también entre los escultores progresistas de Suiza se encuentra Pipilotti Rist (n. 1962), cuyas instalaciones, trabajos realizados con vídeo y ordenador, se exponen en todo el mundo.

El legado de Le Corbusier

Las creaciones del arquitecto más destacado del siglo XX, Le Corbusier, se pueden apreciar en todo el mundo: desde Chandigarh en el Punjab y el Museo de Arte Moderno de Tokio hasta Río de Janeiro.

La arquitectura

El arquitecto probablemente más famoso del siglo XX era suizo: Le Corbusier (1887-1965). Primero modesto pintor (cuyo verdadero nombre era Charles-Édouard Jeanneret), recibió una fuerte influencia de los cubistas. Para él la simplicidad del diseño era lo prioritario. Los edificios de hoy día todavía se fundamentan en sus cinco directrices para la construcción, desde las columnas libres hasta las azoteas ajardinadas. Concebía las casas como «máquinas para vivir» y aún se pueden admirar las casas que diseñó en su pueblo de La Chaux-de-Fonds. Su capacidad artística era polifacética: la silla *Barcelona* (1929) constituye un clásico del diseño, que se exhibe en importantes museos de todo el mundo.

Otros arquitectos suizos de prestigio son Mario Botta (n. 1943), del Tesino, que diseñó la galería SFMOMA de San Francisco (1995), y Jacques Herzog y Pierre de Meuron en los albores del nuevo milenio. La pareja ganó el reconocimiento internacional al convertir una antigua central de energía en la galería de arte moderno Tate Modern de Londres. En su país natal son conocidos sobre todo por su centro de señalización ferroviaria de Basilea y su dispensario de hospital de color verde, una de las atracciones turísticas de Basilea.

Las galerías

Todas las ciudades principales cuentan con su *Kunsthaus* (galería de arte): Zurich, Ginebra, Lucerna, Lausana y Berna, donde se ha proyectado un museo de obras de Klee. Puede ser también interesante consultar lo que se expone en el Museo Migros de Zurich, en el que las exposiciones especiales yuxtaponen el talento de los jóvenes suizos con las obras de los artistas más conocidos. En Basilea le esperan dos visitas obligadas: una es el *Solitude Park*, el museo destinado a las esculturas cinéticas de Jean Tinguely, diseñado en 1996 por Mario Botta; la otra se encuentra cerca, en Riehen, en un edificio llamativo del arquitecto Renzo Piano, y acoge la destacada colección de arte del marchante Ernst Beyeler, entre cuyos amigos se encontraba Pablo Picasso.

Además de estas galerías principales, Suiza esconde otros tesoros inesperados. Desde 1978, la *Fondation Pierre Gianadda*, establecida entre viñedos en Martigny, ha organizado exposiciones de obras de Gauguin, Modigliani y Matisse que han atraído un público numeroso. En la colección

Páginas anteriores: *El pez dorado*, de Paul Klee (1925).
Izquierda: *Café*, de Sophie Taeuber Arp, esposa del dadaísta francés Jean Arp (1928).
Derecha: *Amantes*, de Herman Scherer (1924).

permanente figuran trabajos de artistas como Picasso, Toulouse-Lautrec o Cézanne y esculturas exteriores de Arp, Brancusi, Rodin y Moore. A menudo suelen contar con conciertos de estrellas internacionales como Cecilia Bartoli e Itzhak Perlman. San Gall posee su tradicional *Kunstmuseum* (Museo de Arte) y un museo dedicado al arte moderno, el *Museum im Lagerhaus*. Sin embargo, el tema más controvertido es la sala de exposiciones *Häuser und Wirt* (homóloga de la galería *Häuser und Wirt* de Zurich). Inaugurada en 1999, las muestras anuales reúnen obras contemporáneas polémicas, pero debido a problemas de calefacción, sólo permanece abierta en verano y a principios de otoño.

Música, ballet y cine

La pasión por la música que sienten todos los suizos comienza en los ámbitos más reducidos. Así todos los pueblos tienen un *Musikverein* (sociedad de música), a menudo con un *Hudigäägeler*, un conjunto de doble bajo, clarinete y el omnipresente acordeón.

Uno de los instrumentos tradicionales que aún se utilizan es el *Hackbrett*, un instrumento de cuerda, que se toca dispuesto en vertical con unas cucharas de madera. El sonido desafiante de la trompa de los Alpes, la larga trompa, sigue llenando los valles el 1 de agosto, el Día Nacional de Suiza, y los cantos que servían de medio de comunicación en las comunidades aisladas se entonan ahora en los espectáculos.

Situada entre Alemania, Francia e Italia, Suiza ha acogido desde hace tiempo a músicos de renombre internacional.

En 1848, Richard Wagner (1813-1883) huyó de Alemania tras el levantamiento de mayo. Se estableció en Zurich, donde trabajó en su ópera *Der Ring des Nibelungen* (*El anillo de los Nibelungos*). Unos sesenta años después, el ruso Igor Stravinski (1882-1971) compuso *La consagración de la primavera* (1913) en Clarens, cerca de Montreux. Aunque formó parte de un sexteto musical francés llamado *Les Six*, Arthur Honegger (1892-1955) es el músico más conocido de Suiza y escribió para orquestas de cámara y piano, para el ballet y para orquestas sinfónicas. Su *Sinfonía núm. 4* está dedicada a Basilea, mientras que su poema sinfónico de 1923, *Pacific 231*, trata de una locomotora de tren.

Entre otros compositores que merecen ser mencionados se encuentran Frank Martin (1890-1974) y Othmar Schöck (1866-1957). Gracias a compositores contemporáneos como el tímido oboe y director Heinz Holliger (nacido en 1939), la música moderna ocupa una posición destacada en Zurich y Berna. Bajo la batuta de Ernst Ansermet, la *Orchestre de la Suisse Romande* de Lausana ha adquirido el reconocimiento internacional, igualado desde entonces por la *Sonfonietta* de Basilea, el *Festival Strings Luzern* y el *Züricher Kammerorchester*. Lausana es, además, el hogar del coreógrafo francés Maurice Béjart y de su célebre compañía de ballet. La compañía del innovador director artístico Heinz Spoerli, en Basilea, goza de gran reputación, a pesar de no contar con bailarines suizos. La coreógrafa estadounidense Cathy Sharp es la directora de la TECS (Tanz Ensemble Cathy Sharp).

Gran parte de la población suiza es fanática del jazz. En Montreux, el festival de jazz de verano atrae a más de 170 000 aficionados para escuchar a los principales músicos del mundo en el Miles Davis Hall y en el Stravinski Auditorium, mientras que el Festival-Off ofrece conciertos gratuitos en las comunidades vecinas. Los festivales de verano se encargan de que las colinas vibren al son de la música. En Verbier, el Festival de Música Clásica se celebra en una carpa gigante con vistas espectaculares de las montañas de los alrededores. Las semanas musicales de Lucerna, *Musikfestivalwochen*, tienen lugar en la nueva sala de conciertos a orillas del lago. En cambio, el festival de verano Palexpo de Nyon está más enfocado a un público joven, con conciertos de grupos como Oasis y The Cranberries. El Festival de Cine de agosto de Locarno figura entre los seis mejores del mundo.

La literatura

Dos de los más reconocidos escritores en lengua alemana del siglo XX eran suizos. Uno de ellos era el dramaturgo Friedrich Dürrenmatt (1921-1990), cuyas obras de teatro, como *La visita de la vieja dama*, representada tanto en Broadway como en Londres, o *Los físicos*, una mirada surrealista a los científicos, demuestran sus excelentes tramas y su sentido teatral, además de su aguda percepción de los dilemas morales y el humor negro. Max Frisch (1911-1991) tipificó el extraordinario talento polifacético de tantos artistas suizos. Filósofo y periodista, Frisch diseñó y construyó su primera casa en 1943, año en que se publicó su primera novela. No resulta extraño que la escritora Edna O'Brien lo describiera como «un cerebro europeo tan ingenioso como maduro». Su *The Fire Raisers* está considerada como una obra clave del teatro del absurdo.

UN REFUGIO DE ARTISTAS

Suiza siempre ha acogido a músicos, artistas y escritores. Cuando el poeta británico Lord Byron se marchó de Gran Bretaña en 1816, residió en Ginebra, con su amigo, el también poeta Shelley.

Hasta el siglo XIX, Suiza constituyó la inspiración de los artistas extranjeros más que de los locales. Ginebra era en el siglo XVIII una ciudad muy importante. Ésta, localidad natal del filósofo y escritor Jean-Jacques Rousseau (1712-1778), atrajo a autores franceses como el filósofo Voltaire y la escritora Madame de Staël.

Entre los escritores de habla alemana que residieron y trabajaron en Suiza cabe destacar al poeta austríaco Rainer Maria Rilke (1875-1926) y al premio Nobel alemán Thomas Mann (1875-1955). En *La montaña mágica* (1924), Mann se sirvió de un sanatorio suizo para representar un microcosmos de la sociedad europea. Herman Hesse (1877-1962), también novelista alemán, se trasladó en el año 1911 al Tesino, donde escribió su libro sin duda más famoso, *El lobo estepario* (1927).

El irlandés James Joyce (1882-1941) pasó cinco años en Zurich, donde escribió su *Retrato del artista adolescente* (1916). También el prolífico novelista belga Georges Simenon (1903-1989), padre del detective Maigret, y Graham Greene (1904-1991) residieron en Suiza. En *El tercer hombre*, la película basada en la novela de Greene, Harry Lime se pregunta si con su fraternidad, su paz y tras tantos años de democracia, lo único que los suizos han creado es el reloj de cuco. Orson Welles, en su versión cinematográfica de la obra, añadió al guión estas frases que muestran el cinismo de Harry Lime; pero Welles se equivocó. El reloj de cuco fue inventado en Alemania.

IZQUIERDA: *Mujer y cabeza*, de Alberto Giacometti (1965).

ARRIBA: *Südliche Küste Abends* (*Tarde en la costa meridional*), de Paul Klee (1925).

LA VARIADA ARQUITECTURA SUIZA

Además de ser célebres por su arquitectura, las ciudades y los pueblos de Suiza conservan fascinantes edificios de la época romana

Las grandiosas catedrales europeas simbolizan la arquitectura gótica y en Suiza, las ciudades de Lausana y Berna conservan maravillosos ejemplos de este estilo arquitectónico. Con más arte que arquitectura, el magnífico rosetón y el espléndido tríptico dorado de la catedral de Chur representan el elevado nivel que alcanzó el gótico. Las líneas clásicas y frías del estilo renacentista pueden apreciarse en algunas de las mansiones e iglesias como la de San Lorenzo, en Lugano. El Barroco también tiene su representación en algunos edificios, entre los que destacan la catedral y la abadía de San Gall (s. XVIII). La biblioteca de la abadía, con su magnífico suelo de madera con trabajos de marquetería, es una obra maestra del estilo rococó. El neoclasicismo y la arquitectura industrial reflejan, por su parte, las tendencias del siglo XIX; mientras que en el siglo XX, Suiza acogió los principales estilos arquitectónicos de moda en Europa: desde los hoteles *Belle Époque* de Montreux hasta los altos bloques de pisos modernistas de cristal y acero La Carté diseñados por Le Corbusier en Ginebra. El posmodernismo también ocupa un lugar destacado en Suiza con exponentes como Bernhard Tschumi, entre otros.

DESDE LA ANTIGÜEDAD

Por otro lado, las ciudades de Avenches y Martigny conservan maravillosos anfiteatros romanos y se ha descubierto otro más en Nyon. Así mismo, se puede observar el románico en la Großmünster de Zurich (*derecha*) y en la catedral de Chur. A pesar de los cambios sufridos en los pasados siglos, la portada de San Gall de la catedral de arenisca de Basilea constituye un buen ejemplo de la ornamentación y el estilo románico tardío.

▷ **SÍMBOLO DE LUCERNA**
El puente *Kappelbrücke* de Lucerna fue construido en el siglo XIV. El puente sufrió grandes daños en un incendio en 1993, pero la torre octogonal quedó intacta.

△ **HERENCIA ROMANCHE**
Fachada tradicional de Guarda, Engadin. Los edificios de color crema con trabajo de estuco se encuentran decorados con inscripciones en romanche (lengua local) e intrincados diseños.

◁ **EL ROMÁNICO**
Las torres gemelas del *Großmünster* románico de Zurich destacan en el horizonte de la ciudad. Fueron reconstruidas en su estilo original y en estilo gótico tras el incendio sufrido en 1763.

▷ **EL ENCANTO DE LOS PUEBLOS**
Un balcón de madera adornado con flores en Langwies, al norte de Arosa: típica imagen de los pueblos de las montañas.

◁ **EL JUICIO FINAL**
.a *Münster* (catedral) de la ciudad de Berna es un tesoro del arte religioso que incluye *El Juicio Final*, una mpresionante vidriera de la capilla Matter.

▷ **INFLUENCIA ROMANA**
Jn detalle del mosaico expuesto en el Museo Romano de Avenches, al oeste de Suiza, donde os arqueólogos han descubierto ruinas y varios objetos de valor.

◁ **UNA JOYA DEL BARROCO**
La abadía de Disentis es un buen ejemplo del estilo barroco. Los exteriores blancos contrastan con el dorado interior estucado.

▷ **TORRE MAJESTUOSA**
La Chaux de la ciudad natal del arquitecto Le Corbusier y de la relojería de calidad, La Chaux-de-Fonds.

CONJUNTO MODERNISTA

A los arquitectos suizos se debe una gran parte de los avances del siglo xx en el empleo del hormigón armado. Parte de la arquitectura más ingeniosa del país ha sido destinada a la construcción de puentes y túneles en los Alpes. En 1980, la inauguración del túnel de San Gotardo, el más largo del mundo, fue todo un logro de la ingeniería que los arquitectos Rino Tami y Christian Menn habían diseñado teniendo en cuenta el paisaje natural. Conocido como el «padre de la arquitectura suiza», Karl Moser fue el diseñador de numerosos edificios, entre ellos la iglesia St Antonious de Basilea (1931) en la que usó con creatividad el hormigón, por entonces un novedoso material. En Zurich se levanta la última construcción de Le Corbusier (de 1967), la Maison de l'Homme, en la que predomina el cristal. El arquitecto Mario Botta fue el responsable de la Banca Gotardo (*arriba*) y el Museo Tinguely de Basilea (1996), que se beneficia de su ubicación junto al río.

VINO Y GASTRONOMÍA

La cocina suiza ofrece mucho más que el chocolate, la fondue *y el* rösti, *pero son una buena elección para combinar con otras delicias*

La gastronomía de Suiza incluye algunas especialidades conocidas en todo el mundo. ¿Hay algo más delicioso que una barrita de chocolate? ¿Qué mejor desayuno puede haber que un buen plato de muesli? ¿Y qué me dice de compartir una *fondue*? Pero estos tentempiés no son más que un entrante de la variedad culinaria que caracteriza a este país. Esta diminuta nación se despliega en una selección de platos locales y regionales, a menudo heredados de la tradición francesa, alemana e italiana. Sin embargo, en la Suiza de hoy tampoco faltan los platos modernos, ligeros y creativos, además del conjunto de los típicos restaurantes que ofrecen en la carta especialidades de todo el mundo.

Los suizos valoran la comida buena y saludable. Las clases de cocina forman, todavía, parte del plan de estudios escolar de la educación primaria y secundaria. En los mercados, las frutas y hortalizas alegran la vista, y muchos de los alimentos locales son productos naturales. Todas las regiones preparan sus platos con detalle, pero con sabores simples. Se puede decir que la comida se sigue adaptando a las estaciones y las cantidades, a las necesidades del tiempo. En invierno, en las altas montañas, se come en abundancia, mientras que en verano, junto a los lagos, se prefieren las comidas ligeras. Siempre copiosas, eso sí; pocos se habrán levantado de una mesa suiza sin sentirse plenamente saciados.

Famosos *chefs*

Suiza ha dado a los fogones numerosos cocineros de talento. Algunos de ellos han llegado a ser figuras internacionales: Freddie Girardet de Crissier (Vaud); Roland Jöhri, del *Jöhri's Talvo,* en las afueras de St Moritz y Roland Pierroz, del *Hotel Rosalp,* en Verbier.

Otros, en cambio, se han dado a conocer en el extranjero. Anton Mosimann, orgulloso de su reconocimiento por parte de la realeza, ha residido y trabajado en Londres durante más de 25 años. Éste, uno de los más importantes maestros de la cocina, se siente orgulloso de sus antiguos discípulos, entre los que figuran conocidos *chefs* de todo el mundo. No obstante, los platos que le producen nostalgia son los clásicos suizos: un sencillo pescado de los lagos, como la perca; salchichas asadas en barbacoa, y el crujiente *rösti.* En primer lugar se encuentra el pan, recién cocido en horno de leña, con un aroma que despierta el apetito a cualquiera.

PÁGINAS ANTERIORES: una familia adinerada en la mesa (1643).
IZQUIERDA: una cena al aire libre a orillas del lago Brünnen.
DERECHA: Hotel Baur, en el lago Zurich.

El pan del día

El pan está presente en todas las comidas. A pesar de que en las panaderías se vende una gran variedad de tipos de pan, muchos de ellos fueron, en su día, especialidades regionales o típicas de las festividades. El pan de las zonas francófonas suele ser blanco y crujiente, a menudo con un detalle incrustado: un diamante en Ginebra y un báculo de obispo en el Jura. Las gruesas rebanadas de centeno de Valais suelen llevar nueces y, en el compacto pan de los Grisones, el centeno es el principal ingrediente. El rural *Burebrot* (pan rústico) se obtiene de una mezcla de harina blanca, integral y harina de centeno. Algunas clases de pan, que en una época sólo se comían en ocasiones especiales, se compran ahora para las comidas de los días festivos: el *Züpfe*, pan trenzado de levadura, o el *taillaule*, un pan de bizcocho de Neuchâtel. La *torta di pane* (un llamativo pudín elaborado con pan duro, pasas y brandy) de la región del Tesino gusta en todo el país.

SETAS SILVESTRES

Miles de suizos recorren los bosques a diario en busca de un conjunto multicolor de setas (*ilze, ceps* o *funghi*), que se consumen frescas o se guardan en conserva para consumirlas más adelante.

Delicias que llenan

Sin embargo, algunos de los platos más conocidos de Suiza son de elaboración sencilla. El *Älplermakkaronen* de queso es una comida de excursionistas, una versión sustanciosa de los típicos macarrones con queso enriquecida con trozos de beicon y abundante nata, que en las cabañas de las montañas se sirven a menudo en cuencos de madera en verano. El plato nacional por excelencia es el *Zürigschnätzlets*. Originario de Zurich, lleva dados de ternera cocinados con nata y champiñones, y se puede degustar en muchos restaurantes del país acompañado con patatas o los *Spätzli* de pasta (que significa «pequeñas golondrinas»).

Otro plato fuerte de la gastronomía suiza son las *delicatessen*. Como muchas otras comidas, las salchichas caseras y la carne acecinada reflejan los difíciles años pasados, cuando las comunidades de las montañas sobrevivían a los inviernos gracias a las bien provistas despensas. Hoy en día, la cecina de vaca se considera una exquisitez, servida en lonchas extrafinas. Más conocida es la tierna y sabrosa carne llamada *Bündnerfleisch* (de los Grisones), y en los cantones orientales también son comunes la *Walliserfleisch* condimentada con especias (de la zona de Valais) y la carne de vaca curada *Mostbröckli*. Cada carnicero presume del secreto de su receta de las salchichas. Nada sienta mejor que una *Bratwurst* o una *Bauernbratwurst* (salchicha rústica, con más especias) acompañada de cebolla y una cerveza. Sólo los más hambrientos excursionistas o esquiadores pueden enfrentarse al reto de un *Berner Platte*, un cocido de alubias y chucrut con guarnición de una variedad de carnes, como la *Zungenwurst* (salchichas de carne de lengua), la *Rippili* (costilla ahumada) y la *Siedfleisch* (carne de vacuno cocida).

Patatas y pescado

Las patatas, alimento básico durante tanto tiempo, están presentes en numerosas recetas. Entre las más ricas se encuentra el *Rösti*, un pastel de patata crujiente, que se elabora con patatas cocidas, después ralladas y finalmente fritas.

El pescado de agua dulce es también muy apreciado. Además de la trucha, los restaurantes de los lagos preparan el *Felchen*, una especie de delicado salmón, y el *Egli* o *perchette* (perca), de formas muy diversas.

El muesli

Un alimento en particular se encarga de presentar una imagen saludable de la gastronomía suiza. En todo el mundo, el muesli se ha convertido en el desayuno de moda. Como ocurre siempre, la versión comercial poco tiene que ver con el original. Inventado en 1897 por el dietista Bircher-Benner de Zurich, el muesli se consume en muchas ocasiones como un ligero tentempié más que como un desayuno. Los suizos lo llaman *Birchermuesli* en honor de su inventor, y ahora a cualquier cosa se le puede llamar muesli.

Los ingredientes de esta mezcla de copos de avena, nueces y manzana rallada, aderezados con unas gotas de agua y zumo de limón, suelen enriquecerse a menudo con frutos secos y se dejan en maceración en leche durante toda la noche. Al día siguiente se come con un poco de yogur.

Especialidades de temporada

Algunos platos se siguen preparando sólo para ocasiones especiales o celebraciones religiosas. A principios de diciembre, en todos los hogares se hornean grandes cantidades de *Weihnachtsguetzli*, galletas de Navidad, que se ofrecen a los invitados. En Año Nuevo, las familias de Basilea tienen la costumbre de regalar *Läckerli* (galletas de miel con especias) a los amigos. Zurich tiene su propia versión, que recibe los nombres de *Zürileckerli* y *Tirggeli.*

Como en muchos otros países, antes del ayuno, el comienzo de la Cuaresma no es una época para privarse. En Basilea, intente probar el *Zibelewaie*, una especie de quiche cremosa de cebolla. Estos caprichos calóricos incluyen el *Fasnachtskiechli* o *merveilles*, fritos dulces, y los *Zigerchugeli* y *Zigerchröpfli*. Esta especie de empanadillas rellenas de canela y queso suave con sabor a almendra son deliciosas recién hechas en la panadería. En el Tesino, entre las variantes locales figuran los *ravioli di carnavale*, unas pastas de repostería con un relleno de ciruelas pasas. Un plato típico de la región se compone de *luganiga* (una especialidad de Lugano) con generosas cantidades de arroz cocinado con azafrán.

El Domingo de Pascua, el cabrito y el cordero constituyen la comida tradicional en muchas partes del país. En las zonas de habla alemana, el *Osterfladen* nunca falta entre los postres. Con frutos secos, huevos y almendras, es una especie de tarta de arroz, con una costra que se deshace en la boca. En otoño, todas las regiones tienen sus fiestas, a menudo al finalizar la cosecha. La feria de otoño, que se celebra en Basilea desde hace cinco siglos, es la mejor ocasión para degustar *Lebkuchen* (una galleta de jengibre), *Magenbrot* (de chocolate) y *Rosenkiechli* (gofres).

Cuando se acerca la Navidad se pueden ver las *Lebkuchen*, *Änisbrötli* (galletas de anís) y *Mailänderli* (galletas de mantequilla).

Dulce de Reyes

El 6 de enero se come el *gâteau des rois* o *Dreikönigskuchen* (una especie de roscón de Reyes), una corona de bizcocho que contiene una sorpresa escondida. Si le toca la diminuta figura de plástico, será coronado rey por todo el día.

Chocolate

En lo que respecta al chocolate, los suizos y los belgas compiten por la mejor nota. Muchas de las marcas conocidas en todo el mundo eran innovadoras en su día, delicias que ahora nos parecen corrientes como Charles-Amadée Kohler (chocolate con avellanas), Tobler (chocolatinas Toblerone), Daniel Peter (chocolate con leche), Lindt (chocolate fondant). Aunque todos los adictos al chocolate se dirigen a Zurich para permitirse un vicio en los paraísos del chocolate como *Sprüngli* o *Paradeplatz* o *Teuscher* en la calle Storchengasse, las pequeñas ciudades también tienen sus *chocolatiers*, que a menudo inventan sus propios dulces.

IZQUIERDA: una selección de chocolatinas que encantará a los más golosos.
ARRIBA: el reparto diario de leche.

También podrá encontrar especialidades regionales, como las *Zimmetstern* (estrellas de canela) de Chur, las *Almondy Biberli* de Appenzell y los *Brunsli* (pastelitos de chocolate) de Basilea.

Vinos de Suiza

Uno de los placeres desconocidos del país es su vino. En el año 2000, los vinos suizos obtuvieron varios premios en certámenes internacionales: cuatro medallas de oro en la Vinalies Internationales de París, otras cuatro en Londres y más aún en Bruselas, Montreal y Verona.

LAS CHICAS DE VALAIS

En la región de Valais, todos parecen poseer un viñedo propio. Las extensas tierras de vides se dividen entre 22 000 propietarios. Según una frase de la zona: «Es imposible casarse con una chica que no sea propietaria de viñedos».

El único problema para los amantes del vino es que la mayor parte de la producción se queda en el país: sólo se exporta el 1 %. Sin embargo, las 15 000 hectáreas destinadas al cultivo de la vid superan en un 50 % las de Nueva Zelanda, que tiene más fama vinícola que Suiza. Por fortuna, si visita el país, nunca se encontrará lejos de un viñedo y los restaurantes de la zona sirven el mejor vino local con mucho orgullo.

Entre los vinos más conocidos están el *Fendant*, un vino blanco fresco de la uva Chasselas, y el *Johannisberg*, elaborado con uva Sylvaner, al que los lugareños denominan *Rhin*. El vino tinto por excelencia es el *Dôle*, una tradicional mezcla de Pinot Noir y Gamay. Cada viticultor guarda su receta, que consiste en la proporción de las distintas variedades. El *Goron*, una versión más afrutada del *Dôle*, está presente en la selección de vinos de los *Stuebli* (bares).

La zona del valle del Rhône (Ródano) del Valais acoge la mayor producción vitivinícola del país, sobre todo entre Visp y Martigny. A pesar de las excelentes condiciones climáticas, las pronunciadas colinas secas exigen mucho trabajo de mantenimiento e irrigación. Los más característicos de la zona son los vinos blancos de uva Petite Arvine y Heida, mientras que el *Humagne Rouge* y el *Cornalin* destacan entre los tintos. También se recoge en esta región algo de uva Syrah, la clásica uva francesa de Côte du Rhône, cerca del nacimiento del río Ródano. En el año 2000, uno de los ganadores internacionales del primer premio fue un *Cayas Syrah du Valais* de los viñedos de la familia Germanier, en Sion.

En los viñedos del Vaud se recoge la uva Chasselas destinada a la producción de vinos blancos de graduación. La mayoría proceden de las pintorescas regiones de La Côte, Lavaux y Chablais, donde los campos están orientados al sur, hacia el lago Leman. Alrededor de los lagos occidentales se extienden viñedos que producen vinos blancos ligeros, ideales para una amena velada.

En la zona fronteriza de Italia se halla la región del Tesino con su tradición vinícola, donde los mejores tintos *Merlot* raras veces salen fuera de la zona. Los añejos *Merlot* de Mendrisiotto suelen ser suaves e intensos. Almacenados en las profundas bodegas de toda clase de restaurantes, estos tintos sorprenden a cualquier visitante. Pero también los vinos cotidianos son de calidad. Tome asiento en un pequeño *grotto* (bar del Tesino) y pida una garrafa de tinto de la casa y un poco de salami para picar: el sabor perdurará en su memoria.

La producción se está extendiendo por todo el país. Una nueva generación de vitivinicultores consigue unos vinos merecedores de premios con la aplicación de las más avanzadas técnicas en rincones diminutos. En pueblos como Malans, en el *Bündner Herrschaft*, por ejemplo, cabe mencionar el *Pinot Noir*. El secreto mejor guardado es el de los vinos dulces, ideales para acompañar un foie gras o un postre. El *Gemma* elaborado en Salgesch, Valais, se deja madurar en barriles desde octubre a junio en las cuevas de lo alto de los glaciares del Ródano. Con su elevado grado de acidez, es el típico vino que exige una segunda copa.

IZQUIERDA: vino de Vevey, elaborado con uvas de los mejores viñedos de la región de Valais.

Las diferentes variedades de queso suizo

El queso suizo –el de los agujeros– es el *Emmentaler*, pero sólo es uno de los cientos de variedades. Los agujeros son burbujas causadas por el ácido carbónico en el proceso de fermentación y cuanto más simétricos sean éstos, mejor se fermenta.

Antes de la historia escrita del país, los suizos ya elaboraban queso, y según cuentan los cronistas romanos, el que ellos importaban a través de los Alpes tenía agujeros, lo que hace pensar que se trataba del *Emmentaler.*

Ahora, el *Emmentaler* se produce en todo el mundo, y así se puede encontrar Emmental francés y holandés, por ejemplo: la apariencia es muy similar, pero ni con un procesamiento idéntico se puede conseguir el sabor que le confieren los pastos alpinos de los que se alimentan las vacas en verano.

Con el fin de la *Pax Romana*, los suizos tuvieron que utilizar leche de cabra para fabricar sus quesos, pues ningún otro animal hubiese podido sobrevivir en las altitudes a las que estaban confinados los pastores a causa de los conflictos entre los pueblos. Sólo la seguridad que proporcionaron las victorias militares de Morgarten y Sempach en el siglo XIV pudo asegurar tierras de pasto para el ganado en los cantones forestales, Entlebuch, el Oberemmental, el Oberland bernés y la región de Gruyère, corazón de la futura industria láctea. En otro momento de su historia, los pastores tuvieron que decidir entre el cultivo de cereales para consumo propio o destinar las tierras a pastos. Y vencieron las vacas.

«Los productos que se obtienen de la leche y el ganado son el material más preciado y divino de nuestras montañas, y aportan oro, plata y mucha riqueza a nuestro país», escribía un cronista de la ciudad de Lucerna en el siglo XVII.

Tras el *Emmentaler* y el *Gruyère*, el queso más conocido es el *Sbrinz*, una clase más seca que se consume después de tres años de curación. En menor medida, otras especialidades no tan conocidas fuera de sus fronteras como el *Schazbiger* de Glaris, el *Vacherin Fribourgeois*, el *Tomme Vaudoise*, el *Téte de Moine*, el *Appenzell Rässe* y el *Ticino Formaggini* son verdaderas delicias.

En dos de los platos más comunes de Suiza, el queso es el ingrediente principal. Una auténtica *fondue* lleva tres clases de quesos fundidos (*Emmentaler*, *Gruyère* y *Vacherin*) y se acompaña con una copa de *Kirsch* (una clase de aguardiente de cereza). Es una comida que se comparte en grupo, con trozos de pan mojados en el caliente líquido cremoso. También el *raclette* consiste en un plato preparado a base de queso. La forma tradicional de elaborarlo comienza con fundir una tabla de quesos del Valais en una hoguera. A medida que el queso se funde, se vierte sobre patatas hervidas y se come con pepinillos y cebollas encurtidas. Ambas recetas se consideran rituales más que comidas, de los que disfrutan tanto los suizos como los visitantes, sobre todo durante las vacaciones de esquí. La receta de las *fondue* de queso, y en particular, de la *raclette* de queso de Valais, ha traspasado las fronteras suizas en los últimos años. A pesar de que ahora se emplean aparatos eléctricos para fundir el queso, se trata de dos platos antiguos. Los lecheros de los Alpes solían fundir el queso y mezclarlo con leche; los residentes de Valais fueron los primeros en esparcirlo sobre las patatas hervidas.

DERECHA: Saas Fee, Valais, un hombre sirve *raclette*, queso suizo fundido y una de las especialidades más conocidas fuera de Suiza.

Los puristas insisten en que el *raclette* se prepara con queso de Goms partido por la mitad, que se deshace después de fundirlo en una hoguera o en un horno de carbón. Las patatas (a menudo con piel), las cebollas encurtidas y los pepinillos suelen constituir la guarnición. Pero hoy en día, gracias a los modernos aparatos dispuestos en tablas individuales, las salsas exóticas y demás, los huéspedes educados no podrán decir que no a esta exquisitez.

FLORA Y FAUNA

Desde los emblemáticos edelweiss hasta las águilas de las alturas, el paisaje suizo incluye una sorprendente variedad de vida salvaje

La diversidad paisajística de Suiza propicia unas condiciones idóneas para una variada naturaleza, que en gran parte se puede apreciar con espectaculares bosques como telón de fondo o desde las magníficas vistas de las montañas. De las nevadas cimas alpinas del oeste hasta las cálidas orillas de los lagos del Tesino, pocos países europeos pueden presumir de una fauna y flora tan diversas en un área tan reducida comparativamente. A pesar de que la mayoría de los animales se comportan con timidez, viven en los bosques o son nocturnos, no resulta difícil observar la abundante naturaleza, desde las palmeras u otras plantas tropicales en el este hasta los edelweiss (o *leentopodios*), las gencianas, las orquídeas silvestres y otras flores delicadas que crecen en los elevados prados alpinos. Los quebrantahuesos surcan de nuevo los cielos de los Alpes, mientras que las poblaciones de las especies reintroducidas en el oeste de Suiza, como el lince, el íbice o la cabra montés, se están asentando con fuerza.

El rostro variable de la vida salvaje

Una combinación de varios factores provocó un cambio profundo en la fauna y la flora de Suiza y de los demás países alpinos. Las glaciaciones y los cambios climáticos acabaron con los últimos dinosaurios hace millones de años. Hoy en día se pueden apreciar algunas huellas de esta era en los afloramientos de roca de la región central de Valais. Algo menos accesibles son las 200 huellas de los prosaurópodos y terópodos halladas en el Parque Nacional del Cantón de los Grisones. Así mismo, en muchos puntos del país se han descubierto esqueletos de leones gigantes, panteras y osos, que sugieren la existencia de una abundante fauna en aquella época.

Estas especies se extinguieron por causas naturales, pero la actividad humana, sobre todo la caza incontrolada, ha contribuido a la reducción del número de ejemplares de muchos animales, como el lobo, el lince, el oso pardo y el íbice. Con la ayuda de programas de conservación y protección de estas especies en grave peligro de extinción, muchas de ellas han conseguido salir adelante, e incluso ciertas poblaciones han crecido extraordinariamente, a pesar de que, en algunos casos, se ha debatido mucho la opción de la reintroducción. No obstante, se espera que con la presencia de los animales autóctonos se consiga restablecer parte de la diversidad natural del país.

PÁGINAS ANTERIORES: una manada de íbices, habitantes poco comunes de las zonas alpinas elevadas.
IZQUIERDA: un rebeco y su cría en los escarpados riscos de las montañas suizas.
DERECHA: el edelweiss o *leantopodio*, la inconfundible flor suiza, cuyo nombre alemán significa «estrella del glaciar».

En los bosques

Los bosques de Suiza albergan una gran variedad de fauna y flora. A pesar de la intensa explotación comercial a la que están sometidos, las zonas boscosas cubren el 30 % de la superficie del país y funcionan como barreras de contención de aludes. Los últimos vestigios de los bosques primitivos ya han desaparecido, pero, a pesar de las explotaciones, los bosques y arboledas existentes están compuestos de una interesante variedad de especies vegetales que redunda en beneficio de una diversidad natural en mayor medida que las extensiones de monocultivo.

Entre las numerosas especies que se pueden ver se encuentra el llamativo urogallo, el ave más grande de los bosques de Suiza y, sin duda alguna, la más difícil de avistar. El primer indicio que señala su presencia es su escandaloso reclamo, que comienza con una estridencia resonante y al final recuerda el sonido de una botella al descorcharse y el líquido que se vierte por su cuello largo, seguido del ruido del batir de alas contra el suelo. Si quiere seguir el rastro de esta actuación asombrosa, cuyo objetivo es avisar de su presencia, debe buscar un ave de color gris negruzco del tamaño de un pavo con un cuello verde distintivo, manchas blancas y marrones en los flancos y en las alas y una larga cola negra, si se trata de un ejemplar macho, ya que la apariencia de las hembras es completamente diferente: éstas son de colores apagados y crípticos, casi miméticos, por lo que resultan especialmente difíciles de ver.

Los felinos

El gato montés habita también en los montes del Jura, al oeste de Suiza, aunque es una especie muy rara. Algo más grande y mucho más agresivo que la mayoría de sus parientes domésticos, este excelente cazador actúa sobre todo de noche y se alimenta de pequeños roedores y de los pájaros que nidifican en el suelo.

LOS ÚLTIMOS GRANDES CARNÍVOROS

Los años 1871 y 1904 marcaron el final de una era para las poblaciones de lobos y osos pardos de Suiza, que hasta estas fechas deambularon por los campos. Sin embargo, en este país de tradición pastoril, era prioritaria la protección de las especies domésticas y los cazadores acabaron poco a poco con los depredadores salvajes.

Val Mingèr, donde fue abatido el último oso, forma parte del Parque Nacional de Suiza. En alguna ocasión se ha informado de la presencia de lobos y se ha desatado un agrio debate respecto a la posible reintroducción de osos pardos y lobos en zonas diferentes del país.

De mayor tamaño que el gato montés, pero igual de silencioso, el lince europeo ha vuelto a poblar las tierras de Suiza tras un programa de reintroducción aplicado a partir del año 1970. Su población va en aumento y cada vez es más fácil avistar un ejemplar en el Jura, en el centro del país, en el sudoeste y en el Valais. No obstante, debe mantenerse alejado si tiene la suerte de ver uno de ellos, porque en primavera y a principios de verano suelen tener las crías, por lo que se vuelven especialmente agresivos.

Las aves

En altitudes superiores, en los bosques de coníferas, es posible ver al cascanueces moteado, de la familia de los córvidos. La presencia de este característico pájaro marrón con manchas blancas suele confundirse entre montones de piñas rotas. Su forma de almacenar alimentos es una de sus actividades más curiosas. Cada otoño arrancan las piñas maduras de los pinos para extraerles las semillas nutritivas de la capa exterior del fruto. Tras almacenar unas 90 semillas en el gaznate, se dirigen a otra parte de su territorio, donde las entierran en pequeños hoyos en los bosques y las riberas. Lo más destacable de este particular hábito alimenticio es que el 85 % de las semillas almacenadas las recuperan (de hecho, se alimentan de estas reservas de

OBSERVACIÓN DE AVES

Algunos de los mejores lugares para observar las aves en Suiza son los siguientes: Verbois (Ginebra), lago de Pérelles (Friburgo), Grangottee (Vaud), Erlimeec (Berna), Barrage de Klingmann (Aargau) y Belle di Magadino (Tesino).

octubre a junio, cuando el suelo permanece cubierto de nieve y no hay comida). Un solo ejemplar puede llegar a acumular hasta 100 000 semillas dentro de su territorio, y algunas de las que no recupera germinan y dan nuevos árboles.

La vida de los lagos y ríos

Las márgenes de los ríos y las orillas de los lagos son buenos puntos de observación de las aves: se pueden avistar numerosas especies, autóctonas y migratorias, como las cigüeñas blancas y negras, los colimbos chicos, especie que se caracteriza por su hermoso plumaje (tiene la espalda marrón oscuro, la cabeza gris, la garganta roja y el pico negro), pequeños avetoros comunes, somormujos lavancos, una hermosa ave que varía su plumaje en cada estación (su librea estival de vivos colores contrasta con los apagados tonos blancos y grises que luce en invierno), además de varias especies de aves rapiña.

En los paseos a lo largo de las aguas estancadas de los ríos que surcan el oeste del país y en las zonas bajas de la región del Ródano es posible encontrar algún castor europeo, o al menos sus nidos. Estos animales arrastran troncos y ramas para construir, con capas de lodo y mucho trabajo, un embalse casi impenetrable. Aunque los castores residen en los espacios habilitados bajo estas «cabañas», la entrada se encuentra debajo del agua y la única manera de verlos es cuando entran o salen o mientras arreglan el exterior de su refugio.

Otro encuentro fortuito podría ocurrir con dos especies foráneas, el coipú de América del Sur y el almizclero de América del Norte, que habitan las regiones del noroeste y las proximidades del río Aar, respectivamente. Las nutrias, que en su día abundaban en Suiza pero que ya no se pueden considerar una especie residente, sufrieron una intensa persecución en la primera mitad del siglo XX.

IZQUIERDA: un ejemplar de lince europeo, una especie que se halla en expansión en Suiza.
ARRIBA: muestras de cortejo de una pareja de somormujos lavancos.

Trate de ver los animales acuáticos más pequeños, como la musaraña, un mamífero que se alimenta de insectos y se caracteriza por su alargado hocico y su larga cola y los colores de su pelaje. Las musarañas acuáticas se encuentran extendidas por todo el país (salvo en las zonas de elevada altitud) y se pueden ver correteando por las riberas o comiendo sobre las rocas que sobresalen en las corrientes.

MIRA... PERO NO TOQUES

Muchas de las especies de flores alpinas están protegidas por la ley, de modo que el principio de «deja sólo tus huellas y llévate únicamente el recuerdo y las fotografías» debe aplicarse y respetarse siempre.

Prados alpinos

Entre los montes y los valles, en los prados alpinos situados entre 800 y 3 000 metros de altitud crece una gran variedad de plantas silvestres. A medida que la nieve de la primavera se derrite, las plantas de las regiones inferiores, como las gencianas o los *crocus* silvestres, brotan de las tierras aún cenagosas en un despliegue de color que transforma los prados casi de la noche a la mañana. Podrá contemplar gencianas azules y amarillas, aguileñas alpinas, liliáceas alpinas, ásters, ciclámenes y edelweiss.

La negra salamandra alpina figura entre los habitantes poco comunes de los campos, las laderas, los bosques y las canteras del norte de Suiza; hiberna durante siete u ocho meses, y sale en mayo de su escondite para ocultarse de nuevo en octubre. Las horas tempranas, húmedas y frescas, de la mañana, son las mejores para observar este animal.

En los pedregales y en las laderas rocosas descubiertas, también se pueden observar otros reptiles autóctonos de Suiza como la culebra lisa y varias especies de víboras, entre otros.

Llegando a las cimas

Más fáciles de oír que de ver, las marmotas europeas, que habitan en los Alpes, emiten unos estridentes y agudos silbidos para avisar del peligro, normalmente de águilas y zorros, pero también del excursionista que se aproxima demasiado a sus colonias. En los meses de invierno suelen hibernar en cuevas y madrigueras subterráneas, y en primavera nacen las crías, que no salen a la superficie hasta junio o julio, cuando se puede disfrutar del espectáculo de sus juegos.

El íbice alpino, en manadas de cinco a cincuenta individuos, se reconoce con facilidad por sus largos cuernos curvados hacia atrás. Se encuentra en altitudes de hasta 4 000 metros, sobre todo en los precipicios y las rocas situadas por encima de la línea de árboles. En verano, los íbices, se alimentan de la abundante flora alpina y

IZQUIERDA: ásteres alpinos, con el Mont-Blanc como telón de fondo.

DERECHA: un águila real surca volando los límpidos cielos de los Alpes suizos.

en invierno y primavera descienden a los precipicios orientados al sur. Al comienzo de la época de celo, los machos solitarios suelen luchar entre ellos (apoyados en sus patas traseras hacen chocar sus cuernos) por el derecho a aparearse con las hembras. Tras haberse extinguido casi de Suiza en el siglo XIX, su reinserción ha sido espectacular gracias a la aplicación de varios programas. Las manadas más pobladas de íbices, que suman en todo el país unos 16 000 individuos, se encuentran en Mont Pleurer y Aletsch (Valais), Graue Hörner (San Gall) y Albris (Grisones).

Otros ungulados que es posible avistar son los numerosos rebecos, que se caracterizan por sus cuernos puntiagudos y sus pasos ágiles mientras se mueven por lugares casi inaccesibles en las montañas. Dos pequeños grupos de muflón (una clase de cabra montés originaria de Córcega y Cerdeña) habitan en las regiones de Morgins y Champéry.

Surcando los cielos

Las elevadas cimas constituyen el reino de muchas especies de aves rapaces, entre las que destacan las águilas reales y los quebrantahuesos. Se alimentan de una gran variedad de animales: desde pequeños ratones hasta marmotas y aves, como urogallos o perdices; incluso cazan ejemplares débiles o enfermos de corzos y de rebecos jóvenes, lo cual contribuye al mantenimiento de poblaciones saludables.

Los quebrantahuesos (o *Lämmergeier* en alemán) desempeñan también un importante papel de «limpieza». Se trata de un ave de presa especializada que se alimenta principalmente de huesos de animales muertos, algo poco usual en un ave tan grande: la envergadura de sus alas puede alcanzar los tres metros. Pocos carroñeros se empeñan con lo que parece una comida poco apetecible, pero esta especie abre los huesos (los dejan caer a los pedregales desde las alturas) y obtienen la jugosa y blanda médula del interior. Tras desaparecer de los Alpes hacia el año 1913, la positiva experiencia de reintroducción de esta majestuosa especie en su antiguo hábitat demuestra que estas iniciativas pueden tener éxito. En los últimos años, se han liberado alrededor de 70 especies de aves en varios puntos de los Alpes: la recompensa del arduo trabajo de décadas llegó en la primavera de 1997, cuando un ejemplar joven de quebrantahuesos tuvo crías en los Alpes franceses. Desde 1991, en el Parque Nacional de Suiza se han llevado a cabo programas de liberación de especies. Para las mejores zonas de observación, pregunte en el centro de información del parque.

El Parque Nacional de Suiza

Uno de los últimos rincones vírgenes de Europa, el Parque Nacional de Suiza ha sido descrito como una reserva donde la naturaleza está protegida de cualquier intervención humana y donde la fauna y la flora siguen su proceso natural.

Con la intención de establecer una zona de vida salvaje en el este de Suiza en 1907, la sociedad de naturalistas suizos formó una comisión para hacer realidad esta idea. Con una extensión inicial de 21 km² en 1909, el parque se ha ido ampliando en los últimos años hasta alcanzar sus 169 km² actuales. El parque, que sigue de forma rigurosa la declaración original, es un hogar seguro para muchas especies de la fauna y la flora, entre las que se encuentran algunas en peligro de extinción o ya desaparecidas en otras partes del país, además de las especies de reciente reintroducción. Resulta obvio hoy en día que esta región no reúne las dimensiones suficientes para la adecuada protección de la amplia variedad de especies; de hecho, se está considerando la posibilidad de su ampliación. Los visitantes del parque deben permanecer dentro de los más de 80 km de recorridos señalizados, donde hay numerosos e interesantes paseos.

Para más información sobre las visitas al Parque Nacional, véase la pág. 220.

LOS LAGOS Y LAS MONTAÑAS

Los acentuados plegamientos geológicos y la erosión causada por las glaciaciones formaron los pronunciados valles y las imponentes cimas de Suiza

Conocido por su montañoso telón de fondo, más del 60 % del territorio suizo corresponde a los Alpes, la gran barrera rocosa que divide Europa del mundo mediterráneo y que se extiende a lo largo de 1 200 km en forma de arco desde la Riviera francesa hasta las puertas de Viena. Otra cordillera montañosa, el Jura, constituye la frontera noroccidental con Francia, mientras que entre los Alpes y el Jura se extienden los variados paisajes del Plateau o Mittelland. En esta región de altitud relativamente baja, vive y trabaja la mayor parte de la población, en su mayoría agrupada alrededor de los magníficos lagos que suplen la falta de mar del país.

La formación de las montañas

A pesar de la complejidad de sus detalles y de la particularidad de cada cima y cada valle, la geología de los Alpes es bastante simple, aunque el prolongado tiempo y las fuerzas tectónicas requeridas quedan fuera de la comprensión humana.

La primera formación del país estaba compuesta de una gruesa capa de roca cristalina. Hace unos 300 millones de años, este lecho rocoso fue sometido a una gran presión y se formaron unos pliegues conocidos como los «primeros Alpes». Estos predecesores de las actuales montañas se sumergieron en la superficie de un océano que se fue llenando de sedimentos, muchos de ellos ricos en fósiles. Este proceso se prolongó durante decenas de millones de años, hasta que fue interrumpido por el desplazamiento del antiguo continente africano hacia el norte.

Hace unos 100 millones de años aproximadamente, la materia rocosa, que llegó a extenderse 500 km de norte a sur, quedó comprimida en un espacio de menos de 200 km. Este proceso más o menos ordenado de asentamiento de las capas rocosas en una secuencia cronológica fue alterado por la constante presión que iban acumulando las capas hasta formar una superficie ondulada. En algunos lugares, la superficie terrestre se fracturó y el magma del interior salió a través de volcanes. Hace unos tres millones de años, un último movimiento empujó las rocas para formar una elevada cordillera de montañas: la base de los Alpes actuales.

La acción del hielo

La actual configuración de las montañas es el resultado de las sucesivas glaciaciones, la última

hace sólo 10 000 años. En un momento, casi toda Suiza se encontraba enterrada bajo una vasta capa de hielo, de la que sólo sobresalía alguna cima ocasional. Se trataba de la era de los glaciares, el lento pero infatigable movimiento que esculpió gran parte del paisaje hasta formar la actual disposición. La característica forma de «U» de muchos valles alpinos es un claro indicio de la presencia de glaciares, mientras que numerosos lagos del país inundan las cuencas excavadas por el hielo, más tarde rellenadas por la materia depositada cuando un glaciar se interrumpía temporalmente. Los caudalosos ríos que dieron origen al Rin, el Ródano y otros ríos menores, nacieron de los glaciares y arrastraban los depósitos de roca, que en su avance fueron moldeando las tierras

IZQUIERDA: un impresionante valle de los Alpes del cantón de Appenzell.
DERECHA: los glaciares suizos van disminuyendo, una clara advertencia para unificar posturas ante el calentamiento de la Tierra.

bajas. A medida que la capa de hielo fue desapareciendo (hasta hoy), el clima mejoró y la tierra desnuda comenzó a poblarse de plantas y animales. Primero creció una vegetación de musgo, liquen, arbustos y árboles, que más tarde se transformó en una extensión de coníferas (pinos, abetos, píceas) que ocupa la línea de árboles de hoy en día, y después brotaron los árboles que pueblan las extensiones del denominado «plateau» (meseta) y de los valles alpinos (alisos, sauces, robles, hayas, fresnos y sicomoros).

El clima suizo

Suiza recibe la influencia de los sistemas climáticos continental, atlántico y mediterráneo, mientras que la combinación de la altitud, las pendientes y la exposición al sol da lugar a una amplia variedad de microclimas. Se puede observar en muchos valles alpinos que se extienden de este a oeste, en los que las laderas umbrías orientadas al norte (es decir, del sur) están cubiertas de bosques de coníferas, mientras que las soleadas orientadas al sur (situadas en el norte) acogen animadas poblaciones, granjas, campos y praderas. La dureza del clima aumenta con la altitud, pero queda compensada con una posición más meridional, con la presencia del sol o de una gran cantidad de agua que ayuda a mantener unas condiciones más estables. Así, un gran viñedo ocupa la orilla septentrional del lago de Ginebra o lago Leman, mientras que los cultivos más altos de Europa se hallan en el valle del Ródano, donde se elaboran deliciosos vinos con uvas recogidas en unas altitudes de hasta 1 100 metros. Junto con las regiones del Tesino y los Grisones (*Graubünden*), el cantón de Valais es conocido en alemán como el «Sonnenland» (tierra del sol), donde las desnudas rocas y los retorcidos pinos del género *Pinus cembra* de las alturas contrastan con la exuberante vegetación mediterránea de higueras y castaños que cubre las laderas más bajas y los verdes valles. Las temperaturas cálidas prevalecen también en las partes más bajas de los cantones de Vaud y Neuchâtel, los cuales están protegidos de los vientos atlánticos y de las lluvias por la gran barrera de los montes del Jura.

AIRES DE CAMBIO

Suiza suele sufrir la acción de vientos periódicos que soplan a través de sus valles desde los rincones más remotos de la masa continental.

Uno de estos vientos es el frío y seco **Bise**, que atraviesa las planicies de Vaud y Neuchâtel desde Europa oriental. El lado septentrional de los Alpes suele recibir la influencia de otro viento: el cálido **Föhn**. Desde el sur, el *Föhn* descarga su humedad a medida que avanza, rebasa la cresta de los montes y, cálido y seco, peina los valles septentrionales, derrite a su paso la nieve, seca las plantas y provoca en el ser humano cefalalgias e incluso en algunos casos depresiones.

Amenazas medioambientales

Hoy en día, el característico viento cálido *Föhn* no preocupa tanto como el calentamiento de la Tierra, la lluvia ácida o la contaminación. Los 1 828 glaciares del país reflejan los cambios climáticos y algunos han ido disminuyendo de manera preocupante durante algún tiempo. La lengua del glaciar del Ródano llegó, en una ocasión, hasta el mismo valle en Gletsch, pero, en la actualidad, los visitantes que quieran admirar de cerca este imponente fenómeno de la naturaleza, ahora deben ascender mucho más por el valle.

DESAPARECE EL HIELO

A lo largo del siglo XX, más de una cuarta parte de la superficie helada de Suiza, una extensión de unos 100 km², desapareció a causa de los cambios climáticos y la contaminación.

La contaminación medioambiental ha constituido un tema muy controvertido en este pequeño país, rodeado de tierra, sin ningún mar donde verter los residuos y más o menos indefenso ante el comportamiento contaminante de sus vecinos. Los vertidos químicos al río Rin, junto con las repentinas muertes masivas de los peces de los lagos, han ocupado los titulares de la prensa en varias ocasiones. No obstante, el problema medioambiental más importante ha sido causado por la erosión de los bosques alpinos, que se ha visto agravada por la contaminación atmosférica procedente de las emisiones de los vehículos de motor, sobre todo los miles de camiones que transitan a diario por los túneles, las autopistas y otras carreteras que recorren los Alpes.

Los bosques de las montañas de Suiza no sólo son valorados por su belleza, sino también por las funciones que desempeñan, como contener los aludes o fijar el suelo. Por consiguiente, la muerte de los árboles, y en especial de las coníferas, a causa de la lluvia ácida es algo más que una cuestión estética; se trata de la supervivencia de las comunidades alpinas y de salvaguardar las rutas de comunicación.

El Jura

Con una altura de 1 723 metros y una longitud de 200 km, la cordillera del Jura está compuesta por una sucesión regular de crestas redondeadas y de valles que se extienden hacia el sudoeste y el nordeste, y que vistos desde arriba recuerdan «un mar petrificado durante una tormenta», en palabras del escritor suizo Emil Egil. Las montañas son de piedra caliza, formadas en el Jurásico (de ahí su nombre), y estuvieron sometidas a la misma fuerza que moldeó los Alpes. En la vertiente francesa de la frontera, descienden en una serie de mesetas escalonadas, mientras que en el lado suizo conforman un increíble precipicio de 1 000 metros de altura.

El ganado se alimenta en los pastos de las tierras altas y la mayoría de las laderas están pobladas de píceas y hayas. La actividad humana, por su parte, se concentra en los valles paralelos, por los que pasan las carreteras y las vías de ferrocarril. La comunicación entre los diferentes valles se realiza a través de los *cluses*, barrancos transversales excavados posiblemente por los antecesores de los actuales ríos. En muchas zonas, los lagos constituyen la transición entre las regiones bajas y las montañas; el Jura baña sus faldas en dos preciosos lagos, el Bieler See y el Lac du Neuchâtel. Desde la cresta de la cordillera se puede disfrutar de una fantástica vista de los Alpes Saboyanos a orillas del lago Leman, el lago alpino más grande de Europa, con una extensión de 580 km² y 310 metros de profundidad máxima.

IZQUIERDA: rocas erosionadas por la nieve en el puerto de San Bernardino.

DERECHA: el Gletscherschlucht, cerca de Grindelwald.

El Mittelland

A pesar de llamarse «Plateau» (meseta), el Mittelland suizo, situado a una altura de entre 350 y 1 200 metros, tiene poco de llano. La mayor parte está ocupada por unas laderas ondulantes que se intercalan con extensiones llanas a lo largo de los ríos más grandes o de los lechos lacustres secos. Las tierras de cultivo se alternan con los bosques, los pueblos con las ciudades, todos ellos conectados por un entramado de carreteras y vías de ferrocarril.

IMPONENTE HIELO

En lo alto del Oberland bernés se encuentra la mayor extensión de hielo de Europa central, el glaciar Aletsch, de 169 km².

A pesar de que esta región abarca sólo el 30 % de la superficie de Suiza, alberga las dos terceras partes de la población del país. En el punto de encuentro con las montañas se han formado los lagos, que, por su parte, constituyen el emplazamiento adecuado de las grandes ciudades como Ginebra, Zurich y Lucerna. En el oeste, desde las orillas del lago Leman hasta el nordeste en dirección a

Zurich, las condiciones climáticas y la fertilidad del suelo favorecen las actividades agrícolas y el cultivo de las tierras, incluso con productos como el maíz o el tabaco.

Más hacia el este, después de Zurich, en los cantones de San Gall, Turgovia y Appenzell, la pluviosidad aumenta y domina el pastoreo, con sus ricos prados embellecidos por la presencia de árboles frutales y huertos que ofrecen todo un espectáculo en primavera.

El límite meridional del Plateau se encuentra rodeado, en algunos sectores, por la mole impresionante de una pared de rocas, que vigila la llegada a los Alpes. En el lago de los Cuatro Cantones dominan el Rigi, el Bürgenstock y el Pilatus, y las tierras de Appelzell, por el Säntis.

Cumbres famosas

El corazón de los Alpes se esconde más al sur y en el Valais, pasado el Mont-Blanc, los montes alcanzan su punto más elevado. Aquí se levanta el pico de Matterhorn (4 477 metros), junto a la cumbre más alta del país, la Punta Dufour o *Dufourspitze* (4 634 metros). Al norte, más allá del valle del Ródano, se divisan las cimas del Oberland bernés, que culminan en el pico de Finsteraarhorn (4 274 metros) y el aún más conocido pico de la Jungfrau (4 158 metros), accesible incluso para los simples excursionistas gracias al ferrocarril de cremallera.

A pesar de su grandeza de rocas desnudas, nieve y hielo permanente, pocas partes de los Alpes son inaccesibles. Los valles de las montañas han constituido desde antiguo zonas de asentamiento de civilizaciones, además de puntos importantes de comunicación. El Oberland y los Alpes del Valais están separados por una profunda grieta por la que discurre el Ródano, que continúa su curso hacia el este por el valle del Vorderrhein hasta entrar en territorio francés. Es uno de uno de los rasgos más característicos de cualquier mapa de Suiza, una zanja que avanza de este a oeste, desde Martigny hasta el Valais, por la parte sur del país hasta Chur, en el cantón de los Grisones. A la altura de Andermatt, el valle se une con la antigua ruta comercial que transcurre por el valle del Reuss hacia el paso de San Gotardo y las ciudades del norte de Italia, donde conforma una de las principales encrucijadas de Europa.

Los transitados caminos y las concurridas redes ferroviarias de estos corredores principales contrastan con los valles más pequeños, en los que la vida apenas ha evolucionado en los últimos siglos. Por encima del Ródano se halla el valle del pequeño río Lonza, el Lötschental, donde las casas de las poblaciones aún son de madera oscura. Hasta principios del siglo XX, cuando se construyó un túnel para el ferrocarril al pie del valle, la única forma de mantenerse en contacto con el mundo exterior era a pie, por el elevado puerto de Lötschenpass o por un empinado sendero de mulas hasta el valle del Ródano. En la década de 1970, una carretera ascendía hasta el Lötschental, para perderse en la soledad de las alturas.

IZQUIERDA: afloramiento de piedra caliza gastado por la erosión en el Schynige Platte, cerca de la localidad de Interlaken.

DERECHA: aguas glaciares del río Gander a su paso por el verde y hermoso valle de Gastern, cerca de la estación de montaña de Kandersteg.

ATOMIC
ATOMIC

ACTIVIDADES AL AIRE LIBRE

Tanto si busca grandes emociones como relajados y bucólicos paseos, Suiza posee los mejores parajes

A no ser que sea adicto al surf, no existe en Europa un destino mejor para la práctica deportiva que Suiza, que constituye, en diversos aspectos, el destino al aire libre por excelencia, sobre todo en lo que respecta a los deportes de invierno y al montañismo o la escalada. Tanto si le gusta dar paseos tranquilos como practicar deportes de aventura que dan vuelcos al corazón, no le faltarán opciones, y con esta enorme variedad de preciosos espacios naturales, no es de extrañar que numerosos suizos sean aficionados a los deportes al aire libre.

Antes de decidirse a practicar algunos de los deportes habituales en Suiza, cerciórese de que su seguro cubre todos los riesgos, sobre todo en los deportes como el montañismo y el esquí, en los que su póliza debe incluir el rescate en helicóptero. Además, deberá intentar reducir al máximo el impacto ambiental, y recuerde que los ecosistemas de las montañas son especialmente frágiles: si practica el senderismo o la bicicleta de montaña, no se salga de los caminos ni arranque flores alpinas; los esquiadores deberían limitarse a las pistas o zonas destinadas al efecto.

El esquí

Suiza no se puede atribuir la invención del esquí (en Escandinavia se utilizaban los esquís como medio de desplazamiento miles de años antes de que llegaran a Suiza a mediados del siglo XIX), pero fue en este país, a partir de la década de 1880, donde creció hasta convertirse en un atractivo deporte de descenso. Como en el caso de muchos deportes de invierno, los británicos se creen los pioneros (tanto en su calidad de turistas como por los enfermos que se recuperaban en Suiza), cuando su práctica se consideraba algo excéntrica. Sin embargo, este deporte en ciernes pronto adquirió una extraordinaria popularidad y entre sus aficionados se encontraban personajes de la talla del escritor británico y creador del famoso detective Sherlock Holmes, Arthur Conan Doyle. En estos primeros años, los deportistas tenían que ascender a pie las laderas, pero pronto mejoró la situación cuando se introdujo el funicular para los servicios de invierno y, más tarde, el ascensor de barra en la década de 1930, la telesilla y el teleférico en la década de 1960. La primera competición de descenso tuvo lugar en 1911, en Montana, región de Valais, y en 1921, el británico Arnold Lunn inventó el slalom en la pequeña localidad de montaña de Mürren, en el Oberland bernés, y la primera prueba se disputó al año siguiente.

Lunn fue también el organizador de la prueba que algunos consideran la precursora de todas las modalidades de esquí, el Inferno, que se disputó por primera vez en 1928, al cubrir casi 15 km (no todo cuesta abajo) desde la cumbre del Schilthorn hasta el pueblo de Lauterbrunnen. En la actualidad sigue siendo un acontecimiento anual, abierto a todos los visitantes, que se celebra a mediados del mes de junio. Un reto aún mayor, y mucho más conocido, es la competición que se celebra en el centro alpino más antiguo de Suiza, Wengen, descubierto por los británicos (*véase recuadro de la pág. 100*).

En la actualidad, más de dos millones de personas esquían en los Alpes suizos cada año. Hoy

PÁGINAS ANTERIORES: la Cabane des Vignettes, Val d'Hérens, en el cantón de Valais.
IZQUIERDA: esquí de fondo en el Pigne d'Arolla.
DERECHA: el *snowboard*, un emocionante deporte de reciente creación.

existen cientos de lugares que podría visitar, desde pequeños pueblos con poco más que un par de telesquís para principiantes sobre los pastos del ganado hasta destinos de prestigio internacional como los de los Grisones y los más altos en el Valais y en el Oberland bernés.

Se trata de lugares emplazados en paisajes típicos, situados en los pueblos, con hoteles más tradicionales del estilo de casas de madera y piedra, que el tipo de edificios altos de Francia. Aunque el deporte no sea barato, cuando haya alquilado el equipo (unos 50 francos suizos al día) y comprado un pase para el teleférico (aproximadamente el mismo precio), obtendrá por su dinero el mejor esquí de todo el mundo.

Las mejores estaciones de esquí

En la Suiza oriental hallará la que quizá sea la pista más conocida: **St-Moritz**, sin duda el modelo por excelencia de los deportes de invierno desde que un grupo de turistas británicos pasara aquí el invierno de1864 invitados por el hotelero local Johannes Badrutt. Esta reina de las estaciones de invierno, una rara combinación de rocas, agua, bosques y seres humanos, y conocida por su clima soleado y sus tiendas de diseño, también ofrece, evidentemente, la posibilidad de practicar el esquí, además de otros deportes de invierno, en unas magníficas pistas.

Davos y **Klosters**, más tranquilas, son dos de las estaciones de esquí de mayor nivel, la última de

La competición de Lauberhorn

La competición actual más conocida de Suiza es la prueba de Lauberhorn, que se disputa en la estación del Oberland bernés de Wengen, a principios de enero. En la agenda de las competiciones de descenso internacional, sólo el Hahnenkamm de Kitzbühel, en Austria, puede compararse con este terrorífico descenso en lo que respecta a prestigio y dificultad.

Para ganar, estos deportistas deben completar un recorrido de 4,2 km (el circuito internacional más largo) en menos de dos minutos y medio llenos de tensión. Excepto en las fechas próximas a la carrera, puede probar el recorrido usted mismo si se siente seguro sobre los esquís.

En Suiza, ninguna otra figura del deporte goza de tanto prestigio como los héroes de las pendientes, y tras unos años en cierta forma improductivos, el público suizo espera con fervor la aparición de un nuevo Pirmin Zurbriggen o una Vreni Schneider (estrellas de las competiciones en las décadas de 1980 y 1990 en la modalidad masculina y femenina, respectivamente) para arrebatar el dominio a sus eternos rivales en esta modalidad deportiva, los austríacos.

Puede resultar difícil encontrar alojamiento en Wengen durante esta competición; póngase en contacto con la oficina de turismo (www. wengen.com) para informarse sobre los hoteles disponibles.

ellas frecuentada por los miembros de la familia real británica. En ambas pistas se utiliza la amplia extensión de esquí de Parsenn alrededor del Weißfluh y son muy conocidas sus largas pistas de hasta 12 km. **Arosa** es un destino familiar, con muchas pistas de dificultad intermedia, y la muy nueva pero prometedora estación de Flims-Laax-Falera se está haciendo un lugar en los círculos más altos del *snowboard*; con alojamiento a un precio razonable y un ambiente relajado, de hecho, más que una estación invernal de esquí o de otros deportes, es sobre todo un centro de montañismo.

COMPETICIÓN DE *SNOWBOARD*

En marzo, Verbier acoge la competición internacional de *snowboard* Red Bull Xtrem, uno de los más prestigiosos acontecimientos de esta actividad, que se celebra en las montañas de Bec de Rosses.

Blanc, Weißhorn y Matterhorn (conocido por su nombre francés, Cervino). El alojamiento está organizado en bungalós más que en hoteles, y es uno de los mejores lugares para el esquí de final de temporada, con la posibilidad de practicar el *snowboard* y la modalidad fuera de pista de talla mundial.

Al nordeste de Verbier, cerca de la ciudad de Sierre, se llega a **Crans-Montana**, que acogió los Campeonatos del Mundo de Esquí de 1992 (pero a pesar de su renombre, no es uno de los destinos más atractivos). Podrá apreciar algunas de las mejores vistas

La ciudad de **Verbier**, al este de Martigny en el Valais, que hace tan sólo 40 años era un encantador pueblecito de los Alpes Peninos que frecuentaban suizos llegados de 100 kilómetros a la redonda para esquiar, en la actualidad posee una de las mejores redes de pistas interconectadas del país, Cuatro Valles, con más de 400 km de pistas marcadas. Sus arrastres ascienden hasta Mont-Fort (de 3 329 m), desde el que se disfruta de sensacionales vistas de los picos más imponentes de los Alpes: Mont-

IZQUIERDA: *snowboard* en la región de Davos/Klosters, con 320 km de pistas.
ARRIBA: practicando esquí en paracaídas en la famosa estación de esquí de Zermatt, situada en el cantón de Valais.

panorámicas mientras esquía, y el alojamiento es bueno, aunque las pistas ofrecen retos menores que Verbier o la tercera estación del Valais, **Zermatt**. Esta acogedora población, sin tráfico, posee unas vistas incomparables del Matterhorn o Cervino y de los gigantes alpinos de los alrededores. Los restaurantes de las estaciones son también muy recomendables y no falta una animada vida nocturna.

Situado al este de Zermatt, **Saas Fee**, más pequeño y familiar, con sus numerosos glaciares, es un destino ideal para esquiar en verano. Comparte con el anterior el privilegio de no permitir el tráfico de coches, aunque sí eléctricos que recorren todo el pueblo. Esta modalidad se puede encontrar también en Zermatt, Verbier y otras estaciones situadas a gran altitud.

Las estaciones del Oberland bernés

El esquí del Oberland bernés se centra en la majestuosa región de la Jungfrau, comunicada con otras estaciones desde el pueblo «peatonal» de Mürren, inaccesible en coche, y ubicada a gran altitud en una planicie sobre el valle de Lauterbrunnen, donde gracias al esquí puede disfrutar de los paisajes del Eiger, el Mönch y el Jungfrau; y engloba también el más frecuentado **Grindelwald**, rodeado de picos imponentes, y Wengen. Desde las dos últimas estaciones puede subir en tren hasta Kleine Scheidegg, donde encontrará unas magníficas pistas de esquí en las faldas de la vertiente septentrional del Eiger. Otro prestigioso destino del Oberland bernés está situado en la pequeña y elegante población de Gstaad, no tan conocida por el esquí (en un entorno maravilloso pero poco atractivo para el deporte) como por la aristocracia y la alta sociedad europea que ocupa sus hoteles de lujo durante la temporada. Su popularidad ha ido en aumento debido a su magnífica ubicación en la confluencia de varios valles y porque, a esta altitud, el sol calienta más.

Previsión meteorológica

Visite la página de Turismo de Suiza en Internet: www.myswitzerland. com para conocer la última información sobre el tiempo, la nieve y los posibles peligros de aludes.

Escuelas de esquí

Todas las estaciones de montaña tienen escuelas de esquí, en las que encontrará monitores muy profesionales, muchos de ellos políglotas. Si quiere alejarse de las pistas y dispone de dinero para buscar la nieve virgen de las elevadas altitudes y los conocimientos necesarios para esquiar en ellas, en todas las principales estaciones tiene la opción del heliesquí. Será desplazado hasta zonas de 4 000 metros de altura, donde podrá esquiar acompañado de su guía, obligatorio en todas estas actividades para ofrecerle seguridad ante el peligro de aludes.

Si prefiere contemplar el paisaje a un paso más lento, Suiza le ofrece excelentes posibilidades de practicar esquí de fondo (*Langlauf* en alemán y *ski de fond* o *ski nordique* en francés). Los Grisones son el destino habitual, pero hay una gran red de recorridos: algunos son gratuitos, pero para la mayoría necesitará comprar un *forfait* (a un precio razonable) en el centro de esquí local (1 603 m).

Otros deportes de invierno

Aparte del patinaje sobre hielo, las aguas heladas del lago de St-Moritz permiten la práctica del *skijoring*, un deporte de riesgo en el que el participante es arrastrado sobre esquís por un caballo al galope (sólo para los esquiadores más expertos). El lugar más conocido de St-Moritz es el descenso de Cresta (*véase pág. 106*), pista de fama mundial, fundada en 1884, en la que se han alcanzado velocidades temerarias de 150 km por hora. Después de la gran competición de final de temporada a mediados de febrero, la pista queda abierta para los invitados de los miembros del club, quienes pagan una fortuna por el privilegio de unas bajadas. Definitivamente, no es para los más cautelosos y existe un poco de machismo a la antigua: no pueden participar las mujeres.

No se debe confundir el trineo con el *luge* (un pequeño trineo parecido pero en el que el conductor lleva los pies por delante) o el *bobsleigh*, también inventado en St-Moritz. Ambas especialidades se pueden practicar en la pista olímpica de la estación, a 1 600 metros de altura. Podría ser emocionante dar una vuelta en uno de los taxis *bobsleigh* guiado por cuatro hombres a una velocidad de vértigo (130 km/h). Las plazas se suelen llenar deprisa y se admiten reservas desde julio (tel.: 081-830 0200).

El ciclismo

Puede sonar a negocio la idea de disponer de un lugar para el ciclismo en uno de los países más montañosos de Europa. Sin embargo, recorrer el país a pedaladas puede ser uno de los modos más satisfactorios de explorarlo, y si cree que su forma física no es apta para las altas montañas, quédese en las tierras bajas y los valles, o bien salve los tramos difíciles en tren. Las carreteras suizas son magníficas y los conductores suelen respetar a los ciclistas; en todas partes se fomenta el ciclismo como parte de su particular conciencia del medio ambiente. En ciudades como Zug o Zurich podrá alquilar bicicletas; todo lo que necesita es el pasaporte y una pequeña fianza. Existen nueve rutas nacionales para bicicleta, que forman parte de una red de 3 300 km con rutas por carretera y por carril bici en la montaña, todas ellas recogidas en los mapas *Velokarten* (se venden en las librerías, con escala de 1:100 000). Utilice también uno de los mejores servicios nacionales que ofrece bicicletas de alquiler en buen estado en la mayoría de las estaciones de ferrocarril. Puede elegir entre una bicicleta de paseo o una de montaña de 21 velocidades, y por un pequeño recargo (precios especiales para familias) puede devolver la bicicleta en cualquier estación acreditada, lo que le permite una gran flexibilidad a la hora de planificar sus rutas.

IZQUIERDA: para caminar por los glaciares se necesita un equipo apropiado, además de estar preparado para cualquier imprevisto.
ARRIBA: los valles alpinos suizos disponen de numerosos senderos bien señalizados y de refugios de montaña.

Recorridos a pie

Suiza es uno de los países que anima a caminar hasta a las personas más sedentarias. Puede ser interesante pasear por el paisaje ondulado del Parque Nacional de Engadina, en los Grisones, mientras intenta avistar un íbice o recorrer las crestas del Valais y el Oberland bernés. Puede seguir el camino que cruza toda la cordillera de montañas boscosas del Jura o explorar los maravillosos valles del Tesino (las zonas cercanas a Locarno, por ejemplo, como **Maggia**, **Verzasca** o **Centovalli**) con sus construcciones en piedra y poblados de frondosos bosques.

Los alrededores de las orillas boscosas y pronunciadas del **lago Uri** (Urnesee), el corazón his-

EN TRINEO POR EL PAÍS

Si le apetece un recorrido más tranquilo que los circuitos para *bobsleigh* de St-Moritz, encontrará al nordeste de la ciudad una fantástica alternativa. Se trata de la clásica ruta de 5 km en trineo por el valle de Albula (o Alora) desde Preda a Bergün.

Puede alquilar un trineo en Preda y emprender la excursión sin miedo: la carretera está cerrada al tráfico y sus bordes, protegidos para prevenir cualquier accidente. En la meta, puede adquirir un pase diario para el ferrocarril Rhätische; súbase a él para volver a la salida. La ruta está iluminada, por lo que puede realizarla también de noche y mientras espera el tren, entre en calor con un chocolate caliente.

tórico de la nación, ofrecen paseos por la recomendada ruta de 35 km que recibe el nombre de «Swiss Trail» (pensada para una excursión de dos días), que se abrió para celebrar el 700 aniversario del nacimiento de la Federación Suiza en 1291. Como alternativa, puede considerar el **Churfirsten**, una cordillera de piedra caliza que se alza sobre las colinas onduladas cerca del Walenstadt de Appenzell, en el nordeste del país. La red de senderos de Suiza, claramente señalizada, no tiene parangón. Las señales amarillas se refieren a los senderos normales (*Wanderweg, chemin de randonnée* o *sentiero*), para los que no se requiere más que un buen calzado. Las señales amarillas marcadas con una flecha blanquirroja-blanca indican que se trata de senderos de alta montaña (*Bergweg, chemin de montagne*) y aunque los caminos estén bien delimitados, necesitará unas botas que sujeten bien los tobillos. Consulte la previsión del tiempo en la oficina de turismo local antes de iniciar el recorrido y no se olvide de llevar la ropa apropiada para las montañas, protección solar y agua: la exposición al sol, la hipotermia o la deshidratación suelen afectar más a los excursionistas que a los montañeros profesionales.

Escuelas de montañismo

Si le apetece ampliar sus horizontes o aprender nuevas técnicas para superar los senderos habituales, diríjase a uno de los 27 centros de montañismo de Suiza. La Asociación Suiza de Escuelas de Montañismo (*Schweizer Verband der Bergsteigerschulen*, Postfach, 6490 Andermatt, tel.: 041-872 0900) le facilitará una lista de las escuelas y de los instructores privados inscritos. Los centros ofrecen recorridos con guía en su localidad, además de cursillos a quienes estén interesados en la escalada en roca y hielo. Los servicios suelen variar de un centro a otro, así que es aconsejable que planifique su viaje con suficiente tiempo. Siempre debe disponer de una lista completa del equipo y la ropa que necesitará para cada actividad, y pregunte si pueden facilitárselos: el piolet, los crampones, los arneses y el casco suelen alquilarse en los centros de montaña, pero es conveniente que lleve su mochila, sus polainas, sus botas

LOS REFUGIOS DE MONTAÑA

Los montañeros, escaladores y senderistas experimentados que quieran realizar recorridos más largos en las regiones altas de los Alpes, pueden utilizar la red de refugios de montaña (*Berghütten, cabanes de montagne*) situados a 2 000 metros. Las cabañas están provistas de literas comunes con mantas (pero no con sábanas) y se pueden obtener normalmente los alimentos básicos. El Club Alpino Suizo: Helvetiaplatz 4, 3005 Berna (tel.: 031-370 1818; info@sac-cas. ch) publica un libro con una lista de todos los refugios y sus números de teléfono. En verano es aconsejable reservar plaza con un mes de antelación.

y su ropa. Además, es aconsejable comprobar que en el centro le han contratado los guías para las fechas solicitadas, pues a menudo la demanda supera los límites del servicio durante la temporada alta. No obstante, incluso el viaje mejor planeado puede irse al traste por unas condiciones meteorológicas adversas.

Desde el *Bergsteigerzentrum,* en Grindelwald, puede organizar paseos atractivos por las regiones del **Eiger**, el **Mönch** y el macizo de **Jungfrau**. La pared septentrional del imponente monte Eiger (2 000 m) sigue siendo uno de los retos del mundo en la escalada técnica en roca, a pesar de que ya en 1938 fue coronada con éxito. Los senderistas que sólo quieran echar un vistazo de cerca a su superficie rocosa, pueden acercarse en tren hasta Alpiglen y tomar el camino que lleva hasta la base; y quienes prefieran escalar la pared septentrional desde la butaca de su sala de estar pueden adquirir un vídeo en las tiendas de Grindelwald o Wengen, en el que se explica el ascenso con todo detalle.

SENDERISMO

La principal temporada de senderismo por los Alpes se extiende desde mayo hasta mediados de octubre, y entre finales de mayo y principios de junio se puede disfrutar de las flores que crecen después de que la nieve desaparezca de los prados alpinos.

Entre otros destinos conocidos para los montañeros y escaladores figuran Pontresina, muy cerca de St-Moritz y, cómo no, Zermatt, con su famoso pico Matterhorn (*véase pág. 180*).

La vela y los deportes acuáticos

Los lagos de Suiza son excelentes escenarios para la práctica de numerosos deportes de agua, desde el buceo o el esquí acuático hasta el *windsurf* o la vela, y en la actualidad se están promocionando los ríos por su potencial para el *rafting* o el piragüismo. Algunos de los mejores lagos para practicar la vela son el de **Thun,** en el centro del país, y los lagos de **Silser** y de **Silvaplaner,** en el este, entre St-Moritz y Maloja. Los lagos como el de los Cuatro Cantones y el de Lugano son más adecuados para las motos acuáticas que las velas por el frecuente viento reinante. A mediados de verano, algunos de los lagos alcanzan temperaturas aptas incluso para darse un baño, pero necesitará un traje de neopreno si quiere permanecer en el agua un largo rato.

Deportes de riesgo

Si no consigue satisfacer sus deseos y necesita una buena subida de adrenalina, no tire la toalla. Descubra el salto del barranco del espectacular cañón de Gletscherschlucht, en Grindelwald, o láncese desde una altura de 120 metros con una cuerda elástica desde el teleférico de Stockhorn, también en el Oberland bernés cerca de Thun.

Existen otros saltos desde teleféricos por toda Suiza, de los que el más espeluznante (a 220 metros) y conocido como el más alto del mundo se encuentra al nordeste de Locarno, que se dio a conocer con la primera escena de la película *Goldeneye,* de James Bond. También aquí se halla la espectacular presa de **Verzasca**, donde puede lanzarse con la goma elástica por su superficie de cemento, entre abril y octubre, tanto de día como en las noches de luna llena (diríjase a Trekking Team, tel.: 01-950 3388; fax: 01-950 3389). Así mismo, en todo el país abundan las ofertas de diversas actividades, como excursiones en globo aerostático, paracaidismo en modalidad de caída libre por parejas, ala delta, parapente y *parascending*.

Una observación antes de concluir: Suiza, un país que suele asociarse con la seguridad, aprendió una importante lección en 1999, cuando 20 jóvenes se ahogaron en la región de Interlaken en una excursión de *canyoing* (una actividad diferente del salto desde un cañón), tras hacer caso omiso de la advertencia de posibles aguas torrenciales. La compañía implicada, propensa a sufrir accidentes, cerró las puertas.

IZQUIERDA: las maravillosas vistas desde la cima de Breithorn (4 165 metros), cerca de Zermatt.
DERECHA: esquí acuático en el lago Leman.

La historia del descenso de Cresta

Antes de la invención del automóvil y el aeroplano, los hombres más rápidos de la Tierra eran un grupo de excéntricos entre los que se encontraba el autor y crítico literario John Addington Symonds, que, dado el modo como se desarrollaron los acontecimientos con posterioridad, mejor hubiera hecho quedándose en la cama del hospital donde estaba ingresado.

Pero Symonds y sus compañeros, algunos de los cuales también estaban bajo tratamiento médico en

Suiza, tomaron prestados los *Schlitten* (trineos) que los suizos utilizaban como medio de transporte de invierno. Con su idea de deslizarse por las laderas de una colina cerca del Hotel Belvedere de Davos y por el camino de Clavadel hasta Klosters, inventaron el deporte del descenso en trineo y de aquí, el posterior *bobsleigh*.

En 1903, año en que los hermanos Wright hicieron volar el *Kitty Hawk*, alcanzaron velocidades de hasta 130 km/h. Se trataba de la época en que los automóviles iban todavía precedidos por peatones con banderitas rojas para advertir de su paso.

Un capítulo del diario de Symonds constituye una de las primeras referencias a los comienzos de este deporte. Tras una cena que se prolongó hasta las dos de la madrugada, con música de cítara y guitarra, él y dos amigos «descendieron en trineo en medio de una tormenta de nieve. Resulta difícil de describir la oscuridad y la ventisca que había». Llegaron todos sanos y salvos, según relata el diario, excepto una tal «Señorita I» que iba en otro trineo. Ella perdió el control, salió despedida por encima de la cabaña de un fotógrafo y aterrizó «de cabeza en la carretera helada. Esperaba encontrarla muerta, pero sólo había perdido el conocimiento».

El trineo original estaba compuesto por un par de patines de hierro fijados a un bastidor de madera sobre el que se iba sentado. Los colonos canadienses habían descubierto que los indios utilizaban algo parecido y en 1870 ya descendían subidos en uno de estos vehículos por el monte Royal, en Montreal.

Los enfermos británicos fundaron el club de trineo de Davos y ese año retaron a otros países a una carrera por las serpenteantes carreteras que se extienden entre Davos y Klosters. Dos australianos, un canadiense, dos alemanes, un holandés y doce suizos aceptaron el reto. La carrera terminó en un empate entre el australiano, un tal George Robertson, y un conductor de autobuses suizo llamado Peter Minsch.

Mientras tanto, los pacientes de St-Moritz habían organizado una carrera por las cercanías del hotel Kulm. Por lo general, el comportamiento de estos supuestos enfermos era digno de reproche: «Se jugaba y se bebía mucho a veces, y las aventuras amorosas acababan en escándalos, que terminaban con la llegada de la primavera, cuando los enfermos iban desapareciendo y regresando a sus hogares a medida que se derretía la nieve».

Al percatarse del potencial de esta nueva moda, el dueño del hotel Kulm contribuyó a la construcción de una nueva pista para acaparar la clientela de Davos. Construyeron la que sería la pista más famosa de todas y pronto comenzaron a organizar con regularidad competiciones entre los dos futuros destinos turísticos. La carrera de 1886 causó sensación. Hasta entonces, el conductor del trineo solía ir sentado derecho, pero tal y como informó el periódico local *Alpine Post*, «Cornish... iba tumbado sobre el trineo, sujeto por los lados y sus piernas a veces volaban por los aires y otras veces se arrastraban por la tierra madre... Verlo llegar de cabeza era realmente increíble... Sin embargo, resultó herido en un par de ocasiones durante la carrera, a pesar de que su rápida recuperación resultara asombrosa para los espectadores».

El año siguiente aún fue más emocionante: el neoyorquino L. P. Child, «con gran experiencia sobre trineo en Estados Unidos», pidió a un carpintero local que le fabricara un trineo según sus instrucciones. Lo llamó *América* y era largo, de poca altura, de madera sólida y provisto de patines de acero con muelles delante y detrás. Child pasó a toda velocidad a sus oponentes por el camino de Clavadel. Los aficionados, atónitos, pidieron que se prohibiera el nuevo trineo, pero otros supieron ver sus ventajas y se apresuraron a buscar también un carpintero. El primer *bobsleigh*, que fue el nombre que recibió esta clase de trineo, fue construido por un herrero a petición de un tal Wilson Smith.

Poco a poco, parecía que los «deslizadores» se iban muriendo, pero de tuberculosis o del achaque que los había llevado a Suiza, y en primer lugar, del deporte. La primera muerte en la pista fue la de Henry Pennell, un capitán de 27 años del ejército británico que había ganado la Cruz Victoria en la frontera noroccidental india. Menos de un mes después se produjo la segunda muerte, que también fue la de un personaje heroico, el conde Jules de Bylandt, un cazador holandés. De Bylandt chocó contra el paso a nivel que controlaba el tráfico donde, antes de que se construyera un túnel, la pista se cruzaba con la carretera. El escenario de la muerte del capitán Pennell estaba en la curva conocida como Shuttlecock, la cual causó tantos vuelcos por la velocidad que se alcanzaba que, en 1934, los supervivientes fundaron un club y empezaron a celebrar una cena anual. Como se acostumbra hacer en este tipo de clubs, los miembros fijaron sus propias tradiciones y en sus cenas, llevaban coderas en la chaqueta del traje.

Los Juegos Olímpicos de invierno se celebraron en St-Moritz en 1928 y seis países participaron en la prueba del trineo. Los británicos consideraban el Cresta como su preciada invención y presentaron a dos lores, Brabazon y Northesk. El primero quedó fuera de competición tras sufrir un accidente en Shuttlecock durante los entrenamientos, en el que se fracturó varias costillas y que le dejó el rostro lleno de magulladuras. Los ganadores fueron los hermanos Jennison y Jack Heaton, de Estados Unidos.

Desde los Juegos de 1928, muchos conocidos se han enfrentado a la carrera de Cresta, algunos de ellos convencidos por algún veterano que se acercaba a los visitantes de St-Moritz: «Permítanme presentarles un deporte que no requiere esfuerzo alguno. Todo lo que tienen que hacer es tumbarse en un trineo y dejarse llevar».

Se cuenta que Errol Flynn se detuvo en Shuttlecock, bebió una copa de champán que le ofreció una hermosa rubia y continuó hacia un Rolls-Royce conducido por un chófer. A Brigitte Bardot solía vérsela muchas veces en el Cresta mientras estuvo casada con Gunther Sachs, el industrial y pilar del club en los últimos años.

Pero, pese a las apariencias, el Cresta no es todo riqueza y glamour. En efecto, el conductor con más éxitos en la historia de la carrera, y por definición también el más tosco, fue Nino Bibbia de St-Moritz, dueño de una tienda de comestibles.

IZQUIERDA: en posición para comenzar la aventura.
ARRIBA: los participantes en la carrera con sus trineos en una foto de final de temporada.

LUGARES

Una guía detallada de todo el país en la que los lugares de mayor interés llevan una referencia alfanumérica que remite a los mapas

La marcada división del paisaje y las notables diferencias de altitud contribuyen a que un viaje por Suiza sea una experiencia satisfactoria en casi cualquier época del año. Mientras que las regiones orientales y las tierras bajas, con sus huertos florecientes y prados de exuberante vegetación, están en su mejor momento en primavera, en verano los visitantes tienden a acercarse a las orillas de los numerosos lagos y valles alpinos del país.

Los aficionados al surf y a la navegación prefieren las zonas occidentales o los lagos de agua muy fría, aunque ventosos, del interior del país o de los Grisones. Del otoño se puede disfrutar de muchas maneras: en los viñedos del Valais o del Vaud, en los bosques amarillentos de alerces de Engadina, en los valles del sur de los Grisones o en el Tesino, donde, incluso en octubre, los días suelen ser más largos y la niebla menos espesa que en el resto del país. Por último, en el invierno existen innumerables posibilidades para practicar deportes o recorrer las tierras nevadas por toda la región alpina.

A pesar de ser un país pequeño, Suiza está formada por regiones muy distintas, por lo que existe el peligro de seguir adelante por las principales rutas y recorrer el país sin llegar a conocer nada en profundidad. Por eso, esta guía ha sido planteada de manera que se pueda acceder a las zonas más diversas desde una ciudad principal o una región a través de cómodas excursiones en todas las direcciones. Si descubre un lugar que le interese, puede permanecer allí más tiempo (y así conocerá otras curiosidades que esta guía no puede incluir por muy ambiciosa que trate de ser).

Al contrario que los turistas de antaño, quienes estaban obligados a explorar la todavía desconocida Suiza alpina a pie, en mulo o en pequeños carruajes, los viajeros actuales disponen de un variado y eficaz sistema de comunicaciones. Gracias a las numerosas formas de transporte que existen (tren, autobús, ferrocarril de cremallera, funicular por cable o barco), es muy tentador dejar el coche aparcado y conocer zonas muy extensas en un tiempo relativamente breve. En cualquier estación de ferrocarril le pueden facilitar información detallada sobre este tipo de recorridos y en cualquier lugar puede adquirir billetes combinados para varios medios de transporte.

PÁGINAS ANTERIORES: el majestuoso Matterhorn o Cervino; el Château Aigle, en el cantón de Valais; vista del pueblecito de Foroglio, en el Val Bavona.
IZQUIERDA: vista desde el valle de Lauterbrunnen, en el Oberland bernés.

Suiza
0 10 km
Saulxures
Freiburg
Guebwiller
Bad Krozingen
le Thillot
Ensisheim
Hinterzarten
St-Amarin
Jussey
Luxeuil les-Bains
Thann
Mullheim
Schönau
Masevaux
Port d'Atelier
Port-sur-Saône
Ronchamp
Mulhouse
E 35
E 54
Zell
Lure
A 35
Schopfheim
Saône
Vesoul
FRANCIA
Belfort
Dannemarie
Sierentz
Altkirch
Wehr
Albbruck
Echenoz la Méline
Weil
Lorrach
Rheinfelden
Héricourt
Folgensbourg
Bad Säckingen
Villersexel
Grandvillars
Basilea
Esprels
A 36
Montbéliard
Delle
Reinach
N 3
Frick
Ognon
Ferrette
Audincourt
Aesch
Liestal
Fretigney
Rougemont
Valentigny
Ajoie
Basellandschaft
Bucey les Gy
Rioz
Mandeure
Porrentruy
Laufen
Pont-de-Roide
E 25
Baume les Dames
Delemont
Waldenberg
N 2
Aarau
Clerval 840
Jura
Birs
Olten
Marchaux
Roulans
Vellevans
Bassecourt
Balsthal
E 60
St-Hippolyte
Solothurn
Zofingen
Doubs
A 36
Besançon
Roche les Beaupré
Aissey
Maiche
Moutier
Saignelégier
N 2
Dagmers
Mamirolle
Tramelan
Tavannes
Solothurn
Aar
Langenthal
le Russey
Grenchen
E 25
Herzogenbuchsee
Valdahon
St-Imier
Biel
JURA
Quingey
Ornans
Orchamps
La Chaux-de-Fonds
Nidau
Huttwil
Willis
Nods
Kirchberg
Luc
Lods
Morteau
La Neueville
L. de Biel
Lyss
Le Locle
Burgdorf
Wolhusen
N 6
Montbenoît
Doubs
Neuchâtel
Aarberg
Sumiswald
Napf 1408
Zollikofen
Berna
Levier
Neuchâtel
Ins
Kerzers
Emme
Travers
Berna
Salins-les-Bains
Lago de Neuchâtel
Lago de Morat
E 25
N 1
Langnau
Boudry
Worb
Pontarlier
Les Verrières
Murten
Köniz
Fleurier
Estavayer-le-Lac
Eggiwil
Escholzma
1607
Concise
Avenches
N 12
Flamatt
Münsingen
Obwa
Andelot en Montagne
Frasne
Chasseron
Aare
Marbach
Lac de Joux
Düdingen
Oberdiessbach
Grandson
N 6
Ste-Croix
Payerne
Schwarzenburg
Schangnau
Yvonand
Friburgo
Steffisburg
Mont d'Or 1461
Yverdon-les-Bains
Thun
Mouthe
Champagnole
Lucens
Sarine
Plaffeien
Stockhorn 2190
Lago de Thun
Lago de Brienz
Vallorbe
Friburgo
Romont
Brienz
Iseltwa
les Planches en Montagne
Moudon
la Roche
Spiez
Interlaken
Mont Risoux
La Sarraz
N 1
N 12
Alpes de Friburgo
Simme
Echallens
Bulle
Charmey
Boltigen
St-Laurent en Grandvaux
Frutigen
Wengen
Eiger 3970
JURA
Le Brassus
Vaud
Gruyères
Mürren
Finsteraar
Oron
Zweisimmen
Bussigny
Morbier
Mt Tendre 1679
Lausana
Châtel St Denis
Château-d'Oex
Blüemlisalp 3657
Jungfrau 4158
Morez
Saanen
Adelboden
Morges
Cully
Gstaad
Kandersteg
Aletsc 4193
Les Rousses
La Cure
Vevey
La Tour-de-Peilz
Balmhorn 3698
Rolle
Lago Leman
Lenk
Wildstrubel 3243
N 1
Montreux
ALPES BERNESES
Evian-les-Bains
Meillerie
Bietschhorn 3934
St-Claude
Villeneuve
Gsteig
Wildhorn 3248
Nyon
Leukerbad
Coppet
Thonon-les-Bains
St-Gingolph
Mörel
Yvoire
Les Diablerets
Crans-Montana
Crêt de la Neige 1718
Gex
Vouvry
N 9
Raron
Sciez
Leuk
Douvaine
Aigle
Abondance
Diablerets 3210
Brig
Versoix
Villars
Sierre
Visp
Bellevaux
le Biot
Monthey
Bex
Sion
Ginebra
Conthey
Stalden
Vissoie
N 1
Roc d'Enfer 2244
Champéry
Ardon
Annemasse
Morzine
Valais
St Niklaus
Simplon
Ródano
Rhône
Dents du Midi 3257
Vernayaz
N 9
Riddes
Weissmies 4023
A 40
St-Julien
Saxon
Evolène
Zinal
Dom 4545
Taninges
Martigny
Viry
Verbier
Aiguilles Rouges 3646
Saas Fee
A 40
Bonneville
Samoens
Täsch
Cluses
Frangy
Cruseilles
Le Chatelard
Fionnay
ALLIS
Antronap
la Roche sur Foron
Magland
Vallorcine
Orsières
Arolla
Zermatt
A 41
DE
Thorens Glières
Arve
Mt Blanc de Cheilon 3870
Matterhorn 4478
Pte Percée 2752
A 40
Argentière
ALPES
Pringy
Bourg-St-Pierre
ALPES
PENIN
Annecy
La Clusaz
Servoz
Chamonix Mont-Blanc
Breuil Cervinia
Monte Rosa
Macu
Sallanches
Dufourspitze 4634
A 41
Thônes
Megève
St Gervais les Bains
Col du Grand St-Bernard 2469
Rumilly
Mont Blanc 4808
Túnel de Mont Blanc
Talloires
Valtournanche
Alagna Valsesia
Alby
FRANCIA
les Contamines
ITALIA
Ugine
Morgex
Gressoney St Jean
Aosta
Châtillon
Faverges
Hauteluce
Aix-les-Bains
La Thuile
St Marcel

ALEMANIA
AUSTRIA
ITALIA
LIECHTENSTEIN
Tuttlingen
Ostrach
Altshausen
Bad Waldsee
Hüfingen
Stockach
Engen
Weingarten
Leutkirch
Grönenbach
Ravensburg
Kempten
Überlingen
Markdorf
Meersburg
Radolfzell
Singen
Schaffhausen
Meckenbeuren
Tettnang
Wangen im Allgäu
Isny
Nesselwang
Konstanz
Friedrichshafen
Langenargen
Wertach
Neuhausen
Kreuzlingen
L. Constanza
Lindenberg
Immenstadt
Turgovia
Eglisau
Weinfelden
Romanshorn
Lindau
Oberstaufen
Frauenfeld
Thur
Amriswil
Arbon
Bregenz
Sonthofen
Bülach
Winterthur
Elgg
Bischofszell
Rorschach
Lustenau
Egg
Kloten
Kemptthal
Wil
Uzwil
Gossau
St Gallen
Dornbirn
Bezau
Oberstdorf
Turbenthal
Herisau
Alpes de Allgäu
Zurich
Appenzell Ausserrhoden
Alstätten
Hohenems
Elmen
Uster
Bauma
Bütschwil
Appenzell
Mittelberg
Küsnacht
Wetzikon
Urnäsch
Appenzell Innerrhoden
Au
Mädelegabel 2645
Bremgarten
Adliswil
Wattwil
Rankweil
Bach
Thalwil
Meilen
Rüti
Säntis 2502
Feldkirch
Warth
Horgen
L. de Zurich
Rapperswill
Gams
Rote Wand 2704
Lech
Lechtaler Alpen
Parseierspitze 3036
Wädenswil
Nesslau
Nenzing
Arlbergpass 1793
Baar
Lachen
Schänis
St Gallen
Schaan
Bludenz
Stuben
Flirsch
Cham
Zug
Sihlsee
L. Wallen
Buchs
Vaduz
St Anton
Landeck
L. de Zug
Einsiedeln
Näfels
Murg
Walenstadt
Schruns
Schesaplana 2964
Kussnacht
Schwyz
Glarus
Sargans
Rätikon
Ischgl
Lucerna
Vitznau
Bächistock 2914
Linth
Gaschurn
Stuben
L. de los Cuatro Cantones
Brunnen
Schwanden
Bad Ragaz
Schiers
Galtür
Stans
Beckenried
Landquart
Fluchthorn 3399
Muttler 3294
Nauders
Nidwalden
Glaris
Elm
Alpes de Glaris
P Segnas 3099
Küblis
Klosters
Piz Buin 3312
Martina
Altdorf
Linthal
Silvrettagruppe
Uri
Flims
Chur
Davos
Scuol
Inn
Engelberg
Titlis 3239
Erstfeld
Tödi 3614
Reichenau
Arosa
Piz Linard 3411
Ardez
San Valentino alla Muta
Disentis/Muster
Trun
Ilanz
Grisones
Lenzerheide
Flüelapass 2383
Susch
P. Sesvenna 3205
Wassen
Vorderrhein
Thusis
Wiesen
Zernez
Innertkirchen
Reuss
Vrin
Filisur
Engadina
Brail
Dammastock 3630
Piz Medel 3210
Tiefencastel
Piz Kesch 3418
Realp
Andermatt
Vals
Thalkirch
Bergün
Alta Engadina
Zuoz
Santa Maria
Paso del San Gottardo 2108
Andeer
Piz d'Err 3378
2757
Splügen
Savognin
Samedan
Livigno
Paso del Stélvio
Gletsch
Alpes Lepontinos
Olivone
Rheinwaldhorn 3402
2065 Paso del San Bernardino
San Bernardino
Piz Platta 3392
St-Moritz
Pontresina
Airolo
Faido
Bivio
Silvaplana
Bormio
Basodino 3273
Fusio
Malvaglia
Campodolcino
Maloja
1815 Paso del Maloja
Piz Bernina 4049
2323 Paso del Bernina
Cima de Piazzi 3439
Formazza
Valle Leventina
Biasca
Soazza
Castasegna
Poschiava
Sonogno
Tesino
Cevio
Sonnenhorn 2792
Maggia
Lostallo
Chiavenna
Monte Disgrázia 3678
Chiesa in Valmalenco
Brusio
Grosio
Ponte di Legno
Toce
Cresciano
Roveredo
Novate Mezzola
Lago di Mezzola
Tirano
Vezza d'Óglio
Locarno
Minusio
Bellinzona
Sondrio
Tresenda
Édolo
Crevoladossola
Intragna
Ascona
Gravedona
Adda
Malonno
Santa Maria Maggiore
Magadino
Camoghè 2228
Colico
Morbegno
Alpes Orobios
Cedégolo
Domodossola
Lago di Como
Pizzo di Coca 3052
Capo di Ponte
Villadossola
Cannobio
Porlezza
Bellano
Valbondione
Vogogna
Lago Mayor
Agno
Menaggio
Varenna
Branzi
Schilpário
Luino
Lugano
Bellagio
Borno
Breno
Ponte Tresa
Lago di Lugano
Lenna
Verbania
Laveno
Mandello del Lário
Stresa
Mendrisio
San Giovanni Bianco
Clusone
Varese
Lecco
Lago d'Orta
Chiasso
Como
Lovere
L. di Varese
Zogno
Lago d'Iseo
Castiglioni
Vergiate
Cassaza
Brozzo
Borgosesia
Arona
Cantu
Bergamo
Borgomanero
N 4
N 1
N 2
N 3
N 7
N 13
N 14
A 53
E 35
E 41
E 43
E 54
E 60
E 62

LIBERAM
CONDI
HERZOG
VON ZE
RINGEN
HAT
DIE

EL OBERLAND BERNÉS

Con sus picos macizos, sus poblaciones inmaculadas y la amplia red ferroviaria que recorre las montañas, esta región central de Suiza acoge el principal destino vacacional del país

La región situada al sudoeste de la capital suiza, Berna, que se extiende hasta los sanatorios situados a elevada altitud, se caracteriza por reunir los tres tipos de paisaje suizo: las tierras bajas, los valles de los Alpes y los macizos alpinos. El Oberland bernés refleja además, las diferentes tendencias económicas de estas regiones. A medida que se aproxima al sur, la industria pierde importancia, junto con la agricultura y el turismo. Más hacia el este, incluso los campos labrados desaparecen. Los verdes prados son muestra de la cría de animales, dado que la producción láctea es notable en el Oberland, región que debe su existencia al glaciar del Aar, que propició la erosión de la roca.

La capital federal

La ciudad de **Berna** ❶, al contrario que la mayoría de las capitales europeas, no ocupa un lugar destacado en el ámbito internacional. En realidad, en la historia de Suiza no existe un único centro en el que los personajes insignes del país forjaran su destino. Nunca existió una personalidad fuerte y unificadora en torno a la cual se reunieran las altas esferas de la ciudad como en el caso de las monarquías de Europa. En su lugar, Berna es el resultado de la hegemonía de un reducido número de familias nobles que consiguieron mantener su posición de privilegio durante siglos.

IZQUIERDA: un oso en una fuente en Zähringen, Berna
ABAJO: vista panorámica de Berna.

A primera vista, y pese a que nos hallamos en la capital federal del país, puede parecer que no es más que una interesante ciudad de provincias, en la que apenas se respira la frivolidad cosmopolita que existe en otras metrópolis europeas. De hecho, la mayor parte de los turistas, cuando llegan al centro de la ciudad en coche o en tren, ya no se acuerdan del moderno cinturón industrial y financiero que rodea el casco antiguo. El presidente suizo, por ejemplo, no dispone de residencia oficial en este barrio tradicional, aunque en él abundan las mansiones, los hoteles y los palacetes. Los siete miembros del gobierno de coalición, cada uno de los cuales desempeña las funciones presidenciales de manera rotativa una vez cada siete años, se ven obligados a buscar residencia cuando tienen que vivir en Berna.

Se trata de una urbe muy tranquila, cuya cocina es sencilla y se elabora con los ingredientes frescos propios de cada estación, y por la que resulta muy agradable pasear, sobre todo a lo largo de las amplias calles medievales, por las que uno se tropieza con diferentes plazas y toda clase de mercadillos callejeros. Así mismo, en las terrazas de los cafés es habitual ver a políticos e intelectuales tomando algo en mangas de camisa, lo cual puede hacer olvidar que Berna es el centro geográfico y político de una nación sofisticada, culta, rica y moderna.

Así, el barrio antiguo se puede visitar sin preocuparse por el tiempo: incluso bajo una lluvia torrencial, nunca se mojará demasiado gracias a las arcadas que se alinean a lo largo de las calles antiguas, a lo largo de 6 km. Las calles principales avanzan casi paralelas al afloramiento

Uno de los habitantes del Bärengraben.

de roca que bordea el **río Aar**. Al margen de estas hileras de edificios, el terreno des ciende de forma pronunciada hasta el río en tres puntos. Esta zona forma la «ciudad baja», donde el nivel de vida era en su día inferior en el ámbito social además de topográfico. La vista desde el **Münster-Plattform** lo ilustra a la perfección: abajo al pie de un sólido muro de contención, se extiende la zona conocida como el **Matte** antiguamente un barrio de obreros y artesanos y en la actualidad hogar de artistas

Pero la capital no siempre fue así. Consiguió su actual posición predominante después de una larga e intensa historia de luchas por el poder que se remontan al siglo XII. Berna fue fundada en 1191 por el duque Bertoldo V de Zähringen y cuando la dinastía se extinguió, la ciudad recuperó su libertad. La estructura compacta de Berna demuestra con claridad su espíritu decidido. Por su victoria ante Burgundia y su política de expansión, Berna se transformó en una de las ciudades más grandes del norte de los Alpes, donde ni siquiera los conflictos intestinos consiguieron aca bar con el dominio absolutista de la nobleza. La estructura de poder de Berna no cayó hasta 1798, con la llegada del ejército francés. Esta consistencia política ha impreso su huella en las calles cerradas del casco antiguo, todas similares, cuyas fachadas medievales y barrocas se combinan con armonía. Hoy día, las arcadas han acogido hileras de tiendas y, aunque no le guste ir de compras, apreciará los detalles arqui tectónicos de las arcadas tanto de día como con la iluminación nocturna.

La poetisa británica Dorothy Wordsworth, que visitó Berna en 1820, quedó impre sionada por sus casas: «Se percibe un bonito orden, una solidez, una gravedad que sorprende a primera vista y que nunca pierde su efecto. Las casas poseen un tono gris, construidas en piedra. Grandes y soberbios edificios, pero no pesados o incrus tados unos en otros». En la ciudad abundan los restaurantes, pero a menudo sus puertas están algo «escondidas» en los sótanos, a los que se accede por unas esca leras empinadas desde la calle.

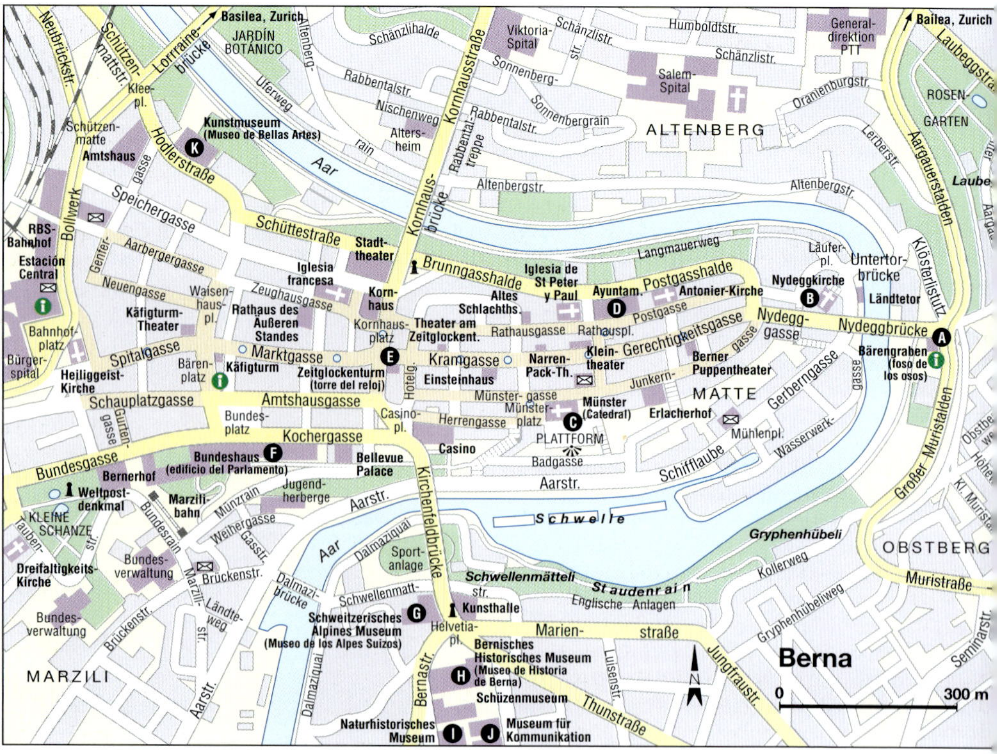

No necesitará visitar museos o galerías de arte para disfrutar de Berna. Los berneses son afables, cordiales y hospitalarios, y se caracterizan por hablar muy despacio, por lo que si les pregunta alguna cosa, tómeselo con paciencia porque será mejor que espere su respuesta sentado. Por otro lado, las propias calles ofrecen numerosos lugares de interés, como las once fuentes históricas del siglo XVI, desde las que unas figuras, como *Justicia* y el temido *Kindlifresser* (devorador de niños), miran hacia las animadas calles de abajo. La más reciente y la fuente más polémica (1983) fue creada por la conocida artista Meret Oppenheim.

Osos por todas partes

La ciudad tiene muchas cosas para ver, incluso los osos, emblema de la ciudad y del cantón. Desde la estación de ferrocarril, tras un paseo en línea recta de menos de 2 km, se llega al **Bärengraben** Ⓐ (foso de los osos), al otro lado del río (abierto todos los días de 8:00 a 18:00 h). Osos grandes y pequeños viven en estos fosos, donde pueden verse jugando, y la preocupación por su salud y felicidad sirve para asegurar que reciben toda la atención posible (tratándose de un animal salvaje cautivo en medio de la ciudad). Los osos han habitado estos fosos desde el siglo XVI y constituyen un símbolo que aparece en cualquier parte incluso en forma de galleta. Y en el tradicional Hotel Bären (que también alberga la **oficina de turismo** de la ciudad) pueden apreciarse unos inmensos cuadros de osos de gran belleza. El emblema del oso conmemora la fundación de Berna por el duque Bertoldo. El escritor británico Horace Walpole explicaba el significado del oso a un compatriota, George Montgau, en una carta que le escribió en 1766: «La ciudad de Berna tiene el nombre de oso en lengua holandesa, pues Bertoldo, duque de Zeringen, tras construir la ciudad, salió a cazar y creyó acertado conceder a la ciudad el nombre de la primera bestia que encontrase y cazara».

En el camino de regreso a la ciudad después de ver a los osos, cruzará el antiguo puente de **Nydeggbrücke** y la **Nydeggkirche** Ⓑ, una iglesia del siglo XIV construida sobre las ruinas de las antiguas fortificaciones de la ciudad (abierta todos los días de 10:00 a 12:00 h y de 14:00 a 17:30 h; cerrada los domingos por la mañana; entrada gratuita; tel.: 311-6102).

A unas manzanas al sudoeste del puente se encuentra el centro espiritual de la ciudad y su monumento más emblemático: el **Münster** Ⓒ. Es la catedral más importante del gótico tardío de Suiza; esta basílica de tres naves, iniciada en 1421, fue diseñada por Matthäus Ensinger de Ulm. Sin embargo, la construcción de la torre no se completó hasta 1893. En su interior destacan la sillería del coro con elegante trabajo en madera (1523), una fuente gótica y la vidriera del *Juicio Final* en la capilla principal (abierta desde Semana Santa hasta octubre, de martes a sábado, de 10:00 a 17:00 h; domingos, de 11:30 a 17:00 h; el resto del año, de martes a viernes, de 10:00 a 12:00 h y de 14:00 a 16:00 h; sábados hasta las 17:00 h; domingos de 11:30 a 14:00 h; entrada gratuita; tel.: 311-0572).

Desde aquí, diríjase hacia el norte, a lo largo de los carriles casi hasta llegar al río, para ver el **Rathaus** Ⓓ (ayuntamiento) del siglo XV, cerrado al público. No obstante, merece la pena observar su delicada fachada desde cerca, con columnas decoradas con figuras de san Jorge de 1406. Gran parte fue reconstruida tras la Segunda Guerra Mundial, pero sin alterar la mezcla de estilos actual.

De nuevo en la calle principal (**Kramgasse**), puede visitar (mientras pasa ante la **Einsteinhaus**, o Casa de Einstein donde residió el científico cuando formuló la teoría de la relatividad) la **Zeitglockenturm** Ⓔ (torre

Plano página 120

NOTA

Si se encuentra en Berna el cuarto lunes de noviembre, merece la pena visitar el **Zibelemarkt** (mercado de la cebolla), con sus impresionantes puestos adornados de ristras de cebollas.

ABAJO: la Zeitglockenturm (torre del reloj), al final de la Kramgasse.

La Kindlifresser-brunnen.

del reloj), otro símbolo importante de la ciudad. Ésta, erigida en el año 1191, daba entrada entonces a la pequeña villa. En la cara oriental, su reloj, fabricado en 1530, es también un reloj astronómico. Procure estar delante de la torre cuatro minutos antes de que suenen las horas en punto para presenciar el movimiento de las figuras mecánicas, ya que es algo que hay que ver para creer. Un poco más hacia el norte se levanta el **Kornhaus** (granero) de la ciudad del siglo XVIII, que ahora acoge un interesante centro de exposiciones con galerías de arte y restaurantes.

La última parada en el casco antiguo de Berna se realiza frente al **Bundeshaus** F (edificio del Parlamento), con vistas al río Aar y desde donde, los días claros, se alcanzan a ver los Alpes en la lejanía. Desde la torre, debe caminar un par de manzanas hacia el sur y girar a la derecha hasta pasar dos bloques más. En este edificio se celebran las reuniones del Consejo Nacional. Sin embargo, la administración federal se ha ampliado mucho y se han abierto varios departamentos administrativos en otros lugares. Cada hora, excepto al mediodía, es posible realizar una visita guiada (abierto de lunes a sábado, de 9:00 a 16:00 h; domingos de 9:00 a 15:00 h; horarios sujetos a la actividad parlamentaria; entrada gratuita; tel.: 322-8522).

Los numerosos museos

Como capital del país, Berna reúne numerosos museos, que se concentran en un complejo situado al sur de la Kramgasse, al otro lado de un puente. Después de pasar por el **Kirchenfeldbrücke**, llegará a la **Helvetiaplatz**, emplazamiento del predecible pero aún sorprendente **Schweitzerisches Alpines Museum** G (Museo de los Alpes Suizos), en el que se explica la historia del alpinismo por medio de mapas muy detallados y maquetas de los Alpes, relatos de rescates de montaña y exposiciones de famosos ascensos a las cumbres y de la cartografía regional (abierto los lunes de 14:00 a 17:00 h; el resto de la semana de 10:00 a 17:00 h; en invierno, cerrado a veces al mediodía; se paga entrada; tel.: 351-0434). Hay incluso una maqueta enorme del Oberland bernés.

Justo al otro lado de la plaza se hallan el excelente **Bernisches Historisches Museum** H (Museo de Historia de Berna), que presenta una vasta y erudita colección sobre el ilustre pasado de la ciudad, y que reúne tablas de la conocida *Danse Macabre,* de Niklaus Manuel (*imagen en la pág. 33*), y otras obras de arte y piezas históricas (abierto de martes a domingo, de 10:00 a 17:00 h; se paga entrada; tel.: 350-7711); el **Naturhistorisches Museum** I (Museo de Historia Natural) en el que, entre las colecciones de rocas, minerales y dioramas de la fauna y la flora de todo el mundo, figura un perro San Bernardo disecado que había realizado más de 40 rescates en los Alpes (abierto los lunes de 14:00 a 17:00 h; de martes a domingo, de 9:00 a 17:00 h y los miércoles hasta las 20:00 h; se paga entrada; tel.: 350-7111); y el **Museum für Kommunikation** J (Museo de Correos y Telecomunicaciones), que describe la historia del servicio postal suizo, e incluye los lugares más recónditos del país (abierto todos los días de 10:00 a 17:00 h; cerrado los lunes; se paga entrada; tel.: 357-5555).

Por último, al norte del centro urbano y del río, regrese a la estación de ferrocarril y diríjase al **Kunstmuseum** K (Museo de Bellas Artes), en la Hodlerstraße 8-12, que alberga una importante colección de arte suizo, obras italianas de los siglos XIV y XVI y una colección de obras de artistas franceses del siglo XIX. Reúne la mayor colección mundial de Paul Klee, el cual vivió durante muchos años en Berna (abierto los martes de 10:00 a 21:00 h; de miércoles a domingo, de 10:00 a 17:00 h; se paga entrada; tel.: 311-0944).

Mapas páginas 120 y 122

NOTA

Si se encuentra en la región de Emmental y le apetece un buen queso fuerte, deguste uno curado: «reif, gelagert und gepflegt».

ABAJO: el castillo de Landshut.

Los castillos berneses

Toda la región bernesa está poblada de castillos que los señores de Berna mandaron erigir, o en su caso restaurar, como residencias campestres. Muchos de ellos todavía son de propiedad privada, y algunos continúan perteneciendo a la nobleza. Hieronymus von Erlach, que construyó el barroco **Erlacherhof** (iniciado en 1746), palacio de estilo francés en forma de herradura situado en la **Junkergasse** de Berna, poseía también una casa de campo en **Hindelbank**, a 12 km al nordeste de la capital. En 1896, Hindelback acogió una prisión de mujeres, que se conserva en la actualidad, puesto que la construcción original se mantiene casi intacta.

Unos 10 km más al norte, cerca de **Utzenstorf**, se alza el **Schloß Landshut** 2, el único castillo provisto de foso que existe en el cantón de Berna. En su interior se encuentra el **Museo Suizo de la Caza y Protección de la Naturaleza**. Otra excursión interesante es al **Seeland**, conocido como la huerta del cantón, al noroeste de Berna y próximo a los lagos Biel y Murten.

La región de Emmental

En dirección este, vía Burgdorf, se llega a **Emmental**, en el valle del río Emme, donde se elabora el tradicional

Sherlock Holmes: el drama final del famoso detective

En su libro *El problema final*, el escritor británico Arthur Conan Doyle describe las cataratas de Reichenbach, cerca de Meiringen, como «un espectáculo grandioso. El torrente, engrosado por el deshielo, se precipita en un abismo, levantando tales nubes de espuma que semejan la humareda de un incendio. La chimenea de donde surge este humo forma una brecha que se estrecha de pronto para ensancharse luego en una cavidad insondable, donde las aguas se arremolinan, ora blanquean las paredes y ora las dejan de su negra y resbaladiza desnudez».

Así quedó en la memoria la escena de uno de los momentos culminantes de la literatura británica de la época victoriana. Aquí, en las cataratas de Reichenbach (*véase pág. 131*), parece que Sherlock Holmes encontró su final en un enfrentamiento decisivo contra el profesor James Moriarty, «el Napoleón del crimen».

El problema final, el relato que debería haber sido la última palabra sobre el mejor detective de la historia, apareció en la revista *The Strand* en el año 1893 y estaba basado en un viaje que Conan Doyle acababa de realizar a estas impresionantes cataratas suizas. El Dr. Watson no se encontraba presente, pues había sido enviado a Davos para tratar el caso de una mujer aquejada de tisis.

En la vida real, a la esposa de Doyle, Louise, le habían diagnosticado esta enfermedad y el autor, que además de novelista también era médico, se culpó a sí mismo por no haber diagnosticado su mal antes de que emprendieran aquel viaje extenuante. Según el biógrafo de Doyle, Charles Higham, Louise provocó la muerte de Sherlock Holmes porque reclamaba la atención de su marido y el escenario de su «muerte» fue deliberado, pues la visita a las cataratas había empeorado su enfermedad. Doyle la llevó enseguida a Davos.

Aunque el novelista confesara que necesitaba un respiro de su héroe, como suele ocurrirles casi siempre a los autores con sus mejores historias, el protagonista fue resucitado por petición popular. Pero el lugar de la lucha se rememora cada año con las visitas de cientos de personas. Un ferrocarril cremallera discurre junto a las cataratas, donde una placa de bronce dispuesta en el fondo de la sima conmemora el desesperado y mortal combate.

En las proximidades de Meiringen, una réplica completa de la «Casa situada en el 221B de Baker Street» de Londres (*véase ilustración a la izquierda*), hogar de Sherlock Holmes se ha convertido en un museo del ilustre detective (abierto todos los días entre mayo y septiembre de 10:00 a 18:00 h; entre octubre y abril, de miércoles a domingo de 15:00 a 18:00 h). El **Museo de Sherlock Holmes**, situado en el sótano de una antigua iglesia británica, fue inaugurado en 1991 en el centenario de la «muerte» de Holmes y la plaza situada delante ha recibido el nombre de Conan Doyle Place.

En el pueblo también se levanta una estatua de Sherlock Holmes realizada por el escultor John Doubleday, con pistas de cada una de las 60 historias del detective: todo un reto para los visitantes y apasionados miembros de la *Sherlock Holmes Society*, que cuenta con más de mil asociados, los cuales pueden poner en práctica su olfato de sabueso.

IZQUIERDA: una réplica del despacho de Holmes que se puede ver en el Museo de Sherlock Holmes de la localidad de Meiringen.

queso suizo por excelencia, que se comercializa en todo el mundo. Con muchas colinas y montañas, la región se caracteriza por su paisaje agrícola. Mire donde mire, verá que los ríos se han adentrado en los sedimentos depositados por los glaciares, lo que hace que muchas extensiones de tierra sólo se puedan cultivar desde un punto central, propiciando la aparición de numerosas granjas individuales, en un área parecida a la zona del Entlebuch de Lucerna. Los pequeños negocios familiares dedicados a la elaboración de queso no pueden competir con las grandes empresas y muchos se han visto obligados a cerrar en los últimos años. Al este de Langnau, en **Barau**, todavía subsiste uno: Barau-Chafti (tel.: 034-402 1634; fax: 402 8051). En su tienda venden quesos de Emmental de dos años y medio de curación, que no se parecen en nada al producto joven que se comercializa en todo el mundo (*véase pág. 81*). Además, en esta comarca podrá ver las granjas más hermosas de toda Suiza, cuadradas y rematadas por tejados inclinados que casi llegan hasta el suelo. Otro de los atractivos consiste en disfrutar de la sabrosa gastronomía de la región, basada en productos locales: huevos, carne, mantequilla y, por supuesto, queso.

A 20 km al sur, la capital de la región de Emmental es **Langnau** ❸, una pequeña ciudad mercado que tiene una de las plazas más bonitas de todo el país. Se trata de una población bastante antigua, con calles peatonales, pero su verdadero encanto reside en los paseos por las montañas situadas en su entorno. También en las proximidades está **Affoltern**, donde se puede ver una típica lechería de la región, en la que elaboran los productos lácteos.

Mapa página 122

La región de Napf

Entre Berna y Lucerna, en las tierras bajas, se extiende la región de Napf, una tierra agrícola a pequeña escala, surcada por valles profundos que se extienden desde el principal pico del Napf (1 411 m). Las laderas del Napf ofrecen algunas rutas para prac-

Abajo: un paseo dominical por el valle de Emmental.

ticar el senderismo o, sencillamente, pasear, a las que se puede acceder por carretera desde el pueblo de **Trubschaden**, situado al sur.

Al oeste de la región, en territorio bernés, se halla **Burgdorf** ❹, una próspera ciudad industrial construida sobre una colina a orillas del río Emme. La parte más antigua de su castillo gótico, edificado por los Zähringen, se remonta al siglo XII. Hoy alberga un museo de historia local, el **Schloßmuseum** (Museo del Castillo; abierto entre abril y octubre, de lunes a sábado de 14:00 a 17:00 h; los domingos de 11:00 a 17:00 h; se paga entrada; tel.: 034-423 0214) y el primer Museo del Oro de Suiza (mismo horario; tel.: 034-422 8686), con una exposición que explica la historia minera del preciado metal en Suiza: entre 1523 y 1800, se extrajo una mena de oro de unos 34 kg de la zona del Emme. Desde el año 2001 se exhibe, en un museo aparte, una colección de material etnográfico del mundo. Una visita que merece la pena es el **Museo del Folclore Suizo,** en un granero situado en las faldas de la colina en el centro de la ciudad, que alberga una impresionante muestra de instrumentos musicales y conciertos de canto típico de los Alpes (abierto de martes a viernes de 10:00 a 12:00 h y de 13:30 a 17:00 h; los fines de semana de 10:00 a 17:00 h; de noviembre a mediados de marzo, cerrado por la mañanas; se paga entrada; tel.: 034-423 1010).

El paisaje ribereño

Al sudeste de la región, el Kleine Emm discurre en dirección al río Reuss, con el que confluye más abajo en Lucerna. Los habitantes de esta zona, al igual que los de la cercana región de Emmental, fueron retratados magistralmente por el novelista Jeremias Gotthelf (1797-1854), pastor religioso de Lützellflüh. Incluso hoy en día son conocidos por su inconfundible personalidad independiente.

Por el valle del Aar se accede al Oberland bernés. El tramo del curso del río que se extiende entre Berna y Thun, con sus prados, bosques, campos rojizos, juncos y

Abajo: el castillo de Oberhofen, que se levanta a orillas del lago de Thun.

aguas estancadas, es uno de los paisajes ribereños más bonitos del país. Gran parte constituye una reserva natural.

El curso del Aar y sus tributarios determinan la estructura regional del Oberland, que puede ser delimitado por el recorrido del río de este a oeste entre sus dos cuencas, el **lago de Brienz** y el **lago de Thun**. Al sur de esta línea, los valles laterales avanzan casi en paralelo, de norte a sur: **Simmental**, **Frutigtal**, **Engstligental**, **Kandertal**, **Lauterbrunnental** y **Haslital** (mucho más al este), donde nace el Aar.

En el lado occidental del río, y separado sólo por una serie de colinas, se halla el **Gürbetal**. La entrada a este valle, tal como era anteriormente, está formada por **Kehrsatz**, 5 km al sur de Berna, donde está situada la casa de campo de estilo neoclásico **Lohn**, hoy propiedad de la Confederación, que suele acoger recepciones oficiales y donde el gobierno suizo aloja a sus invitados.

A otros 5 km más al sur del valle se encuentra la pequeña y bonita población de **Rümligen** ❺, que presume de contar con un habitante descendiente de la nobleza entre la población. El castillo de Rümligen fue habitado por Elisabeth de Meuron (1882-1980), una célebre excéntrica de la ciudad de Berna, que un día encerró en una torre de su castillo a un supuesto ladrón basándose en un derecho legal antiguo.

La ciudad de **Thun** ❻ es el verdadero acceso al Oberland bernés. Emplazada a 25 km al sur de Berna, sobre una isla que deja el río Aar al salir del lago, se extiende a los pies de su **castillo** (en la actualidad un museo de historia), el Schloß Zähringen o castillo de Zähringen, que se levanta sobre una pronunciada colina. Construido en el siglo XII, con una torre dle homenaje cuyas cuatro esquinas aparecen rematadas por cuatro airosas torretas, y una torre en cada esquina, tiene reminiscencias de castillo normando. En el salón de armas hay una enorme chimenea, y aquí se exhibe una amplia colección de armas medievales y tapices muy interesantes, entre ellos uno que procede de la tienda de campaña de Carlos el Temerario. De

Mapa página 122

Las contraventanas y un escudo del castillo de Oberhofen.

LAS HERMOSAS GRANJAS DEL VALLE DE NAPF

Como sucede en muchas regiones de Suiza, el paisaje montañoso del Napf ha obligado a los lugareños a adaptarse a su agreste entorno para sobrevivir.

Desde la cumbre principal, el Napf, los valles surgen en forma de estrella y un valle circular casi perfecto recoge las aguas de los ríos y torrentes que descienden por sus laderas. Tanto la carretera como las vías del tren rodean el valle, pero ninguna otra ruta discurre por la región.

Debido a la gran pluviosidad, el Napf es adecuado para el pastoreo y el cultivo de algunos productos. Los pueblos situados en las profundidades de los valles no pueden atender sus tierras, por lo que las granjas se encuentran en medio de la región, muchas de ellas rodeadas de bosque.

El conjunto de estas casas conforma toda una serie de diferentes construcciones, que desde lejos parecen pequeñas aldeas. Cada granja posee su casa, su establo y una especie de almacén, algo más pequeño que las demás construcciones, donde guardaban sus privisiones y los objetos de valor. Está disposición servía para prevenir la propagación del fuego en los incendios. En la actualidad, el pequeño almacén ha perdido su significado original y muchos campesinos han construido una pequeña casa, un poco apartada, como lugar de retiro para sus padres.

ABAJO: el Museo de Historia.

NOTA

De finales de junio a septiembre se pone en escena *Guillermo Tell,* de Schiller, en el bosque de Rugen, a las afueras de Interlaken. Venta de entradas en el Tellspielbüro (tel.: 033-822 37 22; www.tellspiel.ch).

hecho, la zona está poblada de numerosos castillos, y todos ellos están recogidos en un práctico catálogo que facilita la oficina de turismo del lago de Thun.

Al lado del interesante casco antiguo están los cuarteles militares y el **Wocher-Panorama**. Esta imagen circular, pintada entre 1808 y 1814 por Marquard Wocher, ofrece una precisa representación de Thun en el período Biedermeier y está dispuesta en un edificio circular en el parque del **castillo Schadau**.

En el paisaje del lado meridional del lago destaca el monte **Niesen,** con 2 360 metros de altura. Según la leyenda, un dragón vivía en estos parajes y el Niesen acogía las almas perdidas que perseguían a los durmientes. El Niesen separa la entrada a Simmental hasta el valle Kandertal y se puede acceder al monte por tres puntos desde el lago. Desde estos tres lugares se percibe como una pirámide y desde la cima se puede gozar de una magnífica panorámica de toda la región del lago.

Al pie de la montaña, junto al lago, se encuentra la ciudad de **Spiez ❼**, que cuenta con un castillo situado en el puerto deportivo (en la actualidad es un museo; abierto todos los días desde mediados de abril hasta mediados de octubre de 10:00 a 17:00 h; los lunes sólo a partir de las 12:00 h; se paga entrada; tel.: 033-654 1506) y al lado se alza la iglesia de San Columbano (abierta todos los días desde la mañana hasta la noche; entrada gratuita). Ambas construcciones datan de hace más de mil años, pero aún conservan muchas de sus características románicas.

Al otro lado del lago, bajo las soleadas laderas del **Beatenberg** se encuentran las **cuevas de Beatushölen** (San Beato), por las que está permitido descender hasta 1 000 metros de profundidad. Hasta el momento se han explorado unos 8 km de las cuevas, pero sólo representan una pequeña parte de toda la estructura. El monte lleva el nombre de san Beato, de quien se dice que sacó un dragón de una de las cuevas. Probablemente, el santo pertenecía a un grupo de monjes irlandeses que se asentaron en Suiza en el siglo VI.

ABAJO: el Gießbach Falls Grand Hotel cerca de Brienz.

Una comarca de gran tradición

El recorrido sigue el curso del río Aar, que en un tramo muy corto conecta el lago de Thun con el de Brienz, entre los cuales se encuentra la ciudad de **Interlaken** ❽. Es una ciudad repleta de magníficos complejos hoteleros, vestigios de un destino turístico orientado al descanso y la salud, en la que se respira el estilo de vida cosmopolita de las clases altas de Europa y de todo el mundo en la segunda mitad del siglo XIX.

Sin embargo, no es de extrañar si se tiene en cuenta que puede ser considerado el lugar de nacimiento del turismo moderno. El escritor romántico inglés Lord Byron y el compositor alemán Felix Mendelsshon Bartholdy fueron huéspedes de la ciudad, y la tradición cultural se ha mantenido: hoy en día, son conocidos su teatro exterior *Wilhelm Tell* (Guillermo Tell), su Festival de Música Clásica, su casino y los grupos de jóvenes y deportistas viajeros que se alojan en ella antes de emprender el ascenso a las montañas del entorno.

¿Qué pensaría Lord Byron de todo esto? Las agencias locales de deportes de aventura están especializadas en paquetes de actividades de emociones extremas, como el salto con goma elástica a las gargantas de las montañas o *puenting*, ala delta desde los acantilados o un deporte conocido como *canyoing*, que consiste en descender en balsa por los rápidos de los cañones de los ríos. Se trata de un deporte tan peligroso que 21 turistas (la mayoría procedentes de Australia) fallecieron en un desgraciado accidente en 1999, cuando una tormenta provocó una fuerte crecida en el torrente y se ahogaron. Los gobiernos suizo y australiano intentaron poner fin a las expediciones de *canyoing* y parece ser que en el verano de 2000 hubo indicios de que se atendían sus requerimientos. No obstante, se siguió adelante con otras excursiones de alto riesgo.

Para quienes no necesiten emociones tan fuertes, algunos de los hoteles de estilo decimonónico se están utilizando como lugares de retiro o centros de congresos. La

Mapa página 122

ABAJO: vista del lago de Brienz.

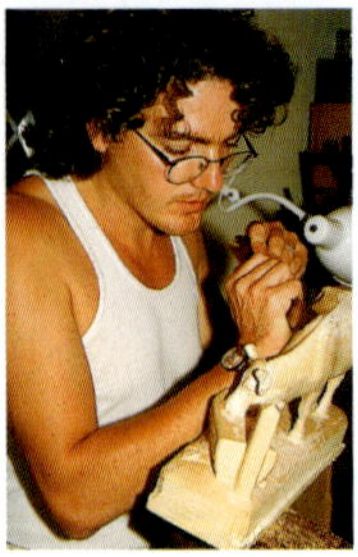

En el Freilicht Museum Ballenberg se exhiben las artes y las manualidades tradicionales, como la talla en madera.

ciudad ofrece una activa vida nocturna, además de museos interesantes, acceso a Internet para los nostálgicos y fantásticos bungalós cubiertos de hiedra y alejados de las zonas más turísticas.

La pequeña ciudad de **Brienz ❾**, en la orilla oriental del lago homónimo, se ha dado a conocer por los trabajos de talla en madera, que se pueden adquirir en todas las tiendas de recuerdos del Oberland. Abundan los lugares que venden estos grabados, en general con animales y personas, pero es también posible observar cómo trabajan los artesanos, muestra de que no es una producción masiva con la etiqueta de «made in Taiwan». A Brienz se puede llegar en bicicleta, barco, tren, coche o a pie, pero la mayoría de los visitantes lo hacen en barco. Un paseo por el lago, de 14 km de longitud, dura unas dos horas y media y se recomienda hacerlo a bordo de un barco de vapor, el *Lötschberg*, igual que los del Misisipí, que constituye el orgullo de la flota de la ciudad.

El turismo de antaño

Elisabeth Grossman, la «barquera del lago de Brienz», ha sido retratada en numerosas ocasiones. Hace más de 150 años, derramó amargas lágrimas por su amor no correspondido por un joven profesor. La desdichada mujer quedó inmortalizada por el pintor Johann Emanuel Locher (1769-1820). Su obra *La Belle Batelière* (*La hermosa barquera*) fue uno de los aguafuertes de color que mayor éxito obtuvieron en su época. Esta hermosa muchacha era una de las jóvenes de la localidad que solían acompañar como guía a los turistas que visitaban **Gießbach** (torrente) y que aparecían siempre en las narraciones de viaje. El físico y astrónomo alemán Johann Friedrich Benzenberg, que visitó Gießbach en 1810, comentó que las señoritas que los acompañaban también poseían dotes para el canto y no se hacían de rogar para entonar una canción. Según explica en sus relatos, gozaban de la reputación de ser las mejores voces de entre todas las campesinas del Haslital.

ABAJO: el hotel y las cataratas de Gießbach, con el lago de Brienz al fondo.

No obstante, el mejor embajador del valle de Haslital a principios del siglo XIX era un profesor de Brienz llamado Hans Kehrli. En 1818 construyó un camino peatonal hasta las cataratas de la orilla meridional del lago, las **Gießbachfälle ❿**, y levantó un sencillo refugio en la montaña. En los días apacibles, toda la familia cantaba para los visitantes, mientras el propio Kehrli tocaba la trompa de los Alpes. Se hicieron tan célebres que un pintor de paisajes los retrató en un cuadro titulado *El Gießbach y la familia cantora en su monte*. En aquella época, retratar paisajes era una actividad próspera y existían estudios en los que se realizaban copias de obras maestras o grabados en color, los antecesores de las actuales postales.

Las cataratas de Gießbach se convirtieron en una de las principales atracciones para los turistas suizos del siglo XIX y, poco a poco, la ciudad empezó a desarrollarse impulsada por el turismo. En 1840 apareció la primera casa de huéspedes y en 1872 se inauguró el primer hotel, que sería reemplazado por uno más amplio y decorado con suntuosos muebles tras un incendio sufrido en 1883. El ecologista Franz Weber consiguió rescatarlo de la destrucción en 1983 y lo reconstruyó devolviéndole su antiguo esplendor. La ciudad florece con el lema «Gießbach pertenece a los suizos». Los turistas actuales cruzan el lago en un barco de vapor y aún utilizan el funicular instalado en 1879 para trasladarse del embarcadero a sus hoteles.

A 2 350 metros de altura, se asoma sobre la ciudad la cumbre del **Brienzer Rothorn**, a la que se puede acceder en una hora con el único tren cremallera de vapor de Suiza, el *Brienz-Rothorn-Bahn*. La línea data del siglo

XIX y tiene que salvar un ascenso de un desnivel medio del 22,5 %. El tren sólo funciona en verano, pero en invierno también es posible disfrutar del paisaje que ofrece el Rothorn gracias al teleférico que lleva al monte desde la ciudad de **Sörenberg**, en el cantón de Lucerna, situado al norte.

Mapa página 122

Por el curso del Aar

Antes de llegar a la región donde nace el Aar, no se olvide de visitar el **Freilicht Museum Ballenberg** (Museo al Aire Libre de Ballengerg) de la localidad de **Ballenberg ⓫**, a 5 km al este de Brienz, justo después de Hofstetten. En una extensión de 200 hectáreas se han reunido unas noventa construcciones originales procedentes de todo el país. Se transportaron desmontadas por piezas y después se construyeron de nuevo por secciones. De esta forma se han podido conservar muchas casas antiguas. En verano se realizan demostraciones de las técnicas de cestería, tejido y elaboración de pan. El museo ofrece una imagen de la vida rural en Suiza y reúne muestras de su artesanía. En el recinto hay tres restaurantes, en los que podrá degustar algunos de los platos típicos del país. El museo está abierto todos los días de mediados de abril a octubre, de 10:00 a 17:00 h; se paga entrada; tel.: 951-3366.

El valle de **Haslital**, al este de los Alpes Berneses, esconde el nacimiento del Aar, que muere en la cuenca formada por el **puerto de Grimsel**, la única carretera asfaltada entre el Valais superior y el norte de Suiza. Una de ellas asciende por el valle en medio de un paisaje cada vez más accidentado y accede hasta la región más extensa de glaciares de los Alpes, una superficie de 300 km^2 ocupada por los glaciares del **Aar**, el **Ródano** y el **Aletsch**, todos ellos zonas protegidas. Sus caudales abastecen de agua las regiones de los alrededores y fluyen hacia el mar Mediterráneo a través del Ródano, y hacia el mar del Norte a través del Aar, junto con el Rin, que procede de los Alpes Grisones.

«Las cataratas de Gieβbach semejan montículos de nieve o encajes de arroz brillante. Las cascadas pequeñas se muestran graciosamente agitadas y con sus bordes rizados como la escarola más crujiente».

–GERARD MANLEY HOPKINS

ABAJO: lago en el puerto de Grimsel.

NOTA

Meiringen es el punto de partida de un recorrido por carretera en autobús postal, conocido como el *Three Alpine Pass*, una excursión circular por los puertos de Susten, Furka y Grimsel. Puede utilizar su tarjeta *Swiss Pass* para el billete de autobús (*véase la Guía práctica, pág. 328, para más información*).

Al igual que en el resto de los cantones alpinos de Suiza, la población sabe sacar muy buen provecho del agua. Los embalses y las tuberías a presión recogen grandes cantidades de agua de las montañas que hacen funcionar turbinas y generadores de gran potencia, que, a su vez, producen gran parte de la energía hidroeléctrica del país. Las centrales están emplazadas entre las montañas y constituyen una importante fuente de trabajo en las poblaciones de la zona, lo que contribuye a frenar la emigración de los lugareños.

Dos de los destinos turísticos más conocidos de la región del Haslital son **Meiringen** ⓬ y **Hasliberg**. En las tierras altas de Hasliberg, del **Mägisalp** y en el valle de **Justistal**, encima del lago de Thun, se celebra una fiesta especial llamada *Chästeilet* (reparto de queso). El queso elaborado en un monte o *Alp* se divide entre los campesinos según la producción de leche de las vacas. En el pasado, este procedimiento se llevaba a cabo sin ninguna celebración, pero los granjeros actuales lo han convertido en un festival folclórico. Los puestos de venta se instalan en el mismo *Alp* y tanto los habitantes de la zona como los visitantes pueden comprar el queso directamente a sus productores. La comida, la bebida y la música potencian la grandiosidad del paisaje.

Si se encuentra en Meiringen, merece la pena realizar una excursión a la **garganta del Aar**, de 200 metros de profundidad (abierta de abril a octubre; se paga entrada; tel.: 971-1048). Entre **Innertkirchen** y **Meiringen** el río se abre paso a través de la cresta rocosa de 1 600 metros de longitud. El recorrido, que transcurre por las angostas y elevadas paredes de roca, avanza unas veces por pasos suspendidos y otras por pasos abiertos en la roca. Si continúa por el camino del desfiladero en la misma dirección, puede volver al aparcamiento en autobús.

A lo largo del **río Lütschine**, situado hacia el sur, verá que el valle se bifurca a 10 km, en dirección este hacia Grindelwald y en dirección sur hacia **Lauterbrunnetal**. Todo el valle queda separado del Haslital por macizos de roca, algunos de hasta

Abajo: el clásico trío formado por el Eiger, el Mönch y el Jungfrau.

4 000 metros de altura, que forman parte de la zona de glaciares protegida. El pico más elevado de los Alpes Berneses es el **Finsteraarhorn** (4 274 m), que se eleva en el centro de esta extensión de glaciares.

En este punto salimos del valle del río Lütschine Blanco para llegar a Grindelwald, en el valle del río Lütschine Negro (la denominación de «negro» proviene del color que adquiere el agua por la pizarra del monte Negro). Aunque es posible llegar a **Grindelwald** ⓭ utilizando el transporte público, puede hacerlo dando un paseo de un día entero por el Große Scheidegg desde Meiringen. Se trata de un recorrido para personas en buena forma física, pero puede utilizar los autobuses amarillos que recorren la carretera (son los únicos vehículos de motor que pueden circular por ella) si le intimida el aire fresco que se respira en estas alturas. Gozará de maravillosos paisajes de glaciares.

No cabe duda de que Grindelwald es una ciudad turística. Tras el incendio de 1892 –las casas de madera ardieron con facilidad–, los nuevos edificios respondieron a a la situación económica del momento, que había cambiado desde la construcción del primer asentamiento. Al igual que en la mayoría de las regiones de montaña, los primeros turistas habían sido británicos que, en 1860, visitaron esta zona durante sus primeras vacaciones de invierno. En 1891, un visitante británico sorprendió a los habitantes de Grindelwald al llevar sus esquís. Desde entonces, la región ya no fue la misma.

Sin embargo, está situada en un lugar excelente. Una visita a las grutas de hielo o a las gargantas de glaciares, con la espectacular vista de los tres picos (el Eiger, el Mönch y el Jungfrau) como torres (cuando las neblina desaparece, claro está) que se divisa al fondo, compensa la presencia de los numerosos chalés, bares y tiendas de recuerdos que abundan en la calle principal.

Mapa página 122

Unos cencerros de recuerdo que no le dejarán olvidar su inconfundible eco en los Alpes.

Abajo: el festival *Chästeilet* en el Justistal.

La región de los Alpes

Toda una sucesión de cumbres imponentes se levanta justo en la frontera de los cantones de Berna y el Valais. Entre ellas destacan las del trío formado por el **Eiger**, el **Mönch** y el **Jungfrau**, que figuran entre las cimas más conocidas. Desde 1912 existe una línea de ferrocarril que asciende hasta el **Jungfraujoch**, recorrido durante el cual se facilita información en varias lenguas. El tren cubre la mayor parte del trayecto por el mismo monte, y desde las ventanas panorámicas se puede apreciar este espectacular paisaje. Un moderno restaurante le espera al final del recorrido, a 3 454 metros de altitud.

La cumbre del Jungfrau se alza a 4 158 metros de altura y la temperatura media, incluso en pleno verano, ronda los cero grados. El observatorio meteorológico emplazado en la cima recoge información importante.

El recorrido en teleférico por el **Gimmelwald** hasta el **Schilthorn** comienza cerca de la ciudad turística de **Mürren** ⓮ (cerrada al tráfico), debajo del conjunto del Jungfrau y en la parte superior del Lauterbrunnental. Para llegar a Mürren desde Grindelwald en ferrocarril debe regresar hacia Interlaken y hacer transbordo en Zweilutschinen, donde se divide el valle de Lutschine. Los guardas de la estación, con sus uniformes tradicionales, están a su disposición para ayudarle en los andenes. Desde la cima del Schilthorn podrá disfrutar de una maravillosa vista de toda la región alpina. Este paisaje también se puede disfrutar desde el restaurante giratorio de la cima (tarda una hora en dar la vuelta completa). Las escenas del teleférico y las secuencias de persecución

Goethe se inspiró en las cataratas de Staubbach para componer su poema Canción de los espíritus sobre el agua.

sobre esquís de la película de James Bond *Al servicio de su Majestad*, fueron tomadas en la cima del Schilthorn, al que los trípticos todavía se refieren como «Piz Gloria», su nombre en la película.

Una visita poco común en **Mürren** es el **Museo del Deporte y del Globo** (abierto todo el año; entrada gratuita; tel.: 856-8686) de la Sociedad Internacional Spelterini. El nombre hace referencia a la primera vez que se consiguió cruzar los Alpes en globo aerostático en 1910; el protagonista, llamado Spelterini, era ciudadano de Mürren. Cada verano se celebra, además, el **Festival Internacional Alpino de Globo** en Lauterbrunnental en conmemoración de esta hazaña pionera.

De nuevo en el valle de Lütschine en dirección a Interlaken, descubrirá otra maravilla: las impresionantes **cataratas de Staubbach**, en las afueras de la pintoresca población de **Lauterbrunnen** ⑮. Por su gran altura producen la sensación de una ilusión óptica, pero desde cerca se ve cómo el agua se precipita por una pared de roca de 280 metros de altura, a medida que se disuelve en una lluvia de gotas diminutas. Cuando el agua es abundante, en verano, esta lluvia se queda suspendida en el aire y a menudo llega hasta el mismo pueblo.

Wengen y el Schynige Platte

Wengen ⑯, otro pueblo cerrado al tráfico, se encuentra justo al norte de Lauterbrunnen por un ramal de una línea ferroviaria. La oferta turística principal de Wengen es el Campeonato Internacional de Esquí que se celebra en invierno en el **Lauberhorn**. Este célebre acontecimiento atrae a innumerables espectadores para presenciar la carrera y (en menor medida) los ensayos. Sin la presencia de vehículos, es un lugar muy tranquilo durante el resto del año, cuando sólo se oyen el agradable sonido de los cencerros de las vacas y el subir y bajar del ferrocarril por las acusadas pendientes del valle. Para el pequeño pueblo que es, dispone de un cine, pistas de tenis y una piscina cubierta. Cuando anochece, se despierta la vida nocturna de Wengen, y en particular en invierno, cuando los famosos se acercan para el espectáculo de esquí. Existen senderos señalizados que ascienden desde la pequeña estación, por los que se puede pasear a través de los pastos y por las rústicas casas con chimeneas de leña, o caminar colina abajo hasta Lauterbrunnen. Adquiera un mapa de los senderos si piensa adentrarse más en el campo.

ABAJO: junto a las altas cumbres de la región de Jungfrau los trenes parecen de juguete.

Al volver a Interlaken, un tren de cremallera asciende hasta **Schynige Platte** ⑰, una plataforma rocosa situada en la entrada al valle de Lütschinen. Se han creado unos Jardines Botánicos Alpinos, con más de 500 especies de plantas autóctonas de los Alpes suizos, en una extensión de más de 8 hectáreas de prados exuberantes. Si no le interesa leer toda la información que se facilita, puede limitarse a admirar la belleza de estas plantas. No arranque ninguna de estas flores silvestres, porque están protegidas por la ley (abiertos desde mediados de junio hasta mediados de septiembre; se paga entrada; tel.: 822-2835).

El camino al Valais

Además del San Gotardo, el **túnel de Lötschberg** es otro paso importante para el tráfico de los Alpes. Gracias a este túnel que conecta con el Valais, abierto incluso en invierno, se evita el tener que rodear toda la región alpina por el Valais inferior. La posibilidad de transportar el coche en tren (este tramo fue inaugurado en 1913) es una merecida manera de descansar en el camino hacia el sur.

La ruta al Lötschberg conduce en dirección sur desde **Spiez** y atraviesa el **Kandertal**, el tercero de los cuatro amplios valles del Oberland bernés (los otros son el **Frutigtal**, el **Kiental** y el **Engstligental**). Los valles se encuentran flanqueados al oeste por la cordillera del Niesen. En la parte más baja del **río Kander,** en Frutigtal, **Reichenbach** es una pequeña localidad que suele pasar desapercibida. La mayoría de sus casas datan del siglo XVIII y son ejemplos de la selecta carpintería que constituyó un rasgo característico del Oberland bernés durante siglos. En la calle principal de la población se levantan unas sólidas casas de madera, cada una de ellas con fachadas decoradas con tallas y pinturas.

Mapa página 122

Ríos y cascadas

La principal ciudad de la zona de Engstligental, **Frutigen**, está situada en el punto donde confluyen los ríos Kander y Engstligenbach. La fuerte erosión de estos cursos fluviales ha provocado la forma de «v» del terreno, debido a los impetuosos torrentes de agua que han penetrado en las capas de roca de la cordillera del Niesen. Sin embargo, los industriosos suizos han sabido salvar estos obstáculos construyendo puentes y escaleras en los ríos, en los cuales se puede admirar su actividad erosionadora, ya que la imagen de las cataratas y las rocas desgastadas constituye todo un espectáculo natural.

Un destino turístico frecuentado es **Adelboden** ⓲, una estación de invierno situada a 15 km de Frutigen en un lugar soleado del Engstligental, con la oferta de toda una serie de actividades de verano e invierno. Algunas de sus construcciones, como la iglesia por ejemplo, quedan a menudo en un segundo plano. Sin embargo, merece la pena verla, porque su muro exterior conserva una pintura del Juicio Final del gótico tardío (1471), y en su interior se puede apreciar una vidriera moderna de Alberto Giacometti (*véase pág. 68*).

Kandersteg ⓳, una preciosa localidad y un importante centro de montañismo, está situada a la entrada del túnel de Lötschberg, a 12 km al sur de Frutigen. En el

Abajo: el Schilthorn, también conocido como el «Piz Gloria».

Un acordeonista ameniza las calles de Château d'Oex.

siglo XVIII, este lugar registraba una notable actividad comercial ya que en Kandersteg el norte intercambiaba ganado por especias con sus vecinos del sur. Los porteadores que participaban en este intercambio se fueron adaptando a las necesidades del turismo y de la localidad surgieron familias enteras de guías de montaña.

El macizo del **Blümlisalp** constituye un destino ideal para los alpinistas, donde tampoco faltan los deportes acuáticos: puede darse un chapuzón alpino en el **Öschinensee**, a 1 578 metros de altura, un lago que se originó después de un desprendimiento de tierra a finales de la época glacial. El agua surge de la tierra y se utiliza para producir electricidad.

El valle de Simmental

El último de los grandes valles del Oberland bernés, el **Simmental**, ha pertenecido a Berna desde 1386. A finales del siglo XIV, la ciudad-estado de Berna se hizo con el control político de la región desde el monasterio de Interlaken. Los habitantes del valle no se dejaron arrastrar por la Reforma del siglo XVI y la mayoría reafirmó su fe católica. A pesar de ello, el Simmental no quedó aislado de Berna. En el escudo de Berna, en el **Schloß Wimmis**, está representada la adhesión de Simmental.

El **río Simmental Inferior** discurre en dirección oeste a través de las montañas y después traza una curva antes de dirigirse de nuevo hacia el sur, donde toma el nombre de **Simmental Superior**. Si está atento, se percatará, nada más adentrarse en el **valle de Diemtigtal** (que destaca por la fabricación de tijeras decoradas), del estilo de las casas típicas de **Erlenbach** y **Därstetten**. Construida en 1756, la **Knuttihaus** es considerada una de las granjas más selectas de Europa, y con su sótano blanqueado y su desván, es el arquetipo de casa de Simmental.

Después de Därstetten, el pueblo de **Bad Weißenburg** prosperó gracias a un manantial de agua mineral. Fue aquí, poco después de estallar la Segunda Guerra Mundial,

ABAJO: la vaca de Simmental forma parte del paisaje alpino de Suiza.

LAS VACAS DEL VALLE DE SIMMENTAL

Los rebaños de vacas de color miel dorado pastando por las verdes y onduladas praderas suizas forman parte del paisaje alpino suizo tanto como los canguros de las tierras despobladas del interior de Australia.

Entre toda la variedad que posee Suiza, la *crème de la crème* son las preciosas vacas del Simmental de las poblaciones del valle del Simmental inferior, que comprende las tierras que se extienden de este a oeste entre las faldas de los Alpes de Friburgo y el oeste de Spiez.

Hasta hace poco, la vaca de Simmental era considerada la vaca suiza por excelencia y aún sigue siendo una de las razas más extendidas en todo el mundo. Estos grandes animales pesan alrededor de 600 kg y, además de proporcionar leche y carne, se utilizan como medio de tracción en las zonas donde no es posible recurrir al transporte mecanizado. La raza se caracteriza por el blanco predominante salpicado de un color beige rojizo y por su cornamenta. Son unas vacas muy atractivas, dóciles y amistosas (aunque también de los bueyes se destaca su buen temperamento).

Por desgracia, estas vacas se están extinguiendo ante el predominio de la vaca lechera. Recientemente, la raza ha sido cruzada con la rojiza Holsteiner, con lo que su apariencia se ha modificado un poco, pero sin perder su belleza.

Mapa página 122

donde Juliana, futura reina de los Países Bajos, y el príncipe Bernardo se prometieron. Todavía hoy se embotella y vende el agua, pero el manantial se secó hace ya tiempo. Más adelante, la carretera se bifurca en **Boltigen** (a 35 km al sudoeste de Thun) hacia el **puerto de Jaun** en dirección oeste, que conduce a la región francófona de Gruyère. A lo largo del Simme, el valle pasa del Simmental Inferior al Superior. La ciudad más importante del Simmental Superior, al menos desde el punto de vista del transporte, es **Zweisimmen** ⓴, justo en las principales rutas que conducen hacia Spiez, Interlaken e incluso Ginebra por la llamativa línea del Golden Pass, que presta servicio varias veces al día a través de estas colinas (aunque sólo una vez lo hace sin paradas). Desde aquí se puede seguir el Simme hasta la ciudad de manantiales de Lenk o bien dirigirse al oeste hacia Saanetal, en la parte más oriental del cantón de Vaud. La **iglesia** de Zweisimmen es lo único que queda del antiguo pueblo tras el incendio sufrido en 1862, como le ocurriría a Grindelwald 30 años después. La iglesia de la Virgen María (siglo XV) está decorada con unos frescos del gótico tardío que se salvaron de las llamas. Puede introducirse en la historia y el folclore local en el pequeño **Heimathuus** (Museo Local de Obersimmental) si dispone de tiempo, y coincide en uno de los tres días de la semana que abre (de junio a mediados de octubre, miércoles, sábados y domingos de 10:00 a 12:00 h y de 14:00 a 16:30 h; se paga entrada; tel.: 722-0201). Un edificio característico de Suiza del XVIII alberga el museo junto con los muebles de época, los utensilios domésticos, los útiles de labranza y muestras de manualidades (como, por ejemplo, el *Papierschnitzerei*, que consiste en recortar motivos de animales y paisajes de bosques en papel).

En el recorrido de 12 km hacia **Lenk**, no se pierda las delicadas casas de madera primorosamente decoradas y pintadas; se trata de la ruta de las casas de Simmental, un agradable entretenimiento durante el trayecto. Lenk, al igual que Zweisimmen, vive del turismo, pero también tiene un manantial de aguas sulfurosas que se comercializan desde el siglo XVII.

El escritor británico Cyril Connolly descubrió el potencial de Gstaad ya en 1946: «Gstaad se encuentra en un prometedor Kitzbühel, no demasiado alto, tampoco demasiado encerrado... se respira el delicioso y estimulante aire de un destino de montaña con el futuro asegurado».

ABAJO: competición de globos aerostáticos en Château d'Oex.

Gstaad

Justo al oeste del **Saanetal** también en dirección al Golden Pass, se levanta la ciudad de **Gstaad** ㉑, donde la alta sociedad de todo el mundo se reúne durante los meses de invierno. Junto con **Gsteig,** 10 km al sur, es también un destino vacacional estival, siempre dispuesto a acoger a los visitantes en cualquier época del año, a pesar de su imagen de superioridad. El Centro Alpino de Gstaad cuenta con guías que dirigen expediciones de *rafting* por el río Saane y llevan a cabo programas de aventuras en las montañas y ríos de los alrededores.

Desde **Saanen** (una localidad más rural y no tan rica como la ostentosa Gstaad) el **río Saane** se dirige hacia el Pays d'Enhaut, en el cantón de Vaud con su nombre francés, Sarine, y fluye hacia las tierras bajas de la Suiza francesa hasta unirse al Aar. No obstante, si pasa por uno de los dos puertos al sur de Château d'Oex (el **Col des Mosses** o el **Col du Pillon**) desde **Gsteig**, llegará a la cuenca del Ródano (Rhône) en dirección al Mediterráneo, y si se dirige desde el Pays d'Enhaut hacia el norte a lo largo del Sarine, entrará en el cantón de Friburgo.

Château d'Oex ㉒ es la última parada interesante de esta zona. Aunque oficialmente no pertenezca al Oberland bernés, le proporcionará un buen bocado de aire fresco (literalmente) con su Semana Internacional del Globo Aerostático que atrae a numerosos visitantes todos los años en el mes de enero, con la posibilidad de montar en globo y presenciar carreras espectaculares.

LOS FERROCARRILES ALPINOS DE SUIZA

Los trenes suizos serpentean a través de los pintorescos valles y ascienden por las montañas mientras ofrecen magníficas vistas del paisaje

Ningún otro país depende tanto de los ferrocarriles de montaña como Suiza, sea para transportar leche desde lo alto de los pastos alpinos o para llevar a los esquiadores a las pistas. Con el fin de ayudar a los trenes a subir por las pronunciadas pendientes sobre las vías convencionales, un riel dentado entre los dos raíles de la vía férrea permite que los piñones de una rueda de la locomotora se engranen al riel y vayan enganchados durante todo el recorrido, y frenan en la bajada. A pesar de que este sistema fue empleado por primera vez en Estados Unidos, fueron los ingenieros suizos quienes lo desarrollaron y exportaron el material por todo el mundo, desde Sumatra hasta el norte de Gales. Otro medio de transporte para subir la montaña es el funicular, que equilibra, mediante un cable, los vagones que ascienden y los que decienden.

VISTAS ESPECTACULARES

Viajar por la extensa red ferroviaria de las montañas es uno de los mayores placeres que ofrece Suiza. El más conocido de todos es el Glacier Express, que transporta a los pasajeros entre Zermatt y St-Moritz en unos fantásticos vagones acristalados provistos de aire acondicionado. En este recorrido, de ocho horas de duración, no hay un solo minuto de aburrimiento y en el vagón restaurante se sirve la comida adaptada al ritmo del traqueteo. El pie angular de las copas de vino está diseñado para compensar las pronunciadas pendientes. Para los amantes de la fotografía y para quienes deseen respirar el aire alpino, algunos trenes de la espectacular línea entre St-Moritz y Tirano, Italia, disponen de vagones abiertos desde los que se puede disfrutar del glaciar verdeazulado del lago Bianco y de las montañas que rodean el paso ferroviario más elevado de los Alpes.

◁ **UN VIAJE DESCUBIERTO**
La cabina abierta de una locomotora de vapor de la línea ferroviaria que asciende hasta el monte Rigi, uno de los paisajes favoritos de la reina Victoria.

△ **VÍAS MUY ACTIVAS**
Las vías alpinas desempeñan un papel esencial en la economía rural; en la imagen, transporte de leche de una región agrícola hasta Col-de-Bretaye, situado encima del destino turístico de Villars, en el cantón de Vaud.

◁ **CRUZAR EL VALLE**
Un tren cruza un viaducto de la línea internacional Centovalli, que une Locarno y Domodossola. Se trata de uno de los fantásticos recorridos en tren menos conocidos.

◁ **HASTA LAS ALTURAS**
Uno de los ferrocarriles de las montañas del Oberland bernés más conocidos asciende por el valle hasta el Schynige Platte, situado a 1 987 metros de altitud.

△ **EL GLACIER EXPRESS**
A bordo del Glaciar Express que une St-Moritz y Zermatt, los pasajeros de los vagones panorámicos pueden disfrutar de las espléndidas vistas de las montañas y los valles suizos.

> **UN ENLACE VITAL**
In tren sale del túnel de San iotardo, construido en torno l año 1882. Este largo túnel s un enlace vital entre l norte y el sur.

▽ **VAGONES 'ARA ESQUÍS**
\ algunos trenes de invierno s posible añadirles un vagón ara los esquís (como el de a imagen, en Col-de Bretaye), ue a menudo constituye l único modo de acceder las pistas.

▽ **POR EL VALAIS**
El emblema de la línea entre Martigny y Châtelard, una línea ferroviaria entre Suiza y Francia que es conocida por las espectaculares imágenes que ofrece del vasto valle y del Ródano.

SUBIR EN TREN AL MONTE RIGI

Mucho antes de que se inaugurara el primer tren cremallera de Europa por las laderas del monte Rigi en 1871, la cima, conocida como «la reina de las montañas», ya era una de las cumbres que se escalaban. Los senderistas observaban las puestas y las salidas de sol sobre el magnífico panorama de cimas que se divisa desde allí.

Para alojar a los visitantes, el primer hotel cercano a la cima se inauguró en 1816. Fue creciendo hasta convertirse en el Hotel Schreiber, que se abrió al público en 1875 para acoger a 300 huéspedes. Antes de que se hicieran famosos, César Ritz y Auguste Escoffier trabajaron en el Schreiber como jefe de camareros y chef, respectivamente.

Parece ser que la idea del primer tren cremallera se le ocurrió a un cónsul general suizo destinado en Washington, John Hitz, durante una visita a las obras de Niklaus Riggenbach en Olten, una pequeña ciudad del Jura. Con un sistema de enganche que había patentado en París, Riggenbach comenzó los trabajos de construcción en septiembre de 1869 y después de los retrasos en la entrega de los raíles y vagones para pasajeros por culpa de la guerra franco-prusiana, el «cremallera» fue inaugurado en 1871 con Riggenbach como maquinista del primer convoy.

Le dit d'un vieil artisan:
«Savoir qu'un jour,
cela deviendra beau!»
En sa main pleine
tenant un morceau de bois. Il
Outil de bois ou berceau.
Fer rougi au feu et savamment forgé!
Il a fallu extraire de la matière
la part de beauté s'y trouvant enclose.
Le métal, par la cloche fondue,
sonne clair sur
les montagnes de Gruyère

18
Pierre Joseph
Dumas, Maître
20

SUIZA OCCIDENTAL

Esta región, que comprende dos cantones alrededor del lago Neuchâtel, se caracteriza por sus pueblos de producción lechera y, cómo no, por el queso Gruyère

Mapa página 144

Los cantones de **Vaud** y **Friburgo** se dividen en las tierras bajas y las estribaciones alpinas del occidente francés de Suiza, con los valles de los ríos Thielle, Broye y Sarine situados casi en paralelo. Los rebuscados límites del **valle del Broye** y sus numerosas localidades católicas evocan la época en que las ciudades-república de Berna y Friburgo englobaban el anterior Vaud saboyano (que se extendía desde el Bieler See hasta el lago Leman o de Ginebra) en 1536.

En el momento de la revolución, las zonas controladas por la localidad de Friburgo, cuyos habitantes se habían mantenido fieles al catolicismo, no querían mantener ninguna relación con el cantón protestante de Vaud por razones de confesiones religiosas. Esta región, con sus colinas poco pronunciadas y bajas montañas, con maizales que se mecen con el viento, sus verdes prados y limpias ciudades, se ha librado –salvo en el caso de **Morat** (Murten, en alemán) y **Gruyères** (Greyerz)- de los inconvenientes del turismo de masas.

A pesar de la industrialización, Friburgo sigue siendo el cantón más rural de todos: uno de cada seis trabajadores se dedica a la agricultura (las cifras alcanzaban el 39% en 1950), tres veces más que en el conjunto de Suiza. La comarca posee su propia raza de ganado, que, muy patriótico, suele lucir los distintivos colores blanco y negro del cantón, y dos clases de queso: el Gruyère y el Vacherin, un queso para *fondue*. La frontera lingüística coincide con la frontera de los quesos: la parte francesa de Friburgo elabora el Gruyère, mientras que la alemana produce el agujereado Emmental.

PÁGINAS ANTERIORES: interior del Museo de Gruyère, en Bulle.
IZQUIERDA: la parte antigua y la catedral de Friburgo.
ABAJO: de paseo por Gruyères.

Friburgo, la ciudad de los puentes

Dentro del recorrido serpenteante que describe el Sarine, se halla la capital del cantón, **Friburgo ❶**. El elegante paisaje urbano está dominado por la torre de la catedral de San Nicolás, con una representación del Juicio Final en su portada occidental. El río Sarine fija los límites lingüísticos. Friburgo, situado en un entorno espectacular, es (tanto en sentido literal como metafórico) una ciudad de puentes: durante más de un milenio ha sido el punto de encuentro entre la Suiza de habla alemana y la francesa. A finales del siglo XVIII, el escritor William Coxe quedó tan impresionado por su aspecto que, como de costumbre, se dejó llevar por una de sus fantasías: «muchos [de los edificios] cuelgan del borde de un precipicio de tal manera que, al mirar hacia abajo, hasta un tonto podría sentir vértigo...».

Friburgo, fundado como *Freie Burg* (castillo libre) en 1157 por Bertoldo IV de Zähringen en una península del río Sarine, era más grande que Berna y Zurich cuando se unió a la Confederación y, en términos de prosperidad, igualaba a Basilea y Ginebra. El comercio y los negocios florecieron; de las prendas de lana y el cuero que producía la ciudad se esperaba obtener otros bienes.

Tras la Reforma (Friburgo había seguido con la «antigua fe»), su poder económico disminuyó, a pesar de que la ciudad consiguiera extender su dominio, y no fue hasta

Un quesero de Moléson, cerca de Gruyères, cuya lechería de 1686 está abierta al público todos los días de mayo a octubre (tel.: 026-921 2434; www.moleson.ch).

la segunda mitad del siglo XX cuando Friburgo salió de su hibernación y comenzó el proceso de industrialización que le devolvió su prosperidad.

Igual que una isla católica en una tierra de protestantes, la ciudad atravesó una época de adversidades. El país se estaba preparando para abastecer de mercenarios a los príncipes extranjeros (en particular a Sus Majestades Cristianas de Francia) y las clases altas de la nobleza cayeron en el prejuicio clasista.

La región de Gruyère

El valle de Gruyères, por donde discurre el Sarine, se extiende al sur de Friburgo. El valle es como un microcosmos de Suiza: una planicie rodeada de cimas y justo en la mitad, en una posición dominante, una pequeña ciudad sobre la que descuella un imponente castillo, cuyos señores han gobernado la región durante siglos. Toda una comarca bañada en historia.

Cada año, más de un millón de personas se acerca a visitar la ciudad de **Gruyères** ❷ y su *château*, a unos 30 km de Friburgo. Justo en las afueras se encuentra la **Fromagerie** (quesería, donde se elabora esta célebre variedad de queso), tan impecable que se parece más a un laboratorio que a la imagen popular de una lechería rural. Sólo hay una calle en la ciudad, así que no se necesita mucho tiempo. El **château** o castillo, que ya no es de propiedad privada, ha sido convertido en una importante atracción turística con restaurantes y tiendas de recuerdos. Los pasillos por los que en su día paseaban los condes y las damas están repletos de turistas de lugares tan remotos como San Francisco o Tokio.

Al igual que en la Suiza de habla alemana, se ha desarrollado una rica cultura de pastoreo en las estribaciones de los Alpes. Los artistas populares inmortalizaban la trashumancia o *Poya* (sobre todo a partir del siglo XVIII) en sus vistosas pinturas, con las que se adornaban las vigas transversales y las puertas de los establos: muchas

Mapa página 144

representan vacas al lado de un caballo cargado, un cerdo y varias cabras, ascendiendo a las montañas acompañados por los pastores provistos de mochilas y bastones camino de sus refugios alpinos. El **Musée Gruérien** de **Bulle ❸** alberga una magnífica colección de este arte rural, tan característica, de la región, situado en un lugar gratificante a unos pocos kilómetros al nordeste de Gruyères en la carretera a Friburgo. También merece la pena visitar la exposición de trajes y utensilios de labranza (abierto de martes a sábado de 10:00 a 12:00 h y de 14:00 a 17:00 h; se paga entrada; tel.: 912-7260).

A orillas del río Sarine, al sur de Friburgo, se levanta la **abadía cisterciense de Hauterive ❹**, cerca de **Posieux**. Este monasterio del siglo XII es la última abadía de la orden del Císter de Suiza. También el **Monastère de la Valsainte** (siglo XIII) próximo a **Charmey**, al este de Bulle, es la única cartuja del país, habitada hoy día por los miembros de esta austera orden, que viven recluidos en unas celdas individuales, cada una de ellas con su pequeño jardín.

Anfiteatro romano de Avenches.

Un paisaje con mucha historia

La mayoría de los lagos suizos se formaron durante la glaciación y cuando la era se terminó, los glaciares se fueron deshaciendo poco a poco a medida que sus cuencas se llenaron de agua. Tras desaparecer el glaciar del Ródano, se formó una superficie acuosa de 100 km de longitud, que cubría la base del Jura hasta Solothurn, al nordeste de la línea divisoria de La Sarraz. Finalmente, el «lago Solothurn» se dividió en tres partes: lago de Morat, Biel y los lagos de Neuchâtel. Después, el lago se convirtió en una planicie, que en la actualidad proporciona tierras de cultivo.

En **Avenches ❺**, al nordeste de Friburgo, se conservan las **ruinas romanas** de la capital helvética de Aventicum, que llegó a tener 40 000 habitantes, entre las que figuran un anfiteatro, un templo, unas termas, un teatro y un museo. Desde la ciudad se puede llegar dando un agradable paseo (abierto todos los días; entrada gratuita a las ruinas). Así mismo, puede visitar el **Musée Romain d'Avenches** (Museo Romano de Avenches, abierto todos los días salvo los lunes, de 10:00 a 12:00 h y de 13:00 a 17:00 h; de abril a septiembre, de 14:00 a 17:00 h los mismos días; se paga entrada; tel.: 675-1727).

Al norte de Avenches, a orillas del lago Morat, se halla la ciudad de **Murten** (o **Morat**) **❻**. Se trata de una ciudad muy bien conservada con murallas adornadas con almenas, un castillo, iglesias del siglo XV y un buen museo de historia local emplazado en un antiguo molino de viento, en el que se exhiben algunos interesantes objetos prehistóricos recuperados en el lago (abierto de 10:00 a 12:00 h y de 14:00 a 17:00 h de martes a domingo, de mayo a octubre; durante el resto del año, de 14:00 a 17:00 h los mismos días; se paga entrada; tel.: 670-3100).

ABAJO: procesión del Corpus Christi en Romont.

El lago de Neuchâtel

Al oeste de Morat, a la sombra de la accidentada cordillera del Jura, se extiende el vasto lago de Neuchâtel, que en sus orillas acoge una serie de lugares históricos, como por ejemplo unos asentamientos romanos. En **Estavayer-le-Lac ❼**, a medio camino de la orilla oriental del lago, se alza el **Château de Chenaux**, un castillo fundado en el siglo XIII (cerrado al público). En el museo histórico de la ciudad se exponen, entre otros objetos, una colección de ranas conservadas en tarros de cristal (abierto todos los días excepto los lunes, y de noviembre a enero, sólo los sábados y domingos). En el extremo meridional del lago se encuentra **Yverdon-les-Bains** ❽, una pequeña ciudad industrial con baños termales (manantiales de aguas sulfurosas). Entre los años 1805 y 1823, el célebre profesor y pedagogo suizo Johann Heinrich Pestalozzi dirigió su mundialmente conocido instituto pedagógico en este castillo, que ahora alberga una **Colección Etnológica** con piezas prehistóricas recuperadas del lago (abierto todos los días, excepto los lunes; se paga entrada; tel.: 024-425 9310).

Al norte de Yverdon se halla la histórica ciudad de **Grandson** ❾, lugar donde el ejército de la Confederación derrotó a Carlos el Temerario de Borgoña en 1476. En la ciudad destaca su **castillo** (abierto de abril a octubre de 9:00 a 18:00 h; en febrero y marzo, de lunes a sábado de 8:30 a 11:30 h y de 13:30 a 17:00 h; domingos de 9:00 a 17:00 h; de noviembre a enero, sólo los fines de semana; se paga entrada; tel.: 024-445 2926), que hoy en día acoge una colección de coches antiguos, motocicletas y bicicletas. La iglesia románica de **San Juan Bautista** es otro edificio impresionante de esta localidad.

Más allá de la población de **Concise** ❿ (a 2,5 km a pie desde la estación de ferrocarril, también accesible por carretera), emplazada en la orilla occidental del lago se encuentra la cantera romana de **La Lance**. El procedimiento para la explotación de esta cantera consistía en clavar unas estacas de madera en la piedra caliza, que después se empapaban en agua hasta quebrar la roca: hoy día aún se pueden observar indicios de esta técnica. La piedra era transportada en barco a través del lago hasta **Yverdon** o por el río Broye hasta la capital helvética de Aventicum, la actual población de Avenches.

Cerca de la pequeña localidad de **Orbe** ⓫, a unos 9 km al sur de Yverdon-les-Bains aproximadamente, en **La Boscéaz**, se conservan unos magníficos mosaicos que en su día decoraban los suelos de una gran villa romana (abierto todos los días de abril a octubre, se paga entrada).

NOTA

El 1 de octubre se celebra en Murten una carrera hasta Friburgo en honor de un mensajero del ejército que murió en esta ciudad tras informar de la victoria alemana en Murten en 1032.

ABAJO: un monje trabajando en el monasterio de Valsainte.

La línea divisoria

Mapa página 144

Para los antiguos griegos, Delfos era el centro del mundo; los suizos lo situaban cerca del pueblo de **La Sarraz** ⓬, ubicado en una situación estratégica entre los lagos Leman y Neuchâtel. Si las aguas de la presa no estuviesen detenidas, el pez que habita en ellas podría decidir a dónde dirigirse: al mar del Norte por el Rin o al Mediterráneo por el Ródano. Los habitantes de la zona se referían al embalse como *Le milieu du monde* (el centro del mundo). Durante siglos, se ha soñado con la idea de un canal transhelvético y transeuropeo navegable y, hasta cierto punto, el sueño se ha cumplido.

Esta división entre el Mediterráneo y el mar del Norte se puede comparar con el puerto de San Gotardo, aunque el ferrocarril no tiene que ascender hacia el norte ni hacia el sur y tampoco traza muchas curvas (sólo pasa dos veces por un túnel). Según el horario oficial de trenes, **Eclépens**, en la cuenca de La Sarraz y a 455 metros de altura, se encuentra tan sólo 18 metros por encima de la estación de Biel. Al pie del Jura, el tren procedente de la Suiza alemana, después de pasar por la ciudad industrial de Yverdon y atravesar la meseta de Orbe, cruza la falda del Jura, conocida como **Mormont**, que forma una especie de barrera natural que separa las cuencas del Rin y el Ródano.

Se cree que el nombre de «**La Sarraz**» procede del latín «serratus» (aserrado): la carretera se abre camino entre el Jura y el Mormont. Hace casi mil años, los señores de Grandson construyeron un **castillo** sobre una colina rocosa para controlar esta ruta de acceso. En 1911, un descendiente de la familia convirtió el castillo en museo y, a su muerte, su viuda hizo de él un centro en el que los artistas pudiesen reunirse e inspirarse: invitó al director de cine ruso Sergei Eisenstein, al pintor alemán Max Ernst y al arquitecto suizo-francés Le Corbusier; organizó una conferencia de arquitectura y, en 1929, acogió el primer Congreso de Cineastas Indepen-

ABAJO: rumiando en un lugar de pasto cerca de Charmey.

La tumba de Franz de La Sarraz.

dientes. En la actualidad, en los establos del castillo se puede visitar un interesante Museo del Caballo (el castillo y el museo están abiertos al público todos los días excepto los lunes, de julio a agosto de 10:00 a 18:00 h; de finales de marzo a mayo y de septiembre a octubre sólo los fines de semana de 10:00 a 17:00 h; se paga entrada; tel.: 024-866 6423).

Cerca del castillo, una **capilla** gótica conserva la tumba de Franz de La Sarraz cubierta por una estatua yacente de su cuerpo desnudo. Se trata de una representación gráfica de la transición de este mundo al próximo: todo su cuerpo está cubierto de gusanos y unos sapos ocultan el rostro y los genitales.

El canal de La Sarraz

En el siglo XVII, el puerto de La Sarraz fue elegido como punto de enlace de una de las principales rutas de Europa, un canal que uniría el mar del Norte con el Mediterráneo. La idea era proporcionar a los Países Bajos un camino fácil para llegar a la India, para evitar el estrecho de Gibraltar, además de a sus enemigos españoles y a los piratas berberiscos que abundaban en las costas de África del Norte. En esa época ya existían canales a través de Bélgica y el condado de Borgoña, pero todos ellos estaban bajo control español. Así que, para librarse de los españoles, los Países Bajos proyectaron un enlace transeuropeo por Suiza.

Elie Gouret, un hugonote británico al servicio de los holandeses, entregó al Consejo de Berna un documento con el proyecto del canal y el capital necesario para su construcción. Así mismo, llevó consigo a los técnicos y carpinteros para construir las compuertas y los barcos. Había pensado conectar la población de Yverdon, situada a orillas del lago Neuchâtel, con el lago Leman. Tras dos años de dedicación, se llegó a **Entreroches** en Mormont, donde se construyó un puerto con una casa para el capitán del puerto, que todavía hoy se puede ver. Ocho años después, ya habían alcanzado la localidad de **Cossonay**.

ABAJO: elaboración del queso Gruyère en una quesería de Friburgo.

Fue en este momento cuando se les agotó el dinero y el sueño de un canal transeuropeo quedó olvidado. No obstante, el canal (o algunos de los tramos) fue navegable hasta el siglo XIX. Barcos cargados de vino, sal y granos se dirigían por el canal de Entreroches al lago Neuchâtel y por el Zihl y el Aar hasta Solothurn. Incluso ahora es posible seguir el rastro de algunos tramos del antiguo canal y desde la estación de Eclépens un indicador señala el camino al **Canal d'Entreroches**. En un bosque de robles y hayas, un barranco se esconde entre rocas de piedra caliza. La profunda zanja entre muros ciclópeos es el canal.

El Jura del Vaud

Vallorbe ⓭, una ciudad fronteriza estratégicamente situada a 21 km al oeste de La Sarraz en la autopista número 9, es la puerta de acceso a la parte de Vaud donde se levantan las vastas cordilleras del Jura (*véanse págs. 281-295*). Una de las principales visitas de interés es su **Museo del Ferrocarril** (Musée du Chemin du Fer), ubicado en el edificio ribereño de **Grandes-Forges**. El tráfico ferroviario internacional del TGV (la línea de alta velocidad) pasa atravesando esta ciudad procedente de París vía Lausana hacia el sur de Francia o Italia por el puerto del Simplon. El **río Orbe**, antiguamente generador de energía de molinos y aserraderos, nace en la punta del Dôle, el segundo monte más alto del Jura.

El **Dôle** (1 677 metros), uno de los picos angulares del Jura, cuenta con un centro meteorológico que cubre tod el occidente de Suiza. Sin embargo, la mayoría de los turistas suele preferir el **Col du Marchairuz** (1 447 metros), al sur de Le Brassus, que dispone de pistas de esquí nórdico. Desde el lago Leman, por una carretera, se puede acceder al Jura pasando por Marchairuz, donde, después de un largo y agotador paseo, podrá relajarse en un amplio paraíso natural, el **Parc Jurassien Vaudois** (Parque del Jurásico del Jura-Vaud), que se extiende tan al sur como el Col de la Givrine.

En el norte, el río Orbe forma el **lago de Joux** (donde el agua discurre bajo tierra) y no reaparece hasta la **fuente del Orbe** en una espectacular caverna del Jura. En las proximidades hay otra cueva conocida por sus estalactitas: se trata de la **Grotte de l'Orbe**. La montaña más alta de toda la cordillera, **Mont Tendre** (1 679 metros), ofrece unas vistas impresionantes, con el **Mont Risoux** en el lado occidental, que según se dice está cubierto por el bosque más extenso de Suiza, de 23 km^2.

El Broye medieval

Para finalizar el recorrido, de regreso hacia el norte, al valle del Broye (la ruta principal desde Lausana a Berna), pasará por una serie de pintorescas ciudades medievales: **Moudon** ⓮, que tiene un maravilloso casco antiguo muy bien conservado; **Lucens** ⓯, que cuenta con un castillo y un museo de Sherlock Holmes (*ver pág. 124*), y **Payerne** ⓰, que posee una magnífica **iglesia abacial**, sin duda uno de los mejores ejemplos del románico suizo, que no hace mucho ha sido minuciosamente restaurada, y su parroquia que alberga la tumba de la legendaria reina de Borgoña, Berta. En una colina cerca del valle de Broye al este de Lucens, se encuentra **Romont**. Merece la pena desviarse hasta esta ciudad del siglo XIII, que atraviesan dos grandes calles, para contemplar la hermosa panorámica que se divisa desde la terraza del castillo. Esta fortaleza fue construida por Pedro II de Saboya.

Mapa página 144

El Vacherin Mont d'Or, uno de los quesos más conocidos de Suiza, que se elabora sólo en invierno, toma su nombre del Mont d'Or, en Vallorbe.

ABAJO: la ciudad de Murten vista desde el lago de Morat.

LA MELODÍA DE SUIZA

Al igual que en la Suiza alemana, en la vertiente occidental de los Alpes también se ha desarrollado una cultura de pastoreo de ganado que ha propiciado la aparición de una música popular de larga tradición.

La melodía del vaquero se ha convertido en la canción por antonomasia de Suiza, célebre en todo el mundo. El estribillo dialectal «Lioba, lioba, por ario» recuerda la trashumancia o *Poya* de las vacas a los pastos alpinos.

Posee tal poder evocativo de la vida en los Alpes que, en el pasado, llenaba de nostalgia a los mercenarios suizos, quienes al oír la canción no podían contener las lágrimas desconsoladas. Se cuenta que, en el año 1621, un ministro del rey de Francia prohibió entonar la melodía de los pastores a los mercenarios suizos que tenía a su servicio para evitar esta clase de incidentes. Sin embargo, la canción estaba tan arraigada entre la población suiza que continuó su trayectoria en forma de óperas y operetas, interpretadas en toda Europa y hasta en Estados Unidos en los siglos XIX y XX.

Hoy día se han realizado numerosas adaptaciones y obras para piano, libretos y arias basadas en esta melodía. Todos ellos ensalzan la Suiza rural que añoraban los nostálgicos soldados: una forma de vida que representan las pintorescas queserías de las poblaciones agrícolas y ganaderas como Gruyères donde se elabora el queso homónimo.

EL LAGO LEMAN

El lago de Ginebra, Lac Léman *en francés, es uno de los lagos más conocidos del mundo, reconocible por su fuente* Jet d'Eau *y, cómo no, por las millonarias mansiones que se alzan a sus orillas*

En el trayecto en tren desde Zurich y Berna con destino a las ciudades de Lausana y Ginebra, se puede disfrutar del magnífico paisaje de la vasta superficie azulada del **lago Leman** o **lago de Ginebra**, y de los montes circundantes. Los viñedos de las laderas que se extienden a ambos lados de la línea del ferrocarril se conocen como «Clos des Billets»: se dice que los suizos alemanes, aturdidos por la belleza del entorno, tiran el billete de vuelta por las ventanillas del tren. Evidentemente es una exageración, pero desde los días en que Lord Byron resaltara los encantos de la región, no han dejado de llegar visitantes a la zona.

La denominación francesa del lago de Ginebra (Lac Léman) hace referencia a *Lacus Lemanus*, nombre que se cree le concedió el legendario Lemanus, hijo del príncipe troyano Paris, quien provocó la guerra de Troya al secuestrar a la bella Helena. El primer documento en el que se registra el topónimo *Ginebra* es la obra *Comentarios,* de Julio César (siglo I a.C.).

Los romanos introdujeron la vid en la zona y, más tarde, los monjes cristianos cultivaron las laderas que baña el lago. De hecho, Ginebra es un lugar ideal para el cultivo de la vid y es el tercer cantón más importante en la elaboración de vino, después de los de Valais y Vaud. Se dice que los viñedos de las laderas de Lavaux, a orillas del lago de Ginebra, entre Lausana y Montreux, se benefician de los rayos de sol tres veces: cuando el sol luce en el cielo, cuando se refleja en el lago y de noche, cuando se desprende de la tierra el calor almacenado durante el día. A lo largo de la Côte (la costa) entre Lausana y Ginebra, los viñedos forman una pendiente menos acusada.

PÁGINAS ANTERIORES: el castillo de Chillon.
IZQUIERDA: el espectacular Jet d'Eau.
ABAJO: la catedral de Ginebra.

El lago más extenso de Europa occidental

El mayor de los lagos suizos, el de Ginebra, tiene forma de hoz y mide 72 km de longitud y 13 km de anchura cerca del centro, con una profundidad de 310 metros. Igual que el mar, está sujeto a mareas, aunque la diferencia no supera los 5 milímetros. De sus 582 km^2 de superficie, 348 pertenecen a Suiza y el resto, la orilla meridional, a Francia.

Sin embargo, parece ser que estas cifras no impresionaron a un clérigo de la Antigüedad. Según una anécdota del abad de Claraval (siglo XII) que James Cotter Morrison relata en un libro sobre este eclesiástico, éste no reparó en el lago pese a haber pasado todo el día montando a caballo por sus orillas, ya que, cuando sus acompañantes empezaron a hablar del lago, el abad preguntó «¿Qué lago?».

El lago Leman, con 89 000 millones de metros cúbicos de agua, es el embalse de agua dulce más grande de Europa. Su cuenca duplica la del lago de Constanza, es seis veces más grande que la del lago de Neuchâtel y 22 veces que la del lago de Zurich. Se ha calculado que contiene suficiente agua como para ahogar a toda la humanidad y el nivel del agua sólo subiría 50 centíme-

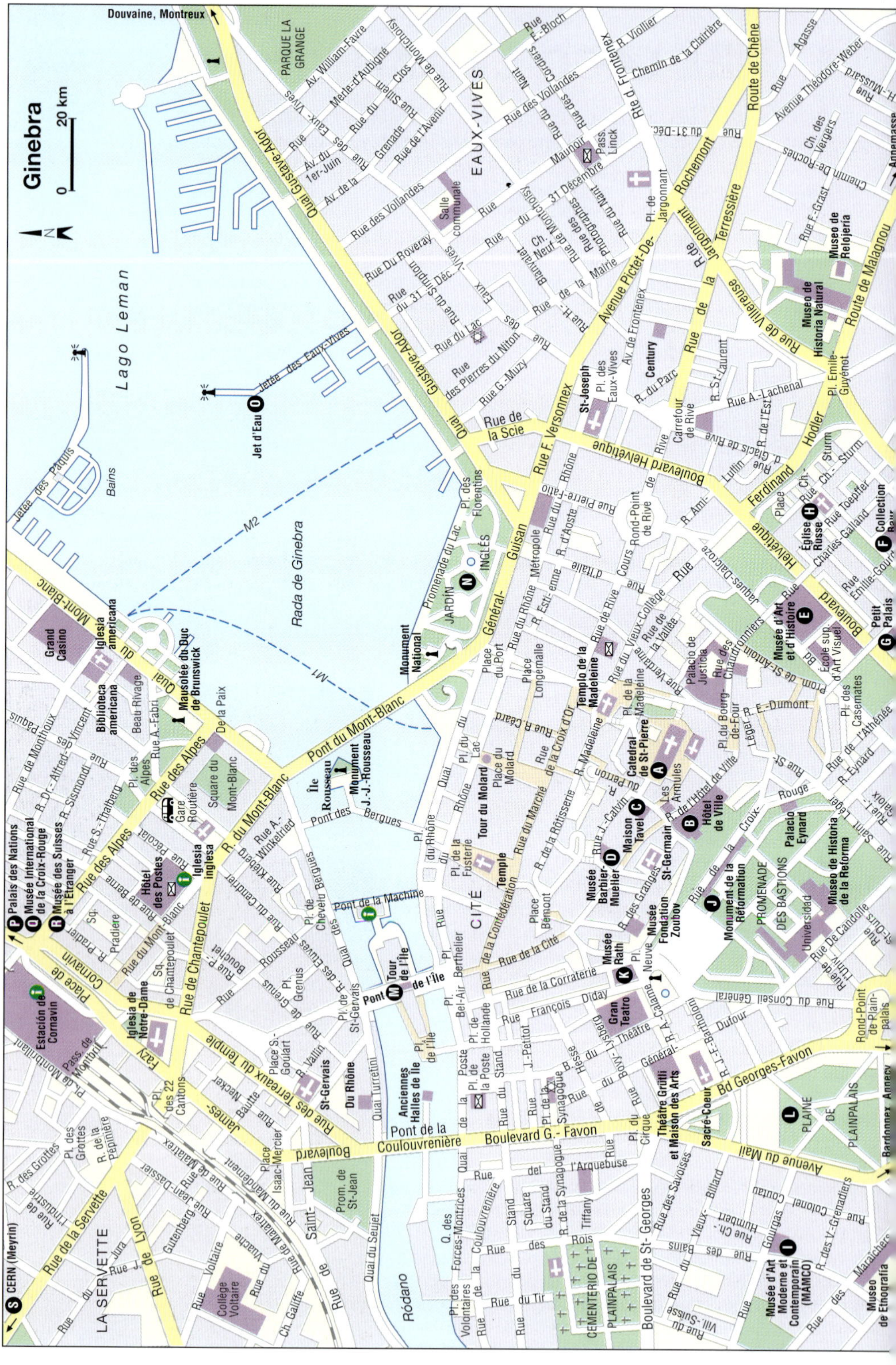
Ginebra
0
20 km
N
Lago Leman
Rada de Ginebra
Jet d'Eau
Jetée des Eaux-Vives
Jetée des Pâquis
Bains
M1
M2
Douvaine, Montreux
PARQUE LA GRANGE
EAUX-VIVES
Quai Gustave-Ador
Rue de la Scie
Rue F. Versonnex
Avenue Pictet-De-Rochemont
Route de Chêne
Rue de Jargonnant
Rue de la Terrassière
Rue de Villereuse
Route de Malagnou
Museo de Relojería
Museo de Historia Natural
St-Joseph
Century
Carrefour de Rive
Boulevard Helvétique
Cours de Rive
Rue du Rhône
Rue de Rive
Promenade du Lac
JARDÍN INGLÉS
Monument National
Pont du Mont-Blanc
Quai du Mont-Blanc
Grand Casino
Iglesia americana
Biblioteca americana
Mausolée du Duc de Brunswick
Rue des Alpes
Gare Routière
Square du Mont-Blanc
Iglesia inglesa
Hôtel des Postes
R. du Mont-Blanc
Île Rousseau
Monument J.-J.-Rousseau
Pont des Bergues
Pont de la Machine
Tour de l'Île
Pont de l'Île
CITÉ
Tour du Molard
Temple de la Fusterie
Temple de la Madeleine
Catedral de St-Pierre
Maison Tavel
Musée Barbier-Mueller
Musée Rath
Musée Fondation Zoubov
Hôtel de Ville
Palacio de Justicia
Musée d'Art et d'Histoire
Petit Palais
Collection Baur
Église Russe
Monument de la Réformation
PROMENADE DES BASTIONS
Universidad
Palacio Eynard
Museo de Historia de la Reforma
Gran Teatro
Théâtre Grütli et Maison des Arts
Sacré-Coeur
PLAINE DE PLAINPALAIS
Bd Georges-Favon
Boulevard G.- Favon
Avenue du Mall
Boulevard de St-Georges
CEMENTERIO DE PLAINPALAIS
Musée d'Art Moderne et Contemporain (MAMCO)
Museo de Etnografía
Ródano
Pont de la Coulouvrenière
Quai Turrettini
Anciennes Halles de l'Île
Du Rhône
St-Gervais
Rue des Terreaux du Temple
Estación de Cornavin
Place de Cornavin
Iglesia de Notre-Dame
Rue de Chantepoulet
Palais des Nations
Musée International de la Croix-Rouge
Musée des Suisses à l'Étranger
LA SERVETTE
Rue de la Servette
Rue de Lyon
Collège Voltaire
CERN (Meyrin)
Bardonnex, Annecy
Annemasse

tros más o menos. También se sabe que un río como el Ródano tendría que beber de los glaciares de Valais durante 17 años aproximadamente para poder llenar una cuenca de este calibre.

No obstante, el lago Leman no puede acabar con el progreso y el crecimiento de la población. Hace un par de siglos, los científicos habían previsto que la contaminación arruinaría las aguas del lago, pero en la actualidad, gracias a la presión de los ecologistas, se está recuperando poco a poco. El 1 de julio de 1986, Suiza prohibió el uso de fosfatos en la composición de los detergentes: en poco tiempo, muchas de las especies piscícolas menos comunes, que corrían grave peligro de extinción, volvieron a poblar los lagos. Así mismo, las comunidades de aves han crecido desde que una especie de mejillón, la *Dreissena polymorpha,* enriqueció la diversidad de alimentos. Todavía existe una gran preocupación sobre el contenido de nitratos en los fertilizantes utilizados por los agricultores de la región, pero según la comisión de ecologistas del lago Leman, la fertilización masiva con fosfatos se ha reducido notablemente en los últimos años.

La primera vez que el barco de vapor *Wilhelm Tell*, perteneciente a una iglesia de nombre estadounidense, cruzó el lago fue en 1823 (hecho que horrorizó a muchos lugareños, que pensaron que se trataba de un invento del diablo). Tradicionalmente se valían de cargueros provistos de velas latinas para transportar material de construcción desde Meillerie (Saboya) a las dos ciudades situadas al otro lado del lago. Sólo se conservan dos buques de estas características, el *Vaudoise* de Lausana y el *Neptune* de Ginebra, pero todavía es posible vivir la experiencia de navegar por el lago como antaño, en los vapores que transportan pasajeros de la orilla francesa a Évian-les-Bains (que cuenta con un casino, piscina olímpica y manantiales de agua mineral) y a Thonon-les Bains. También se realizan trayectos regulares a la población francesa cubierta de flores de Yvoire y al castillo de Chillon, en el lado suizo, además de una serie de excursiones de medio día o de un día completo.

Abajo: vista de los barrios periféricos de Ginebra.

Ginebra ❶ (Genève; 180 000 habitantes la ciudad, 410 000 el cantón) dispone de un aeropuerto internacional situado a 6 minutos del centro urbano, pero para valorar su magnífica situación es preciso llegar a la ciudad desde el lago (a ser posible en un antiguo barco de vapor): arropada entre colinas y jardines, rodeada de cordilleras de montañas y con su amplio puerto, La Rade. La impresionante fuente Jet d'Eau en la boca del puerto se considera, a la vez, símbolo y elemento decorativo: a lo largo de su orgullosa historia, esta ciudad-república nunca ha reivindicado nada a otras regiones y siempre ha conservado interés por lo espiritual. Esto no significa que no se aprecien otras cosas; así por ejemplo, el dinero desempeña un papel muy importante. El actor británico Robert Morley describió Ginebra como una ciudad de riqueza furtiva, y es que no cabe duda de su protagonismo en la creación del sistema de crédito capitalista. El escritor de Vaud C. F. Ramuz comentó: «Desde su fundación, Ginebra se basó en un pensamiento abstracto; y en efecto, el comercio y la banca son bastante abstractos en comparación con la agricultura, que es una actividad más concreta». En ningún otro lugar de Suiza se exponen las opiniones con tanto entusiasmo, ni circulan las palabras de forma tan diligente como en Ginebra; en ningún otro lugar existe tal debate político.

El quinto continente

Ginebra es una ciudad influyente y de personalidades célebres. En el siglo XVI, el reformista Calvino la con-

Una placa de piedra en el nº 40 de la Grand Rue, señala el lugar de nacimiento del filósofo y escritor Jean-Jacques Rousseau (1712-1778).

virtió en la «Roma protestante», y sus efectos se dejaron sentir en todo el mundo; en el siglo XVIII, la edad dorada de la ciudad, Jean-Jacques Rousseau abrió el camino a los derechos humanos y la Revolución Francesa; el ingeniero Henri Dufour, al frente del ejército en la última guerra civil del país, se convirtió en pacifista de la Confederación, y el filántropo y hombre de negocios Henri Dunant hizo de su ciudad la sede de la Cruz Roja y enarboló la bandera suiza (con los colores invertidos) como símbolo internacional de la humanidad.

Durante siglos, la diminuta ciudad-estado estuvo rodeada por regiones dominadas por príncipes enemigos (Saboya y Francia), aislada por completo de las tierras de la Confederación. El lago constituía el principal medio de transporte y hasta el Congreso de Viena de 1814-1815, cuando la frontera fue fijada más abajo, Ginebra no tuvo un acceso por tierra a Suiza. Sin embargo, la frontera terrestre del cantón con Francia es de 102 km, mientras que con el resto de Suiza sólo es de 4 km.

En una ocasión, la revista alemana *Stern* calculó que Ginebra acogía a «más millonarios que desempleados». Incluso Voltaire, que había residido en la ciudad y en la vecina Ferney (donde su casa alberga ahora un museo), afirmó que en Ginebra había poco que hacer aparte de ganar dinero, y se dice que la población de más edad se ha enriquecido gracias al ahorro. Sin embargo, también hay pobres, las víctimas de la prosperidad, que nunca protagonizan los titulares de la prensa; aunque tampoco están a la vista, al menos no frecuentan los lugares frecuentados por los turistas.

Lazos estadounidenses

Desde la Reforma, el escudo de Ginebra ha lucido la inscripción *Post tenebras lux* (Detrás de la oscuridad, la luz), frase que también se lee en la portada de la Biblia inglesa impresa en Ginebra y que llevaron consigo los primeros colonizadores a bordo del *Mayflower* a Nueva Inglaterra el año 1620. La doctrina de Calvino se había propagado por todo el mundo: el presidente estadounidense Woodrow Wilson, que propuso a Ginebra como sede de la Sociedad de Naciones tras la Primera Guerra Mundial, era calvinista.

La conquista de la libertad supone para Ginebra un importante acontecimiento. En el mes de diciembre se celebra una «Escalade» para conmemorar el vano intento del duque de Saboya en 1602 por dominar la ciudad. Su ejército se valió de escalas para saltar la muralla, pero la población consiguió frenar su avance. Más recientemente, en el siglo XIX, los banqueros de Ginebra financiaron la lucha de los griegos por la libertad.

ABAJO: entrada del ayuntamiento de Ginebra.

Parque y museos

A lo largo de las orillas del lago se extienden unos maravillosos parques. El centro de la ciudad se extiende por un pequeño punto elevado de la margen izquierda del Ródano, con la catedral, el ayuntamiento, calles comerciales y excelentes museos; mientras que la Ginebra internacional se asienta en la margen derecha, donde se reúnen, entre otros, el Palacio de las Naciones, las oficinas de la Organización Internacional del Trabajo y el Comité Internacional de la Cruz Roja.

Un buen punto de partida para un recorrido a pie es la Place de la Taconnerie. Su punto central, la **catedral de Saint-Pierre** Ⓐ (abierta de 9:00 a 19:00 h de mayo a septiembre; de 9:00 a 12:00 h y de 14:00 a 17:00 h, el resto del año; entrada gratuita, excepto a la torre; tel.: 311-7575), ha pertenecido al protestantismo desde 1536, pero la iglesia data de los siglos XII y XIII. La fachada occidental, del siglo XVIII, es de estilo neoclásico. Un conocido predicador, el pastor Henry Babel, comentaba que cada vez que entraba en la catedral de Saint-Pierre tenía la sensación de estar en otro mundo. Confesaba que la reverberación del silencio de los poderosos muros, la sombra de sus bóvedas y la claridad de sus vidrieras le habían demostrado que la verdadera grandeza deriva de la armoniosa simplicidad y concluía que las columnas son la base de las bóvedas que se alzan sobre ellas, de la misma forma que la ciencia es la base de la fe.

Tras salir de la plaza de la catedral, verá el gran **Hôtel de Ville** **B** (ayuntamiento, entrada gratuita), de gran interés arquitectónico, conocido por ser el lugar donde se firmaron la fundación de la Cruz Roja y la Convención de Ginebra en 1864, cuando era el sitio donde se tomaban decisiones de ámbito internacional (la construcción del edificio de la sede del Palacio de las Naciones no finalizó hasta 1930).

Al noroeste de la catedral, en el número 6 de la calle de Puits-Saint-Pierre del casco antiguo, se halla la **Maison Tavel** **C** (Casa Tavel), que muestra una elegante arquitectura. Se trata de la casa más antigua que se conserva en la ciudad, reconstruida en 1334 tras un incendio que la destrozó en el siglo XIII. En su interior se puede visitar el **Musée du Vieux Genève** (Museo de la Antigua Ginebra; abierto de martes a domingo, de 10:00 a 17:00 h; entrada gratuita, excepto durante alguna exposición; tel.: 310-2900), donde podrá conocer algo de la historia de la ciudad. Guarda, además, una variedad de piezas de la Ginebra del siglo XIX.

Un poco más al norte de la Maison Tavel, por la calle Calvin, se llega al maravilloso **Musée Barbier-Mueller** **D** (Museo Barbier-Mueller; abierto todos los días de 11:00 a 17:00 h; se paga entrada; tel.: 312-0270), que reúne importantes colecciones de arte de fuera de Europa.

De nuevo en la plaza de la catedral, si se dirige al sudeste pasará por delante de la **Place du Bourg-de-Four**, la plaza más antigua de la ciudad y uno de sus barrios

Plano página 154

La catedral de Saint-Pierre se levanta sobre un importante yacimiento arqueológico abierto al público (lunes cerrado), en el que se recogen los restos de las iglesias construidas en el mismo emplazamiento desde el siglo IV.

ABAJO: el Palacio de las Naciones, sede de la ONU.

Un autorretrato del artista Alberto Giacometti, expuesto en el Museo de Arte e Historia de Ginebra.

más comerciales. También en la plaza se halla el Palais de Justice (Palacio de Justicia), edificio de los tribunales desde 1860.

En el número 2 de la calle Charles-Galland se encuentra el **Musée d'Art et d'Histoire** Ⓔ (Museo de Arte e Historia; abierto de martes a domingo, de 10:00 a 17:00 h; entrada gratuita; tel.: 418-2600), en cuyo interior la famosa pintura al temple del altar de Basilea *La pesca milagrosa*, de Konrad Witz (1444), recuerda al visitante que el patrón de la ciudad es san Pedro: representa a Cristo caminando sobre el agua, con el lago y la ciudad en el fondo. El museo, además de albergar una importante colección de arte, dedica una sección a la egiptología.

Al este del museo, más allá de los confines del casco antiguo, se encuentra el **Musée d'Histoire Naturelle** (Museo de Historia Natural; abierto de martes a domingo, de 9:30 a 17:00 h; entrada gratuita) en la Route de Malagnou. Este museo presenta exposiciones sobre dinosaurios, dioramas y dispone de un archivo muy útil. Después de la Place Émile-Guyénot, un poco más al sudeste, encontrará el **Musée de l'Horlogerie et l'Émaillerie** (Museo del Reloj y el Esmalte, abierto todos los días, excepto los martes, de 10:00 a 17:00 h; entrada gratuita). En la misma Route de Malagnou hay otro interesante museo en el que se exhibe una completa muestra de relojes de pulsera y de pared esmaltados.

En el camino hacia el corazón de la ciudad, pase por la **Collection Baur** Ⓕ (abierta de martes a domingo, de 14:00 a 18:00 h; se paga entrada; tel.: 346-1729), en el número 8 de la calle Munier-Romilly, para ver una colección privada de arte chino y japonés. Cerca, en el número 2 de la Terrasse Saint-Victor, se alza el **Petit Palais** Ⓖ, un pequeño museo privado de arte moderno que reúne desde pintores impresionistas hasta abstractos, entre los que figuran Chagall, Renoir y Cézanne (abierto de lunes a viernes, de 10:00 a 18:00 h; los fines de semana de 10:00 a 17:00 h; se paga entrada; tel.: 346-1433). A corta distancia, en dirección al nordeste desde el Petit-Palais, se alza la **Église**

ABAJO IZQUIERDA: vista exterior de la Maison Tavel.
ABAJO DERECHA: interior de la Maison Tavel.

Plano página 154

Russe (H) (iglesia rusa), al final de las calles Lefort y François d'Ivernois, de la que lo más interesante es su interior coronado con nueve cúpulas doradas.

Si todavía no se siente saciado de arte moderno, tome el autobús número 1 en dirección oeste por la Plaine de Plainpalais hasta el **MAMCO** (I) (Musée d'Art Moderne et Contemporain; Museo de Arte Moderno y Contemporáneo); abierto de miércoles a domingo, de 12:00 a 18:00 h, y hasta las 21:00 h los martes; se paga entrada; tel.: 320-6122), en la calle de Vieux-Grenadiers número 2, que alberga ejemplos de obras de arte de finales del siglo XX. Un poco más al sur de MAMCO, en los números 65-67 del Boulevard Carl-Vogt, se encuentra el **Musée d'Éthnographie** (Museo de Etnografía), en el que se expone una serie de piezas de todo el mundo (abierto todos los días excepto los lunes; se paga entrada).

Del casco antiguo al lago

Si se dirige al este desde el casco antiguo, llegará al **Auditoire de Calvin** (Auditorio de Calvino, abierto de lunes a viernes, de 14:00 a 17:00 h; entrada gratuita; tel.: 411-8533), situado entre el **Musée Historique de la Réformation** (Museo Histórico de la Reforma) y la **Universidad**. El influyente teólogo francés Jean Calvino (1509-1564) predicaba sus reformas históricas protestantes desde este auditorio. Algo más cerca del barrio antiguo se encuentran el parque de la **Promenade des Bastions** (paseo de los Baluartes) y el **Monument de la Réformation** (J) (monumento a los fundadores de las Iglesias Reformadas), un elevado muro de piedra de casi 100 metros de longitud levantado en 1917. Con esculturas de los principales miembros de la Reforma –Farel, Calvino, De Bèze y Knox–, conmemora los acontecimientos históricos clave de este movimiento.

Justo al norte, en la **Place Neuve** (plaza Nueva), está el **Musée Rath** (K) (Museo Rath), primer museo de la ciudad, que alberga exposiciones temporales. Cerca de

La Universidad de Ginebra se desarrolló a partir de una academia establecida por Calvino. Acoge el Musée Jean-Jacques Rousseau (abierto de lunes a viernes de 9:00 a 12:00 h y de 14:00 a 17:00 h, sábados de 9:00 a 12:00 h), dedicado al filósofo y escritor.

Abajo: una pieza del Museo de los Suizos en el Extranjero.

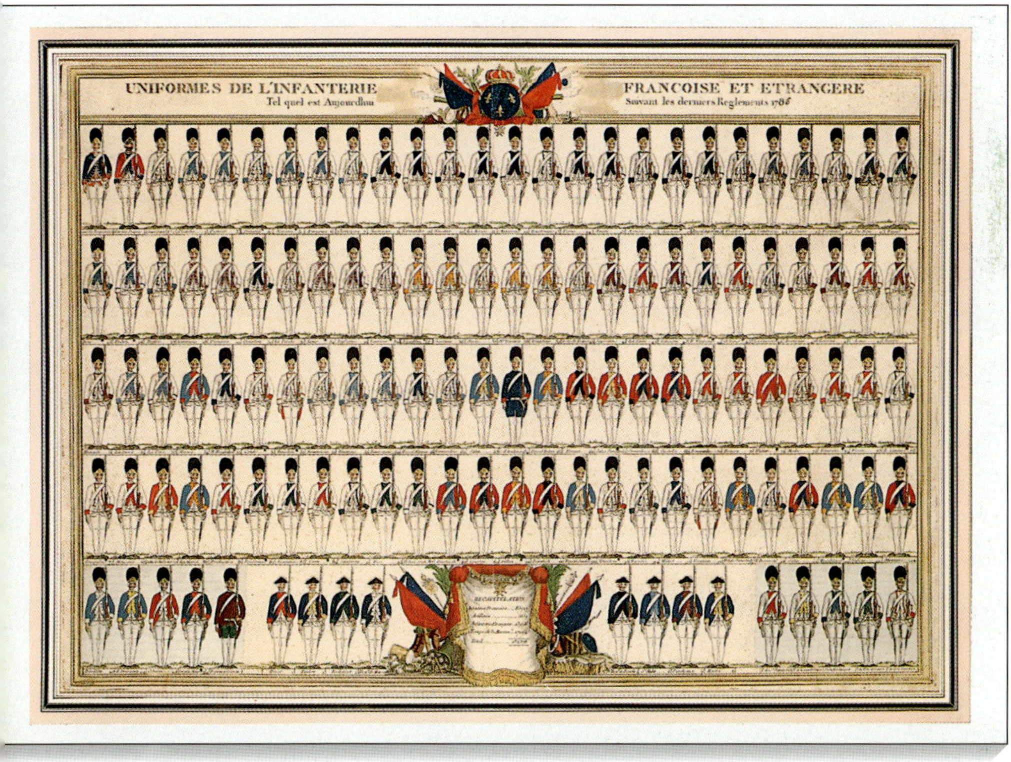

El dicho «Pas d'argent, pas de Suisses» (si no hay dinero, no hay suizos) pertenece a la época en que los soldados suizos luchaban en Europa como mercenarios.

la plaza se halla la base de las fortificaciones de la ciudad. Hacia el sur, la vasta **Plaine de Plainpalais** Ⓛ (llanura del Plainpalais) suele acoger ocasionales mercados al aire libre.

Por la Rue de la Corraterie, tras pasar el museo, verá el río y su **Pont de l'Île** Ⓜ, cuya torre **Tour de l'Île** no es otra cosa que parte de las ruinas de un castillo que hubo en la isla. Al otro lado del río, en la margen derecha, descubrirá un pequeño mercado de frutas y hortalizas, además de algunos restaurantes recomendables. En la margen izquierda, en cambio, a menos de 1 kilómetro del lago se extiende el **Jardín Inglés** Ⓝ, el mayor parque de Ginebra, lugar de encuentro de toda clase de personas, desde jóvenes hasta trabajadores en su hora de descanso. Es también el punto de partida del vapor CNG, que realiza excursiones por el lago e incluso a Francia y el mejor sitio para admirar de cerca el **Jet d'Eau** Ⓞ (Chorro de Agua). La fuente original fue diseñada en 1886 como medida de seguridad para reducir la presión de la red de aguas de la ciudad. Posteriormente, se advirtió su notable potencial turístico y en la actualidad propulsa agua hasta una altura de 140 metros con una fuerza de 200 km por hora.

Es posible cruzar el lago a la parte norte por dos puentes: por el transitado **Pont du Mont-Blanc** o el más agradable **Pont des Bergues**, que pasa por encima de la isla Rousseau (en la que se alza una estatua en honor del filósofo). Si rodea el puerto, accederá al centro de la comunidad internacional de Ginebra, la Cité Internationale, donde el **Palais des Nations** Ⓟ (Palacio de las Naciones, abierto los días laborables sólo para visitas guiadas; de abril a octubre, de 10:00 a 12:00 h y de 14:00 a 16:00 h; en julio y agosto de 9:00 a 18:00 h; se paga entrada; tel.: 907-4896; se exige presentar el pasaporte para la visita) es el edificio más representativo, en la Avenue de la Paix 14. Fue construido entre 1929 y 1936 como sede de la Sociedad de Naciones y ahora acoge la sede europea de la ONU.

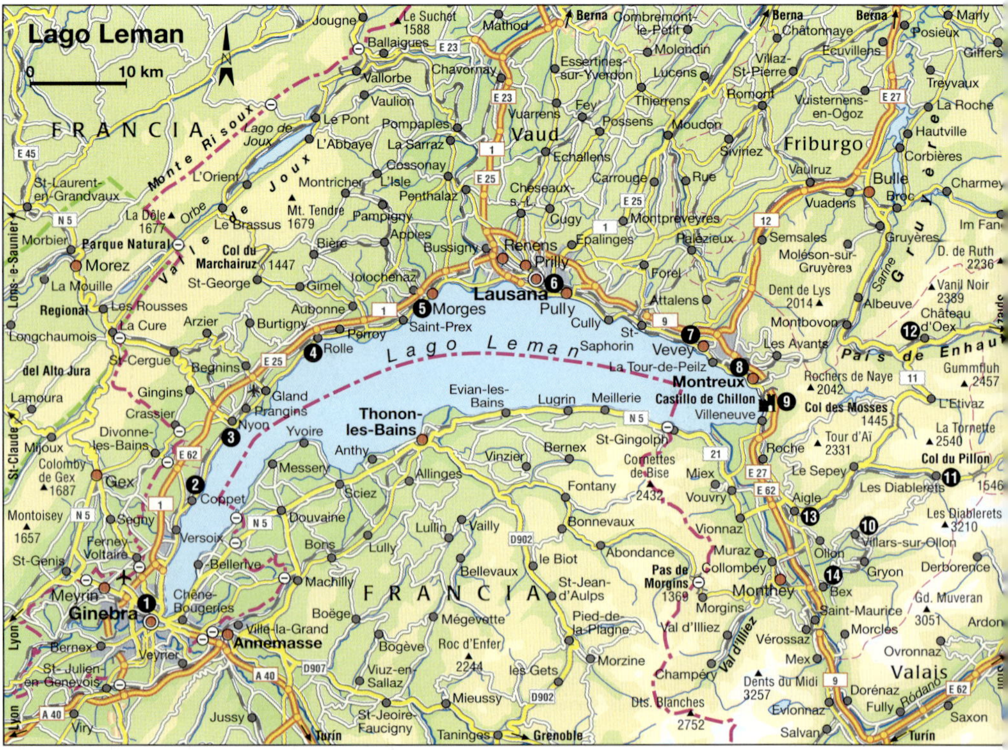

A corta distancia, en el número 17 de la misma avenida, se halla el **Musée International de la Croix-Rouge et du Croissant-Rouge** Q (Museo Internacional de la Cruz Roja y de la Media Luna Roja; abierto todos los días de 10:00 a 17:00 h; martes cerrado; se paga entrada; tel.: 748-9511), que ofrece las exposiciones más conmovedoras de la ciudad. Con fotografías y vídeos, e incluso una celda de prisioneros de guerra, es un museo dedicado al sufrimiento y la compasión humanas, que resalta las mayores tragedias (y héroes) de la historia.

El atractivo **castillo Penthes**, que se alza en un manífico parque situado cerca del número 18 del Chemin de l'Impératrice, alberga el **Musée des Suisses à l'Étranger** R (Museo de los Suizos en el Extranjero, abierto todos los días de abril a diciembre, de 10:00 a 12:00 h y de 14:00 a 18:00 h; lunes cerrado; resto del año, de 14:00 a 17:00 h; se paga entrada; tel.: 734-9021), que guarda objetos militares y culturales de valor, y rememora la historia de los suizos que dejaron el país para amasar fortunas y, a veces, toparse con la muerte: «Pas d'argent, pas de Suisses» (si no hay dinero, no hay suizos), rezaba un dicho popular de la época en la que los suizos ofrecían sus servicios como mercenarios a otros países.

Por último, para ver algo distinto, tome el autobús número 15 en dirección oeste desde la céntrica estación de ferrocarriles Gare de Cornavin hasta el **CERN** S (*Centre Européen pour la Recherche Nucléaire*, Centro Europeo para la Investigación Nuclear; abierto de lunes a sábado, de 9:00 a 17:00 h; lunes por la mañana cerrado; entrada gratuita; llame para concertar una visita guiada; tel.: 767-8484), situado justo fuera de Meyrin. Contiene el anillo de almacenamiento electrón-positrón más grande que se conoce (Large Electron Positron Storage Ring; 27 km de largo) para explorar la materia. En 1996, los científicos del CERN marcaron un hito al ser los pioneros en obtener antimateria con este método.

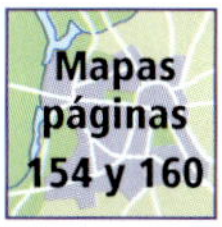

Mapas páginas 154 y 160

Ruinas del anfiteatro romano de Nyon.

ABAJO: el puerto de Lutry.

Las poblaciones a orillas del lago Leman

Una vez fuera de Ginebra, el paisaje de la orilla septentrional del lago, **La Côte**, está salpicado de preciosos pueblos llenos de historia. Los viñedos dominan la zona; en ellos se elabora el conocido vino del Vaud.

Entre los lugares más destacados de La Côte figura **Coppet** ❷, a 14 km al norte de Ginebra. Su **castillo** del siglo XVIII, abierto al público, era propiedad de Jacques Necker, un banquero de Ginebra, cuya hija, llamada Germaine de Staël (1766-1817), tuvo un destacado protagonismo en la Europa intelectual. Necker, barón de Coppet, desempeñaba el cargo de ministro de Finanzas de Luis XVI y casó a su hija con el embajador sueco de París, el barón de Staël-Holstein. Admiradora y, más tarde, crítica de Napoleón, Germaine se exilió en Suiza. Los principales pensadores de la época se reunían en el castillo de Coppet, ahora un museo (abierto todos los días de abril a octubre de 14:00 a 18:00 h; de julio a agosto, de 10:00 a 12:00 h y de 14:00 a 18:00 h; se paga entrada; tel.: 776-1028). Las novelas autobiográficas de Madame de Staël llaman la atención tanto ahora como en su época por la defensa de la emancipación femenina, y sus escritos políticos, como por ejemplo *Alemania*, constituyen un llamamiento a la reconciliación europea.

Aún más al norte, a 9 km de Coppet, se halla otro maravilloso pueblecito, **Nyon** ❸, un asentamiento helvético de nombre Noviodunum en sus comienzos y posteriormente ciudad romana fortificada fundada por Julio César (*Colonia Iulia Equestris*). En la calle Maupertuis,

Sede de las Naciones Unidas

La internacional Ginebra constituye una ciudad o un estado por sí sola. El *Palacio de las Naciones* (visitas guiadas a diario) dispone de su propio servicio postal y de sus propios sellos, como Mónaco, Liechtenstein o el Vaticano. Más grande que el palacio de Versalles, es el lugar de trabajo de 3 500 funcionarios internacionales. Es el edificio de congresos más importante del mundo, ya que acoge más de 5 000 al año, y el centro más destacado de la capital financiera y sociopolítica de las Naciones Unidas que es Ginebra.

Las organizaciones internacionales generan 21 000 puestos de trabajo; los diplomáticos y los funcionarios (que suman más de 30 000 con sus familias) están exentos del pago de impuestos, pero también gastan más de 1 200 millones de francos suizos al año en la ciudad, un fuerte impulso para la economía de Ginebra. Más de 100 países, entre ellos la propia Suiza, tienen representaciones diplomáticas (en comparación con los 74 de la capital, Berna); la embajada suiza de Ginebra representa al país en las numerosas organizaciones internacionales.

En 1871 comenzó el ascenso de Ginebra como destacado centro de conferencias: se estableció un tribunal de arbitraje en el ayuntamiento durante la disputa sobre el naufragio del crucero de combate *Alabama* durante la guerra de Secesión de Estados Unidos. En 1876, en el primer centenario de la independencia de este país, y en memoria del arbitraje, los oficiales estadounidenses entregaron sus espadas y con su metal se fabricó una reja de arado, que se puede ver en la sala Alabama del ayuntamiento. Las representaciones de Ginebra se remontan, sin embargo, a la época del reformador Calvino y su «Roma protestante».

El momento más glorioso de Ginebra llegó en 1919, cuando fue elegida sede de la Sociedad de Naciones. Con la Segunda Guerra Mundial, la Organización Internacional del Trabajo se trasladó a Montreal y Nueva York pasó a ser sede de la ONU y, sólo gracias a la insistencia de algunos diplomáticos, Ginebra se convirtió en la representación europea. Más tarde, toda una serie de organizaciones comenzó a establecerse en Ginebra: por ejemplo, la ONU cuenta con varias instituciones especiales, entre ellas catorce intergubernamentales y 108 ONG, y está a la orden del día que una organización tenga su domicilio social en esta ciudad. Cardiólogos, rectores de universidades, el Consejo Mundial de las Iglesias, la Liga de Mujeres por la Paz y la Libertad, el WWF (Fondo Mundial para la Naturaleza), la YMCA y hasta los Boy Scouts, todos ellos tienen su sede en Ginebra.

Apenas ninguna otra ciudad europea acoge tantas visitas de jefes de Estado extranjeros. Ginebra ha acogido numerosas conferencias de importancia histórica:

1954: la Conferencia de Indochina puso fin a la intervención francesa en la península y decidió la división de Vietnam.

1955: la cumbre de las cuatro potencias: Eisenhower (EE UU), Bulganin (URSS), Eden (Reino Unido) y Faure (Francia). Primer encuentro de la Conferencia para el Uso Pacífico de la Energía Atómica.

1983: conferencia sobre Palestina.

1985: la cumbre de Ronald Reagan (EEUU) y Mijail Gorbachov (URSS) abrió el acuerdo de desarme y el fin de la guerra fría.

IZQUIERDA: la sede europea de las Naciones Unidas ha convertido Ginebra en un centro para los diálogos de paz.

emplazado en las ruinas de una basílica antigua, se encuentra el **Musée Romain** (Museo Romano, abierto todos los días de abril a octubre, excepto los lunes, de 10:00 a 12:00 h y de 14:00 a 17:00 h; domingos de 10:00 a 17:00 h; resto del año cerrado las mañanas de martes a sábado; se paga entrada; tel.: 361-7591), que refleja la vida de la ciudad durante la época romana. Puede adquirir una entrada conjunta que le permite visitar también el **Musée du Léman** en el muelle Louis-Bonnard (Museo del lago Leman, abierto todos los días de abril a octubre, excepto los lunes, de 10:00 a 12:00 h y de 14:00 a 17:00 h; los domingos de 10:00 a 17:00 h; resto del año cerrado por las mañanas de martes a sábado; se paga entrada; tel.: 361-0949), con cuadros, barcos de vapor y datos sobre la historia del lago. Otra visita recomendada es el **castillo** medieval (abierto tras las obras de restauración) con sus exposiciones de arte en el **Musée Historique** (Museo Histórico).

La pequeña ciudad de **Rolle** ❹, situada a 11 km de Nyon, se extendió alrededor del castillo levantado en el siglo XIII por el conde de Saboya Amadeo V. La pequeña **isla de la Harpe** fue creada en el año 1835 aprovechando un excedente de tierra durante la construcción del puerto y en ella se yergue un obelisco, monumento al luchador pacifista Frédéric César de la Harpe, quien también había ejercido de tutor en la corte del zar.

A 14 km por la carretera del lago, la ciudad de **Morges** ❺ posee también un castillo saboyano: un edificio colosal que hoy acoge el **Musée Militaire Vaudoise** (Museo Militar de Vaud), el antiguo arsenal, en el que se exhibe una colección de 10 000 soldados de plomo, además de otros restos de guerra. El **Museé du Vieux Morges** (Museo del Antiguo Morges), de Blanchenay, hogar del grabador Alexis Forel, guarda hoy en día muebles y tapicerías.

Una última sorpresa le espera en Morges. Se trata de un lugar en el que nunca se detendría si no supiera que la aldea de **Tolochenaz** es conocida por haber sido la resi-

Mapa página 160

La isla de la Harpe, propiedad de la ciudad de Rolle, cuenta con un conjunto de yates y acoge también competiciones.

ABAJO: el Château Vufflens, un castillo privado que se alza, majestuoso, en la campiña de Morges.

La sede del Comité Olímpico Internacional de Lausana.

dencia de Audrey Hepburn, quien vivió en ella desde 1963 hasta su muerte en 1993. Un pequeño y fascinante museo evoca la época durante la cual residió en esta zona con fotografías, carteles y otros objetos personales como su Oscar (abierto todos los días de marzo a noviembre, excepto los lunes, de 10:00 a 18:00 h; resto del año de 13:30 a 17:00 h; se paga entrada; tel.: 803-6464).

Bordeando el lago, antes de llegar a Lausana, **St-Sulpice** tiene una iglesia románica a orillas del lago construida en el siglo XI y reconstruida un siglo más tarde, donde se celebran conciertos estivales.

Combinación rural y cosmopolita

Si visita la capital del cantón de Vaud, **Lausana** ❻ (*Lausanne*) por primera vez, empiece su recorrido por el puerto, en el castillo Vidy, sede del Comité Olímpico Internacional. ¿Por qué no comenzar en las ruinas del puerto romano de Lousana y después proceder a recorrer y la parte medieval de la ciudad? Aquí, un obispo de los helvéticos estableció un asentamiento en las colinas fáciles de defender que se elevaban por encima del lago Leman cuando fue obligado a abandonar su residencia de Aventicum. El eclesiástico construyó un castillo en el lado norte del casco antiguo, que aún se utiliza como departamento gubernamental. La catedral medieval de la ciudad, consagrada en 1275 en presencia del emperador y el papa Gregorio X, que acudió expresamente para asistir a esta ceremonia, figura entre las construcciones de estilo gótico temprano de mayor belleza de toda Suiza.

En el muelle de Ouchy, en el Parc Olympique, hacia el interior desde el puerto, el **Musée Olympique** (Museo Olímpico; abierto de martes a sábado de 10:00 a 18:00 h, jueves hasta las 20:00 h; se paga entrada; tel.: 621-6511) resalta la historia de los Juegos Olímpicos y destaca los acontecimientos más notables de algunos de los participantes mediante material de archivo y exposiciones multimedia. Se trata de un lugar impresionante y por sus magníficas vistas y la deliciosa comida, merece la pena realizar un alto para comer.

ABAJO: portada de la catedral de Lausana.

Cerca del lago, también en el interior del parque, se encuentra el **Musée de l'Élysée** (Museo Eliseo; abierto de martes a domingo de 10:00 a 18:00 h, martes hasta las 21:00 h; se paga entrada), justo fuera de la frontera oficial de Lausana en Ouchy. Se trata de un museo dedicado a la fotografía, y merece la pena visitarlo por las interesantes exposiciones temporales que acoge.

De nuevo a orillas del lago, en el puerto se encuentra el antiguo pueblo pesquero de **Ouchy**, un municipio separado de Lausana, ahora un destino que se llena de vida gracias a la navegación, el *windsurf* y otros deportes y que también vive de noche con sus bares y discotecas. Aquí se puede disfrutar de una puesta del sol maravillosa, así como de una imagen nocturna de las centelleantes luces de la ciudad vistas desde el otro lado del lago. También aquí está atracado el bergantín *La Vaudoise*, un recuerdo de la época en que cientos de cargueros con velas latinas en cruz navegaban hasta la otra orilla con rocas de Meillerie, en el lado perteneciente a Saboya, que se utilizaron para la construcción de Ginebra y Lausana.

En el *embarcadère* (embarcadero), donde los vapores han amarrado desde 1823, una fuente decorada con cabezas de asnos de piedra contiene una inscripción misteriosa: *En souvenir de l'Académie d'Ouchy* (En recuerdo de la Academia de Ouchy). ¿Acaso este pueblo de pescadores poseía su propia academia? La verdad es que no: la «Académie d'Ouchy» era el nombre de las columnas de jumentos y mulas que transportaban el material de construcción desde los cargueros hasta Lausana. Mientras las reatas de animales se abrían camino a través de los viñedos, los estudiantes y la gente del pueblo, al ver a los profesores cruzar la ciudad en procesión les gritaban en tono de mofa: «Voilà l'Académie d'Ouchy!» (¡Aquí está la Academia de Ouchy!).

El ferrocarril de cremallera es conocido con el nombre algo ambicioso de *Métro* (al anterior funicular solían llamarle *la ficelle*, «la cuerda»), pero también es posible ascender a pie hasta la **catedral de Notre-Dame** (abierta todos los días de abril a octubre de 7:00 a 19:00 h, los fines de semana a partir de las 8:00; resto del año abierta de lunes a viernes de 7:00 a 17:30 h, los fines de semana de 8:00 a 17:30 h; entrada gratuita, tel.: 316-7161), en el casco antiguo. No es algo para los que están en baja forma y los ciudadanos de Lausana se mantienen ágiles subiendo y bajando las *Escaliers du Marché* (Escaleras del mercado) que conducen a la catedral. Desde la torre sudeste disfrutará de unas espectaculares vistas de la ciudad.

Desde las 22:00 hasta las 2:00 h de la madrugada, después de que la campana de la catedral repique en las horas punta, una ronca voz masculina resuena en los alrededores: se trata del guarda que dice la hora e impone el orden. «Il a sonné douze» (han dado las doce), grita desde la torre, y por las estrechas calles se oye el eco del sonido prolongado de cada vocal.

En su interior podrá admirar el espléndido rosetón, construido alrededor del año 1420, el coro y sus elegantes columnas. El último rey de Borgoña, Rodolfo III, fue coronado aquí. En un sarcófago imperial descansan los restos mortales de Jean Abraham Davel, quien intentó provocar un levantamiento religioso contra Berna en 1723 y fue ejecutado con posterioridad.

Al norte de la catedral y del casco antiguo se extiende el parque Bois de Sauvabelin y desde el restaurante **Signal de Sauvabelin**, situado en la parte alta de la ciudad, podrá gozar de unas vistas estupendas por encima de las colinas. En la Route

Mapa página 160

NOTA

No planifique visitar la catedral de Notre-Dame un domingo, a no ser que quiera acudir a misa.

ABAJO: el pueblo vinícola de Féchy, desde donde se puede apreciar el lago Leman.

du Signal se encuentra la **Fondation de l'Hermitage** (Fundación del Hermitage; abierto de martes a domingo de 11:00 a 18:00 h, jueves hasta las 21:00 h; se paga entrada), una galería de arte con una colección permanente y una agenda variada de exposiciones temporales.

En dirección oeste llegará a la Avenue des Bergières, donde está emplazada la **Collection de l'Art Brut** (Colección del Arte Feo; abierto de martes a domingo de 11:00 a 13:00 h y de 14:00 y de 18:00 h; se paga entrada), una visita recomendada por su magnífica colección de obras de artistas alternativos.

Si se encuentra en Lausana en otoño, infórmese de las fechas de la feria nacional de agricultura conocida como *Le Comptoir Suisse*, una exposición que supera con creces el ámbito puramente comercial. Cada mes de septiembre, en el palacio de Beaulieu se congregan personas de todo el mundo, que, emocionadas, retratan las vacas y los bueyes dispuestos delante de los políticos suizos para las fotos.

NOTA

El festival de vino de renombre mundial la *Fête des Vignerons* se celebra sólo cuatro o cinco veces cada cien años (más o menos una vez cada cuarto de siglo). El último tuvo lugar en 1999.

El Lavaux

Después de pasar Lausana, en dirección este por la carretera que bordea el lago Leman, verá de frente la pronunciada región vinícola de **Lavaux**. Las pintorescas poblaciones de la comarca se hallan intercaladas en los viñedos de los bancales o a orillas del mismo lago. De hecho, para entrar en Vevey puede elegir entre dos rutas: por la carretera del lago o bien a lo largo del valle. Tanto en La Côte como en Lavaux, las dos principales comarcas vinícolas, existen recorridos por viñedos y senderos bien señalizados que conducen a las bodegas de vinicultores y a posadas. En las bodegas (caveaux) de Mont-sur-Rolle o Aubonne, por ejemplo, se suele servir vino acompañado de *saucisson* (una especie de salchichón) con cebollas encurtidas y queso; mientras que en las posadas (*pintes*) podrá degustar un deliciosos jamón, salchichas con guarnición de col (*saucisses au chou*), trucha fresca del lago

ABAJO: La Tour-de-Peilz, un castillo en el campo.

LA *FÊTE DES VIGNERONS*

Cada año Lutry, Morges y Russin (Ginebra) celebran fiestas de la vendimia, pero la *Fête des Vignerons* que se celebra en Vevey no tiene parangón. Este festival único tuvo lugar en 1905, 1927, 1955, 1977 y 1999; la fecha del próximo todavía no está fijada.

Sus orígenes se remontan a la Edad Media, cuando el gremio de los vinicultores supervisaba la producción del vino y premiaba a los mejores trabajadores de los viñedos. Los que obtenían algún premio eran llevados en un desfile –conocido como *pourminade* (paseo)– por las calles de la ciudad, en un principio cada año y después, tras intervalos más prolongados.

En 1730, el acontecimiento evocaba a Baco, el dios romano del vino, representado en el desfile por un chico metido en un barril al que seguían faunos y bacantes, después llegaba Ceres, la diosa de los cultivos, a continuación Noé y en último lugar venía Pales, la diosa de los pastores. Desde 1905, el guarda de honor iba conducido por músicos de Basilea y pastores de la localidad de Gruyères.

En la última celebración, en 1999, se llevó el estandarte del gremio vinicultor hasta el lago por delante de una procesión de hombres con picas y alabardas a los que seguían las banderas de los cantones, momento en el que se otorgaron los premios. Al final, el Rey del Festival, una figura dorada resplandeciente, anunció el comienzo de los festejos.

y (en Vinzel) *Malakoffs*, una especie de rosquillas de queso elaboradas según una receta importada, al parecer, por los veteranos de la guerra de Crimea.

Vevey

A orillas del lago, a unos 20 km de Lausana, se encuentra la ciudad medieval de **Vevey** ❼, el punto de partida de las rutas de cata de vino y sede de la empresa alimentaria Nestlé, ubicada al oeste del centro. En las proximidades del lago, en la calle de Léman, está el **Nestlé Alimentarium**, un interesante museo sobre los alimentos y la nutrición, con el que apoyan su imagen y hacen publicidad. Así mismo, se recomienda una visita al agradable museo de la ciudad, **Musée du Vieux Vevey** (Museo del Antiguo Vevey), en la calle de Italie. En la vecina localidad de Corsier podrá ver la tumba de Charlie Chaplin, quien residió aquí durante 25 años hasta su fallecimiento en 1977.

Desde Vevey, tras un breve trayecto en «el tren del vino», llegará al Chemin des Vignes (camino de las viñas), un recorrido por la zona del interior ideado por los vinicultores locales a mediados de la década de 1990 para impulsar el turismo. En su tramo inicial, la ruta avanza por la denominada Corniche Road con sus paisajes abruptos a medida que pasa por una serie de poblaciones como Chexbres (lugar de partida), Epesses, Cully, St-Saphorin (quizás con el ambiente más animado) Chardonne y Rivaz, final del recorrido y punto de regreso a Vevey. En cada una de estas paradas, los productores de vino autóctonos explican el proceso de elaboración de sus caldos y venden sus productos rodeados de un agradable entorno rural.

Montreux y el castillo de Chillon

De regreso a la ruta principal, el trayecto continúa hacia **Montreux** ❽, reconocido lugar de reposo que atrae a visitantes de todo el mundo. Como lo demuestran las pal-

Mapa página 160

Una estatua de Charlie Chaplin (1889-1977), quien residió en la vecina Corsier, mira hacia el muelle de Vevey.

Abajo: una fiesta del vino en Vevey.

El castillo medieval de Chillon. Se ofrecen visitas guiadas.

meras y las camelias que bordean el paseo del lago, el clima se caracteriza por ser templado. La época más concurrida del año coincide con el Festival de Jazz anual y con el concurso televisivo de *Rose d'Or* («La rosa dorada de Montreux»). Desde las cercanas poblaciones de Caux y Rochers de Naye, hasta las que se puede llegar en funicular, se obtiene una panorámica de todo el lago Leman.

Sin embargo, el **castillo de Chillon** ❾, fortificado por los condes de Saboya y ocupado por Berna en 1536, constituye el principal atractivo de la ciudad (abierto a diario entre abril y septiembre de 9:00 a 19:00 h; entre marzo y octubre de 9:30 a 18:00 h; entre noviembre y febrero de 10:00 a 17:00 h; se paga entrada). Debajo del castillo se encuentran los calabozos de François de Bonivard, un prior de Ginebra liberado con la llegada de los berneses. El acontecimiento inspiró a Lord Byron el texto, escrito en 1816 en Lausana, de *El prisionero de Chillon*, su poema romántico sobre Bonivard, que ha convertido el castillo en una de las visitas más frecuentes entre los turistas de Suiza.

La fortaleza, desde la que se disfruta de hermosas vistas del lago, está emplazada en Veytaux, a 3 km de Montreux, y hasta él se puede llegar a pie desde la estación de ferrocarril de la localidad o en barco durante el verano.

Desde Montreux, una posible excursión de un día entero consistiría en tomar uno de los trenes de vía estrecha que ascienden por las pronunciadas montañas de los alrededores del lago. Para los amantes de los ferrocarriles, se recomienda uno de los trenes de vapor que circulan los fines de semana hasta la población de **Blonay**, mientras que los que disfrutan con el paisaje suelen preferir el ferrocarril MOB (Montreux-Oberland-Bernois) con vagones panorámicos, que sube a la estación de esquí de Les Avants, también un excelente lugar para contemplar vistas del lago. Con cualquiera de las líneas descubrirá encantadores paseos campestres y acogedoras posadas que sirven suculentos platos rústicos.

Abajo: el Hôtel Éden au Lac.

El prisionero del castillo de Chillon

La situación vivida por François Bonivard, encarcelado por el duque de Saboya durante unos años en el siglo XVI, llevó a Lord Byron a inmortalizarlo en su poema *El prisionero de Chillon* en 1816.

Desde 1530 Bonivard, del priorato de Saint-Victor de Ginebra, estuvo detenido en los calabozos del castillo de Chillon, donde lo tenían encadenado a una columna por predicar sobre la Reforma en contra de los deseos explícitos del duque. En 1536, con la ocupación de las fuerzas bernesas fue puesto en libertad y permaneció en Vaud hasta que el cantón consiguió la independencia en 1798.

Otros escritores románticos del siglo XIX, como el suizo Jean-Jacques Rousseau o los franceses Victor Hugo o Alexandre Dumas, también escribieron sobre el castillo: una construcción espectacular levantada en una pequeña isla cerca de la orilla oriental del lago Leman, con elevadas torres, numerosos patios, una impresionante capilla, amplias habitaciones decoradas con preciosos muebles y frescos en las paredes y en el techo del vestíbulo principal.

Puede realizar su propia visita por el castillo o contratar un guía en ocho idiomas disponibles. Necesitará al menos dos horas para explorar sus rincones y podrá descender a los calabozos en los que aislaron a Bonivard.

Esquí y minas de sal

Los Alpes de Vaud engloban numerosos balnearios, entre los que destacan **Villars-sur-Ollon** ❿ (una excelente zona para pasear por el campo en verano) y **Les Diablerets** ⓫, un destino muy elegante que dispone de un funicular hasta el **glaciar de Les Diablerets**, a 2 940 metros sobre el nivel del mar. También en la zona se encuentra **Château d'Oex** ⓬, un pueblo de montaña dedicado a la elaboración de quesos. Puede que los visitantes menos preocupados por la salud se decanten por los focos vinícolas del valle del Ródano, como por ejemplo **Aigle** ⓭ (un castillo que acoge su propio museo del vino) e **Yvorne**. La mayor parte de la región (la localidad y los dominios de Aigle o Älen, en alemán) fue a parar a manos de la ciudad-república de Berna en 1475, durante las guerras borgoñonas, y constituyó la primera zona francófona de Suiza.

Estas poblaciones adquirieron considerable valor cuando se descubrieron las minas de sal en el siglo XVI. Las salinas de **Bex** ⓮ (pronunciado «bei») y Aigle siguen activas en la actualidad y contribuyen así a la extraordinaria prosperidad de la región, además de abastecer de sal tanto el cantón de Vaud como las industrias químicas de la localidad de Monthey, en el Valais. En la actualidad, estas salinas atraen a turistas, que las recorren en tren por los túneles y pasadizos por los que se extrae la salmuera (solución de sal) de la montaña. Se calcula que los depósitos de sal alcanzan los 10 millones de toneladas.

En la Edad Media, la sal suponía un recurso natural tan importante como el petróleo hoy en día. Un decreto imperial concedía a los príncipes el derecho de extraer sal (el denominado *Salzregal*) y desde entonces, los cantones suizos han contado con un monopolio virtual del comercio de la sal. Antes de que se descubrieran los depósitos de Bex, la república de Berna importaba este producto desde Venecia y de las salinas de la comarca del Franco Condado del occidente de Francia.

ABAJO: en globo cerca de Château d'Oex.

EL VALAIS

Coronado por el imponente Matterhorn o Cervino, este extenso cantón sudoccidental, predominantemente francófono, reúne las mejores estaciones de esquí del país

PÁGINAS ANTERIORES: el castillo de Tourbillon, Sion.
IZQUIERDA: el mundialmente conocido perfil del Matterhorn o Cervino.
ABAJO: una mujer de Evolène, en el Val d'Hérens.

El nombre de la región más montañosa de Suiza procede de la palabra latina para «valle»: en efecto, se trata de un vasto valle, de unos 130 km de longitud, enclavado en la cadena formada por los Alpes Berneses y los Alpes del Valais, con 51 montañas que superan los 4 000 metros de altura. Su particular atractivo consiste en los acusados contrastes del paisaje de una zona definida y el telón de fondo que forman los Alpes produce una sensación de inmensidad rayana con la claustrofobia. Sin embargo, las tierras altas del valle de Goms presentan una amplitud sobrecogedora, donde el punto más bajo se encuentra a 500 metros sobre el nivel del mar (y que ya figura entre los valles de menor altitud de los Alpes) y rodeado por las cimas más altas.

El Valais se encuentra en la línea del ferrocarril Simplon (que enlaza las ciudades de París y Milán) y está conectado con el norte por el tren Lötschbergbahn (que comunica las poblaciones de Berna y Brig). Los trenes de vía estrecha circulan entre Brig y St-Moritz y Zermatt (el recorrido del «Glacier Express» entre Zermatt y St-Moritz es uno de los tramos más espectaculares de los Alpes), entre Sierre y Montana y entre Martigny y la localidad francesa de Chamonix. La carretera N-9 llega casi hasta Sierre y se están realizando mejoras; así mismo, las carreteras de los cantones del valle principal, junto con las que se adentran en los valles más pequeños, se encuentran en muy buenas condiciones, por lo que es muy fácil ciruclar por ellas.

Una breve historia

El calificativo «individualista» describiría a los habitantes del Valais, la región que se extiende entre el glaciar del Ródano y el lago Leman, ya que la zona francófona no puede considerarse parte de la región sudoccidental de Suiza y los suizos de habla alemana del Valais superior (que suman una cuarta parte de la población cantonal) se distinguen del resto de los suizos alemanes. El dominio que durante siglos ejerció el Valais superior sobre las tierras bajas del cantón llegó a su fin con la invasión de las tropas napoleónicas a finales del siglo XVIII; después, en 1810, el conquistador corso anexionó las regiones del Ródano y les concedió el estatus de «Département du Simplon». A la comarca, empobrecida, saqueada e incendiada, no le quedó otra alternativa que unirse a la Confederación Suiza en 1815.

Los viajeros procedentes del lago de Ginebra se topan en primer lugar con la ciudad de **St-Maurice ❶**, emplazada a 30 km al sur de Montreux en la autopista N-9, donde además de la iglesia abacial del siglo III con sus tesoros eclesiásticos, también merece la pena visitar el casco urbano. La población posee un Museo Militar (lunes cerrado), y justo fuera se hallan las Grotte-aux-fées (las cuevas de las hadas, una serie de grutas con estalactitas), cuyo restaurante ofrece magníficas vistas panorámicas.

Sin embargo, el verdadero centro histórico y cultural del Valais inferior se encuentra 10 km más al sur, en el

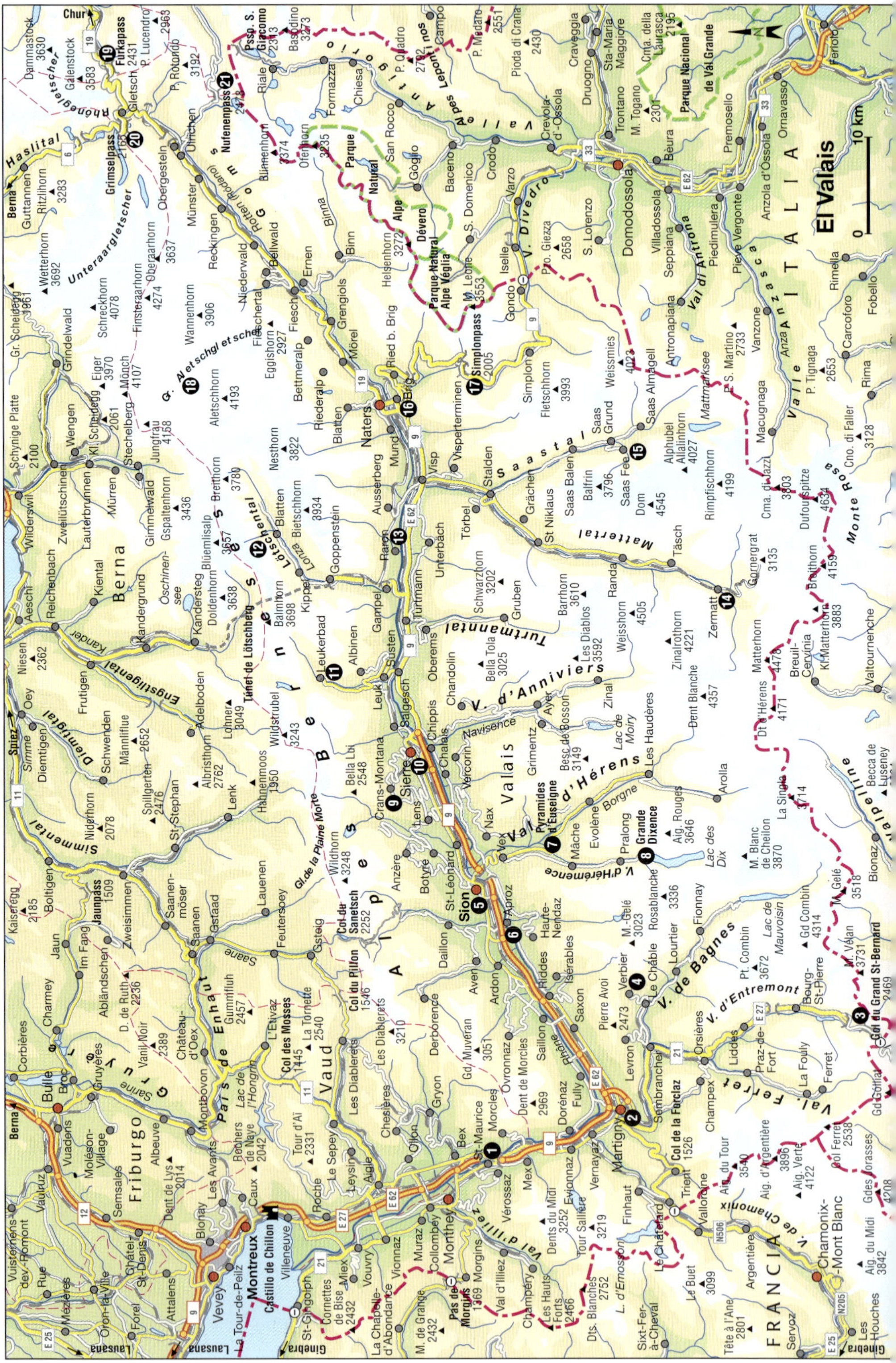
El Valais
10 km
Berna
Vaud
Friburgo
Valais
I T A L I A
F R A N C I A
Berner Alpen
Gruyère
Pays de Enhaut
Simmental
Saastal
Mattertal
Turtmanntal
V. d'Anniviers
Val d'Hérens
V. de Bagnes
V. d'Entremont
Val Ferret
V. de Chamonix
Val d'Illiez
Lötschental
Unteraargletscher
Monte Rosa
Parque Natural Alpe Véglia
Parque Natural Alpe Dévero
Parque Nacional de Val Grande
Sion
Sierre
Martigny
Monthey
Montreux
Vevey
Brig
Visp
Zermatt
Saas Fee
Leukerbad
Crans-Montana
Verbier
Domodossola
Chamonix-Mont Blanc
Castillo de Chillon
Lausana
Ginebra
Chur
Col du Grand St-Bernard
Simplonpass
Nufenenpass
Furkapass
Grimselpass
Grande Dixence
Pyramides d'Euseigne
Col des Mosses
Col du Pillon
Col du Sanetsch
Col de la Forclaz
Tunel de Lötschberg
Matterhorn 4478
Dufourspitze 4634
Dom 4545
Weisshorn 4505
Jungfrau 4158
Mönch 4107
Eiger 3970
Finsteraarhorn 4274
Aletschhorn 4193
M. Rosa
Dents du Midi 3252
Gd Combin 4314
Aig. du Midi 3842
Mont Blanc

valle de **Martigny** ❷, donde la estrecha excavación formada por la parte más baja del valle del Ródano se abre de repente. Este antiguo pueblo se ha convertido en los últimos años en una zona cultural reconocida internacionalmente; además de centro industrial (en esta población tiene su sede la empresa alimentaria Nestlé), cuenta con un importante yacimiento arqueológico donde se han descubierto importantes restos de la época en que el lugar era un campamento romano.

La localidad ha atraído a numerosos visitantes a lo largo de los siglos: Goethe y Alexandre Dumas se alojaron en la antigua posada **La Grande Maison**, situada cerca del ayuntamiento en la Place Central.

No obstante, la **Fondation Pierre Gianadda**, que fue constituida por un miembro de la familia Gianadda en honor de un hermano que había fallecido en un accidente, situada en la calle 59 du Forum, es el auténtico foco cultural. Aquí se ha construido un **Centro Cultural** (en las ruinas de un anfiteatro romano) que ha trascendido las fronteras suizas. Ha albergado exposiciones de artistas como Rodin, Toulouse-Lautrec, Picasso y Giacometti, y en sus jardines se exhiben numerosas esculturas (abierto de marzo a noviembre, de 10:00 a 18:00 h; de diciembre a febrero, de 10:00 a 12:00 h y de 13:30 a 18:00 h; se paga entrada). Así mismo, acoge en su interior el **Museo Galorromano** con piezas extraídas de las excavaciones de Martigny y estatuas de bronce de Octodurus (descubierto en el año 1883), además de un **Museo del Automóvil**, donde podrá ver una muestra de unos 50 coches antiguos de 1897 a 1939 (la mayoría todavía en condiciones de circular), entre los que figuran vehículos de primera generación de marcas prestigiosas, como Rolls-Royce, Mercedes y Bugatti.

Col du Grand St-Bernard ❸ se eleva a 45 km al sur de Martigny, en la E-27. Desde que se inauguró el túnel, esta ruta por los Alpes, que también utilizó Napoleón para acceder a Italia en la batalla de Marengo contra Austria, estuvo a punto de caer en el olvido, aunque, irónicamente, su declive ha salvado el puerto.

Mapa página 174

Emblema del gigante de la alimentación, Nestlé, en su sede de Martigny.

Abajo: un auténtico perro San Bernardo.

El gran San Bernardo

El perro de raza San Bernardo (un pariente cercano del perro de los Pirineos) solía salvar la vida de los peregrinos y los viajeros que perdían su camino tras tormentas repentinas, y hoy día está rescatando del olvido el puerto del Gran San Bernardo, o Col du Grand St-Bernard.

El **Museo-Hospicio** acoge a unos 15 o 20 ejemplares del célebre San Bernardo (tel.: 787-1236; abierto todos los días de 8:00 a 19:30 h, de mediados de junio a mediados de octubre; se paga entrada). Sin inmutarse por la presencia de los visitantes que se acercan a admirarlos, los famosos perros dormitan durante todo el día hasta que se aproxima la hora de comer después de su breve paseo matinal, cuando sus cuerpos de 80-100 kg vuelven a dar signos de vida.

Este cómodo y reposado estilo de vida poco tiene que ver con los 200 años, desde finales del siglo xvi hasta 1897, en los que unos 2 000 viajeros fueron rescatados gracias a estos valientes animales. Su robusto cuerpo y su amplio pecho les permitían abrirse camino en la nieve, mientras se valían de su buen sentido de la orientación para encontrar el recorrido de vuelta a casa incluso en medio de la tormenta y la ventisca más fuerte. No obstante, el pequeño barril de brandy con el que siempre imaginamos a estos perros, no es más que una falacia inventada, probablemente, por un alpinista llamado Meissner en 1816.

Octodorus era el nombre romano de Martigny, que en el siglo I a.C. fue convertido en un puesto avanzado fortificado por el general Servio Galba, a las órdenes de Julio César.

En este punto merece la pena desviarse de la ruta hasta **Aosta** (Italia) para visitar el **Val de Bagnes**, el **Val d'Entremont** y el **Val Ferret** (el trayecto se aleja de Martigny en dirección oriental). Si dispone de tiempo, es preferible no circular por la autopista de cuatro carriles y tomar una carretera secundaria desde la que las vistas son mucho más bonitas, que pasa por delante de **Saillon**, un pueblo con un castillo medieval, escenario de numerosos cuentos y leyendas.

Hacia las pendientes

En tren por un ramal que sale de la población de Martigny y después en teleférico se llega a **Verbier** ❹, un destino que cada vez atrae a más visitantes. También acontecimientos como la competición Xtrem Freeride reúnen a multitudes expectantes para presenciar los saltos de los jóvenes aficionados al *snowboard* (a veces, sus caídas son espectaculares) desde las paredes, con una inclinación de 45 grados y 3 330 m de altura, del **Mont-Fort**. Esta estación de montaña, sin duda una de las mejor equipadas del país, aunque desde el punto de vista arquitectónico es una de las menos pintorescas, publicó recientemente un estudio completo sobre las lesiones sufridas en sus laderas al practicar el esquí y el *snowboard*, un paso decisivo ante el tabú de hablar sobre los accidentes que se espera que contribuya a aumentar la seguridad en las bajadas sin disminuir el grado de dificultad.

Se trata de un lugar ideal para el esquí, mucho menos concurrido que otras estaciones suizas (gracias al funcionamiento de uno de los mejores sistemas de telesquí de Europa y a su remota situación). Lo interesante de esta relativamente nueva estación es que los kilómetros y kilómetros de recorridos de todas clases le permiten perderse durante unas horas, o incluso días, por los parajes y los monitores locales le guiarán, le facilitarán mapas e incluso podrán transportarlo en helicóptero (a un precio elevado, eso sí) a una zona apartada si está interesado. Se han abierto varias

ABAJO: protegido de los rayos de sol en Saas Fee.

scuelas cerca del pueblo para promover los deportes de aventura que se practican n los meses estivales, como el senderismo o el ala delta. Y no olvide los festivales .e poesía y música clásica de verano.

ion, ciudad cultural

.os habitantes del Valais consideran a su capital, **Sion ❺**, situada a 30 km al nor-leste de Martigny por la autopista N-9, una ciudad aburrida poblada de funciona-ios estatales. En realidad, la plaza Planta, donde se levanta el edificio del gobierno la parte antigua de la ciudad ofrecen un sorprendente patrimonio histórico y cul-ural. No deje de visitar la **catedral de Notre-Dame-du-Glarier** (catedral de Nues-ra Señora de Glarier), la última iglesia episcopal medieval de Suiza y una de las onstrucciones religiosas más impresionantes del Valais. Entre sus tesoros más aliosos figuran la sillería tallada del siglo XVII, su precioso altar de Santa Bárbara las tumbas de los obispos del siglo XV.

En las faldas de las colinas **Valeria** y **Tourbillon** se alzan el **Hôtel de Ville** (ayun-amiento), la **Maison Supersaxo** y los museos cantonales, que a menudo acogen nteresantes exposiciones de historia local. Dando un paseo de 15 minutos llegará la cima de la colina Valeria, donde en la iglesia que se levanta sobre ella podrá ver l órgano más antiguo del mundo en funcionamiento, aunque esta afirmación es con-rovertida y la han puesto en duda algunos especialistas. En Tourbillon se conser-an las ruinas de piedra esculpida de lo que fue un fuerte de la Edad Media erigido or los poderosos obispos príncipes del Valais.

En todo el cantón se puede ver, en primavera y otoño, lo que parece ser una cos-umbre única de los suizos, la lucha entre vacas, práctica que tiene su origen en la ivalidad natural que marcaba las jerarquías en los rebaños. A mediados de mayo e celebra en **Aproz ❻**, al sudoeste de Sion, la gran competición cantonal: un

La torre del reloj del ayuntamiento de Sion.

ABAJO: el castillo de Valère, Sion.

espectáculo popular en el que se enfrentan las bestias más bravas de la raza Eringer (no demasiado grandes, pero que en ocasiones pueden ser muy agresivas). Las vacas empiezan a luchar por propia iniciativa y, en un gesto de generosidad, evitan perseguir a su contrincante una vez concluida la contienda; de hecho, raras veces llegan a herirse.

Al sur de Sion, tras dejar atrás el **Val d'Hérens** (la carretera llega hasta las tranquilas cordilleras y poblaciones que forman la frontera italiana), se extiende una serie de cimas recortadas conocidas como las **Pyramides d'Euseigne** ❼ (pirámides de Euseigne), que tras miles de años de contacto con el viento, el agua y el hielo se han convertido en una especie de desierto rocoso alpino. Estos picos escarpados, formados durante la era glacial que provocó la erosión de la capa superficial, se han mantenido gracias a sus cimas de roca maciza. Desde la carretera, las pirámides ofrecen unas magníficas vistas o, si permanece un tiempo por la zona, podrá ascender hasta ellas dando un agradable paseo.

La presa de Grande Dixence

También en dirección sur desde Sion y tras dejar atrás el apartado valle de **Val d'Hérémence**, se llega a otro monumento, aunque esta vez se trata de uno más reciente: la presa de hormigón de **Grande Dixence** ❽, treinta años después de su construcción (de 1951 a 1965) sigue siendo la más alta de Europa, situada a 285 metros de altitud. Para los aficionados a las cifras: detrás de esta obra de 700 metros de largo se represan 400 millones de metros cúbicos de agua, que con 200 metros de anchura en el fondo y sólo 15 metros en la superficie pesa 15 millones de toneladas. Al contrario que en la construcción del dique de Mattmark, en el valle de Saas, que se saldó con la muerte de 88 personas en un accidente provocado por un glaciar en 1965, no se registraron incidentes graves.

ABAJO: «Les Violettes», zona de esquí cerca de Crans-Montana.

Vino y agua de manantial

El golf y el esquí constituyen dos de los principales atractivos para los turistas de **Crans-Montana** ❾, una elegante estación de invierno, donde todo tiene su precio. No es el lugar más tranquilo de los Alpes (le sorprenderán la actividad, el tráfico y la vida nocturna de este pequeño valle, en apariencia tan tranquilo), pero esquiar en sus glaciares es algo insuperable, además de un gran reto: el glaciar presenta una forma nivelada y se practica mucho el esquí de fondo. El Open suizo de golf, que se celebra a finales del verano, en el mes de septiembre, reúne en la población a los mejores jugadores de este deporte llegados de todo el mundo.

Mapa página 174

El **Val d'Anniviers**, a 15 km al oeste de Sierre, es uno de los valles del Valais central en el que, hasta mediados del siglo XX, los pueblos nómadas de las montañas todavía se trasladaban de los valles a las montañas, según las estaciones. El poeta checo en lengua alemana Rainer Maria Rilke describió **Sierre** ❿ como una mezcla de Provenza y España, un elogio emotivo pero no demasiado justificado, aunque las autoridades de esta población afirman que éste es el lugar de Suiza que más horas de insolación tiene al año.

Los planos viñedos de suelo rocoso y calcáreo situados al este de Sierre, y sobre todo de **Sagelsch** y **Varen**, en las fronteras lingüísticas francesa y alemana, producen uno de los más reputados vinos de Suiza. Los vinicultores de la región, ante la presencia de turistas, han comenzado a organizar catas de vino y tras la *dégustation*, puede adquirir la clase de vino que haya sido de su agrado. Los precios son razonables y los vinos tintos y las especialidades, de una calidad excelente.

Desde la pequeña y estrecha carretera que tras 15 km lleva de Salgesch a Leukerbad, se puede apreciar el impresionante **Pfynwald**, el bosque continuo de *Pinus cembra* más extenso de Europa central, que en gran parte goza de protección legal. La intensidad del sol y la humedad del Ródano han propiciado la aparición de un microclima particular que atrae una rica variedad de fauna de diferentes especies, entre ellas peces y mamíferos como el zorro y el armiño.

En la cuenca del valle de Leukerbad, arropado por las paredes rocosas del **Gemmi** (que sorprendió al escritor alemán Goethe más que las pulgas de su tienda de campaña), se encuentran los manantiales medicinales de agua caliente (50 °C) de Leukerbad.

Como sugiere su nombre, la ciudad de **Leukerbad** ⓫ (que significa «baño agradable» en alemán) es conocida por sus baños termales tanto cubiertos como al aire libre, que se pueden tomar a su temperatura natural o atemperados en piscinas hasta los 25 °C en cualquier estación del año. Son sin duda relajantes, sobre todo el tratamiento alterno de baños de vapor, agua caliente y agua helada, tras los cuales saldrá como nuevo. Además de alimentar el capital de los balnearios de lujo de la zona, estos manantiales contribuyen a evitar la acumulación de hielo y nieve en la parte más pronunciada de la calle de la iglesia gracias a un sistema subterráneo de tuberías.

Abajo: un baño en las termas de Leukerbad.

El Lötschental

Al norte, cerca de las poblaciones hermanas de **Gampel-Steg**, arranca uno de los valles laterales más preciosos y sencillos de todo el Valais, el **Lötschental** ⓬. Delimitado por un imponente círculo de montañas, el valle ha podido conservar sus pequeños pueblos y alguna de las costumbres precristianas como, por ejemplo, la tradición del *Tschägättä* en invierno. Con sus máscaras fabricadas con la madera de la especie *Pinus*

El Matterhorn o Cervino

El pico probablemente más reconocible del planeta, el Matterhorn (Il Cervino, para los italianos, le Cervin para los franceses) destaca en el horizonte al sur de Zermatt como si fuese un diente canino limado. Se trata del típico monte de las cajas de bombones: ha inspirado a mucha gente, desde el esteta victoriano y crítico de arte John Ruskin, que lo describió como «el acantilado más noble de Europa», hasta el inventor de los piramidales chocolates Toblerone.

Su serpenteante masa de piedra caliza, de 4 478 metros de altura, vigila el paso alpino, transitado desde la época romana. No obstante, hasta el año 1858 nadie se armó de valor para escalar el pico, temido entre algunos habitantes de la zona por ser hogar de gigantes e, incluso, del diablo, que en sus ataques de ira solía arrojar rocas desde las alturas.

Los intentos iniciales fracasaron y el Matterhorn se convirtió en el último de los picos de 4 000 metros por conquistar: era indomable, el mayor reto de las montañas. Finalmente, el británico Edward Whymper (1840-1911), grabador y escalador, y seis compañeros (tres británicos; el guía nacido en Chamonix, Michel Croz, y un equipo de Zermatt compuesto por padre e hijo, ambos llamados Peter Taugwalder) alcanzaron por primera vez la cima el 14 de julio de 1865, sólo poco antes de que lo consiguiera el célebre escalador italiano Jean-Antoine Carrel. No obstante, la victoria se transformó en una tragedia durante el descenso, cuando cuatro miembros del equipo resbalaron y murieron, tal como se relata en el Museo Alpino de Zermatt.

Desde entonces, las escarpadas paredes del Matterhorn ha presenciado muchas muestras de heroísmo: Lucy Walker se convirtió en la primera mujer en alcanzar la cumbre en 1871; la temida pared norte fue escalada por primera vez en 1931; y, en años más recientes, Jean-Marc Boivin descendió sobre esquís por la vertiente este y cubrió la pared norte en sólo cuatro horas.

Hoy en día, figura entre los destinos de escalada más frecuentados por los escaladores y alpinistas de todo el mundo. La mejor época es la comprendida entre mediados de junio y mediados de septiembre según la nieve y, si todo va bien, unos 200 escaladores pueden alcanzar la cima cada día por la clásica ruta Hörnli de Whymper, mediante cuerdas fijas hasta la cresta nororiental (su estancia en la cima será restringida según la afluencia de escaladores).

Sin embargo, más de 400 personas han muerto en las montañas, por lo que no se deben subestimar el peligro de las condiciones climáticas, los posibles desprendimientos y la inexperiencia. Así mismo, es aconsejable ascender otras montañas menos difíciles antes para aclimatar el cuerpo.

«Llegará el día –escribió Edward Whymper– en que el Matterhorn perezca y tan sólo un montón de fragmentos amorfos marquen el lugar donde en su día se levantaba una gran montaña. Pero este día aún queda muy lejos y, durante años, futuras generaciones se asomarán desde sus imponentes precipicios y quedarán absortas ante esta imagen única. Por muy descabelladas que sean sus ideas, o muy ambiciosas sus expectativas, nadie se irá de aquí decepcionado.»

IZQUIERDA: el maravilloso perfil del Matterhorn, o Cervino, conocido en todo el mundo, atrae una afluencia constante de visitantes.

Mapa página 174

embra y sus pieles de oveja, ciertamente, toparse con un *Tschägättä* le produce n escalofrío a cualquiera.

Una estancia en Lötschental no sería completa sin visitar el Museo de Historia ocal de **Kippel** (a 15 km al norte de Gampel-Steg), la capilla próxima a **Kühmatt** el lugar votivo de **Blatten**, con sus impresionantes exvotos.

Más adelante, por el valle del Ródano, podrá ver la tumba del famoso poeta checo n lengua alemana Rainer Maria Rilke (1875-1926), cerca del muro meridional de a iglesia de **Raron** ⓭, a corta distancia del este de Gampel-Steg. Construido por el ardenal Matthäus Schiner (entre 1508 y 1517), acoge los restos mortales del poeta, demás de un fresco que representa *El Juicio Final*, con demonios que lucen la vesimenta de los mercenarios suizos de la época.

Un ejemplo del mítico Tschägättä.

ermatt y el Matterhorn

Iacia el este, en Visp, el valle de Visp se extiende en dirección sur y se ramifica en l Mattertal y el Sasstal, en Stalden. En cada uno de estos dos valles, Zermatt y aas Fee, respectivamente, compiten por llamar la atención de los turistas. **Zermatt** ⓮ ocupa una amplia zona de esquí de invierno y verano con el funicular Klein-Matterhorn, igual que Saas Fee con su Metro Alpin.

Por encima de la concurrida estación sobresale el **Matterhorn** (o Cervino), de 478 m), el principal atractivo de Zermatt, aunque, con 4 634 metros, el pico más levado de Suiza es el vecino **Dufourspitze**, llamado como el general Henri Dufour, ue se hizo célebre en la guerra civil suiza de 1847 (entre los antiguos cantones atólicos y los que habían adoptado la Reforma). No obstante, los turistas suelen econocer el fotogénico Matterhorn, y si su cima no está cubierta (las nubes son nuy frecuentes), ofrece una vista impresionante, casi inconcebible, de roca desnuda de proporciones perfectas. El ascenso por la montaña inspira respeto y la esca-

ABAJO: recogida de albaricoques en el valle del Ródano.

lada es sólo para los más expertos. A pesar de su remota localización (o quizás por eso mismo), Zermatt se está convirtiendo en un destino frecuentado por los aficionados a los deportes de aventura, quienes se unen a alguno de los numerosos guías de senderismo, escalada o ciclismo y, antes de retirarse a dormir, beben en abundancia en los bares de la Bahnhofstraße.

NOTA

Cerca de Brig se encuentra la población de montaña de **Mund**, el único lugar de Suiza donde todavía se cultiva la planta del azafrán.

Saas Fee

Si Zermatt no presentara la formación de roca más original y, por tanto, la más conocida de los Alpes, tendría que competir con **Saas Fee** ⓯, situado al final del cercano valle de Saastal, por conseguir visitantes. Se accede por carretera, vía Stalden, en dirección norte, pero es una zona sin tráfico emplazada en uno de los parajes de montaña más embriagadores, cerca de la helada lengua de tierra de Feegletscher. Las instalaciones para esquiar de Saas Fee rivalizan con las mejores del país. Su recientemente construido Metro Alpin es el transporte por cable subterráneo más grande del mundo. El pueblo, que ocupa todo el lecho del valle, mezcla con éxito la modernidad con el clasicismo de las construcciones tradicionales que se conservan. El **Pabellón de Hielo**, en la última estación del funicular que lleva hasta el glaciar, está ideado para los niños, con exposiciones educativas sobre la actividad de los glaciares (se paga entrada). La ciudad ha conservado su carácter apacible, sobre todo de noche.

De nuevo en dirección norte, al este de Visp, se encuentra **Brig** ⓰, la capital del cantón alemán, donde sobresale el **palacio de Stockalper**, antigua residencia de Kaspar Jodok von Stockalper, comerciante del siglo XVII que contribuyó en gran medida a la prosperidad de la capital. En 1948 el palacio, que alcanza unas dimensiones considerables y es el edificio más imponente del cantón, fue adquirido a la arruinada familia Stockalper por una fundación y la municipalidad de Brig-Glis

ABAJO: un grupo de amigos del Valais comparten una comida rústica.

Mapa página 174

ara ser restaurado a un elevado coste (abierto de mayo a octubre, de martes a lomingo para visitas guiadas cada hora, de 10:00 a 17:00 h, excepto a las 13:00 h; ıltima visita a las 16:00 h; se paga entrada). Esta ciudad es pequeña pero de vital mportancia, ya que durante siglos controló el comercio con Italia y vigila la ruta del ;implon y toda la zona alta del valle del Ródano.

Para Stockalper, como lo sería más tarde para los franceses, el **Simplonpass** ⓱, ıl sur de Brig, y la conexión que facilitaba con Italia eran imprescindibles para una ılanificación estratégica. Por orden del emperador Napoleón, los condenados a trabajos forzados mejoraron la carretera entre 1801 y 1805. Así mismo, la primera vez ue se sobrevolaron los Alpes fue por el Simplonpass, cuando el peruano Jorge Chávez ganó la competición en 1910 al volar en su aeroplano sobre el puerto alpino ı una altura de 2 000 metros sobre el nivel del mar. Por desgracia, falleció al estrelarse durante el aterrizaje en Domodossola.

Si prosigue en dirección este por el **valle de Goms**, merece la pena que se desvíe ıacia el glaciar **Großer Aletschgletscher** ⓲ y el **bosque de Aletsch**, un paraíso de ıñosos pinos e interesante vegetación alpina.

Debe tomar el teleférico desde **Mörel**, al este de Brig, hasta el **Riederalp** o el **Betmeralp**. Este impresionante y sobrecogedor río de hielo, el más ancho (con una superficie de 118 km²) y largo de Suiza (mide casi 24 km) y que en algunos puntos alcanza ına anchura de 800 metros, traza un elegante arco desde el Konkordiaplatz, al pie del **Aletschhorn**, hasta el **Riederfulka**, que tiene uno de los más bellos bosques de *Pinus cembra* del país en su flanco septentrional, protegido desde la década de 1930.

La asociación protectora de la naturaleza ha renovado la **Villa Kassel** de Riederalp, a casa en la que Winston Churchill pasaba el verano durante su infancia y que en la ıctualidad acoge cursos de botánica y conservación impartidos por especialistas.

La iglesia del siglo XVI de Münster, en el valle de Goms.

ABAJO: el palacio de Stockalper de Brig.

En el valle de Goms

En dirección a **Goms**, se puede llegar en tren o por carretera a los puertos de **Furkapass** ⓳ (por la carretera 19, en dirección nordeste lleva al interior del país y a los Grisones), al tortuoso **Grimselpass** ⓴ (que conduce, en dirección norte, a Interlaken) y al **Nufenenpass** ㉑ (que lleva al valle de Bedretto en el Tesino). La amplitud de este valle y las poblaciones situadas en la parte superior (con sus casas de madera oscura y las iglesias de estilo barroco) confieren al paisaje su peculiar imagen.

Niederwald, uno de los pequeños pueblos del Goms a 25 km en dirección nordeste de Brig, era el hogar de César Ritz, el «rey de los hoteleros y el hotelero de los reyes». Las iglesias de **Ernen** y **Münster** son consideradas unas verdaderas joyas entre la riqueza de edificios religiosos de Valais.

Los turistas que no disfrutan con el ajetreo de las estaciones de esquí más grandes suelen dirigirse a las zonas más elevadas del cantón, donde el recorrido de esquí de fondo, con sus casi 40 km de longitud, suele ser del agrado de muchos. Y en verano, el valle de Goms se convierte en el paraíso de los senderistas. Los puertos se abren sólo en la temporada estival y es muy agradable cruzarlos a pesar de la dificultad, aunque la lanzadera ferroviaria para vehículos de rueda del túnel de Furka entre **Oberwald** y **Realp** disminuye la duración del viaje entre la Suiza central y oriental. Desde que fue suprimido el tren entre Furka-Oberalp (FO), el puerto es el único modo de acceder al imponente **glaciar del Ródano**, origen del gran río.

EL TESINO

Esta región del sur posee algo más que un pequeño toque de su vecina italiana. Con su templado clima, sus preciosos valles y su impresionante arquitectura de gran valor histórico, atrae a numerosos turistas

En Göschenen llega a su fin el ascenso continuo por el valle de Reuss; el tren acelera y casi de forma inmediata desaparece en un túnel que, desde 1882, ha facilitado la comunicación más rápida y segura entre la Suiza germanófona y el **Tesino** (o **Ticino**), la parte de habla italiana de Suiza. Tras 10 minutos exactos, el tren emerge de la oscuridad a la deslumbrante luz de la región más soleada del país, el tan esperado sur.

En realidad, puede llegar a hacer mucho frío y haber mucha niebla en Airolo, a 1 142 metros de altitud; los inviernos suelen ser duros e incluso en verano, en las zonas elevadas de los valles, nunca se alcanzan las temperaturas cálidas del sur del Tesino. Esto era una característica a su favor cuando la gente iba en verano a los balnearios de montaña en lugar de al Adriático: los primeros hoteles de los alrededores de Faido y de las colinas del Val Blenio fueron levantados a principios del siglo XX para los turistas adinerados de Milán y Lugano, que llegaban en busca de un lugar más fresco y para admirar las estruendosas cataratas, un elemento natural común del Tesino. En ocasiones, suelen descargar un par de tormentas en esta hermosa región, a menudo considerada bucólica, que alimentan el caudal del **río Tesino** de aguas torrenciales, rocas, detritos y árboles caídos, que arrastran a su paso caminos y puentes, y hasta suelen inundar la planicie de Magadino. En octubre de 2000 varias personas murieron a causa de las fuertes lluvias, que provocaron inundaciones y desprendimientos de tierra, y destruyeron pueblos enteros, aunque esta violencia de los elementos no es habitual.

Aun así, no es de extrañar que los antiguos asentamientos y poblaciones, las iglesias románicas y las numerosas capillas barrocas estén construidas en lo alto de las laderas, como si, por temor, se aferraran a las laderas del valle. Las zonas del Mendrisiotto, en las que antiguamente se cultivaba el tabaco, y la planicie de Magadino, una extensión cenagosa antes de que fuera drenada, constituyen las principales regiones de tierra fértil y cultivable del cantón.

Valles tranquilos

El Tesino se define, en primer lugar, como un cantón montañoso lleno de atractivos elementos geológicos, entre los que se encuentran los dos lagos situados en las faldas de los Alpes, en la frontera del Tesino e Italia: el **Lago Maggiore** (lago Mayor), vasto y majestuoso, entre las últimas estribaciones de la cordillera de los Alpes, y el **Lago di Lugano** (lago de Lugano), escondido entre los picos de Monte Brè, San Salvatore, San Giorgio y Monte Generoso.

En algunas zonas es posible hallar soleados valles que inspiran tranquilidad y relajación y poblados de vegetación subalpina, por los que transcurren largos senderos; todo ello a unos pocos kilómetros del ruidoso tráfico de las autopistas y autovías, y las vías férreas y demás inventos de la civilización occidental.

PÁGINAS ANTERIORES: vista de las colinas que rodean el lago Mayor.
IZQUIERDA: vista de Lugano desde Monte San Salvatore.
ABAJO: la garganta de Ponte Brolla, cerca de Locarno.

La región del Tesino se caracteriza por su arquitectura de piedra, como esta chimenea.

De hecho, para los suizos alemanes esta región es como un rincón del paraíso. Les basta con cruzar los túneles de San Gotardo o de San Bernardino para llegar a un sitio relajante y soleado, en el que pueden degustar las mejores especialidades y caldos de la gastronomía italiana, y todo ello sin tener que cambiar dinero y en Suiza, es decir, que a pesar del aspecto italiano del cantón, éste, escrupulosamente limpio, con casas recién pintadas, jardines geométricos y trenes puntuales, es cien por cien suizo. Por lo tanto, esta combinación resulta irresistible, de modo que en primavera, verano y otoño atraviesan los Alpes para disfrutar de la vida y el ritmo latinos sin correr ningún riesgo.

Los naturales del Tesino los reciben encantados, como si fuesen primos lejanos ricos, y los agasajan, aunque, quizás, los desprecian un poco. Los habitantes del Tesino, que hablan italiano, representan sólo el 8 % de la población suiza, es decir, que constituyen una minoría en su propio país, dominado desde el punto de vista político por los suizos de habla alemana. Pese a las muestras externas de orden y pulcritud eminentemente suizas, su sangre y su sentido político son tan mediterráneos como su clima. Sus vínculos con Italia son perfectamente explicables: una elevada

cadena montañosa los separa del norte, impeliéndoles de manera inexorable, como si se tratase de un glaciar, hacia el lugar donde se hallan sus raíces lingüísticas.

Todos estos rasgos lo convierten en un cantón singular, agradable, abierto y despreocupado. Es una región muy soleada, mucho más que el interior de Suiza, e incluso más que las comarcas italianas situadas al otro lado de la frontera, ya que las ciudades de Milán y Turín en ocasiones quedan cubiertas por la niebla y se convierten en lugares tristes y grises.

Desde aquí, las colinas del Mendrisiotto ya marcan la transición a la llanura úberrima del Po, en el norte de Italia, y cómo no, también al clima, donde la temperatura media anual alcanza 3 °C más que en el norte del país. La primavera entra en marzo, el otoño se alarga y a veces hasta noviembre perduran los días cálidos, un clima que favorece al Merlot, el vino más típico del cantón.

Una tierra de emigrantes

Sin embargo, la humanidad no ha vivido sólo del aire y el verdor de la montaña, como tampoco los pueblos del Tesino. Los aspectos del estilo de vida autóctono que los extranjeros y los suizos alemanes han idealizado (la simplicidad, la sopa de verduras y menudillos llamada *busecca* y el queso de cabra que acompaña al pan), no han sido más que rasgos de una vida de pobreza y dificultades llevada adelante con dignidad y decencia. De hecho, durante siglos, en la historia del Tesino ha predominado la constante emigración.

Una fase inicial de la industrialización, a mediados del siglo XIX, que supuso una época de prosperidad para la Suiza alemana y francesa, pasó de largo por los valles del Tesino y si a finales del siglo XIX se estableció una modesta producción de tabaco y de la seda, se debió en gran medida a la mano de obra barata que había aquí. Ni siquiera la construcción de los 15 km del túnel de San Gotardo en 1882 pudo cam-

Mapa página 188

El trayecto en ferrocarril por el túnel de San Gotardo, el tramo más concurrido del país, quedará grabado en su memoria.

ABAJO: *risotto* y *luganiche*, un plato típico de una feria del Tesino.

biar las cosas en los primeros años (a pesar de que poco a poco convirtiera en un concurrido destino turístico las poblaciones de Lugano y Locarno).

El tren Trans-Europa de Zurich a Lugano pasa por el túnel ferroviario de San Gotardo. Así mismo, puede tomar el tren de Basilea a Lugano, que también transita por el conocido túnel.

Sin embargo, para la gran mayoría de la población poco mejoraron las cosas: entre1881 y 1930, un total de 25 300 habitantes emigraron al extranjero. Y hasta la década de 1950, un viaje al Tesino se consideraba retroceder a una época diferente y a un estilo de vida mucho más simple.

Hoy en día todo ha cambiado de forma radical. Las poblaciones de los valles siguen en pie, románticas y adormecidas, pero sus habitantes se han marchado, no a Australia como la gente de los Grisones, sino a las pobladas zonas industriales de Lugano, Locarno, Bellinzona y Mendrisio-Chiasso. Una gran parte de la población de este cantón, de 300 000 habitantes, y el 90 % de los empleos disponibles se encuentran concentrados en el 14 % de la superficie total del cantón, con fácil acceso a las principales carreteras.

Mientras tanto, los suizos alemanes y los visitantes de otras zonas se acercan a las poblaciones de las montañas y a los *rustici* de los valles, donde convierten las casas desiertas y los antiguos establos en elegantes casas para pasar sus vacaciones, en las que sólo viven durante unas pocas semanas al año. Si se cuentan las construcciones realizadas desde la década de 1970, una de cada cuatro casas del Tesino es una residencia para las vacaciones. Como consecuencia, a los nativos les resulta difícil encontrar una casa a precio asequible ante la gran demanda de suelo y el espectacular aumento que ha experimentado su precio.

Sin embargo, la región ha sufrido otros cambios, y no todos desfavorables. Muchos factores han contribuido a la transformación del Tesino en un centro financiero y de servicios, entre los que se cuentan los servicios de transporte, como el aeropuerto internacional de Lugano o la comunicación directa por autopista con el resto de Suiza y Milán. La mano de obra sigue siendo relativamente barata y muchos italianos están dispuestos a cruzar la frontera cada día para trabajar. No se debe olvidar tampoco la fiabilidad suiza, la larga tradición de abogados del Tesino, los problemas sociales de la década de 1960 y la entrada de capital a Suiza.

ABAJO: el conductor de un carro en el paso de San Gotardo.

En tan sólo 15 años, la ciudad de Lugano presenció la bonanza de su barrio financiero y el proceso de construcción de almacenes a lo largo de la carretera de Mendrisiotto, más allá de Lugano. Mientras tanto, los bufetes de abogados, los bancos, las compañías de seguros y las cada vez más numerosas gasolineras emplean alrededor del 56 % de la mano de obra del cantón, la mitad de los cuales son extranjeros residentes en Suiza o trabajadores que se desplazan cada día desde otros países a su lugar de trabajo en el Tesino.

Este rápido desarrollo, junto a la vaga sensación de depender cada vez más de las ciudades comerciales e industriales de Zurich y Milán y de sentirse sometido a las influencias externas, ha provocado nuevos conflictos sobre la identidad del Tesino actual. Una respuesta a esta monotonía y uniformidad cultural –además de la más obvia– se advierte en la arquitectura de la comarca, que se ha convertido en un bien de exportación. Se hallan también ciertas construcciones tradicionales, como la espectacular Villa Favorita, hogar del barón Thyssen-Bornemisza, situada a las afueras de Lugano (*véase pág. 200*).

Una ciudad de montaña

Uno de los accesos más accidentados a la región del Tesino es el **paso de San Gotardo ❶**, por el noroeste, uno de los más conocidos trayectos alpinos, que discurre a lo largo de 2 108 metros de longitud por valles exuberantes y magníficos paisajes de montañas y lagos.

La ciudad de **Airolo** ❷, en su día parada donde los viajeros reposaban y cambiaban sus caballos tras cruzar el San Gotardo y hoy lugar donde los conductores respiran aire fresco después de recorrer los 17 km del túnel, constituye un ejemplo de la zona recortada del Tesino y de las duras condiciones en las que viven muchos habitantes incluso en la actualidad. También es posible llegar a Airolo por la agradable carretera asfaltada que pasa por el puerto y visitar el **Museo Nazionale del San Gottardo** (Museo Nacional de San Gotardo; abierto todos los días entre mayo y octubre de 9:00 a 18:00 h), habilitado en un antiguo hospicio en lo alto del puerto. El museo guarda una colección de documentos y modelos históricos sobre la historia del puerto y la construcción del túnel.

Un monumento, obra del escultor del Tesino Vincenzo Vela, emplazado cerca de la estación de ferrocarril de Airolo, recuerda a las 177 personas que perdieron la vida durante la construcción del túnel ferroviario de San Gotardo. En invierno, la nieve puede alcanzar una altura de un metro o más; aún se recuerda el terrible invierno de 1951-1952, cuando varios aludes causaron muertes y destrozos.

Con el fin de protegerlos de las tormentas y las inundaciones, los pueblos están construidos en las partes elevadas de las laderas del valle del río Tesino o se encuentran encaramados en los flancos de la montaña: **Quinto**, **Rodi Fiesso**, **Ambri** y **Piotta,** y más abajo, **Faido** y **Bodio**, constituyen ejemplos de poblaciones levantadas de forma deliberada lejos de la amenaza de las catástrofes naturales. Algo más arriba se extienden las aldeas agrícolas formadas por unas cuantas casas y su iglesia, algunas más simples y otras profusamente decoradas como la de **Rossura**.

Hoy día, el recorrido de senderismo denominado la **Strada Alta** (carretera alta) comunica todas estas localidades (ofrece alojamiento modesto) desde Airolo hasta

Mapa página 188

El Museo Nacional de San Gotardo ofrece numerosas exposiciones llenas de color.

ABAJO: el Museo de Olivone, cerca de Biasca.

Si se encuentra en Biasca y quiere visitar la preciosa iglesia de San Pedro y San Pablo, pida la llave en una de las casas próximas o en la casa del párroco del pueblo.

el valle de Biasca. Algunos de los senderos y caminos de montaña han sido asfaltados, por lo que puede resultar más atractivo el camino que avanza por la parte alta de la vertiente derecha del valle (se puede subir en teleférico por el flanco derecho desde Airolo). La ruta está prácticamente libre de pendientes, atraviesa extensos y frondosos bosques y engloba poblaciones intactas como **Prato** y **Dalpe**, cercana a Faido, o como **Chironico**, próxima a Giornico, en el que merrece la pena visitar su bonita iglesia.

Un valle lleno de historia

El centro del segundo valle más alto del Tesino, el **valle Leventina** (el **valle Bedretto**, que une el Tesino y el Valais a través del Nufenenpass, se considera el más elevado de Suiza), se encuentra en el pintoresco **Giornico** ❸, lugar donde mejor se aprecia la historia del cantón. Sobre las ruinas de un castillo milanés destruido en 1518 se alza la **Chiesa di Santa Maria di Castello**, iglesia del siglo XII con frescos que datan del año 1448.

A corta distancia se encuentra otro edificio románico, quizás el más importante (y además en buen estado) del Tesino: la **Chiesa di San Nicolao** (iglesia de San Nicolás). Construida en la primera mitad del siglo XII, la iglesia cuenta con una pila bautismal de la misma época y una serie de frescos del año 1478. Fue en Giornico donde los suizos obtuvieron su primera victoria decisiva contra los milaneses, gracias a la cual se empezó a establecer una relación duradera con el Tesino. Un monumento en la ciudad recuerda esta victoriosa batalla.

Hasta la conquista de Bellinzona en el año 1503, el *balivo* (señor) de Leventina solía tener su residencia en **Casa Stanga**, que en la actualidad alberga el **Museo di Leventina** (Museo de Lleventina; abierto de abril a octubre, de martes a domingo de 14:00 a 17:00 h; se paga entrada). Los escudos dispuestos en el muro exterior de

ABAJO: el castillo de Montebello de Bellinzona.

la casa pertenecieron a los huéspedes ilustres que se detuvieron en ella a su paso por el San Gotardo.

Más al sudeste, en **Biasca ❹**, se alza una iglesia antigua del mismo valor histórico que las de Giornico. La **Chiesa di San Pietro e Paolo** (iglesia de San Pedro y San Pablo), que continúa siendo uno de los monumentos románicos mejor conservados de Suiza, fue construida entre los siglos XI y XII, a una altitud segura sobre la población, y durante un largo período fue la principal iglesia de toda la región del Tesino superior. Destacan los frescos (siglos XII a XVII) de su interior, sobre todo en el coro, las paredes y los pilares; en la pared sur, un ciclo de doce escenas ilustra la vida de san Carlos Borromeo. Si le interesa visitar la iglesia, tendrá que pedir la llave en una casa cercana; pregunte en la casa del párroco del pueblo.

Biasca se halla en un lugar estratégico a la entrada de **Val Blenio**, en el norte, y también en el acceso al **Passo del Lucomagno** (puerto del Lucomagno), que junto con el paso de San Gotardo, es una de las rutas norte-sur más importantes de los Alpes. Una excursión desde Biasca ofrece buenas oportunidades para dar paseos por valles vírgenes. A pesar de ser aún una zona rural, algunos hogares de Val Blenio se han convertido en casas para pasar las vacaciones.

Numerosos elementos resaltan la importancia de esta ruta como, por ejemplo, las ruinas del **Castello di Serravalle** (castillo de Serravalle), de **Semione**. La residencia de **Lottigna,** en lo alto del valle, demuestra el buen gusto de los suizos. El edificio, decorado con escudos, acoge un museo de historia local y una destacada colección de armas.

En realidad, las numerosas e interesantes iglesias justifican un alto en el valle: **San Martino** en **Malvaglia**, **San Remigio** cerca de **Dongio**, **San Martino** en **Olivone** y la notable iglesia románica de **San Carlo** en **Negrentino** cerca de **Prugiasco**, con sus bien conservados frescos y las pinturas parietales que datan de los siglos XI a XVI.

Ahora el valle es un destino vacacional, de recreo y de esquí. El abrumador montón de escombros a la entrada del valle es lo único que queda del desprendimiento de tierras de 1512 que propició la aparición de un lago en el **Biaschina**, que el año siguiente provocó inundaciones hasta el lago Mayor.

Una barrera medieval

Al sur de Biasca se encuentra la ciudad de **Bellinzona ❺**, que es la capital del cantón desde 1878; hasta entonces, Lugano, Locarno y Bellinzona se turnaban para encargarse del trabajo y las responsabilidades. Además de su situación geográfica ideal (entre los más importantes puertos alpinos de los alrededores figuran San Gotardo, Lucomagno, San Bernardino y Nufenen), Bellinzona ha sido un núcleo político y administrativo durante siglos y fue el punto de partida para el asentamiento de los valles alpinos del Tesino.

Existen indicios que demuestran que las ruinas del castillo de **Castelgrande** (que en el siglo XIV se llamaba Castel Magnum, en el XVII, Burg Uri y a principios del XIX, San Michele) estuvo habitado en 5200 a.C. por pequeñas poblaciones sedentarias de agricultores, en una época en la que se cree que en los bosques de la Suiza alemana sólo residían tribus de cazadores-recolectores. A partir de entonces, se considera que la edificación estuvo ocupada por otros pueblos neolíticos, seguidos de los celtas, los romanos, los lombardos, los francos y los señores locales.

Mapa página 188

Castelgrande, en Bellinzona, dispone de un ascensor construido en la roca.

ABAJO: paisaje visto desde Monte Brè, en dirección a Lugano y San Salvatore.

En este punto estratégico se construyó, más tarde, un fuerte en el lado derecho del valle pantanoso y protegido por otras fortificaciones adicionales de grandes dimensiones (el castillo de **Montebello** y el castillo de **Sasso Corbaro**, a lo largo de Castelgrande). Los duques milaneses Visconti y Sforza, que durante el siglo XIII extendieron sus dominios a toda la comarca del Tesino, ordenaron su construcción. El castillo de Montebello, edificado a partir de una torre del homenaje, es un ejemplo interesante del arte de la fortificación. Sin embargo, el fuerte no pudo resistir los ataques repetidos de los suizos, hasta que en 1503 consiguieron hacerse con Bellinzona. Los tres cantones del interior, Uri, Schwyz y Unterwalden, establecieron la residencia de sus señores en cada uno de los tres castillos, circunstancia esta que contribuyó a que este impresionante ejemplo de fortificaciones medievales se haya mantenido casi intacto.

Otras tres iglesias más figuran entre los edificios destacados tanto dentro como fuera de los confines de lo que se ha convertido en una ciudad algo adormecida y de apariencia sobria poblada de funcionarios. La **Chiesa di San Biagio** (iglesia de San Biagio), en **Ravecchia**, la **Chiesa di San Bernardo** (iglesia de San Bernardo), en **Monte Carasso**, al que sólo se puede acceder a pie, y en Bellinzona, la antigua iglesia franciscana de **Santa Maria delle Grazie** (iglesia de Santa María de la Gracia), en la que se conservan notables pinturas renacentistas (que incluyen una imagen de la Crucifixión que resultó dañada en un incendio en 1997) y un transepto de estilo franciscano, uno de los pocos ejemplares que aún se conservan en el país, que la convierten en una de las iglesias más valiosas del sur de Suiza.

Desde Bellinzona, el **monte Ceneri** divide el sur del cantón en dos partes, **Locarnese** y **Luganese**. Sus habitantes residen en dos mundos diferentes totalmente separados el uno del otro, y no sólo en el sentido geográfico. Por ejemplo, en el Luganese los lugareños prefieren leer el *Corriere della Sera,* además de los periódicos

ABAJO: el Grand Hotel, Locarno.

locales, y se sienten identificados en el aspecto cultural, con Milán y Lombardía, mientras que en Locarnese, el diario italiano más leído es *La Stampa* de Turín y sus habitantes se sienten más cercanos al Piamonte, Novara y Turín. La ruta de transporte a lo largo del lago Mayor podría explicar la razón de esta división cultural: el ferrocarril de vía estrecha parte de Locarno, a través de **Centovalli** hasta **Domodossola,** para dirigirse al Piamonte.

Locarno, Ascona y las poblaciones situadas a orillas del lago Mayor disfrutan del clima más cálido del Tesino. Esta característica ha impulsado el turismo en la zona, y numerosos alemanes y suizos alemanes han construido sus segundas residencias o sus hogares de retiro, a menudo en los *rustici* renovados. Así mismo, las zonas donde se puede acampar de Locarno se encuentran muy solicitadas a lo largo del verano y han impulsado una gran actividad alrededor del lago durante todo el año. Como consecuencia, el aumento de tráfico es casi insoportable, por lo que algunas agencias inmobiliarias han renunciado a las tierras de las orillas del lago y muchos hogares quedan vacíos en los meses de invierno. Gran parte de los hoteles cierran después de la temporada y es prácticamente imposible intercambiar unas frases en italiano con un lugareño.

Locarno ❻, al sudoeste de Bellinzona, es una ciudad situada a orillas del lago llena de preciosas *piazze* (plazas) y coloridos y exuberantes jardines; es la población que recibe más luz solar al año. Podrá visitar las ruinas del **Castello Visconteo** (castillo de Visconti), del siglo XIV, propiedad de los duques Visconti de Milán, que sufrió graves daños en 1518. El castillo continúa intacto y acoge el **Museo Civico** (Museo Cívico) y el **Museo Archeologico** (Museo Arqueológico; abierto de martes a domingo, de 10:00 a 12:00 h y de 14:00 a 17:00 h de abril a octubre; se paga entrada).

Sobre un peñasco encima de Locarno se levanta la **Chiesa della Madonna del Sasso** (iglesia de la Virgen del Sasso), junto a un monasterio capuchino, una parada

Mapa página 188

NOTA

Durante el Festival de Cine de Locarno es posible adquirir un pase universal, que permite ver casi todas las películas que se proyectan. Póngase en contacto con el Festival Internazionale: (tel.: 756-2121; www.pardo.ch).

ABAJO: Suiza en miniatura, en Melide.

de peregrinación obligada. Fundada en 1480, fue reconstruida a principios del siglo XVII y restaurada en dos ocasiones en los siglos XIX y XX. En su interior se puede apreciar la obra *La huida a Egipto* (1536), de Bramantino, y un sepulcro de Ciseri de 1865.

Detalle del techo de la iglesia de la Virgen del Sasso.

Otros importantes edificios eclesiásticos son el antiguo **Monastero** y la **Chiesa di San Francesco** (monasterio e iglesia de San Francisco), construidos entre los años 1528 y 1578 y situados al oeste del castillo Viscenti, al que acuden los católicos de habla alemana de la ciudad. La **iglesia y colegiata de San Vittore** cerca de **Muralto**, al este de la estación, es, junto con San Nicolao de Giornico, una de las iglesias románicas más importanes de toda la comarca del Tesino. Aparte de su esplendor eclesiástico, Locarno destaca sobre todo por el Festival de Cine internacional. El festival se celebra durante más de diez días a principios de agosto y se jacta de contarse entre los cinco primeros del mundo. Algunas películas suelen ser proyectadas en una pantalla gigante en la Plaza Mayor o Piazza Grande, donde cientos de personas se congregan para disfrutar de los espectáculos al aire libre. También se pueden ver otras interesantes películas del festival en los cines de la localidad.

Si después de visitar la ciudad necesita un cambio de aires o le apetece hacer un poco de ejercicio, puede darse un baño en las piscinas al aire libre, situadas en uno de los mejores complejos de todo el cantón.

Una excursión a los valles

Además de ser un próspero centro turístico, Locarno acoge una de las terminales de autobús postal más activas del Tesino. Desde aquí puede acceder a los tres principales valles y a unos doce valles laterales, que conforman una tercera parte del cantón. En opinión de muchos, estos alrededores ilustran la comarca del Tesino: las casas de tejados de piedra apiñadas en calles estrechas; las pintorescas laderas con sus cabras y almiares; los bosques de castaños y los pequeños puentes sobre los ríos de agua cristalina de las montañas: ésta es la imagen del Tesino.

ABAJO: ingeniería suiza de precisión a la venta en Lugano.

Sin embargo, los habitantes del **Val Verzasca**, el **Valle Maggia**, el **Valle Onsernone**, el **Val di Vergeletto** y todos los pueblos de los alrededores han vivido otras situaciones muy diferentes a lo largo de los siglos: la pobreza, la necesidad y, con frecuencia, las catástrofes naturales han obligado a los lugareños a trasladarse a Milán, Venecia y Turín, para trabajar de deshollinadores o en la construcción, a menudo durante varios años. También las gentes de estos valles (incluido Val Blenio) han emigrado a Australia y California, enriqueciendo con ello a la minoría adinerada, que les prestaba el dinero necesario para poder emigrar quedándose con sus propiedades como fianza. Pocos conseguían recuperar el capital para el préstamo, por lo que, antes o después, su casa y sus posesiones acababan en manos de los prestamistas. Esto explica, junto con el hecho de que muchos de los que lograban amasar fortunas en el extranjero regresaran a sus aldeas y valles, que incluso en el pueblecito más remoto y olvidado existen casas grandes y majestuosas y esplendorosas iglesias que están fuera de lugar en esta región. El conjunto de la **Casa Franzoni** del siglo XVII y la **Casa Respini**, antigua residencia de los señores suizos del valle Maggia, ambos de **Cevio**, constituyen un claro ejemplo. Ocurre lo mismo con las elegantes **iglesias parroquiales de San Maurizio** de **Maggia** y la capilla de **Santa Maria delle Grazie** (Santa María de la Gracia) en **Campagna**, con la iglesia de **Intragna**, la iglesia de **Brione/Verzasca** y el barroco **Castello Marcacci** (castillo Marcacci), también de Brione/Verzasca.

Mapas páginas 188 y 197

Al oeste de Ascona

A 3 km de Locarno en dirección sudoeste y cerca del maravilloso **Centovalli** se encuentra **Ascona** ❼, donde los estrechos callejones del casco viejo delatan que en su día se trataba de uno de los asentamientos más antiguos del lago Mayor. Las casas alineadas a lo largo del paseo recuerdan también, al menos en cierta manera, que aquí habitaban pescadores.

La **Chiesa di Santa Maria della Misericordia** (iglesia de Santa María de la Misericordia, 1399-1442) posee uno de los mayores frescos del gótico tardío de Suiza; el **Collegio Papio** se halla alrededor de uno de los patios renacentistas más delicados del país y la **Casa Serodine** luce el mejor trabajo de estuco en una fachada civil que se puede apreciar en Suiza.

Por último, merece la pena visitar el **monte Verità,** que a principios del siglo XX fue el lugar de peregrinación de vegetarianos y nudistas. Entre 1901 y 1920 atrajo a un constante flujo de personas interesadas en estilos de vida alternativa y se convirtió en un centro de medicina natural. También fue un destino de encuentro de artistas y escritores (como Hans Arp y Hermann Hesse), hasta que más tarde pasó a ser un oasis de paz para los que buscaban el descanso. Finalmente, la Facultad Técnica de Suiza se hizo con el hotel de este parque.

Entre las ramificaciones del valle más allá de Locarno, en dirección nordeste, está situada la pequeña localidad de **Bosco/Gurin**, al final del Valle Maggia. Al contrario que en el resto del cantón, en esta población se ha hablado alemán durante siglos, porque los habitantes de Bosco (italiano) y Gurin (alemán) se trasladaron a la zona en el siglo XIV desde la región de habla alemana del Valais superior, proba-

El Museo Casa Amatta en monte Verità estudia el desarrollo y la historia de los estilos de vida alternativa que le valieron su reputación utópica. El museo está abierto de martes a sábado entre abril y octubre; se paga entrada.

ABAJO: monte Verità, cerca de Ascona.

blemente después de pasar por el valle de Livinen. Luego se establecieron en el Tesino de la misma manera que otros pueblos del Valais se asentaron en varios valles de los Grisones.

En Brissago, una pequeña isla del lago Mayor, se ha desarrollado una próspera industria tabaquera.

Al sur de Lugano

La región de Luganese se sumergió en el remolino político mucho más tarde que la de Locarnese. Durante mucho tiempo, esta comarca situada entre el monte Ceneri y la frontera italiana de **Chiasso** fue como un apéndice sin leyes de Suiza. A pesar de formar parte del cantón, el **Mendrisiotto**, en su extremo meridional, era considerado de alguna forma italiano, aunque sus habitantes habían declarado su alianza con Suiza en 1803 con el lema *Liberi e Svizzeri* (libres y suizos)

Los acontecimientos políticos de la vecina Italia se dejaban sentir entre la población del Mendrisiotto. Los enfrentamientos entre los liberales y los conservadores llegaban a tales extremos que en alguna ocasión recurrieron a las armas (métodos que incluso entonces, en lo que respecta al resto de Suiza, eran más propios de los italianos). Hasta el siglo XIX, los ataques y robos de los bandidos de Ceneri a los viajeros eran frecuentes. Con la construcción del ferrocarril entre Melide y Bissone fue cuando el Mendrisiotto se fue acercando poco a poco al cantón y de este modo se estableció un vínculo duradero.

Desde la inauguración del túnel ferroviario de San Gotardo en 1882, **Lugano ❽**, a menudo descrito como «la perla del lago», ha sido invadido por turistas de todo el mundo, pues su belleza supera la de Ascona y Locarno por la arquitectura de sus edificios, su refinamiento y las maravillas naturales que encierra. A diferencia del paisaje llano y poco llamativo de los alrededores de Locarno, la bahía de Lugano, entre **Monte Brè** y **Monte San Salvatore** (ambos accesibles en funicular), casi puede competir en grandeza con Río de Janeiro y su Pan de Azúcar. Desde las cimas de

ABAJO: la vendimia, cerca del lago Mayor.

UN PAÍS VINÍCOLA

El vino suizo es un secreto muy bien guardado, del que no se conoce demasiado más allá de las fronteras del país. Sin embargo, las variedades autóctonas de uva de los preciosos viñedos de las regiones vinícolas como el Valais, Vaud, Neuchâtel, los alrededores del lago Leman y el Tesino no deben despreciarse.

A pesar de no ser una de las principales regiones productoras de vino, los pequeños cultivos del cantón del Tesino que salpican los paisajes del sur cubren más de 900 hectáreas y han desarrollado una industria vinícola conocida por la variedad *Merlot*. El clima templado y la justa pluviosidad producen una fructífera cosecha de esta clase de uva, importada de Burdeos en 1907. La uva *Merlot* constituye una característica del cantón y se utiliza en la elaboración de un vino tinto de mucho cuerpo, además de un rosado y un vino blanco.

A principios del siglo XX, en el Tesino se cultivaban más de 7 000 hectáreas de viñedos, que fueron infestadas por enfermedades y plagas que acabaron con muchas clases autóctonas de vid.

Procure catar el Nostrano, un vino de mesa elaborado con una mezcla de variedades de uva, y el Gordola. Las uvas utilizadas para la producción de variedades de vinos blancos como por ejemplo el Chasselas, el Sauvignon y el Sémillon, también se cultivan en el Tesino.

estas dos montañas, en días despejados, se puede apreciar, en una dirección, la llanura del Po hasta Milán y en la otra, disfrutar de la vista panorámica de los Alpes del Valais y de la zona bernesa.

No es de extrañar que esta región de lagos haya sido durante mucho tiempo una ruta comercial; alrededor del lago de Lugano se han descubierto restos de sus anteriores pobladores, como etruscos y galos, además de romanos, francos y lombardos.

El Lugano moderno ha recibido la influencia de los numerosos e importantes bancos asentados en la ciudad. Parece como si los edificios dominantes que acogen las instituciones financieras más prestigiosas compitieran entre sí por el esplendor. El arquitecto del Tesino Mario Botta marcó un estilo con dos edificios, la **Banca de Gottardo** (Banco de Gotardo) y el **Palazzo Ransila** (palacio de Ransila).

Sin embargo, los edificios que se han levantado en la ciudad han conservado algunas callejuelas con soportales. También dos restaurantes tradicionales, el Bianchi y L'Orologio, han podido mantenerse alejados del desarrollo. Otro de los edificios que han sobrevivido a la modernización es la **Cattedrale di San Lorenzo** Ⓐ, situada en una pronunciada pendiente entre la estación de ferrocarril y el casco antiguo. De estilo románico, ampliada en el siglo XIV y restaurada en los siglos XVII y XVIII, destaca su fachada, una obra maestra del renacimiento de Lombardía.

La iglesia de un antiguo monasterio franciscano, la **Chiesa di Santa Maria degli Angioli** Ⓑ, construida en 1499 y situada entre dos casas en el paseo del lago, conserva, además de un transepto todavía intacto, una de las pinturas renacentistas más célebres de Suiza: la representación de *La pasión de Cristo* de Bernardino Luini (1529).

Al lado del ayuntamiento o *municipio*, se encuentra la **Piazza della Riforma** Ⓒ, una plaza de amplias proporciones justo al lado del lago, desde donde se disfruta de unas vistas extraordinarias. Sin duda, un lugar para disfrutar del sol o relajarse en uno de los acogedores cafés.

Mapas páginas 188 y 197

El casino próximo a Lugano se encuentra en Campione d'Italia, una diminuta parte de Italia en tierras suizas.

ABAJO: la *cantina* (bodega) de Mendrisio.

Mapas páginas 188 y 197

NOTA

En el museo y fábrica de Alpenrose, en Via Rompada, podrá ver el proceso de elaboración del chocolate. De lunes a viernes de 9:00 a 18:00 h; sábados y domingos de 9:00 a 17:00 h. Tel.: 91-606 61 43.

ABAJO: el palacio Ransila.
DERECHA: jardín tropical de la isla Brissago, en el lago Mayor.

Con su gran variedad de museos, Lugano se ha dado a conocer como la ciudad del arte. A la izquierda de la Piazza della Riforma se halla el **Museo Cantonale d'Arte** D (abierto los martes de 14:00 a 17:00 h; de miércoles a domingo, de 10:00 a 17:00 h; se paga entrada), que ofrece exposiciones de arte moderno, en Villa Malpensata. Un breve paseo por el lago conduce hasta el Parco Civico (parque de la Ciudad), un pequeño parque con bonitos jardines y ciervos, y al **Museo Civico di Belle Arti** E (abierto de martes a sábado de 10:00 a 12:00 h y de 14:00 a 18:00 h; se paga entrada) en Villa Ciani. Las colecciones de arte incluyen obras impresionistas y modernistas de artistas como Henri Rousseau. El **Museo d'Arte Moderna** F (abierto de martes a viernes de 9:00 a 19:00 h; se paga entrada) se encuentra al sur de la ciudad, después de la Chiesa di Santa Maria degli Angioli, en la calle Riva Caccia, cerca de la orilla del lago.

Una de las principales atracciones para los amantes del arte es **Villa Favorita** G (abierta de viernes a domingo de 10:00 a 17:00 h, de Semana Santa a octubre; se paga entrada) en la calle Viale Castagnola, en la que se exhiben pinturas del barón Heinrich Thyssen-Bornemisza. Desde que en 1993 se trasladara gran parte de la colección antigua al palacio de Villa Hermosa de Madrid, el museo ha acogido obras de artistas europeos y estadounidenses de los siglos XIX y XX.

Al este de Lugano se halla el maravilloso **Museo delle Dogane Svizzere** (Museo de la Aduana Suiza; abierto todos los días de abril a octubre, de 13:30 a 17:30; se paga entrada) en la localidad de **Gandria**, sólo accesible en barco, y explica los ingeniosos planes de generaciones enteras de contrabandistas. La propia Gandria es una población muy agradable, situada en una empinada ladera que comienza en el lago. Con su iglesia barroca, sus callejones estrechos y sus sucesiones de viñedos, constituye una excursión encantadora.

Lejos de las ciudades

Si le apetece alejarse un poco de las ciudades y conocer algo del Tesino genuino de primera mano, le gustará **Val Colla**, al nordeste de Lugano, con sus aldeas de **Tesserete**, **Brigorio**, **Cimadera**, **Sovinco** y **Dino**. Al noroeste, en la zona de **Malcantone**, las pintorescas localidades de **Bedigliora**, **Astano** y **Breno** se encuentran rodeadas de verdes colinas.

Sin lugar a dudas, el monte más conocido del Tesino, en lo que respecta al turismo, es **monte Generoso**. Situado al sudeste de Lugano, se puede acceder a la montaña desde **Capolago** en un tren cremallera. Las vistas son fantásticas por toda la llanura del Po, y el cercano estrecho y profundo **Valle di Muggio** constituye un magnífico lugar en el que practicar el senderismo.

Al oeste del monte Generoso, en la península de Ceresio, está **Morcote** 9, en el pasado un pueblo de pescadores y ahora un destino turístico, donde se puede visitar la **Chiesa di Santa Maria del Sasso** que se levanta en lo alto de la colina. De las afueras de la población parten senderos que permiten disfrutar del paisaje y el lago.

Al sudoeste de Capolago, unas tranquilas aldeas se ocultan entre pequeñas colinas del Mendrisiotto, que recibe su nombre de la ciudad principal de la zona, **Mendrisio** 10. Se trata de una región vinícola, donde el clima y las tierras fértiles han hecho de Mendrisio un productor importante. Las poblaciones como **Meride**, con la iglesia de San Silvestro y la Casa Oldelli, declaradas monumentos nacionales, se han mantenido apartadas del mundo moderno gracias a la autopista.

EL SUDESTE

El cantón más grande de Suiza, los Grisones, engloba el Parque Nacional Suizo y las estaciones de St-Moritz, Davos y Klosters

Las ideas preconcebidas sobre los *bündner* o los habitantes de los Grisones (Graubünden en alemán) suelen ser halagüeñas. Puede deberse a la reducida y alejada población grisona (unos 176 000 habitantes), lo que dificulta llegar a la verdad. Otra razón que explica su atractiva imagen puede radicar en el hecho de que habitan en la región más pintoresca de la nación, que incluye palmeras, 150 valles, 615 lagos y el macizo de Bernina, de 4 000 m, sin olvidar los blancos paisajes invernales y los coloridos veranos.

Los Grisones son una región de collados, con cimas menos elevadas que las de Valais, y que cuenta con una extensa y muy bien conservada red de vías férreas, carreteras y caminos. De hecho, las líneas férreas de este cantón (llamadas Rhätische Bahn, o RhB en su forma abreviada) constituyen sin duda alguna una de las maravillas técnicas del mundo. Por medio de túneles, curvas y viaductos espectaculares salvan desniveles extremos, de hasta 1 600 m en algunos tramos. A principios del siglo XX, las autoridades de los Grisones, preocupadas por proteger de la competencia esta obra maestra de ingeniería, llegaron a prohibir el tráfico de vehículos en el cantón durante quince años, entre 1911 y 1925. No obstante, con posterioridad recuperaron el tiempo perdido que había supuesto esta drástica medida y en la actualidad todos los pueblos tienen su carretera, y las 81 líneas de autocares postales suman 1 200 km. En lo que respecta a la red de caminos pedestres, tiene 12 000 kilómetros y no sufre grandes atascos.

Así mismo, éste es el cantón que presenta la mayor diversidad cultural del país. Al norte limita con el diminuto principado de Liechtenstein y Austria, y al este y sur con la soleada Italia, por eso en esta región oirá hablar varios dialectos del alemán y el italiano. No obstante, más de un tercio de sus habitantes hablan el idioma romanche, una antigua y misteriosa lengua que se remonta al siglo I a.C., cuando toda esta zona formaba parte del Imperio Romano. Sus orígenes no están nada claros sin embargo, porque algunos estudiosos creen que este idioma es anterior a los romanos y que surgió en torno al año 600 a.C., cuando el príncipe etrusco Rhaetus invadió estos territorios.

Hace siglos, el tráfico por los collados de los Grisones resultaba muy rentable para el cantón. En la Edad Media, con el objeto de defender sus intereses de los austríacos, que codiciaban las riquezas que éste generaba, las poblaciones de los valles decidieron federarse y formaron tres ligas. Con el tiempo, la del oeste, llamada Liga Gris, acabaría dando nombre a toda la comarca de los Grisones. Con posterioridad, en 1524, las tres federaciones constituyeron una «República de las tres Ligas», aunque, en realidad y pese a su nombre, el poder se dispersó entre 50 comunidades autónomas, cada una de las cuales contaba con sus propias leyes y jueces, que debían ratificar cualquier decisión común que afectara a todos los coligados. Pese a estos puntos débiles, los Grisones lograron continuar siendo independientes hasta el año 1797, cuando Napoleón los incorporó a la Confederación. No obstante,

PÁGINAS ANTERIORES: el puerto de Julier en invierno.
IZQUIERDA: la llamativa aguja de una iglesia de Zernez.
ABAJO: cuidando un rebaño en el Schams.

El sudeste
0
10 km
AUSTRIA
LIECHTENSTEIN
ITALIA
St Gallen
Glaris
Uri
Grisones
Tesino
Innsbruck
Merano
Bolzano
Zürich
Spiez
Brig
Chur
Davos
Klosters
St-Moritz
Bellinzona
Locarno
Sóndrio
Tirano
Bormio
Livigno
Chiavenna
Disentis/Mustér
Ilanz
Flims
Arosa
Scuol
Zernez
Pontresina
Poschiavo
Andermatt
Airolo
Engiadina
Parque Nacional de Suiza
Parque Nacional de Stélvio
Parque Regional del Livignese
Parque Regional Sasso Malascarpa
Paso del Bernina
Julierpass
Paso del Maloja
Splügenpass
Paso del San Bernardino
Túnel de San Bernardino
Oberalppass
Paso del San Gottardo
Paso del Lucomagno/Lukmanierpass
Flüelapass
Albulapass
Ofenpass/Ps. del Fuorn
Paso del Stelvio
Klausenpass
Via Mala
Schanfigg
Prättigau
Montafon
Silvrettagruppe
Rätikon
Valle Leventina
Val Blenio
Valle Mesolcina
Val Bregaglia
Val Poschiavo
Alpes Lepontinos
Lago di Como

hoy en día todavía existen ciertos valles que disponen de su propio tribunal, y, en algunos pueblos, los diputados se eligen a mano alzada en una plaza o en un prado, tal como se hacía antaño.

Mapa página 206

Un pueblo conservador

Ningún otro término describe a los grisones de forma tan precisa como la palabra *konservativ*; rechazan casi todo lo nuevo. Fueron los últimos en levantar la prohibición de circulación de los coches por sus carreteras. Así mismo, Grisones o Graubünden era uno de los cantones suizos que hasta algunos años negaban el derecho de voto de la mujer. Y cuando se diseñó un íbice simple para el escudo del cantón, 22 municipios pidieron con fervor que fuera lo más realista posible.

En toda la región quedan numerosas huellas del legado romano, además del idioma. Los habitantes del valle engadino aún festejan el día de Año Nuevo el 1 de marzo, como acostumbraban los conquistadores romanos: el día de *Chalanda März* (calendas de marzo) los jóvenes celebran el final del invierno con restallidos de látigos, cánticos de canciones y repiques de campanas. Todavía algunas carreteras de los Alpes Grisones siguen el trazado de las antiguas rutas romanas.

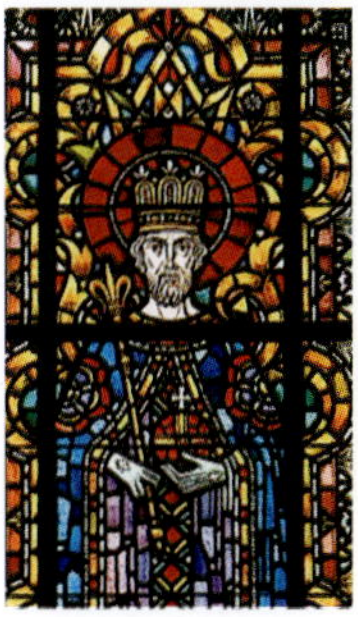

Una vidriera de la catedral de Chur.

La capital del cantón

Aunque parezca que la capital de la comarca, **Chur** ❶ (o Coira, en francés), se encuentre algo arrinconada en un extremo del cantón, es el punto de partida idóneo para cualquier tipo de vacaciones en los Grisones gracias a su excelente red de carreteras y ferrocarriles.

Es la ciudad más antigua de Suiza, fundada por las tribus celtas hace 5 000 años. Desde **Pizokel,** con su forma de cono, situado en la montaña de **Dreibündenstein**, se puede apreciar su estratégica e ideal localización. Si sólo le interesa el paisaje, debe

Abajo: la catedral de Chur.

El destino de los puertos

En los Alpes Grisones hay más de 14 puertos de montaña, todos muy cerca unos de otros, aunque esto haya constituido más una maldición que una bendición para los habitantes del cantón durante miles de años, desde que los romanos se marcharon por el puerto de Julier en el año 15 a.C. abandonando definitvamente la regió.

Media Europa combatió por el control de los puertos más importantes de este territorio dividiendo a la población en varias ocasiones. Durante la guerra de los Treinta Años, la región se encontró en medio de los conflictos que enfrentaban a Francia con los Habsburgo. Incluso cuando la paz llegó al escenario político de Europa y el cantón de los Grisones se unió a la Confederación (aunque era ya el año 1803) y emprendió la labor, en la que empleó 100 años, de transformar los caminos de montaña cubiertos de grava de la Edad Media en miles de kilómetros de carreteras transitables, la fortuna del cantón no cambió: el ferrocarril austro-italiano de Brenner y el ferrocarril suizo de San Gotardo acapararon todo el tráfico de la ruta norte-sur.

Y así, la clásica región de puertos de los Grisones quedó relegada, de la noche a la mañana, a la situación de una región fronteriza pobre. Poblaciones enteras de los valles que habían sobrevivido del tránsito norte-sur se vieron obligadas a emigrar a California y Australia.

El romanche

Los Unterländer (nombre que designa a los habitantes de Suiza que no viven en la región «alta» de Graubünden) y los turistas y visitantes interesados en la lengua romanche, utilizada por unas 50 000 personas en Suiza, se topan con una confusión idiomática digna de Babel.

El romanche (término general aplicado a los dialectos retorrománicos) consiste en una combinación de la lengua hablada por los pueblos réticos de los Grisones (Graubünden) y el latín de los conquistadores romanos.

Sin embargo, la topografía de la región propició la aparición de cinco dialectos principales a lo largo de los siglos en la zona conocida como Retia.

El grupo más numeroso de hablantes, el Bündner Oberland, habla el Sursilvan (proviene del término Surselva, «sobre el bosque»). En la región de la Baja Engadina se habla el Vallader y en la Alta Engadina, el Puter (ambos se conocen como Ladin). El dialecto de los valles de Oberhalbstein y Albula, y de las zonas centrales de los Grisones, es el Sutsilvan (termino que procede del vocablo Sutselva, «debajo del bosque»).

Estos cinco dialectos están considerados lenguas romanches estándares, pero además de ellos, existen decenas de dialectos locales que convierten a esta región en una zona de extraordinaria confusión lingüística. En la Alta Engadina, por ejemplo, se puede reconocer a los habitantes de algunas poblaciones vecinas por la forma de pronunciar la letra «e». En Zuoz, «pan» se dice pem, mientras que en Samedan suena päm (y se escribe paun). En la Baja Engadina, por otro lado, se escribe y se pronuncia pan, pero pertenece a otro dialecto distinto, el Vallader.

Los confusos orígenes de los primeros réticos que poblaron esta región pueden explicar en parte estas curiosidades lingüísticas. Según las últimas investigaciones, los réticos (entre los que se incluyen los primeros habitantes del sur del Tirol y de Friuli, donde se hablaba también el dialecto retorrománico) no son de origen indogermánico propiamente. Pero se puede afirmar que los etruscos que poblaban el valle del Po influyeron en la lengua rética. También los celtas, una tribu indogermánica del centro y el occidente europeos, dejaron su impronta en la Retia prerromana. Así mismo, algunos estudios apuntan a orígenes semíticos, lo cual significaría la existencia de un vínculo entre este misterioso idioma y el árabe, el hebreo y el acadio.

Alrededor del año 300 d.C., el emperador romano Diocleciano dividió la provincia de Retia en Raetia prima (con Chur como capital) y Raetia secunda (que tenía a Augsburgo como capital), que cayeron en manos de los teutones en el siglo v. Más tarde, en la Edad Media, los problemas económicos de los valles obligaron a emigrar a muchos jóvenes de la región. Finalmente, siglos después, llegaron los turistas.

Poco a poco, el romanche fue quedando relegado. El florecimiento de la literatura retorrománica, que se inició en el siglo xix, no propició un renacimiento de la lengua romanche. En la actualidad no está nada claro si la lengua estándar, Rumantsch grischum, desarrollada por el estudioso del romanche Heinrich Schmid, sobrevivirá o si logrará despertar de nuevo interés, tanto entre sus potenciales hablantes como entre la comunidad lingüística en general.

LA
SACRA
BIBLA
Tradütta
IN LINGUA RU-
manscha d'Engadina
Bassa.
Stampad'in SCUOL
Tras
JACOB DORTA à VUL-
pera, juven.
Anno M DC LXXIX.

Izquierda: portada de la Biblia que entre 1678 y 1679 fue traducida al romanche que se habla en la región de la Baja Engadina.

pearse en la parada de Mittelstation del **teleférico de Brambrüesch** (su parada en el alle se encuentra en Welschdörfli).

Tras pocos minutos de trayecto, desde el ajetreo de la Postplatz se llega a los pralos alpinos del final de la línea, en un entorno con ruido de cencerros y refrescado por l aire puro de la montaña.

Desde aquí resulta obvia la separación de hormigón que las empresas constructoras an levantado movidas por intereses económicos en el centro urbano medieval, donde odo les parece bien a quienes siguen las señales rojas y azules dispuestas por la oficina le turismo en las calles. Se trata de un recorrido que conduce de un lugar de interés a otro y no, como aseguran las malas lenguas, de bar en bar. Podrá visitar el **edificio ;ótico del ayuntamiento** y la **Obertor**, la **plaza Arcas** (la plaza más bonita de la ciulad), el **palacio Episcopal** y la catedral románica del siglo XII, algo achaparrada pero in duda magnífica (abierta todos los días de 8:00 a 19:00 h; tel.: 252-9250), que un ombre de letras describió en una ocasión como una *symphonie sur un air montagnard*. Posee un maravilloso altar mayor tallado de estilo gótico tardío de Jakob Russ.

La ruta prosigue pasando por delante de unas mansiones imponentes (la mayoría inanciadas con los salarios de los mercenarios que luchaban en las guerras extranjeas) de bloques macizos de color gris con bóvedas blanqueadas y amplias escaleras. Dos de estas mansiones destacan entre las demás: la que acoge la sede del gobierno, n la calle Reichsgasse, y la otra en Postrasse, donde se encuentran los tribunales. Merece la pena visitar el **Museo de Bellas Artes** de la ciudad, en la Postplatz, con obras de la familia Giacometti, de Angelika Kaufmann y el artista local Giovanni Segantini, entre otros (abierto de martes a domingo, de 10:00 a 12:00 h y de 14:00 a 17:00 h; los jueves hasta las 20:00 h; se paga entrada; tel.: 257-2868).

De Chur no se puede decir que sea una ciudad acogedora, pero el casco antiguo adquiere una belleza excepcional cuando sus tejados se visten de blanco y el trabajo

Mapa página 206

NOTA

Un delicioso plato tradicional que se sirve en invierno en los restaurantes de Chur es el denominado *Beinwurst*, una salchicha de cerdo que contiene un hueso en su interior.

ABAJO: el ferrocarril, Rähtische Bahn, cruza el viaducto de Landwasser.

En las excavaciones de las ruinas romanas de Welschdorfli, situadas cerca de Chur, se han extraído valvas de ostra importadas desde Borgoña, lo cual sugiere que la vida de algunas fuerzas imperiales no era muy espartana.

de mampostería gris de las casas parece más intenso y fuerte que nunca. Por el contrario, en otoño, cuando el viento *Föhn* sopla del sur y pinta el cielo de un azul de Prusia, el aroma del vino joven inunda el aire desde las prensas de las poblaciones como **Lürlibad** y todos los restaurantes sirven carne de venado. En los días cálidos de verano, la gente se sienta en las calles del barrio antiguo de Chur para disfrutar del calor del día que desprenden los muros de las casas. En noches como éstas, la capital de los Grisones se convierte en la ciudad más italiana del norte de los Alpes.

Por otro lado, Chur es la ciudad más antigua de Suiza que ha conservado su emplazamiento original en el transcurso de los siglos. En la actualidad es una pequeña localidad de 33 000 habitantes, pero sus primeros pobladores se remontan, según los restos arqueológicos encontrados en la zona, al año 3000 o 2500 a.C. aproximadamente. Los romanos fundaron la ciudad de Curia Raetorium en la terraza rocosa que se alza en la orilla meridional del río, desde donde podían defender con facilidad los pasos alpinos que llevaban al lago Constanza. En torno al año 284 d.C. se convirtió en la capital de la provincia romana de Rhaetia Prima, una de las más prósperas del imperio. No obstante, como se puede observar incluso en la actualidad, el apogeo de esta población se produjo durante la Edad Media, cuando la gobernaban los obispos y los príncipes-obispo. De hecho, abundan las calles estrechas, adoquinadas, los patios recónditos y los edificios con muchos postigos.

Recorridos a pie

Para muchos visitantes, Chur no es más que un obstáculo en el camino hacia su destino: luces rojas, curvas cerradas y una difícil transición de la vía férrea de ancho normal a la de vía estrecha. A continuación proponemos un pequeño plan para quienes tengan prisa; no resta más tiempo del que se requiere para cambiar de tren. Si le gusta caminar, dé un paseo tranquilo por la antigua Reichsgasse hasta la **Hofkellerei**, una posada dentro de la **torre de la Entrada** antes de llegar a la parte denominada **Hof**, en el corazón del casco viejo, donde se alzan la catedral románica y gótica, el palacio gótico Episcopal, el seminario y la antigua iglesia del monasterio de St. Luzius, con su cripta circular carolingia.

ABAJO: fiesta nacional de los fusileros de Chur.

En la Hofkellerei podrá degustar la especialidad de la ciudad, el *Capuns*, un suculento plato grisón típico compuesto de fideos envueltos en hojas de remolacha y hervidos en caldo. También puede ser una buena idea sentarse en la barra gótica revestida de madera y pedir una copa del vino *Schiller* que se elabora con uvas procedentes de los viñedos episcopales debajo del Hof. Aunque parezca suave y que entra muy bien, notará su fuerza cuando se ponga de pie, algo que todos procuran retrasar.

¿Y qué le parece seguir a los habitantes locales en sus salidas? En otoño, diríjase por la carretera al **Bündner Herrschaft**, a 15 minutos en tren desde Chur, hasta **Maienfeld** ❷, la tercera ciudad situada a orillas del Rin. El itinerario incluye además un relajado paseo de 5 km al sudeste de **Malans**, un recorrido llano también conocido como *Kistenpass* porque algunos terminan completamente borrachos (*kiste*). El paseo es ideal para quienes disfrutan tomando unas copas. Sin paradas, se tarda una hora, pero son pocos los que consiguen acabarlo en menos de dos horas y sin caer en la tentación.

Si le apetece un intermedio cultural en la ruta, deténgase a contemplar las gigantescas mansiones de Maienfeld, y desde la Städtliplatz diríjase a **Unterrofels**, a **Heidi-Dörfli** y a *Heidi-Hüsli*, donde se dice que vivió la protagonista de la célebre novela de Johanna Spyri, *Heidi*. Desde 199

Mapa página 206

a casa alberga un **Museo** (abierto todos los días de marzo a noviembre, de 10:00 a 7:00 h; se paga entrada; tel.: 302-3626), que cuenta con un espacio exterior dedicado los animales de granja.

Un recorrido menos transitado, pero igual de agradable y bonito que el de Maien-eld, es el de Thusis a Fläsch pasando por Chur, que se adentra en el centro de la egión vinícola del Bündner Herrschaft.

:l Oberland grisón

\parte de algunos signos de modernidad, en el **Surselva**, al oeste de Chur, se con-ervan gran parte de sus elementos originales. Se trata de una región descubierta ecientemente por el turismo, en la que aún se puede ver a los típicos hombres de arba blanca, objetivo buscado por los fotógrafos. Las casas se caldean al sol y en algu-ıos pueblos se sigue cociendo el pan en los hornos comunes de las plazas, como por jemplo en **Luven,** encima de Ilanz, donde se anuncia: «Nies paun da mintig gi» nuestro pan de cada día).

A decir verdad, el turismo no ha hecho más que comenzar a llegar al Surselva y el **/orderrhein,** a 20 km al oeste de Chur, sobre todo a las poblaciones de Flims y Laax. :n verano, los aficionados a las aguas rápidas practican aquí el *rafting*, por los des-ensos del Rin. No obstante, el río se parece más a un riachuelo que a un torrente lesde que el cantón permitió que se le privara de sus derechos sobre el agua (por una niseria en realidad) ante las centrales de energía hidroeléctrica de las tierras bajas. Los leportistas que acuden al río Innen, en el Unterengadin también se encuentran en la nisma situación.

Las carreteras del Safiental son buenas pero con curvas cerradas.

Flims ❸ (casi construida como parada del autobús postal desde Chur) y **Laax** (un ueblo algo más tranquilo y rústico) han concentrado su atención en los esquiadores: lentro del denominado «**White Arena**», creado por un carnicero de Flims, con una uperficie de 140 km², ni siquiera el esquiador mejor pre-arado puede realizar todos los descensos en un día. Por lesgracia, el telesquí que asciende hasta la estación de erano ya no funciona con regularidad, aunque otras ofer-as han seguido atrayendo a los turistas. Grupos de jóve-es viajeros se acercan por las excelentes posibilidades ue ofrece esta estación para practicar senderismo, iclismo y *snowboard*.

ABAJO: a bordo del St. Bernard Express, en Orsières.

También se está intentando hacer llegar a los visitantes los valles, cerca del nacimiento del Rin en el lago **Toma-ee**, por cuyas orillas existe un sendero por el que se puede lar un agradable paseo. A 40 km de Ilanz, en **Sedrun** (en l **Oberalp Pass**, que conduce hasta Andermatt, en el can-ón de Uri), la nieve está asegurada incluso en momentos n que los gerentes de otros centros medicinales se retuer-en las manos con desesperación.

Se debe hacer hincapié, además, en que en ningún otro alle de Suiza hay tantas iglesias y capillas barrocas, nuchas de las cuales fueron construidas durante los estra-os que causó la peste negra que asueló Europa a media-los del siglo XIV, cuando la población temía ser conta-iada en las iglesias más grandes. Los mejores ejemplos algunos de ellos góticos) se pueden apreciar en **Falera**, uera de Laax (la iglesia de St. Remigius), en **Sevgein** justo al sudeste de Ilanz), en Ilanz (iglesia de St. Marga-ethen) y en **Waltensburg**, a 8 km al oeste de Ilanz desde a carretera principal (iglesia reformista).

Al valle del **Safiental** sólo se puede acceder por una inuosa carretera que tiene 365 curvas muy cerradas; a 10 :m de Ilanz en dirección este, gire al sur en Versam. En el valle **Valser Tal**, al sur de Ilanz, podrá beber agua mineral del mismo nombre y nada en sus aguas, en los baños termales al aire libre (en el Hotel Therme, abierto a los no residentes).

Se cree que el puerto de San Bernardino ha sido utilizado desde la Edad del Bronce.

La fe y la política de Surselva

En ningún otro lugar de los Grisones la Iglesia y la política están tan estrechamente relacionadas como en Surselva: cuando un asunto se somete a votación los domingos, las urnas suelen estar dispuestas ante las puertas de la iglesia. Los sermones de los sacerdotes acostumbran ser más politizados que en otras partes del país y no suelen ser únicamente las cuestiones éticas, como el aborto o los refugiados, lo que más preocupa a la Iglesia, ya que también temas profanos, como las centrales nucleares o la construcción de carreteras, se debaten desde el púlpito.

Durante siglos, la división religiosa y los conflictos entre protestantes y católicos han impreso su huella en la región, evidente incluso en el idioma. En Surselva, de habla romanche, una confesión escribe *de* mientras que el resto escriben *da* (preposición «de»), una consecuencia de la Reforma, durante la cual se ignoraba cualquier escrito procedente de los heréticos valles vecinos. Tras un lento proceso se fueron eliminando las fronteras entre las zonas católicas y protestantes. Hoy día, las cosas han evolucionado de tal manera que cuando se habla de un matrimonio mixto en una conversación, lo primero que pasa por la mente de todo el mundo es el idioma y no la religión de la pareja.

Para los amantes de la naturaleza y el arte, **Ilanz** ❹ (que se halla a 30 km al oeste de Chur siguiendo el curso del Rin, tras pasar la población de Laax) es el mejor punto de partida: todo es accesible a pie, en coche o en autobús postal. En los valles laterales de Surselva, apartado de las transitadas rutas y de las estaciones rebosantes, puede retroceder 100 años en el tiempo.

ABAJO: vista del puerto de Albula.

Todavía más al oeste, después de Trun y justo al este de Sedrun, se encuentra **Disentis** ❺ (Mustér en romanche), con su **monasterio benedictino**, el edificio barroco más elegante de los Grisones. Ahora su nombre se relaciona con las pistas de tenis sobre hierba, por lo que la oficina de turismo le ha puesto el sobrenombre de «el Wimbledon de los Alpes».

Mapa página 206

Magníficos puertos

Quien pretenda pasar por los puertos del cantón tiene que seguir las mismas rutas que hace 2 000 años, es decir, la angosta franja que forman el Bündner Herrschaft y Chur. Si le atraen los puertos de montaña, le proponemos dos recorridos interesantes.

El primero es ideal para los conductores que no tengan mucha experiencia en los puertos. Empieza en Chur (pasando por Lenzerheide y Tiefencastel o bien por Landquart y Klosters) hacia Davos y prosigue por el **Flüelapass**, en el que disfrutará de un paisaje desnudo de roca y agua, hasta **Susch**.

El puerto de San Bernardino

En otro recorrido hacia el sur de los Grisones se puede cruzar el puerto en el trayecto de ida y regresar por un túnel de carretera. Se trata del **Passo del San Bernardino** ❻ (puerto de San Bernardino), la alternativa del San Gotardo para recorrer Suiza en coche. El puerto lleva el nombre de san Bernardino de Siena, un monje del siglo XV que solía predicar aquí. El túnel mide 6,6 km de largo, sólo la mitad que la carretera antigua que pasa por encima. Si decide tomar el camino corto y pasa por el túnel, se perderá unas maravillosas vistas del valle de Rheinwald y sus cimas septentrionales (pero las 18 curvas de la carretera reclamarán toda la atención del conductor).

Merece la pena tomar esta ruta, aunque sea sólo para conocer el **valle de Misox** (o valle de Mesolcina, como aparece escrito en los mapas): la carretera arranca en Chur

ABAJO: la población de Splügen, en el valle de Hinterrhein.

Un detalle de la bóveda de la iglesia de Zillis.

y atraviesa el valle del Hinterrhein y discurre por el puerto (salpicado de rosas alpinas en verano) hasta la estación de montaña de **San Bernardino**, emplazada justo después de la entrada sur del túnel, un lugar muy conocido en todo el mundo para practicar el senderismo y el esquí de fondo.

El principal pueblo de la zona es **Mesocco**, en el que destaca su conjunto de sólidas casas de piedra. Las ruinas del **Castello di Mesocco** (castillo de Mesocco), del siglo XV, dominan desde lo alto de su cresta rocosa la población que se extiende a sus pies. Si en lugar de la autopista o *Autobahn* continúa por las carreteras que pasan por los municipios, podrá ver los pintorescos establos construidos entre restos de mampostería en los campos, y tampoco se perderá **Roveredo**, donde el camino se ramifica hacia **Val Calanca**, en lo alto de las montañas. A su entrada hacen guardia una torre pentagonal del siglo XIII y la **iglesia de Santa Maria Assunta,** del XVII, en **Santa Maria di Calanca.**

A continuación se extiende una sucesión de pueblos apiñados en un precioso paisaje. Muchos de ellos aparecen hoy en día abandonados: desde el siglo XVI, los habitantes han emigrado de este alto valle. Estos hombres robustos han ido a probar suerte a las ciudades italianas, en calidad de constructores y artistas primero, y después como deshollinadores.

Si estos puertos le han sabido a poco, debe probar una tercera vía, que ha llegado a poner los pelos de punta incluso a los viajeros más experimentados. La ruta parte de Chur pasando por **Thusis** por la carretera 13 hacia Splügen, donde se desvía al sur por el clásico puerto de **Splügenpass** ❼, que va de norte a sur, y desciende por unas curvas muy románticas hasta la bonita localidad de **Chiavenna,** ya en territorio italiano. Después retoma el camino de vuelta a Suiza por el Bergell, donde las montañas son tan elevadas que privan del sol a algunas localidades durante meses seguidos. A continuación prosigue por el **puerto de Maloja** a Engadina y de nuevo hasta Chur a través de Julier, una antigua ruta romana, casi un juego de niños después de lo anterior.

ABAJO: estación del teleférico de las pistas de esquí de Davos-Parsenn.

Mapa página 206

;i prefiere no conducir, puede realizar todo el trayecto en un cómodo autobús postal debe hacer transbordo en Splügen, Chiavenna y Silvaplana).

Sin embargo, si viaja en dirección sur, no cometa el error de seguir por la aburrida N-13, que discurre por interminables túneles de hormigón durante 6 km. No encontrará ıada interesante en esta ruta, pocos lugares merecen la pena y el ruido del tráfico esulta mucho más molesto que en el **Hinterrhein**, aprisionado entre las rocas. Cuesta ıntender que la gente se estremeciera con la sola idea de pensar en este lugar y que en ına ocasión un gran número de personas murieran aquí.

:n el abismo

'ara hacerse una verdadera idea del lugar, reduzca la velocidad en **Thusis**, no caiga ın la tentación de ser devorado por la nueva autopista de muchísimos carriles y siga ıor la antigua carretera, llamada con razón **Via Mala ❽**, que recorre las montañas a ravés de túneles construidos casi con mala idea. La sensación que se tiene es la de viaar en un temible tren fantasma, incluso se puede sentir el aire húmedo que viene lesde abajo. Negras e imponentes, a ambos lados se alzan, hasta los 300 metros de ıltura, las arrugadas capas de pizarra.

El susto puede ser aún mayor en el lugar más espeluznante de la garganta: la base le los 321 escalones que llevan hasta las profundidades. Si se siente con fuerzas (y ıuede que no sea mala idea para estirar las piernas después de pasar todo un día en :oche), puede descender y descubrir la monstruosa imagen del fondo. En la superfi:ie rocosa del lado opuesto se puede observar lo que parece una galería de cuadros, epleta de agujeros donde se afirmaban los gruesos soportes que en su día sostenían la ıntigua Via Mala, que colgaba, como un balcón, sobre el abismo.

Aquí es donde solían parar los viajeros de antaño, suspendidos literalmente entre el :ielo y la tierra: sobre ellos las montañas y bajo sus pies un enorme vacío y el sonido lel agua. En invierno solían atar al saco de paja de los trineos a personas de temperamento nervioso y les daban ına botella de aguardiente para soportar el frío. Las mujees solían correr las cortinas de cuero de los carruajes hasta que pasara lo peor. Con demasiada frecuencia, los cabaıos, amedrentados, no familiarizados con aquel lugar, troıezaban o se encabritaban y se arrojaban, jinete y equipaje ncluidos, a las insondables profundidades.

Si mira hacia arriba, en cambio, puede ver el famoso **ıuente de Via Mala**, exactamente igual que en 1788, :uando lo describió el escritor alemán Goethe. También se nenciona en algunas obras de teatro y en libros, como en a obra *Via Mala,* del escritor suizo John Knittel, que ha ;ido filmada en varias ocasiones, algo que sus habitantes odavía no le han perdonado: los convirtió en una panda de ıorrachos y pendencieros. Puede que se inspirara en el ıecho de que la lengua romanche incluye más expresiones le luchas y peleas que ninguna otra.

Jn eterno paisaje idílico

:l valle de Schams, que emerge del temido barranco, es :omo un rayo de sol tras la tormenta. Aquí, el sol todavía se pone detrás de las montañas y no de los edificios le los hoteles. Ni un solo telesquí recorre las laderas, y os jardines del pueblo no han sido asfaltados aún. En ıinguna otra región protestante de Suiza hay tantas igleıias para tan pocos habitantes como en el valle de ;chams. No se encuentran en los pueblos, sino que están liseminadas por las montañas, desde donde contemplan ılegres los valles.

NOTA

Un antiguo e importante hotel del valle de Schams es el Hotel Franvi, en Andeer, donde se han alojado varios jefes de Estado, además de Karl Marx (*véase pág. 340*).

ABAJO: de compras por las lujosas tiendas de Davos.

NOTA

Arosa se divide en dos partes: Außerarosa, que acoge los principales servicios de las pistas de esquí, situadas alrededor de la estación de ferrocarril, a las orillas del lago Obersee, e Innerarosa, la parte antigua de la ciudad.

Si aparca su coche o se apea del autobús postal en Zillis, puede dedicar unas horas a pasear por las ruinas del castillo de **Cagliatscha**, cruzando el viejo puente de madera hasta llegar a Andeer (a 5 km de Zilis) y regresar a Zillis a pie o de nuevo en autobús. Tendrá ocasión de admirar los interiores de las iglesias, de una sencillez conmovedora (sobre todo la iglesia de **Clugin**), y las poblaciones que, gracias a un reglamento urbanístico, todavía se conservan como hace 100 años. Sin embargo, la iglesia más destacada se encuentra al lado de la carretera principal; se trata de la iglesia románica de **Zillis** ❾, que data del año 1150 aproximadamente, con el techo pintado más antiguo de Occidente que se conserva. Se desconoce quien fue su autor, pero se cree que pretende conmemorar el puerto de Via Mala. Presenta con claridad la influencia de decoraciones de los libros de Baviera y el norte de Italia, y en 153 paneles representa la vida de Cristo y escenas de la vida de san Martín. Con la ayuda de las lupas que se facilitan podrá observar la obra con mayor detalle. En los paneles de las esquinas se aprecian monstruos misteriosos y extrañas criaturas marinas.

Con su exceso de tranquilidad bucólica, el valle de Schams le invitará a quedarse un poco más. Si dispone de tiempo para permanecer en **Andeer**, merece la pena explorar este relajado paraje detenido en el pasado. Puede visitar la **Haus Pedrun**, una casa decorada con esgrafiados del siglo XVI.

Lejos del ajetreo

Situado junto a las dos estrellas del firmamento turístico de los Grisones, St-Moritz y Davos, para las estaciones menos brillantes la situación no es tan fácil. A unos 16 km al sur de Chur, por el puerto de Julier, **Lenzerheide** ❿ presume de ser una estación para toda la familia, mientras que **Parpan** y **Churwalden** han introducido en la región el *Bindenfleisch* (una especie de cecina), un plato típico, conocido en toda Suiza por su nombre local, *Bündnerfleisch*. Los gastrónomos y amantes del buen comer, y la

ABAJO: revisión del ganado en un mercado de Andeer.

personas que buscan paz y tranquilidad se sentirán más a gusto en estos alrededores que los esquiadores entusiastas y quienes se mueven tras el rastro de los famosos.

Golf en Arosa

Arosa ⓫, otro clásico del cantón, es también un destino aislado del mundanal ruido y con su campo de golf interior, el más grande de Suiza, se adapta muy bien a las necesidades de las familias. La estación es conocida por sus pistas de esquí de dificultad moderada, el patinaje sobre hielo en los lagos de la zona y su agradable localización lejos de la civilización. Se puede llegar en una hora desde Chur, en el ferrocarril de vía estrecha o por una carretera de 30 km llena de curvas, un recorrido romántico especialmente agradable en verano. Para los días de buen tiempo, el tren de Arosa dispone de un vagón-observatorio especial con techo descubierto, en el que los pasajeros atraviesan profundos barrancos, cruzan bosques tranquilos y, en el tramo final, pasan por el conocido viaducto de Langwies.

Es un trayecto maravilloso, aunque puede que la ciudad no cumpla con las expectativas de un lugar bucólico. Sin embargo, los paisajes –además del esquí, los paseos por la nieve, las excursiones en teleférico y el aire fresco (incluso hay una escuela de paracaidismo)– no le decepcionarán.

Al final de la línea de ferrocarril que conduce a Arosa, la excursión hasta la **iglesia de Innerarosa**, con su torre recubierta de madera, es uno de los principales atractivos. Fíjese en las dos campanas de la torre, porque le sorprenderán: según su inscripción fueron forjadas en 1492, el año en que Cristóbal Colón descubrió América.

Una montaña mágica

El **Prättigau**, que se extiende hacia el sudeste desde Landquart, comparte el mismo destino que otros valles con conocidos balnearios, en este caso **Davos** y **Klosters**: no

Mapa página 206

Las poblaciones protestantes del Prättigau se caracterizan por ser supersticiosas; la mayoría cuentan con un curandero o un vidente.

ABAJO: descenso en balsa por Vorderrhein.

Vidriera de 1517 del castillo de Tarasp, obra de Hasn Ort de Einsiedeln.

es más que una ruta de acceso y la mayoría de los visitantes lo cruzan sin detenerse a contemplar el paisaje. No obstante, en otoño, cuando los extensos bosques de hayas adquieren una belleza inesperada y los pueblos romanches de la región celebran sus conocidos festivales, pueden ser cautivadores.

A través de este valle pasaba, en 1889, el ferrocarril rético que llevaba a los primeros enfermos de tuberculosis (en efecto, el aire de las montañas se creía beneficioso para las afecciones pulmonares) a los sanatorios de **Davos** ⓬, que hoy en día se da a conocer con el lema «Davos-famos». Con una población que supera los 10 000 habitantes, la ciudad está llena de vida durante todo el año y los imponentes edificios antiguos se han convertido en hoteles de cinco estrellas, como el Steigenberger Hotel Belvedere, en el que el escritor alemán Thomas Mann situó el sanatorio en el que transcurre la acción de su célebre novela *La montaña mágica.*

Sin embargo, Davos se conoce sobre todo por el **Parsenn**: 200 km de los 320 de pistas conducen hasta el valle. Sus pendientes predecibles y no tan acusadas inspiran confianza hasta al esquiador principiante. Con el ferrocarril **Schatzalp-Strelabahn** se puede subir hasta el comienzo de la ladera, para así evitar las colas de los telesquís los fines de semana y días festivos. Por las noches, abundan los clubs y bares (algunos de ellos bastante caros) en los que puede tomarse una copa con los miembros de la *jet-set* de todo el mundo que acuden a esta localidad a ver y ser vistos. En verano, la oferta de actividades es aún más variada, con descensos en trineo (practicables durante todo el año) y la posibilidad de enfrentarse al reto que suponen la bicicleta de montaña o el senderismo.

Klosters

ABAJO: el Parque Nacional de Suiza.

Algunos turistas, como la familia real británica, suelen preferir la ciudad de **Klosters** ⓭, mucho más tranquila, con las mismas pistas de esquí pero con un atractivo alpino más auténtico. Esta pequeña pero elegante estación de montaña está formada por grupos de casa blancas con tejados de madera y una iglesia con un reloj en el campanario, que constituye el único vestigio del claustro medieval que dio nombre a esta localidad (en alemán, Kloster significa claustro). Se ha inaugurado un nuevo túnel ferroviario hasta Klosters, que permite salvar el puerto desde Chur y Landquart. Las pendientes son aptas para el esquí o el cada vez más solicitado *snowboard,* y en los alrededores se han abierto algunos hoteles temáticos de este deporte, además de la *half-pipe* de **Jacobshorn**. Sin embargo, no son lugares tranquilos.

Desde Klosters puede realizar una excursión algo cara en ferrocarril hasta **Gotschna** para contemplar las vistas del valle o subir hasta el **Madrisa** para dar un paseo. Los habitantes de la región recomiendan recorrer la zona de los lagos Jöri, a los que se puede llegar desde Berghaus en autobús postal. Otra posibilidad es acercarse a los vecinos valles de **Sertigtal** y **Dischmatal**, un poco más idílicos, reproducidos por el pintor expresionista alemán Ernst Ludwig Kirchner en numerosas obras. El artista residió entre 1917 y 1938 en una casa en Davos-Frauenkirch cerrada al público; pero puede visitar el **Kirchner Museum** (Museo Kirchner), con óleos, bosquejos y diferentes documentos, que se halla instalado en el antiguo edificio de correos.

El valle de la Baja Engadina

La comarca de la **Baja Engadina** presume de su patrimonio ancestral. La población de **Ardez** ⓮, por ejemplo, situada a 35 km al este de Davos por las carreteras 27 y 28, fue declarada municipio modelo en el año europeo de la conservación del patrimonio; merece la pena detenerse para admirar la representación de la caída de Adán en la fachada con doble mirador de la **Haus Claglüna**, la casa más decorada de toda Engadina.

Desde Ardez, tras recorrer 5 km por un estrecho camino (apto así mismo para paseos) se llega a **Guarda** ⓯, encaramada a las soleadas laderas, que ha sido restaurada con la ayuda de fondos nacionales. Las casas y las posadas de la aldea conservan el estilo predominante desde el siglo XIV en todo el valle, con los establos y la vivienda bajo el mismo techo. Las ventanas muestran una ligera inclinación hacia el interior y muchas de ellas lucen adornos esgrafiados, originarios de Italia.

En la cercana población de **Sent** con casas de hastiales decorados, a 15 km en dirección este por la carretera 27, descubrirá una forma de vida tradicional, igual que en **Panorama High Path**, en la antigua ruta por la Baja Engadina, donde la aldea de **Ftan** ha sido reconocida como centro de una excelente gastronomía.

Uno de los mejores lugares donde iniciar la visita del valle de Engadina es **Scuol** ⓰ (Schuls en alemán), una preciosa y romántica ciudad balneario enclavada en el fondo del valle, con un **castillo** del siglo XI (abierto de junio a octubre; se paga entrada; tel.: 864-9368) y un casco antiguo pintoresco con callejuelas adoquinadas, burbujeantes fuentes y viejos hornos de pan. Las aguas minerales de Scuol, conocidas como «el champán de los Alpes», se pueden degustar en las fuentes de la localidad o puede darse un baño termal en ellas, eligiendo una de las variadas tentaciones terapéuticas de vapor que se ofrecen. Podrá disfrutar de ellas si se encuentra en la zona para practicar la actividad más enérgica de la ciudad: tiene la escuela más antigua de *snowboard* de Europa, donde se ofrece una gran variedad de cursos para todas las edades y niveles (Snowboardschüle, 7550 Scuol; tel.: 081-864 8229; fax.: 081-864 1851; snowboard@theschool.com).

Mapa página 206

NOTA

Scuol acoge, en febrero y marzo, importantes festividades que se remontan a la época romana, cuando se celebraban la entrada del invierno y el día de Año Nuevo (el 1 de marzo).

ABAJO: vista de Tarasp.

En el Glacier Express entre St-Moritz y Zermatt.

En cuanto a la arquitectura, numerosas casas del casco antiguo presentan un *balcun tort*, un mirador desde el que se puede ver la calle por ambos lados. Este tipo de miradores sólo se ven aquí y eran una forma de controlarse unos a otros.

Movimientos demográficos

Para muchos de los habitantes de los Grisones, esta vigilancia ha propiciado un estilo de vida algo claustrofóbico, y una emigración continua a lo largo de los siglos. A menudo eran los filósofos e idealistas los que solían abandonar la región, incomodados por el ojo crítico de sus vecinos.

También los arquitectos de los castillos como **Schloß Tarasp** (emplazado al sur de Scuol) se marchaban al extranjero. Los castillos bávaros de Nymphenburg y Schleissheim de Baviera fueron obra de arquitectos de Roveredo, mientras que los poderosos mercaderes grisones comerciaban en Italia, Rusia y España, y eran propietarios de las pastelerías más afamadas de Venecia. Entre tanto, el cantón se iba llenando de extranjeros: el alemán Hennings y el doctor holandés Alexander Spengler convirtieron la región de Davos en el balneario internacional que es en la actualidad. El torneo anual de hockey sobre hielo «Spengler Cup» lleva su nombre.

Si lo que busca es un ambiente más relajado y tranquilo, puede encontrar un lugar más amplio, además de un entorno natural más romántico en el **Val Scharl**, un valle accesible a pie, en coche o autobús postal desde Scuol en dirección sur. No hay hoteles en la zona, pero es un lugar frecuentado por los aficionados al senderismo y a los paseos estivales que recorren las rutas que van hasta Ofenpass y el Val Müstair.

Abajo: entrando en calor para disputar el maratón de esquí de Engadina.

El Parque Nacional de Suiza

Por una carretera que avanza a lo largo de unos 40 km hacia el este pasando por **Bergünn** y el **Albulapass** (abierto a los coches sólo en verano) se llega a un paisaje menos abrupto. Pese a que el camino es estrecho y un tanto peligroso (por lo que no hay casi tráfico), presenta una atractiva vegetación y es menos rocosa. Por este camino se accede a **La Punt** ⓱, donde se halla el impresionante monumento de Engadina, el **Chesa Mereda**, con su llamativo hastial de 1642.

A lo largo de la carretera 27, pronto se ve la población de **Zernez** y con ella, la entrada al Parque Nacional de Suiza, el extenso **Parc Naziunal Svizzer** ⓲. Desde su fundación en 1914, la naturaleza siguió libremente su curso en esta superficie montañosa de 1 700 km². Hoy continúa siendo un lugar de vida salvaje, donde se han aplicado de forma rigurosa las medidas protectoras. El acceso al público está limitado a determinadas áreas y encender fuego y arrancar flores está sancionado con fuertes multas. Se está considerando la posibilidad de aumentar la extensión del parque. Puede obtener más información en la **Nationalparkhaus** (Oficina del Parque Nacional; abierta todos los días entre junio y octubre de 8:30 a 18:00 h; los martes hasta las 22:00 h; se paga entrada al museo; tel.: 856-1378), donde unas diapositivas le ilustrarán sobre lo que puede ver en el parque.

En esta magnífica reserva federal, donde la naturaleza se ha preservado casi intacta, no se han dispuesto zonas de acampada ni de recreo, y nadie reside en ella. No cuenta con muchos empleados (tres administradores y dos recepcionistas se ocupan de la oficina de información a los visitantes, y de los diez guardas jurados que vigilan el parque, sólo la mitad trabajan a tiempo completo, pero viven fuera del recinto del parque), y todo es natural y agreste;

Mapa página 206

sólo algunos grupos de escolares tienen permiso para realizar experimentos previamente aprobados por la dirección del parque, y siempre rigurosamente controlados. Como resultado de estas medidas, en esta reserva viven grandes rebaños de cabras montesas, con su imponente cornamenta, rebecos, enormes venados y pequeños corzos, además de numerosas colonias de marmotas. No obstante, continúan siendo animales salvajes, es decir, que no se detienen en el borde de la carretera, en espera de turistas; de hecho, es muy raro que se dejen ver, por lo que es aconsejable tener a mano unos buenos prismáticos, que se pueden alquilar en la oficina de la entrada, la Nationalparkhaus.

Por el parque discurre el **Val Müstair**, que podrá recorrer por la carretera 28 en dirección sudeste atravesando el **Ofenpass** hasta la población de Santa Maria, donde la ruta se bifurca hacia el norte y hacia el sur. Tomando el desvío hacia el norte llegará a la villa románica de **Müstair ⓳,** en la frontera con Italia, y después puede continuar el recorrido hacia Glurns/Glorenza, en la región de Alto Trentino. El camino sur pasa por los puertos de Umbrail (abierto sólo de junio a octubre) y el Stilfser Joch/Passo di Stelvio (puerto de Stelvio), que lleva hasta el parque nacional del mismo nombre.

El convento carolingio de San Juan Bautista, que data del siglo VIII, es la principal atracción de la población de Müstair y por lo tanto, una parada obligada en la ruta. Guarda la mayor y mejor conservada colección de pinturas murales carolingias de los Alpes (abierto todos los días de 9:00 a 23:00 h; cerrado en enero y noviembre; entrada gratuita los miércoles de julio a octubre y los viernes de 10:00 a 23:00 h en julio y agosto).

Un mundo aparte

No existe una frontera geográfica visible que divida los valles de la Baja Engadina y la **Alta Engadina**, pero en lo que respecta a su forma de ser, constituyen dos mundos

ABAJO: la apacible orilla del lago de St-Moritz, lugar de recreo de la elite europea.

distintos. Mientras que en el valle inferior las valiosísimas muestras de arte románico aún decoran los salones, en la Alta Engadina es más probable encontrarlos en establecimientos elegantes como el Chesa Veglia de St-Moritz, donde los ejemplares más selectos del románico están expuestos en línea uno tras otro (y son de mayor valor que los que se guardan en los museos de historia local de la zona).

En la Baja Engadina, la tradición es algo mucho más privada, un asunto local; en cambio, el valle superior ha sufrido un notable aumento turístico. Por ejemplo, la *Schlitteda*, la tradicional excursión en trineo de los jóvenes de los pueblos, en verano se realiza con caselas en lugar de trineos, para tentar a los visitantes.

St-Moritz ⓴ es la estación de esquí invernal por excelencia de la Alta Engadina y, aunque el alojamiento y las comidas son bastante caros, es el lugar ideal como punto de partida de los deportes al aire libre. Y es que, después de todo, presume de ser la estación de esquí más antigua del mundo y sede de unos Juegos Olímpicos de invierno. Todo comenzó en 1864, cuando Johannes Badrutt, propietario del Kulm Hotel, planteó a unos huéspedes británicos que habían acudido en verano, la posibilidad de pasar el invierno en su establecimiento asegurándoles que en diciembre podrían salir a la calle en camisa. Pero las novedades no terminaron aquí: en 1880 la ciudad acogió el primer torneo europeo de *curling* y en 1884 se construyó la primera pista de trineo, por la que los osados participantes alcanzaron velocidades de hasta 140 km/h. Fue también en St-Moritz donde se «inventó» el *bobsleigh* en 1891. De vez en cuando, algún turista se arma de valor para descender por la conocida pista, pero en el asiento del pasajero.

La Alta Engadina cumple con todos los tópicos que se le atribuyen. Es aquí donde se puede ver a la *jet-set* bajarse de sus Rolls-Royce y a los integrantes de la aristocracia europea en acción. Siempre hay algún acontecimiento llamativo; no se trata de ficción cuando se asiste al espectáculo ofrecido por unas elegantes mujeres con abrigos

ABAJO: un trineo tirado por perros cerca de St-Moritz.

Mapa página 206

de piel que se pasean en trineos tirados por perros del tamaño de terneros. En las soleadas terrazas del **Corviglia**, la montaña de St-Moritz (accesible en funicular), las personalidades y los que creen serlo se saludan como náufragos recién rescatados; aunque después de varios *Kaffee Grischas* en el «Alpina», los besos de saludo no suelen ir dirigidos con tanta precisión: los cuatro tipos de *Schnapps* (una clase de aguardiente) que se pasan de mano en mano en unos sólidos cuencos fabricados con madera de coníferas de la zona suelen producir un efecto bastante fuerte.

Un íbice de las zonas altas de Val Bernina.

Juegos y diversión

Ahora es cuando comienza la fiesta. Con la ayuda de la bebida y con el ánimo alegre, entran las ganas de participar en los deportes de mayor riesgo como, por ejemplo, lanzarse en ala delta sobre el **St Moritzer See** (lago de St-Moritz). La oferta de actividades aumenta año tras año: el golf y el polo (con pelota roja) están cada vez más de moda. Así, por las noches los bares están repletos de deportistas accidentados que lucen su escayola y su cuerpo, cubierto de moretones. Como afirmó Art Buchwald en *I Cose Caviar,* St-Moritz es el país de la extremidad rota, donde un hombre se pone a prueba primero sobre los esquís y después en la camilla.

Nadie puede eludir el ajetreo de St-Moritz, ni evitar toda su frenética actividad. Por tanto es necesario disponer de un lugar en el que poder relajarse, y en la Alta Engadina, como en otras partes frecuentadas por los ricos y los personajes de moda, sólo tiene que alejarse un poco de la zona turística para que cese el ruido de los Ferrari y se desvanezca el olor a perfume y *aftershave*.

Sólo entonces podrá hacerse una idea del valle que el escritor checo en lengua alemana Rainer Maria Rilke describió en 1919: «Cómo atraen estos lagos y montañas, poseen una riqueza extraña, que permite disfrutar unos momentos nada baladíes. La sorpresa de nuestros abuelos y tatarabuelos parece guardar una estrecha relación con este lugar: llegaron desde sus países que en apariencia no tenían nada, mientras que aquí todo se encuentra en abundancia. La naturaleza, con sus altibajos, llena de exuberancia, llena de vigor, con sus rasgos bien resaltados».

ABAJO: fresco de san Cristóbal en la iglesia de Waltensburg.

Sin embargo, el turismo ha llegado en masa a contemplar esta grandeza y el resultado no siempre ha sido positivo. Algunas partes del pueblo recuerdan a las horribles manzanas de las ciudades llenos de hoteles que parecen bloques de cemento, y en los últimos años la fiesta de la localidad se ha tenido que celebrar en el tejado del aparcamiento porque no se dispone ya de extensiones abiertas sin urbanizar.

Deliciosos anocheceres

¿Y qué sucede cuando anochece en Engadina? Justo antes de la cena es el mejor momento para ver a los ricos y famosos. Sin embargo, el resto suele preferir la intimidad a la hora del cóctel en el **Suvrettahang**, la zona más exclusiva, situada al oeste de la ciudad. En una ocasión, un diario de la prensa rosa exageró al decir que aquí se concentraban alrededor de cincuenta multimillonarios.

Una forma más satisfactoria de pasar las horas del anochecer consiste en tomar el teleférico desde Punt Muragl (un breve trayecto desde el norte de Pontresina) hasta **Muottas Muragl**: desde ningún otro punto de observación resulta tan impresionante la extensión del lago de la Alta Engadina como cuando la luz plateada del anochecer ilumina las montañas. Todos los que han tenido la ocasión de presenciarlo vuelven atraídos al lugar: impregna

NOTA

Celerina, justo al norte de St-Moritz, con el que comparte las pistas de esquí, cuenta con una estación de invierno más acogedora, además de la posibilidad de descender por una antigua pista de *bobsleigh* (una experiencia cara pero emocionante).

toda la planicie hasta que el cielo y la tierra se convierten en un solo resplandor sobrenatural, y de pronto cae la noche.

Si busca gente menos selecta (o un lugar menos concurrido) puede ir a alguna de las localidades vecinas, la mayoría más tranquilas que St-Moritz, en tren o en autobús postal. Si no puede prescindir del ambiente festivo, no se quede sin hacer una excursión a las colinas (en los numerosos teleféricos que ascienden a Piz Nair, Diavolezza y otras cimas o pendientes) para dar un paseo o disfrutar del paisaje.

El glaciar de Morteratsch

El este de St-Moritz, los valles de **Val Roseg** (desde la estación de **Pontresina** ㉑, donde puede alquilar un trineo con caballos) y **Val Morteratsch** (desde la estación del mismo nombre) se suceden al sur de **Val Bernina**, ambos preciosos tanto en verano como en invierno. Los senderos no son muy pronunciados y si camina con sigilo podrá ver algún joven y osado íbice en las laderas o incluso algún rebeco escarbando en la nieve en busca de hierba; en verano, puede que encuentre una manada de ciervos. Con un poco de suerte, el viento despejará el cielo y, sólo durante unos instantes gloriosos, el **glaciar de Morteratsch** aparecerá ante sus ojos, cubierto de nieve y bañado por el sol, junto al **macizo de Bernina** de 4 000 metros de altura. Las laderas del glaciar constituyen unas buenas y variadas pistas de esquí desde el **Passo del Diavolezza**, y se puede acceder a ellas en teleférico desde la carretera del puerto de Bernina. En cualquier época del año podrá ver, con prismáticos, a los montañeros del Piz Palü, la cresta del Bianco o el Bernina.

En **Pontresina** tendrá la oportunidad de hacer un recorrido en casela por el valle de Bernina, así como una parada en el trayecto del espectacular Bernina-Express, en dirección a Italia, o del Glacier Express, que se dirige hacia el oeste hasta Zermatt. Para los entusiastas de una excursión en bicicleta no existe mejor recorrido en el cantón que

ABAJO: unas pendientes para los más pequeños cerca de Laax.

el tramo de 60 km de la Alta Engadina, donde cualquier zona turística está comunicada con la red de rutas para bicicleta. Es un camino que discurre a lo largo del **Oberengadiner See**, a través de bosques y extensos prados.

Mapa página 206

Los lagos de Silvaplauna y Segl

Al sudoeste de St-Moritz se extiende otra apacible región, en la que una sucesión de lagos constituyen el último eslabón de la cadena de erosiones de la era glacial. La ruta que desciende por el lado derecho del valle desde St-Moritz no suele estar tan concurrida y avanza a lo largo de 20 km hacia el sudoeste por bosques, abrigadas pendientes, ciénagas y casetas con comida para los ciervos, mientras discurre a través de un paisaje idílico con excelentes vistas del lago **Lej da Silvaplauna,** y después continúa por las faldas del **Corvatsch**, considerado por muchos como la mejor montaña del mundo para esquiar. En verano suele haber sombra y hace frío, y en invierno las rutas de esquí de fondo están abiertas todos los días, siendo recomendables para las personas que deseen evitar a los numerosos esquiadores de fondo de los lagos y quieran algo más de actividad y emoción.

Al otro lado del Silvaplauna, unido por el pueblo de **Sils Maria** ㉒ (Segl, en romanche), donde en 1888 Nietzsche escribió su obra *Así habló Zaratrusta*, se halla el lago de **Lej da Segl**. Aquejado de insoportables migrañas, con los ojos doloridos y completamente exhausto, el filósofo se sentía transportado por la naturaleza de esta llanura, «que se ha amontonado sin temor cerca de los terrores de las nieves eternas, aquí, donde Italia y Finlandia forman un pacto y juegan a acoger cualquier color plateado que la naturaleza posee; es feliz quien puede proclamar: «No cabe duda de que la naturaleza tiene más y mejores cosas que ofrecer, pero esto es algo verdaderamente cercano a mi corazón".» La casa en la que Nietzsche residió en verano, entre 1881 y 1888, la **Nietzsche Haus**, alberga ahora un museo con una exposición sólo en alemán, pero que cuenta con algunas fotografías interesantes de su vida (abierto todos los días de 15:00 a 18:00 h; lunes cerrado; se paga entrada).

Desde la plaza de Sils Maria puede tomar un trineo de caballos y dar una vuelta por el **Val Fex**, cerrado al tráfico. Si aún no se ha apagado la luz del día, podrá visitar la pequeña iglesia de **Crasta** en el valle y contemplar sus pinturas murales del año 1500, que han sido descubiertas recientemente, pero casi parecen nuevas.

Los pueblos de Val Bregaglia

Llegar a Maloja es como llegar al fin del mundo: el camino del puerto, con 12 curvas pronunciadas, desciende vertiginosamente 300 metros. Los pueblos de Val Bregaglia se han mantenido casi intactos, ya que el valle atrae sobre todo a los montañeros (las cordilleras del Sciora y el Bondasca al sudeste son bastante frecuentadas) y a los senderistas. La aldea de **Grevasalvas**, situada en un camino de montaña en el lado oriental del puerto de Maloja, al norte del **Lej da Segl**, sólo se puede visitar a pie durante los meses de verano yendo desde Maloja. Gracias al emprendedor director del balneario de St-Moritz, numerosos turistas se han acercado a esta aldea alpina en los últimos años. Sorprendido por la cantidad de personas extranjeras que le preguntaban sobre Heidi, la protagonista del libro infantil de Johanna Spyri (que vivía en Maienfeld, un poco lejos en el norte del cantón), se aprovechó de que una de sus incontables películas había sido grabada en Grevasalvas y sin más, puso el nombre de «Heidiland» a todo el valle de Engadina.

ABAJO: lago del Bündner Oberland.

Las iglesias del Val Bregaglia están decoradas con pinturas murales de estilo románico.

ABAJO: lagos de la Alta Engadina.

La propia **Maloja** ㉓ es pequeña, tranquila y muestra un toque italiano (un mara villoso antídoto contra los excesos de sus conocidos vecinos Davos y St-Moritz), y desde aquí se puede dar un embriagador paseo hasta Silvaplana.

El Val Bregaglia ha dado al menos una célebre familia de artistas: la población de **Stampa**, continuando por la autopista 3 hacia la frontera italiana, era el hogar de los Giacometti: el pintor de vidrieras Augusto, su primo Giovanni, el impresionista, y por último, Alberto, hijo de Giovanni, cuyas esculturas se exponen en los principales museos de todo el mundo.

A 25 km en dirección sudoeste por la carretera 3, en **Bondo** ㉔, se puede visitar el **Museo del Valle**, ubicado en el interior de la *Ciäsa Granda,* construida en 1581. Más al oeste, en una terraza encima del valle, se encuentra **Soglio**, al que se llega tras cru zar el mayor bosque de castaños de Europa, que se extiende hasta **Castasegna**, en la frontera italiana. Tres palacios de la aristocrática familia Salis-Soglio dominan el pai saje; ahora uno de ellos acoge un hotel.

Recorridos espectaculares en tren

Tras la Primera Guerra Mundial, cuando el cantón de los Grisones se recuperó y dedicó 26 años a la construcción de sus 375 km de red ferroviaria de vía estrecha, el ferrocarril no transportaba a la adinerada nobleza que habían previsto, sino a los refu giados de guerra, y los vagones de primera clase se fueron oxidando. Hoy en día, el Rhätische Bahn despierta la nostalgia de la gente, por lo que los antiguos trenes se están utilizando una vez más. Pasean a sus pasajeros en asientos de terciopelo por 115 túne les y 485 puentes; por ejemplo, el Glacier Express tarda siete horas y media en alcan zar Zermatt, en el Valais, desde St-Moritz. La mayoría de los turistas que viajan en estos trenes están tan absortos que no se percatan de que estos pequeños trenes rojos y las preciosas estaciones no pertenecen a la oficina de turismo, sino que cuentan con

su día a día, su rutina laboral. Ningún otro ferrocarril en el mundo incluye extremos tan marcados. Al tiempo que se descorcha una botella de champán y se extiende caviar encima del pan en el vagón restaurante recubierto con madera de nogal y tapizado y con sus accesorios de metal brillante, tres vagones más atrás los campesinos se dirigen al mercado y los niños, a clase.

En efecto, entre Navidad y Año Nuevo no hay un asiento libre, e incluso los trenes de aspecto destartalado transportan pasajeros a las estaciones de esquí. Entre mayo y noviembre, sin embargo, los vagones suelen ir vacíos.

El puerto de Bernina

El tramo considerado la joya del Rhätische Bahn serpentea hacia el sudeste de Chur, a través de gargantas, por encima del conocido viaducto de Landwasser, de 130 metros de largo y 65 de altura, al norte de Bergün, y continúa hacia Tirano, en la frontera italiana, donde después de cuatro horas. Al pasajero le espera la parte más temible del recorrido en el **Passo del Bernina**, donde en invierno y primavera la locomotora del Bernina Express, a 2 257 m de altura y rodeada de montañas de 4 000 m, se abre camino entre la espesa nieve antes de detenerse entre palmeras y magnolias. El desnivel de esta primera parte del recorrido ronda el 7 %, con lo que se convierte en uno de los trayectos de ferrocarriles convencionales de pendiente más pronunciada de todo el mundo.

Los aficionados a los trenes disfrutarán en el tramo comprendido entre **Bergün** y **Preda**, donde, con el fin de ganar altura, la línea férrea describe una serie de círculos y atraviesa dos túneles, evitando así el más típico sistema alpino de la rueda dentada. Sólo en este trecho asciende hasta los 416 m en 12,6 km y discurre por el **túnel de Albula**, a una altitud de 1 820 m, el túnel ferroviario más elevado de Europa. En invierno se puede completar el recorrido en trineo, cuando los 5 km entre Preda y Bergün están cortados al tráfico y se convierten en la pista de trineo más conocida de los Alpes Grisones. Puede alquilar un trineo en la estación de Preda. No debe perderse un paseo por la nieve bajo la luna llena; después puede volver en tren con el trineo desde Bergün al punto de partida hasta la 1:30 h de la madrugada.

El Rhätische Bahn dispone de varios trenes turísticos que recorren esta ruta durante todo el año, todos ellos con las máximas comodidades y con vagones panorámicos (tel.: 081-253 1921; fax: 081-252 8501).

Al otro lado del puerto de Bernina, en el corazón del Val Poschiavo, se encuentra el pintoresco pueblo de **Poschiavo** ㉕, donde, además de sus iglesias, merece la pena visitar el *quartiere spagnolo* (barrio español), con sus vistosas fachadas ricamente decoradas: fue construido en 1830 por un grupo de emigrantes españoles.

En noviembre del año 1999 se inauguró el túnel ferroviario de Vereina. El nuevo ferrocarril presta servicio entre Landquart (cerca de Chur) y la Baja Engadina, y fue construido para poder viajar por el valle durante todo el año, ya que en invierno a menudo se cerraba el puerto de Flüelapass entre Davos y la Baja Engadina y obligaba a tomar un desvío.

Para los más deportistas, el Bahn (el tren) ofrece un servicio de alquiler de bicicletas. Si hace la reserva con dos días de antelación, puede recoger su bicicleta alquilada en cualquier estación de la empresa y devolverla en la otra estación que le convenga. También la mayoría de las oficinas de turismo locales alquilan bicicletas (incluso de montaña).

Mapa página 206

NOTA

Con el fin de revivir una antigua costumbre, el Val Poschiavo organiza paseos guiados con raquetas en invierno. Póngase en contacto con la oficina de información turística para más detalles (tel.: 081-844 0571; fax: 081-844 1027; e-mail: info@valposchiavo.ch).

ABAJO: recogida de castañas en el Val Bregaglia.

POR LOS PAISAJES SUIZOS

La industria turística de Suiza goza de una merecida fama por sus excelentes servicios, su fiabilidad y limpieza. Pero no siempre ha sido así...

Hasta tiempos relativamente modernos, muchos turistas evitaban viajar a los Alpes, considerados peligrosos e inhóspitos, poco más que «protuberancias considerables» pobremente pobladas por campesinos hostiles y desconfiados. No había hoteles y las posadas eran sucias y estaban llenas de pulgas. Sin embargo, a finales del siglo XVIII ya se estaban explorando y estudiando los glaciares y las cimas, aunque no tanto por su belleza como por el interés científico. Después llegó el culto a la naturaleza del movimiento romántico, que daba a los montes un significado casi religioso, místico, y que atrajo a las clases altas de la Gran Bretaña victoriana. Los primeros escaladores fueron suizos, pero los británicos conquistaron muchas de las cimas, como el Matterhorn, coronado por Edward Whymper en 1865. Para los escaladores se construyeron refugios en lo alto y hoteles lujosos y pensiones más modestas en altitudes inferiores destinados a los turistas, cada vez más numerosos, algunos de ellos de los primeros viajes organizados por Thomas Cook.

TURISMO CON CLASE

A principios del siglo XX, alojarse en un hotel elegante de Suiza, como el *Interlaken* o el *St-Moritz*, estaba considerado lo más elegante. Pocas personas visitaron el país durante las dos guerras mundiales (1914-1918 y 1939-1945), pero la afluencia de la posguerra puso a Suiza al alcance de un público más amplio. Hoy día llegan más visitantes que nunca, tanto a las cabañas como a los hoteles de lujo.

▷ **VACACIONES EN LA MONTAÑA**
El pequeño pueblo de Arosa, en un valle al sudeste de Chur, se ha convertido en un concurrido destino para practicar deportes de invierno y de verano.

△ **EL MATTERHORN**
La mayoría de los turistas ascienden a Zermatt para contemplar las espectacular vistas panorámicas del majestuoso pico de Matterhorn. Sin embargo, desde Gornergrat se disfruta de la primera imagen de la montaña.

◁ **PASEOS ESTIVALES**
Un senderista descansa y toma un refresco en Allmenalp, encima de Kandersteg. El paisaje y las variadas rutas atraen a much excursionistas en verano.

◁ **EN EL PASO**
Senderistas en el lado del acantilado de Gemmipass, al nordeste de Sierre y de varios destinos vacacionales y preciosas aldeas de Valais.

△ **AL PIE DE LA CIMA**
A la población de Mürren sólo se puede acceder en teleférico. Aparque su coche en el valle y disfrute del entorno a los pies del Eiger.

ESQUIAR EN SUIZA
ine Scheidegg no es más
una terminal ferroviaria,
ada, eso sí, debajo del lado
tentrional del Eiger y sobre
ngen, un destino popular
re los esquiadores.

EL MONTE PILATUS
s visitantes suben por
dio de un sistema
roviario único, que incluye
ferrocarriles de cremallera
s pronunciados que
ienden a la cumbre del
atus desde Alpnachstad.

◁ **PIONERO DEL TURISMO**
Thomas Cook (1808-1892), fundador de la agencia de viajes homónima, llevó el primer grupo de viajeros a Suiza.

RECORRER SUIZA A PIE

Un vistazo a un mapa a gran escala de cualquier parte del país muestra todo un entramado de senderos, un paraíso para los caminantes. Estos itinerarios no sólo se encuentran recogidos en los mapas, sino que también están bien señalizados, con indicaciones del destino y el tiempo requerido para recorrerlos. Un dato importante que se facilita es la distinción entre un sendero, *Wanderweg* en alemán, y un camino de montaña, *Bergweg*. Los senderos son apropiados para cualquier persona, mientras que los caminos de montaña pueden comprender pasos a una altitud elevada o superficies difíciles, por lo que están pensados para excursionistas con experiencia y provistos de un buen calzado y un equipo adecuado. Los paseos suelen satisfacer a muchos visitantes, pero puede ser divertido realizar excursiones de un lugar a otro. Pasar la noche en las cabañas de los montes ofrece la posibilidad de cubrir mayores distancias por estas altitudes. Los más emprendedores pueden intentar realizar uno de los largos regorridos a través del país, como la histórica ruta que atraviesa Suiza desde Basilea a lo largo del Rin por el paso de San Gotardo hasta el lago de Lugano, en el Tesino.

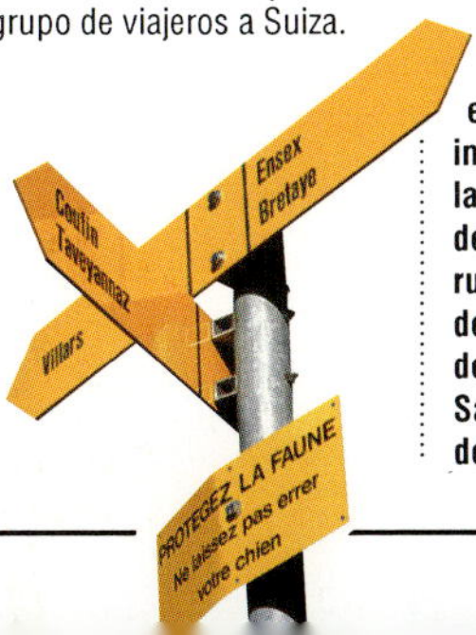

ZURICH

Conocida sobre todo por sus banqueros, la capital financiera de Suiza tiene una floreciente actividad cultural, con numerosos museos, galerías de arte y salas de conciertos

Los turistas que visitan Zurich pueden tener la sensación de que la ciudad representa la propia Suiza y que el resto (el lago de Constanza, la nieve, las montañas, los glaciares y hasta el lago Leman) no es más que un envoltorio pintoresco, un lugar de recreo para los adinerados trabajadores de la ciudad. Zurich es considerada, sobre todo por sus habitantes, como el corazón de Suiza, como la ciudad que bombea vida al resto del país.

El dialecto del alemán suizo propio de Zurich (llamado *Zürichdütsch*) tiene mayor número de hablantes que cualquier otra variante regional. Lo hablan los comentaristas de los programas radiofónicos del país, que en gran parte se emiten desde Zurich. Pero no sólo el lenguaje y la radio se hacen en Zurich, también la sede de la televisión se encuentra en esta ciudad, y las películas y series para la pequeña pantalla se graban en Zurich o sus alrededores. Lo que ocurre en Zurich repercute en otras partes del país.

Sin duda la primera imagen que uno se hace de Zurich es la de una urbe llena de bancos y entidades financieras donde los taimados banqueros suizos se frotan las manos y manipulan las divisas internacionales y los fondos de sus clientes, también internacionales, tras las puertas cerradas. No obstante, lo que mueve a los habitantes de Zurich procede del púlpito de la Großmünster, la catedral, desde donde el reformista Zwinglio lanzaba sus severos sermones a los fieles. En realidad puede decirse que ha sido precisamente la ética protestante del trabajo la que ha convertido a esta ciudad en uno de los principales centros financieros del mundo y la que mantiene a sus trabajadores siempre vigilantes.

Sin embargo, pese a todas estas grandes fortunas amasadas, por las calles de Zurich no se observan los clásicos signos de opulencia que sí pueden verse en otras capitales financieras, como Rolls-Royce o limusinas. Por el contrario, puede que cuando esté en un tranvía, la persona sentada a su izquierda sea el presidente de un gran banco y que la mujer de su derecha sea su secretaria. Los habitantes de esta ciudad dan muestras de una prudencia innata cuando se trata de disfrutar de sus riqueza. Por otro lado, tampoco se olvidan de sus orígenes humildes, y así, le sorprenderá ver una encantadora combinación de edificios góticos con edificios tradicionales, en lugar de altos rascacielos de acero y cristal.

De hecho, Zurich es una bonita ciudad, emplazada en la desembocadura del río Limmat en el lago de Zurich. Su casco viejo, que ocupa la mayor parte del centro urbano, es muy interesante y está lleno de edificios históricos muy bien restaurados y de calles angostas y empinadas por las que es un placer perderse y pasear. A lo lejos, en el horizonte, se divisan las altas cumbres nevadas, que se reflejan en las aguas del lago, en cuyas orillas se levantan palacetes y villas de principios del siglo XX. No hay edificios muy altos, ni tampoco se conservan palacios deslumbrantes, recuerdo de un glorioso pasado. La burguesa y consecuente Zurich siempre ha tratado de mantener un entorno humano en su trazado urbanístico.

PÁGINAS ANTERIORES: el interior de un limpio banco suizo.
IZQUIERDA: tranvías en la Bahnhofstraße, la principal arteria de Zurich.
ABAJO: fachada de un banco de Zurich.

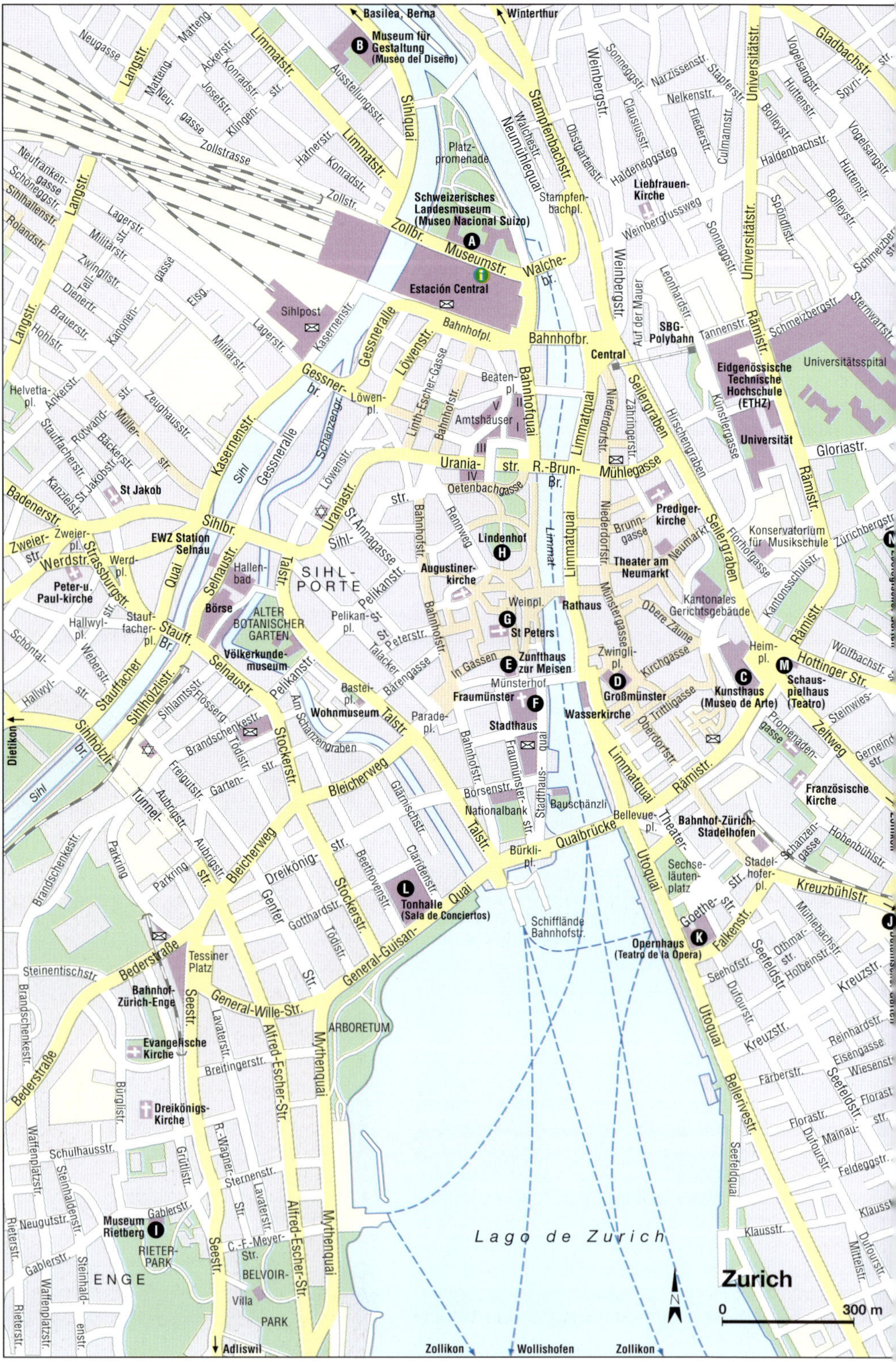
Zurich
Lago de Zurich
Museum für Gestaltung (Museo del Diseño)
Schweizerisches Landesmuseum (Museo Nacional Suizo)
Estación Central
Lindenhof
Augustinerkirche
St Peters
Zunfthaus zur Meisen
Fraumünster
Großmünster
Wasserkirche
Kunsthaus (Museo de Arte)
Schauspielhaus (Teatro)
Tonhalle (Sala de Conciertos)
Opernhaus (Teatro de la Ópera)
Museum Rietberg
Eidgenössische Technische Hochschule (ETHZ)
Universität
Basilea, Berna
Winterthur
Dietikon
Adliswil
Zollikon
Wollishofen
0
300 m

La llegada a Zurich

Los viajeros que llegan a Zurich en avión aterrizan en el **aeropuerto de Kloten**, el mayor de Suiza (todo, menos las montañas, es más grande en Zurich). Para acercarse al centro se puede tomar uno de los trenes que comunican el aeropuerto y la ciudad (salen de cuatro a seis trenes cada hora) y una vez reservado el alojamiento, no hay tiempo que perder buscando la mejor forma de conocer la ciudad.

Un posible punto de partida es el conocido como «Dörfli», en **Niederdorf**, que adquiere interés al anochecer. Más de treinta calles cruzan esta estrecha calle del casco antiguo, cerrada al tráfico y bordeada por edificios góticos, algunos eternamente sucios, que acogen panaderías, estancos, tiendas de *delicatessen*, librerías de segunda mano y anticuarios. Es, además, una zona residencial con unos 5 000 habitantes jóvenes y modernos que se han establecido en el barrio y han dado vitalidad al corazón de Zurich, junto con las personas de edad que han nacido aquí y han decidido permanecer a la vez que tratan de mantener vivo su «espíritu de pueblo».

Estatua del canciller del siglo XIX Alfred Escher que se alza en la Bahnhofstraße.

Niederdorf es también el distrito de diversión más antiguo de Zurich, donde puede encontrar a numerosas personas que se sienten atraídas por su vida nocturna. A partir de las ocho de la tarde alcanza su momento culminante; hasta entonces los restaurantes y los cafés están casi vacíos, los músicos de la calle todavía permanecen silenciosos y las prostitutas y las bailarinas de los clubs se toman su café en la barra. Pero en pocos instantes se pone todo en acción; las calles se llenan, la cerveza fluye al puro estilo de Munich y la música suena a tope en los bares. No obstante, la animación generalizada no dura demasiado tiempo porque alrededor de las doce de la noche cesa gran parte de la actividad, pero sigue en menor medida hasta las dos de la madrugada en algunos clubs nocturnos selectos.

Por las mañanas, Zurich se despierta en la **Estación Central de trenes** (Hauptbahnhof), cuando un mar de gente con trajes azul oscuro o vestidos de colores claros y con maletines, fluye hacia la ciudad procedente de los barrios residenciales, que cada vez se extienden más a medida que engullen las zonas verdes periféricas situadas al norte, el oeste y el este. Cada día llegan oleadas de ejecutivos, secretarias, gerentes, banqueros, abogados y agentes comerciales, en una procesión silenciosa y ajetreada.

ABAJO: la Bahnhofstraße.

Fue en la antigua Schützenplatz, fuera del casco viejo, donde Zurich comenzó a mejorar sus relaciones con el resto de Europa. La amplia entrada, llena de luz, de la estación de trenes construida entre los años 1865 y 1871 fue considerada un logro arquitectónico de alcance europeo. Desde entonces ha sido objeto de constantes obras de restauración, la última a mediados de la década de 1990.

Justo detrás de la estación, en la calle Museumstraße, se encuentra el excelente **Schweizerisches Landesmuseum** Ⓐ (Museo Nacional Suizo), un edificio levantado en 1893. En su interior descubrirá el gran fresco de Ferdinard Hodler con una representación de la derrota del ejército suizo en 1515 ante los franceses en Marignano, que provocó una protesta de ámbito nacional y le confirió reconocimiento internacional. Esta construcción laberíntica comprende una colección de arte moderno y exposiciones en más de cien salas diferentes. Reúne descubrimientos arqueológicos, reliquias romanas, piezas culturales de la Edad Media, escudos heráldicos, además de una sucesión de habitaciones decoradas en el estilo de los siglos XV a XVIII (abierto todos los días excepto los lunes, de 10:30 a 17:00 h; entrada gratuita; tel.: 218-6511).

Otro museo que merece la pena visitar es el **Museum für Gestaltung** Ⓑ (Museo del Diseño), situado en el nº 60

Bahnhofstraße siempre ha sido célebre por su limpieza: en cierta ocasión James Joyce dijo que se podría comer sopa directamente en la calle sin necesidad de un plato.

de la Ausstellungstraße, con exposiciones temporales dinámicas y muy vanguardistas (abierto todos los días excepto los lunes, de 11:00 a 18:00 h; los miércoles hasta las 21:00 h; se paga entrada; tel.: 446-2211).

Alrededores de la Bahnhofstraße

El centro financiero de la ciudad se encuentra en la calle **Bahnhofstraße**, considerada por algunos la calle más elegante de toda Europa y el orgullo de los habitantes de Zurich. Arranca en la estación de trenes y termina en el lago, describiendo una ligera curva en su recorrido. Esta arteria constituye una muestra de riqueza en toda su extensión: los grandes almacenes el Globus y Jelmoli; las sedes de los principales «banqueros de Zurich» (los cinco bancos más importantes de Suiza) y todo tipo de lujosas tiendas de bolsos, joyas y ropa en la mágica zona comercial que conforman la Bahnhofstraße, la **Storchengaße** y el **río Limmat**. Se trata del corazón de la opulencia suiza, con lo más exquisito que pueda encontrar en Tokio, Londres o Nueva York.

La Bahnhofstraße, que representa todas las características esencialmente suizas, reúne las típicas virtudes del orden, la limpieza y la puntualidad. Un pantalón de diario o una simple camisa está expuesto en los escaparates como si de una obra maestra del Museo del Louvre se tratara. Todo aquello que nunca se podrá permitir lo encontrará aquí. En **UBS**, el mayor y más famoso banco de Suiza, ubicado en la **Paradeplatz**, la pequeña plaza cerca de la parte más baja de la calle, podrá obtener el dinero que necesita para tales adquisiciones. Merece la pena verlo, sólo tiene que hacer como si quisiera «asaltar» su cuenta secreta.

Maravillas del río

Aparte de las compras, la arquitectura de esta calle también tiene su interés: las fachadas modernistas de los grandes almacenes como Manor y St Annahof, la construcción

ABAJO: un banco cerca de la Paradeplatz, el corazón financiero de la ciudad.

NEGOCIOS FINANCIEROS ANÓNIMOS

Zurich posee la tercera Bolsa más importante del mundo después de Tokio y Nueva York; sobre todo se comercia con el oro y la plata, que se almacenan en la ciudad, y sus precios internacionales también se fijan en ella. No obstante, el hecho de que los potentados de oriente y occidente blanqueen o guarden su dinero en Zurich es un absoluto secreto, el secreto de los banqueros suizos. Las revelaciones sobre las posesiones secretas de las cuentas y de los activos nazis han provocado tal polémica que ni siquiera los estoicos suizos están dispuestos a mantenerla por más tiempo.

La expresión inglesa de «Gnomes of Zurich» (gnomos de Zurich) en referencia a los banqueros de la ciudad fue acuñada en la década de 1970 por el secretario británico de Asuntos Exteriores, que necesitaba una rápida explicación, y posiblemente también una salida, para el caos de los mercados bursátiles internacionales. Con esta expresión insinuaba manipulaciones siniestras tras una máscara de intimidad sancionada por el Estado y afianzó la idea de las cuentas suizas como refugio de contrabandistas, terroristas, tiranos y magnates dudosos.

Como se explica en los capítulos dedicados a la historia, el origen de las riquezas suizas procede de los botines: los siglos de guerras europeas, en las que la legendaria posición neutral de los suizos tenía su razón de ser en el beneficio más que en la paz.

de hierro de Jelmoli (el primer palacio de cristal de Zurich, construido en la década de 1660), el **Bank Julius Bär** diseñado según el modelo de un *palazzo* italiano y las oficinas centrales del **Crédit Suisse Bank**, que ocupa toda una parte de la **Paradeplatz.**

En el extremo meridional de la Bahnhofstraße, el arquitecto modernista Arnold Bürkli se sirvió del material extraído de las numerosas nuevas obras de la ciudad para llenar la amplia zona del muelle en la **Bürkliplatz** a orillas del lago. Aquí se levanta el edificio de la **oficina de correos** más elegante de Suiza y junto a él, el *palazzo* renacentista de **Fraumünsterpost** y el **Stadthaus** de estilo renacentista. Así mismo, los hoteles más lujosos se encuentran en esta zona. Mientras pasea por las calles, observe las casas de los gremios: Zunfthaus zur Safran (gremio de los comerciantes de ropa masculina), Zunfthaus zur Zimmerleuten (gremio de los carpinteros), y Zunfthaus zum Rüden (casa para la nobleza), que en la actualidad acogen selectos restaurantes.

No se cargue de compras antes de cruzar uno de los puentes que conducen al lado oriental del río Limmat. Aquí, en Niederdorf (una zona que se extiende un kilómetro a lo largo de la orilla, entre Limmatquai y Niederdorfstraße), bajo las persianas de las fachadas orientadas al sur de las antiguas casas, junto al apacible río y en contraste con el ruido del tráfico, Zurich produce una sensación casi mediterránea. Entre Bellevue y Central Square hay mucho espacio para cenar fuera en las noches de verano y para ver o ser visto con una *coupe* (helado) o un *Cüpli* (copa de champagne). Las horas transcurren sin que se dé cuenta en el **Kunsthaus** **C** (Museo de Arte, abierto de martes a jueves de 10:00 a 21:00 h; los fines de semana de 10:00 a 17:00 h; se paga entrada; tel.: 251-6765), en la **Heimplatz**, donde podrá conocer dos milenios de arte europeo en la mejor galería del país. La colección permanente data de 1787 y desde entonces se ha ido enriqueciendo con adquisiciones y generosas donaciones de coleccionistas privados. En la actualidad ofrece una extensa documentación del arte europeo y suizo.

Plano página 234

NOTA

Entre las piezas más importantes de la Kunsthaus figuran la escultura de Rodin *Las puertas del infierno* y la colección de obras del pintor Edvard Munch más nutrida fuera de Escandinavia.

ABAJO: vista del río Limmat y la catedral Großmünster.

Una de las cinco vidrieras de la catedral Fraumünster realizadas por Marc Chagall, que finalizó en 1970, a los 83 años, tras dieciocho meses de trabajo.

ABAJO: el ayuntamiento de Zurich.

El ambiente vespertino

Más que vida nocturna, Zurich vive al anochecer, ya que la mayoría de las actividades terminan demasiado temprano. Por tanto, si quiere planear una tarde fuera, debe hacerlo antes que en otras ciudades, sobre todo en lo que respecta a comer y beber. Sin embargo, si lo que espera es una velada inolvidable, no sea demasiado optimista. Una cena preparada por un prestigioso cocinero, además de resultar muy cara, requiere mucho tiempo. Si le ofrecen una mesa un viernes o sábado sin haber reservado con antelación o, al menos, tras tormarse una larga copa en la barra, puede estar casi seguro de que se encuentra en «el lugar equivocado».

No sería tan grave si se acercara hasta una de las bodegas llenas de humo de Niederdorf o incluso a la descuidada zona (para Zurich) que se halla situada detrás de la estación de trenes para comer un guiso que no le arruinará el bolsillo. De hecho, hay pocos lugares «equivocados» en Niederdorf o alrededor de la Langstraße, donde los locales suelen ser elegantes y a menudo están repletos. En cambio, si lo que busca es buena comida y un lugar donde se pueda respirar, es aconsejable alejarse un poco de la zona. Si pide consejo a alguno de los habitantes de Zurich, posiblemente le indicará los barrios periféricos, donde, gracias a los alquileres menos elevados, los propietarios y los cocineros pueden permitirse ser más innovadores y creativos.

Tras la cena, vale la pena dar un agradable paseo (y si es mucho pedir, realizar un breve trayecto en el funicular Polybahn desde Central) hasta el denominado **Polysterrasse**, un mirador situado junto a la Universidad Politécnica de Zurich. En este lugar se puede contemplar la ciudad desde arriba, con sus edificios más representativos iluminados destacando en un mar de luz. Al fondo se alza la **Predigerkirche**, una iglesia gótica; detrás de ella, la catedral románico-gótica **Großmünster** Ⓓ, con sus torres gemelas recortadas tras un incendio sufrido en el siglo XVIII. En la margen derecha del río Limmat, el rococó **Zunfthaus zur Meisen** Ⓔ (gremio de vinateros), un edificio que

parece una cajita de joyas, guarda una colección de cerámicas del Museo Nacional, entre cuyas obras destacan unas estufas de cerámica vidriada y ricamente decorada. A su lado se alza la exquisitez gótica de la catedral de **Fraumünster** (F), que en su día fue un convento, con vidrieras del artista ruso Marc Chagall (1887-1985). La torre de la **iglesia de St Peters** (G), también cercana, luce una llamativa esfera de reloj, la más grande de Europa con 8,7 m de diámetro.

Historia arquitectónica

Si quiere admirar una arquitectura más interesante, vaya a **Lindenhof** (H), una pequeña colina que se levanta en la margen izquierda del Limmat, desde donde disfrutará de una vista panorámica del Limmatquai, el ETHZ (Instituto Federal de Teconología) y la Universidad. Fue en el Lindenhof donde se hallaron los restos del Turicum romano: un puesto aduanero y un asentamiento romano tardío emplazados en un fuerte.

Alrededor de la colina se extiende, a diferentes alturas, la parte más antigua de la ciudad medieval. Las pequeñas calles se encuentran bordeadas por elevadas y estrechas casas. Los muros de la ciudad fueron desplazados en un par de ocasiones para acoger el asentamiento, cada vez mayor, y en 1642, durante una sola generación, se realizaron importantes ampliaciones.

Ya en la época del barroco y el rococó (varios edificios de la Stadelstraße, la casa Haus zum Kiel y la casa Haus zum Rechberg de Hirschengraben datan de este período), una nueva clase social adinerada de mercaderes textiles e industriales construyó sus residencias de campo en la zona rural cercana e incluso en las afueras, a orillas del lago de Zurich, lejos de la mirada de la sociedad urbana. Entre ellos figuran el **Muraltengut** (finca de Muralten), el palacio **Schloßgut**, en Au Peninsula, y la casa de campo de Schipf en Herrliberg. Hasta el año 1833, con la desaparición de las trincheras, Zurich no empezó a convertirse en la metrópoli suizoalemana que es en la actualidad.

Plano página 234

«La bulliciosa metrópoli de rápidos tranvías... de restaurantes cosmopolitas a orillas del río Limmat, de rápidas aguas de color verde moco, de escarpes enjoyados y refugios de todas clases.»

TOM STOPPARD (1975)

ABAJO: el centro de telecomunicaciones PTT en Zurich-Altstetten.

Posando para la cámara.

Alrededor del lago de Zurich

Se puede llegar a las orillas del lago desde la Bürkliplatz por unos paseos sombreados (primero por General-Guisan-Quai y Mythenquai, y después cruzando el parque de Belvoir) hasta alcanzar la **Villa Wesendonck**, situada en una pequeña elevación, en **Rieterpark**.

Fue aquí donde el músico Richard Wagner adaptó su célebre *Wesendonck Lieder* a la letra compuesta por su amada Mathilde. Además del compositor, Franz Liszt, Gottfried Semper, Johannes Brahms y el poeta suizo Conrad Ferdinand Meyer se alojaron en la villa que ahora acoge el **Museum Rietberg** Ⓘ (Museo Rietberg; abierto de martes a domingo de 10:00 a 17:00h; se paga entrada; tel.: 202-4528). El museo reúne más de 2 000 piezas culturales de países remotos, que le harán olvidarse por completo de Zurich.

Igual de interesante es la **Succulents Collection** (Colección Succulents), situada en Mythenquai, que incluye más de 5 000 especies de plantas de África, América del Sur y América Central. Los amantes de la naturaleza pueden visitar el jardín botánico o **Botanischer Garten** Ⓙ, que se encuentra en el nº 107 de la Zollikerstraße. Sus invernaderos y los herbarios de la universidad, con un millón y medio de plantas, constituyen un verdadero oasis de serenidad tras un día ajetreado (abierto todos los días; se paga entrada).

La música clásica y la ópera

Aunque no esté interesado en asistir a ninguna actuación musical o representación operística, merece la pena visitar dos edificios: la **Opernhaus** Ⓚ (Teatro de la Ópera) en Bellevue, en el lado opuesto de la Sechseläutenplatz, cuya costosa restauración ha ascendido a más de 60 millones de francos suizos, y la **Tonhalle** Ⓛ (Sala de Conciertos), en la Gotthardstraße, con su impresionante órgano y unas características acústi-

ABAJO: el puente de Münster y el Quai Brücke sobre el río Limmat.

cas poco frecuentes. Ambas construcciones presentan tal profusión de estuco y pinturas que nunca se aburrirá en su interior, ni siquiera en las partes más lentas de las actuaciones. Esto no pretende ser una crítica a las dos orquestas de Zurich, ya que reciben una generosa aportación económica de los fondos públicos y la calidad está asegurada. Sus óperas, que preparan nuevas producciones cada temporada, cuentan con el reconocimiento mundial.

El próspero escenario de arte alternativo de Zurich se pone en escena en la **Rote Fabrik** (una antigua fábrica que en la actualidad acoge actuaciones musicales de todas clases, desde pop a música *dance*), el **Reithalle Gessnerallee** (en su día cuartel del ejército) y la **Kanzleischulhaus** (Escuela de Cancillería), antiguamente una escuela a la que se le denegó la financiación pública como establecimiento de arte tras ser sometida a plebiscito la solicitud en el otoño de 1990.

Para muchos aficionados, tanto de Zurich como de fuera, el festival Theaterspektakel constituye el acontecimiento más destacado de la vida teatral y musical de la ciudad. Durante diez días de agosto y septiembre, las mejores producciones experimentales de todo el mundo son representadas en los locales culturales alternativos. Para otros, la temporada alcanza su punto culminante con la Internationale Junifest Wochen que se celebra en el mes de junio bajo el patrocinio del alcalde de la ciudad. Se elige un tema cultural que será tratado con amplitud, y sus diversos aspectos, de la pintura al teatro, se pueden presenciar en los centros culturales tradicionales. El Jazz Festival, a finales de octubre, ocupa el tercer lugar en el calendario de la programación cultural.

La música rock y el cine

Los conciertos de música pop y jazz suelen celebrarse en la Volkshaus, la Rote Fabrik o la Kongreßhaus, emplazada junto al Tonhalle. Divertida pero poco común es la música fuerte que se puede escuchar en la restaurada y decorada con motivos cas-

Plano página 234

NOTA

Si le apetece respirar aire puro mientras ve una película puede ir al Zürichhorn, el cine al aire libre de la ciudad. Entre julio y mediados de agosto se proyectan unas 30 películas, desde los últimos estrenos hasta viejos clásicos.

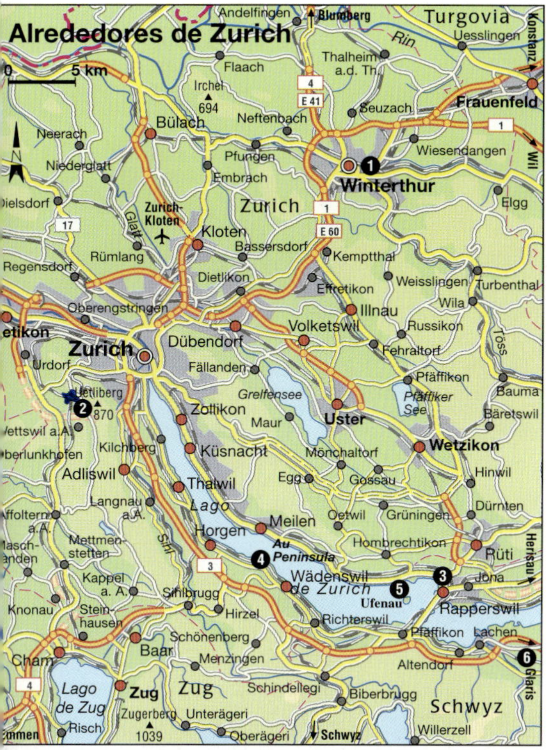

ABAJO: el órgano Tonhalle de Zurich.

Un refinado escaparate de la Bahnhofstraße.

trenses **Schützenhaus Albisgüetli**, un Valhalla de madera de extravagante disposición que cuenta con torre propia y la correspondiente parafernalia bélica. Cuenta además con una sala de conciertos y un salón de congresos, y dispone de un par de restaurantes. Los gigantescos conciertos de rock que se ofrecen en el **Hallenstadion** atraen a multitud de seguidores, muchos llegados desde Alemania y Austria.

Y no se olvide de las discotecas. Durante una época no despertaban ningún interés, pero se ha producido un cambio radical: Zurich es una de las ciudades del mundo situadas en la onda del *house*, el *techno* y el *trance*. Le gusten o no, la música del bajo y el interminable ritmo del sintetizador han insuflado energía joven a la ciudad. Las fiestas *rave* están a la orden del día, se inauguran clubs nocturnos por todas partes y el desfile callejero anual adquiere un tono salvaje, sobre todo en comparación con el lado tradicional de la ciudad. En el mes de agosto, alrededor de medio millón de jóvenes europeos ocupa las calles de Zurich para un multitudinario desfile que comienza por la tarde y después se prolonga en una extenuante y frenética sesión de baile que dura toda la noche.

El cine espera a quienes prefieren una sesión más relajada de ocio. Los de mayor éxito son los que proyectan películas en versión original, desde las más taquilleras de Hollywood y los clásicos de siempre hasta lo más alternativo de la vanguardia. A pesar de la aparente escasez de salas de cine y de que la mayor parte de los hogares disponen de televisión por cable, Zurich continúa siendo una ciudad cinéfila donde ir a ver la última película de la cartelera es un deber para estar al día del panorama social y cultural.

El escenario suizo

El teatro de la ciudad tiene mucho que ofrecer, en diversos estilos. De hecho, un cabaret de Zurich acogió el primer acontecimiento del dadaísmo, un movimiento artístico anti

ABAJO: el Schauspielhaus.

tradicional que abrió camino a Dalí, Picasso y otros muchos artistas que probaban nuevas ideas y formas.

La **Schauspielhaus** Ⓜ (Teatro), en su época de bastión antifascista, solía estrenar las obras de Brecht con estrellas en el reparto y hasta la década de 1960 fue conocida por sus clásicos modernos de los autores suizos Max Frisch y Friedrich Dürrenmatt. En la actualidad, el programa incluye desde obras de Shakespeare, Schiller y Goethe hasta las de jóvenes dramaturgos contemporáneos naturales del país.

Bajo el edificio principal, en el **Schauspielhauskeller**, se reserva un lugar para el teatro alternativo, con una agenda más desafiante en el aspecto artístico y político. A pesar del éxito que cosecha el «Keller» entre el público joven, su futuro económico es poco halagüeño. Otros teatros pequeños, aunque no menos importantes, se encuentran alrededor de este gran edificio: el Theater am Neumarkt, el Theather an der Winkelwiese, el Theater Heddy Maria Wettstein y el animado Theater Stok.

Fiestas populares

Las fiestas más esperadas de Zurich son las de **Sechseläuten,** en abril, aunque resultan interesantes sobre todo para las generaciones jóvenes, ya que la población de más edad procura alejarse de la ciudad durante estos días.

Las fiestas conmemoran la constitución medieval de los gremios casi de la misma forma idealista que en el siglo XIX, cuando se introdujo esta celebración. Las personalidades más notables de la ciudad, ataviadas con trajes históricos en representación de los diferentes artesanos, toman parte en una procesión. A caballo o en carruajes, desfilan por las abarrotadas calles; con esta cabalgata se pretende representar la «constancia en el cambio», como reza la definición oficial. Después, los gremios desfilan ante un muñeco de nieve de algodón llamado «Böögg», una alegoría del invierno. Como en otras celebraciones populares de características similares que se celebran en diferentes partes del mundo, al final se le prende fuego sobre una pira funeraria.

Una celebración parecida es el **Knabenschießen,** que tiene lugar en septiembre, cuando los niños y las niñas participan en una competición de tiro, con munición real, a una distancia de 300 metros. El ganador del torneo es proclamado campeón. La atracción principal de la fiesta de **Albisgüetli** consiste en una ciudad en miniatura de casetas y puestos, la feria o *Chilbli* más grande de Suiza.

Algo mucho más tranquilo es el Carnaval de Zurich, el **Zürich Fasnacht**, que no tiene punto de comparación con el de Basilea. A pesar de varios intentos, esta fiesta aún no ha conseguido establecerse en la puritana ciudad.

Residir en Zurich

No se conserva demasiado de las grandiosas villas de los barrios de Enge, Weinbergstraße y Riesbach. Un paseo conduce desde el lago hasta el **Dolder Grand Hotel**, de estilo modernista, emplazado al este del centro urbano, y a la zona residencial de la clase media de Zurich. Los habitantes de este barrio suelen heredar sus casas, poseen una considerable fortuna o presumen de las letras AG (director general) detrás del nombre de la empresa de la que son dueños. En el silencio que reina en estas casas y villas puede escuchar la acumulación de los intereses y los dividendos, que aseguran un elevado nivel de vida a sus hijos y nietos. Desde el llamado **Zürichberg**, o monte de Zurich, la vista se pierde a lo lejos, hasta varios kilómetros de la ciudad. El crecimiento de los barrios residenciales pronto alcanzará toda la extensión del lago hasta Rapperswil.

Plano página 234

NOTA

El Dolder Grand Hotel de Zurich es una atracción arquitectónica por derecho propio: se trata de un suntuoso palacio del siglo XIX con un campo de golf de nueve hoyos, una piscina provista de una máquina que produce olas y extensos jardines.

ABAJO: el Dolder Grand Hotel.

NOTA

En Zurich es posible alquilar bicicletas gratuitamente en la estación de trenes, los grandes almacenes Globus de la Bahnhofstraße y en otros puntos de la ciudad. Sólo deberá dejar sus datos personales y una pequeña fianza.

Abajo: una pausa en el casco viejo de Zurich, a orillas del río.

Desde esta zona, una posible excursión consiste en un breve trayecto en tranvía a **Zoologischer Garten** Ⓝ (Zoológico), situado en el nº 221 de la Zürichbergstraße (abierto todos los días de 8:00 a 17:00 h, y hasta las 18:00 h entre marzo y octubre; se paga entrada, tel.: 252-7100). De camino al parque, acérquese a ver la tumba de James Joyce, emplazada justo a mano derecha al bajar del tranvía. Este escritor irlandés, que hizo de la ciudad su hogar, falleció en ella en 1941. Sobre la tumba, una estatua suya corona el monumento levantado en su honor.

Las zonas más sombrías de la ciudad se encuentran en dirección opuesta al lago. Arrancan en las antiguas ciénagas del río Limmat, a ambos lados de la vía de ferrocarril que conduce al oeste desde la estación principal: se trata de bloques de pisos de aspecto lúgubre y en mal estado, que en su día cobijaron a los inmigrantes rurales de los cantones católicos y con posterioridad a los italianos.

No existe una calle con más ambiente en la ciudad, tanto de día como de noche, que **Langstraße**. Atraviesa una zona de mestizaje llena de estilos de vida de lo más variados. De día abren los *delicatessen* turcos e italianos, además de las tiendas de ropa y calzado de segunda mano de Hong Kong, mientras que por la noche comienza la actividad en los restaurantes de especialidades exóticas y en los bares y los *Beizen*. Hacia la madrugada, los proxenetas recorren las calles en sus limusinas en busca de chicas, lo que da motivos de queja a los moralistas conservadores de la ciudad.

Debido a la rebosante actividad y a que los distritos cuatro y cinco se encuentran tan próximos al centro, los alquileres están alcanzando precios astronómicos y muchos extranjeros se ven obligados a mudarse y dejar su sitio a nuevos inquilinos. El último indicio del aburguesamiento de este antiguo barrio de obreros se refleja en el centro de exposiciones **Kunsthalle**, el cual, gracias a las variadas muestras internacionales de arte contemporáneo que se programan a lo largo de todo el año, ha conseguido reconocimiento internacional.

También la zona del lago conocida como **Seefeld** (que se extiende desde la Ópera en dirección sur y oeste hasta Mühle Tiefenbrunnen) se ha puesto de moda. En ella se encuentran los Beizen, en los que podrá ser visto mientras cena, tiendas en las que ser visto de compras y las **piscinas de Utoquai**, probablemente el único lugar en el cual ser visto nadando (si es que su cuerpo tiene algo que lucir).

Las drogas en la ciudad

En Zurich, los problemas tienden a surgir con más frecuencia y fuerza que en otras partes del país. La escasez de viviendas, la contaminación acústica, las emisiones de los coches o cualquier cosa que moleste a la población adopta una expresión particular. La protesta estudiantil de «Globus» de 1968, la versión de Zurich del «mayo del 68 francés», y el movimiento de 1980, una muestra de creatividad de los jóvenes afectados por la recesión de la década de 1970, no son los únicos ejemplos de disturbios de la ciudad. Aún sin resolver y necesitado de una solución urgente, se encuentra el problema de la droga, que ha existido desde la década de 1960. Pasaron los años en que la policía se dedicaba a detener a los fumadores de marihuana; hoy se trata de drogas duras, como la heroína y la cocaína. Muchos piensan que la policía no está por la labor de atajar el problema y también acusan de pasividad al gobierno, que hasta el momento parece haber ignorado la situación, que se ha agravado enormemente en los últimos años, al menos en algunas partes de la ciudad.

La principal zona de la droga era hace unos años Platzspitz que, tras la intervención de las autoridades, se convirtió en un parque público, limpio de elementos indeseables, de modo que ahora los traficantes y los drogadictos han buscado otros lugares. En realidad, las clases medias de la ciudad prefieren administrar mejor el dinero que solucionar el problema de la drogadicción.

Las afueras de la ciudad ofrecen algo más y si todavía no se ha cansado de ver cosas o si aún le queda dinero, encontrará lo que busca en los centros comerciales de Spreitenbach, en los que se vende toda clase de objetos. Se trata de una zona residencial y obrera: una típica aglomeración que se extiende hasta el oeste de Baden, Brugg y Aarau y hasta los alrededores de Wintherthur, en dirección contraria. En esta zona viven las clases medias-bajas con sus familias, el tipo de personas que se conoce a menudo en las vacaciones o se sienta a su lado en el tren, y uno piensa que es prototipo del suizo. Estas casas de hormigón, construidas en las décadas de 1960 y 1970, reúnen a más cantantes de música popular, acordeonistas y personas con trajes tradicionales que todos los cantones de las montañas juntos.

Winterthur: la ciudad del arte

El típico paisaje rural suizo, el que corresponde a la imagen popular, se encuentra cerca de Zurich. El autor estadounidense F. Scott Fitzgerald escribía sobre esta característica en su libro *Suave es la noche*: «En Zurich había mucho más que Zurich –los tejados guiaban la mirada hacia el tintineo de los pastos, que a su vez alejaban las cimas de las colinas– y la vida era un comienzo perpendicular hacia un cielo de postal». Los ciudadanos de Zurich son propensos a soñar con el campo, pero en realidad pocas veces van a él y cuando salen de la ciudad, enseguida vuelven por el mismo camino y regresan a sus casas urbanas.

A menos de media hora en coche o en tren desde Zurich, la ciudad de **Winterthur** ❶ es una bonita excursión que se puede realizar en un día. Fue fundada en 1170 por los kyburgos, pero su origen se remonta al campamento galo-

Mapas páginas 234 y 241

NOTA

El edificio 37 de Winterthur es el polideportivo cubierto más grande de Europa. Abre todos los días, y se paga entrada; tel.: 052-203 3737; www.block37.ch

ABAJO: una casa de Zurich en la parte alta del Schonenberg.

El oro de Zurich puede verse incluso en las decoraciones de las ventanas.

ABAJO: la capilla Wilhem Tell en Immensee, a orillas del lago Zuger, al sur de Zurich.

rromano de Vitudurum. A lo largo de su historia ha vivido más de un infortunio: en 1467 los Habsburgo prometieron esta ciudad comercial a Zurich y desde entonces ha conocido una continua rivalidad con su vecina más poderosa, la capital del cantón, que dista sólo 25 km y ha conservado sus privilegios celosamente. Sin embargo, esta competencia fue el motor de la industrialización de Winterthur durante el siglo XIX, después de que desaparecieran los obstáculos proteccionistas. Todo empezó con la industria textil (la primera fábrica europea del sector se instaló en esta población), que pronto extendió su actividad a las ciudades del Oberland de Zurich situadas en las márgenes de los ríos. La producción condujo a la industria de la maquinaria textil y la diversificación continuó adelante: Winterthur fabricaba turbinas para las centrales de energía eléctrica, propulsores y motores para los barcos, y más tarde, locomotoras y vagones de ferrocarriles. Aunque parezca paradójico, fue la planificación de la red de ferrocarriles suizos lo que acabó aislando a Winterhur de las principales rutas de transporte, hasta que fue vencida por su competidora, la industrializada ciudad de Zurich.

Mientras tanto, otra faceta de las primeras etapas de la acelerada expansión de la industrialización era la necesidad de un estilo de vida y una cultura adecuadas a la posición personal de cada individuo. Esto quedaba reflejado en algunos edificios y en el mecenazgo de la música y el arte, que contribuyó a la formación del prestigio de Winterthur como centro cultural.

La ciudad cuenta con varios museos, además de la colección del doctor Oskar Reinhart, la cual ocupa dos edificios: la colección **Römerholz** y la **Fundación Oskar Reinhart**, situada en el nº 6 de Stadthausstraße (abierta de martes a domingo de 10:00 a 17:00 h; se paga entrada; tel.: 052-269 5172). La principal característica de ambas no sólo reside en la cantidad de obras de arte que guardan, sino también en su calidad, desde los antiguos maestros hasta los clásicos modernos. Entre los trabajos expuestos figuran obras de Brueghel el Viejo Rubens, Rembrandt, El Greco y Goya, además de piezas de artistas franceses del siglo XIX.

Encontrará otros tres museos interesantes: el **Fotomuseum** (Museo Fotográfico), situado en el nº 44 de Grüzenstraße es el único museo de fotografías en alemán de Suiza (abierto de martes a viernes de 12:00 a 18:00 h, los fines de semana de 11:00 a 17:00 h; se paga entrada; tel.: 052-233 6086), la **Colección de Relojes de Kellenberger**, que incluye los célebres relojes de la dinastía relojera Liechti, y la **Villa Flora** emplazada en el nº 44 de la Tösstalstraße, en la que se exhiben obras de artistas de los siglos XIX y XX como Cézanne, Van Gogh Matisse, Renoir, Rodin, Valloton y Toulouse-Lautrec (abierto de martes a sábado de 14:00 a 17:00 h; los domingos de 11:00 a 15:00 h; se paga entrada; tel.: 052-212 9966).

Una de las reliquias del Winterthur del siglo XIX aparte de su industria, es su maravilloso casco antiguo que nada tiene que envidiar al de Zurich. La calle **Marktgasse**, con sus casas del gótico tardío y de estilo barroco ha pasado a ser una zona peatonal y derrocha tanta actividad a su manera más provinciana, que se puede obtener mayor provecho de un día de compras en ella que en la más grande, famosa y ajetreada vecina.

Los alrededores

El hecho de que los ciudadanos de Zurich consideren el valle **Reppischtal**, el lago **Türler See**, el lago **Greifensee**, el **Forsch**, las colinas del **Albis**, el **Etzel** y el **Pfan**

nestil adecuados sólo para las excursiones de los domingos, no es motivo suficiente para desistir de visitarlos. Ofrecen excelentes lugares por los que pasear y hasta puede intentar subir a la montaña de Zurich, el **Uetliberg** ❷, para disfrutar de una magnífica panorámica de la ciudad, del lago y de los Alpes.

A lo largo de los senderos que atraviesan pronunciadas pendientes de bosques, encontrará recorridos más largos que cruzan el lago Seedamm hasta la población de **Rapperswil** ❸, a unos 40 km. Con su impresionante castillo y su muelle, se trata de un precioso y pequeño pueblo rural, tan importante en su día que llegó a declarar la guerra a Zurich. Los encantadores hoteles y restaurantes de pescado invitan a los visitantes a quedarse a cenar y a pasar una noche. Y seguro que el Stäfner Clevner y otros vinos procedentes de los viñedos cultivados en las tierras del lago de Zurich le levantarán el ánimo. El camino de regreso a la ciudad transcurre a lo largo de la Seestraße (calle del lago), conocida como la «costa dorada» por los elevados ingresos y los (en proporción) reducidos impuestos.

La impresión que las poblaciones de Regensdorf, Grüningen o Eglisau producirán a los viajeros curtidos es difícil de precisar, al igual que en el caso de la ciudadela romana de Irgenhausen, los monasterios del Fahr y el Kappel o las localidades vinícolas de Marthalen, Oberstammheim y Unterstammheim. No debe darse por concluido un viaje por Suiza sin haber paseado por las tierras bajas del lago de Zurich.

El lago de los pintores

El lago de Zurich, que se adentra casi hasta el corazón de la ciudad, se considera parte de las tierras de Zurich. Con sus suaves orillas y la imagen lejana que se divisa de los Alpes, que debido al cálido viento *Föhn* del sur que sopla parecen más grandes y más próximas, este paisaje inspiró al pintor británico J. M. W. Turner cuando pintó algunos de sus mejores cuadros. Suba a bordo de uno de los vapores provistos de restaurante y déjese llevar hacia el sur a las tabernas de la orilla en **Au Peninsula** ❹ o todavía más lejos, hasta la romántica isla de **Ufenau** ❺, aunque seguro que causaría más impresión si anclase su propio yate delante de uno de los elegantes restaurantes que sirven pescado.

Se preguntará cómo es posible realizar un programa de esta envergadura durante una estancia breve. La respuesta es fácil: utilice la red de transportes del excelente Zürcher Verkehrsverbund (el sistema de transportes de Zurich), tan eficaz, serio, limpio y puntual como es de esperar en Suiza. Recuerde que debe llevar monedas para todo el recorrido, ya que salvo en las estaciones, los billetes se sacan en las máquinas expendedoras, sobre todo en los lugares remotos. Así mismo, se recomienda tener a mano un horario de los diferentes medios de transporte; las máquinas no le serán de gran ayuda, pero sí puede preguntar a los habitantes de la zona, que suelen hablar varios idiomas.

ABAJO: el paisaje de las inmediaciones del lago de Zurich.

La desconocida Glaris

Una excursión al sudeste de Zurich le llevará hasta la diminuta capital cantonal de **Glaris** ❻ (o Glarus) y sus valles. Se llega por la carretera N-3 desde Zurich, pasando por Kilchberg, hasta Näfels, donde podrá tomar la autovía 17. Por la distancia a la que se encuentra desde la ciudad, tendrá que planearlo como una excursión de un día entero, pero en el camino podrá ver cosas interesantes. Conocida en los últimos años por la posibilidad de practicar deportes de invierno, Glaris cuenta, además, con una atractiva historia. Las masas incontroladas de la

Los habitantes de Glaris, llamados glaners, con frecuencia emigraron de Suiza y ayudaron a fundar varios asentamientos en el este de Europa y en lugares más lejanos, de los cuales el más conocido es sin duda New Glarus, en el estado estadounidense de Wisconsin.

ciudad consiguieron derrotar al ejército de los Habsburgo en el año 1388, asegu-rándose así su independencia en el seno de la Confederación. El valle, de unos 4(km de longitud, no ha supuesto, desde tiempos inmemoriales, más que una escasa fuente de ingresos para los pueblos que se asentaron en él, los retorromanos primero los alamanes después. A los habitantes de Glaris se les denomina *glaners* y allí dond(se encuentre, incluso en los lugares más remotos del mundo, le sorprenderá las vece que podrá conocer a un *glaner* itinerante.

En el año 1755, Konrad Schindler, un médico de Basilea, escribió un artículo sobr el queso verde. El autor debía de estar tan familiarizado con el valle que sus colegas sui-zos lo llamaban el «Zigerschlitz» (en referencia al queso Schabziger) que se elabora e esta región, una de las clases de queso curado más antiguos (*véase pág. 81*).

Sin embargo, el habitual queso Schabziger, delicioso en los gratinados, no s considera el elemento más antiguo de Glaris. Según la leyenda, el más antiguo d todos es un viento: el *Föhn*, para ser exactos. Es cierto que este viento sopla en e interior de Suiza, en los Grisones y en otras partes; pero ha provocado incendios e numerosas casas de las, aproximadamente, treinta poblaciones del cantón. La ciu-dad de Glaris, que cuenta con un museo de arte con obras de artistas suizos de lo siglos XIX y XX, casi quedó devastada por las llamas en 1861. No fue la única ve que el museo se quemó y fue reconstruido en forma de cuadrícula con elegantes edi-ficios neoclásicos.

Junto con el *Föhn* y el Schabziger, el Landesgemeinde es otra institución establecid en Glaris. Se trata de una reunión comunitaria que todavía se lleva a cabo entre la lla-nura de Linth, Walensee y el Tödi, a pesar de los intentos de abolirla. También en lo semicantones de Appenzell Innerrhoden y Appenzell Ausserrhoden, cada ciudadano hombre o mujer, puede sentarse en el «Ring» (círculo) y lanzar críticas contra e gobierno cantonal e incluso presentar su propia moción.

ABAJO: lienzo de Albert Anker, de la colección Reinhart de Winterthur.

Paseos y salto de esquí

Antes de que se construyera la **Walenseestraße** a lo largo de la orilla, cuando la boca del **río Linth** era un paraíso natural, los habitantes de las tierras bajas aún podían utilizar el camino que partía desde Mollis vía Kerenzerberg hasta llegar a las estaciones de esquí de los Grisones. No obstante, sus dos poblaciones, **Filtzbach** y **Obstalden**, casi no tienen tráfico y, por su ubicación apartada, constituyen una región ideal para los aficionados al senderismo.

El primer concurso de salto con esquís como deporte alpino de invierno se disputó en Glaris, cuyo club de esquí, fundado en 1892, es el más antiguo de Suiza. El Pragellauf, una competición de esquí de fondo con un recorrido que se iniciaba en el valle de Muota en el cantón de Schwyz, y seguía por el **Klöntalersee**, una auténtica maravilla alpina, y después hasta la ciudad de Glaris, fue durante años el más conocido del país. En efecto, sus deportes de invierno y la escalada han dado a conocer la ciudad entre los entendidos. **Elm**, en el Sernftal, acoge a los equipos femeninos de Suiza y Estados Unidos durante sus entrenamientos de descenso. Cuatro veces al año, el 12 y 13 de marzo, el 30 de septiembre y el 1 de octubre, se produce un espectáculo natural en Elm, cuando el sol brilla a través del Martin Hole, una apertura en el lado del monte Tschingelhorner, e ilumina el campanario de la iglesia del pueblo.

Antiguamente, las poblaciones del valle sufrían frecuentes avalanchas. Las montañas presentan una diferencia abismal entre el fondo del valle (a 660 metros de altura) y la montaña más elevada, el majestuoso **Tödi** (de 3 614 metros de altitud). Este monte cierra el estrecho valle, cuya localidad más alejada es Linthal, y en sus tierras nace el río Linth, que más adelante, después de desaguar en el lago de Zurich, adopta el nombre de río Limmat. Linthal está situada, además, en un puerto de montaña. El **Klausen Pass**, el puerto más largo de Suiza, conduce al valle de Schächen, en el cantón de **Uri**. Aquí se celebraron los Campeonatos Europeos de Rally de Montaña en 1922 y 1934.

Glaris es el paraíso de los senderistas, con sus gargantas, bosques, montañas, lagos y más de 100 km ininterrumpidos de recorridos para bicicleta y senderos. En cualquier oficina de información turística le pueden guiar, aconsejar y, seguramente, le facilitarán mapas de rutas.

Mapa página 241

Viveros de flores en los fértiles prados del lago de Zurich.

ABAJO: el castillo de Rapperswil.

La inesperada opulencia de Glaris

Resulta difícil de creer que, hasta los siglos XVIII y XIX, este cantón fuese el más industrializado de Suiza, además de uno de las más prósperos junto con Zurich y Basilea. La historia de la industria textil local y la de las tempranas etapas de industrialización se encuentran recogidas en el museo cantonal, emplazado en el destacado **Freuler-Palast,** en el municipio de **Näfels**.

Al servicio de los reyes franceses, la familia Freuler y sus amistades amasaron una fortuna, que permitió a Kaspar Freuler (1590-1651) erigir «la casa grande», modesto nombre con que se la conocía en su pueblo natal. Hoy, aún quedan algunas preguntas por responder: ¿Quién diseñó la casa? ¿De dónde procedían los responsables del estuco de los techos y de las escaleras de piedra? ¿Quién se encargó de amueblarla de forma tan majestuosa? ¿Por qué mandó Kaspar Freuler construir semejante palacio en Glaris, cuando apenas visitaba la ciudad?

Entre otros lugares de interés destaca **Braunwald**, el único pueblo balneario peatonal del este de Suiza, que está construido en unas terrazas rocosas con elegantes hoteles y pensiones. Las vistas panorámicas de la zona no tienen parangón y se ofrecen excelentes posibilidades de paseos largos: se trata del modelo de destino alpino de Suiza.

Zuber

EL NORDESTE

Esta zona es uno de los secretos mejor guardados de Suiza en la que aún se puede disfrutar de los tranquilos y pintorescos pueblos medievales y de los exuberantes valles alpinos. Pero ¿hasta cuándo reinará la paz?

Mapa página 254

Según reza un dicho popular en Berna, Zurich, Basilea y Lucerna, Suiza «termina en Winterthur». No se trata más que de una afirmación arrogante: el norte y, sobre todo, el este no ocupan un lugar importante en la Confederación y si el país tuviese que renunciar a cualquiera de sus territorios, la parte oriental sería la primera en cuestionarse, y es que casi forma parte de Alemania. En opinión de la mayoría de los suizos, el nordeste sólo tiene una importancia secundaria en el ámbito industrial, cultural y turístico y, además, en la Suiza oriental se habla un dialecto considerado por gran parte del resto del país como agudo, fuerte y, en definitiva, desagradable. En pocas palabras: las regiones orientales se consideran tierras fronterizas.

Como ocurre con la mayoría de los refranes, éste es un reflejo de la ignorancia, ya que las comarcas septentrionales y orientales de Suiza no tienen por qué temer la comparación con otras partes del país. Sólo en términos de producción industrial, los cantones nororientales, sin incluir los dos de Appenzell, alcanzan un valor medio. Sin embargo, la principal característica de estas tierras, a menudo rechazadas, se centra en su paisaje y su patrimonio cultural.

Thurgau, o Turgovia, con sus prados, bosques, plantaciones frutales y monasterios, no ha sufrido los excesos de la expansión industrial. Sin contar con las numerosas casas adosadas que han aumentado de la noche a la mañana a lo largo de la autovía a Zurich, muchos pueblos y ciudades pequeñas parecen suspendidas en la historia. Constantemente se advierte la carga del pasado en Schaffhausen y en la vecina Stein am Rhein, con sus casas medievales con entramados de madera y sus fortalezas. La ciudad de Sankt Gallen (San Galo) con su monasterio, barroca y a la vez de apariencia sobria, refleja la dualidad de los habitantes del este.

El paisaje de los dos semicantones de Appenzell es una bendición para la vista, con sus colinas de un verde exuberante y sus granjas dispuestas contra las cumbres alpinas. Los alrededores del lago Constanza (Bodensee en alemán), con sus vistosos parques floridos y viñedos que se alternan con juncos y marismas, con sus campos y huertos, sus bosques, sus prados y sus pueblos históricos, sus poblaciones pescadoras y vinícolas, todo ello forma un oasis de belleza que pocas partes de Suiza pueden igualar.

Por tanto, en cuanto a historia y paisajes, no parece que las regiones septentrionales y orientales necesiten de la aprobación del resto del país para vivir bien. No obstante, sí tiene cierto sentido la cita del comienzo: después de Winterthur empieza una parte del país con carácter propio y diferenciado. El nordeste suizo es una creación que no está tan orientada hacia Zurich o Berna –los centros industrial y político, respectivamente– como hacia la región cultural del lago Constanza, rodeado por tres naciones (Suiza, Austria y Alemania): aquí yace su identidad cultural.

La zona del lago Constanza no sabe de fronteras nacionales. En esta cuenca formada por el «océano suabo» (nombre que recibe a menudo), la cultura alamana, su especial situación geográfica y su arraigada historia han

PÁGINAS ANTERIORES: biblioteca de la abadía de St Gall. **IZQUIERDA:** la fuente del Moro, en Schaffhausen. **ABAJO:** un joven participante del Festival del Vino de Döttingen.

propiciado la aparición de una comarca que ha sido descrita en varias ocasiones, quizás de forma exagerada, como el «corazón cultural del occidente europeo».

Unidad ancestral

Desde que la región alamana se unificara, los vestigios de esta unidad han sobrevivido durante mucho tiempo en Europa central. Por ejemplo, hasta el siglo XIV la ciudad de Sankt Gallen, en el este de Suiza, establecía sus propias alianzas políticas, sobre todo enfocadas hacia el sur de Alemania. A lo largo del I milenio d.C., la abadía de Sankt Gallen desempeñaba un papel protagonista en la zona; de hecho, figuraba entre las abadías más importantes de los imperios carolingio y de los Otones.

El siguiente ejemplo ilustra la unidad de las regiones situadas en las inmediaciones de las principales fronteras nacionales. Hace algo menos de 50 años, la mayoría de los ciudadanos de la comarca de Vorarlberg, en Austria, se declararon a favor de la anexión con Suiza en un referéndum. Sin embargo, los gobiernos de Viena y Berna no mostraron ningún interés por satisfacer sus deseos, así que el sueño de un valle del Rin unificado nunca llegó a materializarse.

Mapa página 254

A los suizos del nordeste no les importa que sus compatriotas los consideren un apéndice periférico de Suiza. Lo que sí les molesta es la arrogancia con que los han dejado abandonados en temas de política, industria y turismo. Aun así, hay algunas ventajas, sobre todo para el viajero independiente: en esta parte del país descubrirá una región desconocida e inexplorada en la que no se ven multitudinarios grupos de turistas y derrocha belleza, a veces a la vista y otras veces sutilmente escondida.

A esta región de raíz germana y personalidad propia no le falta variedad: en ella podrá ver frondosos huertos y jardines, montañas (aunque no tan elevadas como las cumbres alpinas) y, sobre todo, hermosos lagos, como el lago Constanza. Si se anima a recorrer esta parte del país se llevará una agradable sorpresa, ya que se trata de una Suiza desprovista de tópicos, cuyos habitantes viven de forma natural una mezcla de pasado y presente. Por otro lado, es una región próspera, pero no tan industrializada como otras zonas, por lo que los precios en los bares, hoteles y restaurantes son más bajos que en las comarcas limítrofes, lo que sin duda agradecerá su bolsillo.

A lo largo del Rin, la arquitectura de las casas, con paredes de entramados de madera y tejados ondulantes de color rojo, recuerda a Alemania y Austria. En la ciudad de Schaffhausen, por ejemplo, los edificios están decorados con espléndidos murales medievales, muchos de los cuales se hallan en las galerías o miradores del primer piso. En el campo, las granjas suelen estar revestidas de delgadas tablillas de madera, que las inclemencias meteorológicas y el paso del tiempo han dejado de color gris. La arquitectura de Appenzell es muy característica: casitas de color beis muy cuidadas, con sucesivas hileras de ventanas y paneles de madera.

La posada Goldenes Schäfli *es una de las más antiguas de Suiza (véase pág. 261).*

ABAJO: las cataratas del Rin, cerca de Schaffhausen.

Los alrededores del Rin

A la ciudad de Sankt Gallen, la más grande del este del país, se puede llegar sin complicaciones desde Zurich por la autovía N-1 o en tren de cercanías. Si dispone de

Varios poetas se han inspirado en los paisajes del río Rin a la hora de componer sus obras. Entre ellos el poeta británico William Wordsworth.

tiempo, debe realizar el trayecto a la zona oriental por **Rapperswil,** a orillas del lago de Zurich, o por el **Toggernburg**. Otra ruta alternativa es tomar el camino por la llanura de **Linth**, el **lago Walenstadt** y el **valle del Rin**. Pero seguramente el recorrido más agradable de todos es el que comienza en el norte y sigue el curso del Rin, para después describir una gran curva antes de adentrarse en las tierras de Suiza. Si decide seguir esta ruta, conocerá su magnífico paisaje y podrá viajar por numerosas poblaciones históricas antes de que el río se interne en la cuenca del lago Constanza.

En **Neuhausen** se halla la primera parada de este camino, un barrio industrial de Schaffhausen y punto de partida para descender hasta las **cataratas del Rin ❶**, consideradas una de las más impresionantes vistas naturales del país. El escritor británico William Wordsworth quedó tan cautivado por ellas que las inmortalizó en un poema.

Se puede admirar este impresionante espectáculo de agua y espuma desde varios puntos de observación situados al pie de las cascadas. No obstante, si quiere obtener un primer plano de la imponente masa de agua (puede alcanzar una velocidad máxima de 1 250 m^3/s al caer por precipicios de 150 metros de altura) puede acercarse en transbordador hasta la roca que se levanta en medio de la catarata o al **castillo de Wörth**, que antaño acogía el edificio de la aduana para los barcos que navegaban por el Rin.

A unos pocos kilómetros de Neuhausen se encuentra **Schaffhausen ❷**, también conocida como *Rheinfallstadt*, por las cataratas del Rin (*Rhein*, en alemán) o *Munotstadt*, por la fortaleza de Munot que se alza sobre la ciudad. El «casco antiguo» es bastante reciente: un incendio devastó la sección medieval en 1372, pero aun así es uno de los entornos urbanos mejor conservados de toda esta región. Por tanto, los edificios civiles más antiguos de la ciudad se remontan al período del gótico tardío; destacan así mismo los edificios de estilo barroco y rococó. También pertenecen a esta época los 170 miradores (ventanas muy ornamentadas que sobresalen de la pared), que presentan diferentes estilos como reflejo de varias épocas.

ABAJO: la fortaleza de Munot, en Schaffhausen.

Esta ciudad, que en la actualidad tiene unos 34 000 habitantes, fue un lugar estratégico desde la Baja Edad Media para los cargueros que navegaban por el Rin, los cuales, amenazados por las cascadas y los rápidos que tenían que salvar más adelante, se veían obligados a descargar en esta población. El nombre de Shaffhausen procede probablemente de las casetas de los esquifes que se alineaban a lo largo de las orillas del río.

La **Haus zum Ritter** (Casa del Caballero), en la esquina de la Vordergasse y la Münstergasse, cuya estructura se remonta al año 1492, es una visita interesante. En el exterior de la casa se aprecian unas copias de los frescos que el propietario, el caballero Hans von Waldkrich, encargó al artista Tobias Stimmer de Schaffhausen. Los restos de la fachada original, de 1570, se encuentran en el cercano Museum zu Allerheiligen. La parte antigua de la ciudad está repleta de construcciones góticas y salas de reuniones de los gremios, mientras que si se da un paseo por el barrio peatonal descubrirá miradores, fuentes antiguas, pequeñas plazas y rincones tranquilos.

En dirección sur desde Vordergasse, en la Klosterstraße, se levanta la catedral, o **Münster,** restaurada, que domina el centro urbano. Fundada en el año 1049, el edificio original fue consagrado en 1064 y la catedral posterior, más grande que la que se conserva hoy en día, se erigió en 1103. Forma parte del anterior monasterio benedictino de **Allerheiligen** (Todos los Santos) y se considera una obra maestra de la arquitectura románica. Los monjes abandonaron el monasterio hace ya siglos, durante la Reforma, y ahora alberga el **Museum zu Allerheiligen** (Museo de

Todos los Santos; abierto de martes a domingo, de 12:00 a 17:00 h; los jueves de 12:00 a 20:00 h; entrada gratuita; tel.: 633-0777).

Cerca del río, en la Baumgartenstraße, hay una fábrica textil que ha sido transformada en el **Hallen für neue Kunst** (Galerías de Arte Moderno; abiertas de martes a sábado, de 15:00 a 17:00 h; los domingos de 11:00 a 17:00 h; se paga entrada; tel.: 625-2515). En este destacado museo del arte contemporáneo se exponen las obras más importantes de doce notables artistas internacionales de las décadas de 1960 y 1970. Entre los artistas presentados en el espacio de 5 500 m^2 figuran Bruce Nauman y Joseph Beuys, con su célebre trabajo *Kapital.*

Por un camino asfaltado se accede a la **fortaleza de Munot** (abierta todos los días de mayo a septiembre, de 8:00 a 20:00 h; de octubre a abril, de 9:00 a 17:00 h; entrada gratuita). Construida entre los años 1564 y 1589, esta fortaleza circular, erigida según los principios establecidos por Alberto Durero en su *Tratado de las fortificaciones* (1527), acogía un bastión para defender Schauffhausen de las tropas alemanas y es la única posesión de la Confederación en la margen derecha del Rin. Mide unos 49 metros de diámetro, ofrece bonitas vistas panorámicas de la ciudad desde las almenas, y a sus pies se extiende un fragante jardín de rosas.

Los viñedos suizos

Desde Schauffhausen se ofrecen varias excursiones posibles: a las poblaciones vinícolas como **Wilchingen** al sur, a las montañas del **Randen** (la parte más oriental del Jura) o a las laderas cubiertas de viñedos de **Klettgau**. En esta tranquila región fronteriza se pueden realizar recorridos a pie y, además, el Klettgau es famoso por sus vinos. Aquí, alrededor de la pequeña población de **Hallau**, se extiende la comarca vinícola más grande del este de Suiza, con casi 300 hectáreas y un museo sobre la producción de vino. Desde tiempos inmemoriales se ha obtenido más producción de vino

Mapa página 254

NOTA

Las cataratas del Rin acogen una impresionante exhibición de fuegos artificiales durante la celebración del Día Nacional Suizo, el 1 de agosto.

ABAJO: la población vinícola de Wilchingen.

Un participante en la feria de ganado de Urnäsch.

ABAJO: miradores y fachadas decoradas de Stein am Rhein.

tinto (Blauburgunder) que de vino blanco (sobre todo Rieslings o Sylvaners). En segundo lugar en producción vinícola, detrás de Hallau, se encuentra la población de Wilchingen.

La comarca ribereña que se extiende entre Schauffhausen y Stein am Rhein es una de las más preciadas de Europa: se trata de un paisaje natural casi intacto, con emplazamientos históricos como el antiguo monasterio de **Paradies** o el de **St Katharinental**, que consiguen maravillar a cualquiera.

La población de **Stein am Rhein** ❸, situada en el acceso al lago Untersee (uno de los brazos occidentales del lago Constanza), es otra joya de la arquitectura medieval, a la que se puede llegar por carretera o en un paseo de 20 km en barco por el Rin, en dirección este desde Schauffhausen. El antiguo **Kloster St. Georgen** (monasterio de San Jorge), benedictino, erigido en el año 1005, es una de las abadías medievales mejor conservadas de toda la región de habla alemana y en su interior acoge el **Klostermuseum St. Georgen** (Museo del Claustro de San Jorge). La **iglesia parroquial de Burg** (que aparece citada por primera vez en un documento de 799) es el templo más antiguo de la zona.

La plaza más céntrica de la ciudad, la **Rathausplatz,** con su fuente decagonal llamada **Marktbrunnen,** llama la atención del visitante por sus espectaculares fachadas y el gran número de frescos y miradores de los edificios circundantes. Entre esta riqueza pictórica cabe destacar los frescos de la Gasthaus Roter Ochsen (Posada el Buey Rojo), los de la **Haus zur Vorderen Krone** (Casa de la Primera Corona), y los del **Haus zum Weißen Adler** (Casa del Águila Blanca), en el lado izquierdo del ayuntamiento o Rathaus.

La calle principal se une con la parte más baja de la ciudad en esta plaza. Las casas con entramados de madera, un rasgo característico de la región del lago Constanza, marcan la personalidad del paisaje urbano. Las sólidas vigas de roble se van doblando con el peso de los siglos, y a veces se tiene la impresión de que las fachadas de algunas casas se desplomarán de un momento a otro. A continuación se alza la puerta **Untertor**, que pertenecía a las fortificaciones medievales, al igual que la **torre de los Ladrones** o **torre de las Brujas**, al final de **Choligasse.**

Puede visitar, además, el **Museo de Muñecas** o el **Lindwurm Museum**, en Unterstadt, con sus exposiciones sobre la agricultura del siglo XIX. Para terminar, puede relajarse en una de las muchas tabernas de vino en las que se respira *Gemütlichkeit* (comodidad), con sus techos de madera góticos y miradores.

El lago Constanza

Observe el paisaje desde las alturas de la cordillera de **Seerücken** un día de otoño cuando la luz se desvanece y las aguas del Untersee se han teñido de un color gris apagado: el cielo y el agua se confunden. La península de **Höri** aparece difuminada y la isla de **Reichenau**, con su monasterio benedictino fundado por san Pirmin en el año 723, sólo se puede divisar desde lejos. Las vistas del lago Untersee no se limitan a la cultura ni a la historia; los pueblos de sus orillas también son un remanso de paz: **Mammern**, **Steckborn**, **Berlingen**, **Mannenbach** y **Ermatingen**.

En las poco pronunciadas laderas, las antiguas casas rurales llenas de historia dan la bienvenida al visitante. En torno a la tranquila bahía de Mammern se extiende el inmenso parque de 90 000 m² que pertenece al **Scheleß Mammern** (castillo de Mammern), donde residieron los caballeros y, posteriormente, los abades de Rheinau. Una

capilla barroca de 1749, que también forma parte del castillo, presenta unos frescos interesantes y hoy día acoge una clínica.

Encima de Mannerbach se levanta **Salenstein** con su centro medieval. Más adelante, en el camino a Ermatingen y uno de los lugares más bonitos del Untersee, se encuentra el **Schloß Arenenberg** (castillo de Arenenberg), algo escondido por los árboles de un parque en lo alto de una empinada colina. Su exterior modesto disimula su relevancia histórica, propia del siglo XIX: el castillo fue testigo de las vidas y obras de dos emperadores franceses. Tras la caída de Bonaparte, Hortense de Beauharnais residió en él con su hijo, que se convertiría en el emperador Napoleón III. Tras su abdicación, la célebre emperatriz Eugenia vivió a temporadas en esta residencia de campo. Entre el mobiliario de Arenenberg se encuentran numerosas reliquias reales, como una estatua de mármol de Napoleón, muebles de estilo Imperio que denotan la influencia de la campaña de Egipto y retratos de la corte con lo más selecto del Segundo imperio.

Como contraste, podrá visitar las sencillas aldeas agrícolas del Seerücken y las poblaciones del lago, donde la pesca continúa siendo la principal actividad. Muchos restaurantes presumen de su pasado distinguido y el imponente edificio con entramados de madera del **Hotel Adler,** en Ermatingen, es el más antiguo del cantón de Turgovia; Alexandre Dumas, Ernst Jünger, Thomas Mann, el conde Zeppelin, Hermann Hesse y el general Henri Guisan, comandante en jefe del ejército suizo durante la Segunda Guerra Mundial, cenaron en él en alguna ocasión.

El «océano suabo» sigue adelante hasta la isla alemana de Reichenau. De nuevo en la orilla del lago, siga en dirección a **Kreuzlingen** ❹, un barrio periférico de la ciudad alemana de Constanza, donde el lago se abre, las pendientes de la orilla se acentúan, el paisaje pierde algo de encanto y aumenta la presencia de la industrialización.

Continúe en dirección sudeste hasta la pequeña población de **Arbon** ❺ o *Arbor Felix* como era conocida en la Antigüedad, en la que podrá visitar la fortificación del siglo XVI, el **Schloß Arbon** (castillo de Arbon), y el **Museo de Historia**, que guarda descubrimientos de los asentamientos del Neolítico y la Edad del Bronce, además de los de la época romana. El paseo de la orilla invita a agradables caminatas. Al sudeste se alza **Rebstein** con su pequeño castillo.

Un monasterio cartujo

Por senderos que se desvían hacia el sur desde el lago Untersee y después de cruzar la cresta que se alza sobre el lago, puede llegar al **río Thur** y a **Frauenfeld** ❻. En el barrio antiguo de esta población, capital del cantón de Turgovia, predominan los edificios del período posterior a los incendios de 1771 y 1778, que acabó con todas las casas medievales, salvo las situadas entre el **ayuntamiento** y la iglesia Reformada. El castillo, otro vestigio de la Edad Media, se yergue sobre una roca de arenisca por encima del **Murg**. Desde Frauenfeld, en el centro del cantón, un desvío hacia el norte le conducirá a uno de los complejos monásticos mejor conservados del nordeste del país.

En la población de **Uesslingen** ❼, en un paisaje montañoso, se encuentra el antiguo **monasterio cartujo de Ittingen**. Fundado en el año 1152 como priorato de los agustinos y reconstruido en varias etapas desde mediados del siglo XVI, en la actualidad el monasterio presenta una combinación de estilos única. A partir de 1982, ha sido utilizado como centro cultural y de conferencias, y los edificios restaurados acogen un **Museo Cartujo** y el **Museo de Arte** del cantón de Turgovia (en el que se exhibe una interesante colección de arte naif).

Mapa página 254

El Kretzer *o* Egli, *frito en mantequillas con aceite y acompañado de un afrutado Riesling o un Sylvaner de la región, es una especialidad típica.*

ABAJO: regatas en el lago Constanza.

NOTA

Al norte de Sankt Gallen, en la Museumstrasse, encontrará un conjunto de museos que merece la pena visitar: el Kirchhoferhaus Museum, el Museo de Arte e Historia Natural y el Museo de Historia (Neues Museum).

Siguiendo en dirección sudoeste desde Frauenfeld llegará a **Wil** ❽, situado a medio camino de las poblaciones de Sankt Gallen y Winterthur. Es un pueblo normal, casi olvidado por el turismo, donde podrá conocer la auténtica vida cotidiana de Suiza. Las casas de Wil no tienen nada especial y las calles se quedan vacías en cuanto cierran los establecimientos. En cambio, el casco antiguo, situado sobre una colina en el fondo del valle, permanece casi intacto. Desde él se puede apreciar la católica **iglesia parroquial de San Nicolás**, además del **convento dominico** y el **Baronenhaus**, la residencia neoclásica más importante del cantón de Sankt Gallen.

El dedo de Dios

Según los libros de historia local, «el factor decisivo en la fundación de Sankt Gallen... fue el dedo de Dios». Esta cita se refiere al monje irlandés Galo, que en 612 vagaba por el «salvaje valle de Steinach» y se cayó en una zarza, lo que el monje interpretó como una señal para que se quedara. Un oso le ayudó a construir el monasterio que fundó, y por ello el oso se convirtió en el animal heráldico de la ciudad de **Sankt Gallen** ❾.

No existe ninguna condición externa que justifique la fundación de la ciudad. Sankt Gallen no se levanta a orillas de un río (sin tener en cuenta el Steinach, que no es más que un riachuelo), y es que el centro económico del este de Suiza se encuentra en medio de una tierra de nadie, emplazado en medio de las colinas de Rosenberg, en el lugar donde los Alpes ascienden hacia el cantón de Appenzell. De hecho, si un monje irlandés no se hubiese caído en una zarza, sería difícil de imaginar de qué otra forma se podría justificar hoy la presencia de Sankt Gallen en este sitio.

Su relevancia cultural reside en el arte sacro que se puede observar en la **catedral** (antes colegiata) y la **biblioteca de la abadía** (Stiftsbibliothek). El vestíbulo de la biblioteca, construido en 1763, es un claro ejemplo de la arquitectura rococó y muestra adornos poco comunes.

ABAJO: casa con entramados de madera en Turgovia.

La catedral, iniciada en 1755 y terminada en 1766, es impresionante por derecho propio y constituye la antítesis de la biblioteca, aunque la nave y la girola son obra del mismo arquitecto, Peter Thumb; en este caso la proporción es desmedida y la decoración, sencilla y brillante, pese a algunos excesos increíblemente recargados. Los terrenos de la catedral y la abadía bordean el casco antiguo de Sankt Gallen y ponen de manifiesto la perfecta simbiosis entre los edificios de estilo renacentista y barroco, magníficamente bien conservados, y la moderna y próspera zona comercial.

En el siglo XV se levantaron unas casas en círculo alrededor del nuevo recinto monástico tras un incendio. La ciudad, hoy conocida por sus tejidos, se desarrolló a partir de este centro dominado por una iglesia barroca, en dirección noroeste. Sankt Gallen posee además una serie de excepcionales fachadas barrocas, entre ellas la casa **Zum Greif** (en el nº 22 de la Gallusstraße), que luce un mirador barroco tallado con pasajes del Antiguo Testamento. Visite también la casa del nº 7 de la **Bankgasse**, la **Haus zum Pelikan** (nº 15 de Schmiedgasse) y el **Schlößli** (nº 42 de la Spisergasse).

A partir del siglo XV, Sankt Gallen se convirtió en un foco floreciente del comercio del lino y más tarde del algodón y el bordado, antes del colapso industrial que provocó la crisis económica mundial. Es posible que hayan quedado atrás los años de bonanza de la industria textil, pero muchas empresas medianas aún contribuyen a mantener la riqueza de la región. Al oeste de la catedral se halla el pequeño **Textilemuseum** (Museo Textil; abierto de lunes a sábado, de 10:00 a 12:00 h y de 14:00 a 17:00 h; se paga entrada), en la Vadianstraße, que presenta una exposición de bordados y encajes locales del siglo XIV.

Sankt Gallen, sobre todo la parte antigua, es un lugar ideal para hacer recorridos a pie que, aunque a veces escondidos, tienen su encanto. El centro urbano se ha convertido en una zona comercial con tiendas y boutiques ocultas detrás de las fachadas históricas. A pesar de algunas vistas agradables, también posee unos cuantos edificios

Mapa página 254

La nave y la rotonda de la abadía de Sankt Gallen fueron construidas en 1755 por Peter Thumb, mientras que en 1761 se añadió el coro decorado con unas torres gemelas, bajo la supervisión de Johann Michael Beer von Bildstein.

ABAJO: los festejos de Año Nuevo *Silvester-kläuse* de Urnäsch.

Una muestra de arte del Museo Textil de Sankt Gallen.

ABAJO: bajando el ganado de los pastos alpinos de Appenzell.

sin valor arquitectónico, entre ellos el ayuntamiento, situado junto a la estación. En las afueras, al norte de la ciudad, en el Rosenverg, se levanta un símbolo de la arquitectura moderna: la Hochschule für Wirtschaft- und Sozialwissenschaften, una de las mejores escuelas superiores de Ciencias Sociales y Económicas de Europa.

Para vivir una experiencia auténtica en Sankt Gallen, no se quede sin entrar a una de las tabernas de vino que se encuentran en el primer piso de las casas del casco antiguo, en el **Bäumli**, el **Neubädli** o el **Goldenes Schäfli**, la única casa gremial que ha sobrevivido. Con un techo del gótico tardío y un suelo inclinado, «Schäfli» es una de las tabernas más originales de Suiza.

Los «dos» Appenzell

Un agradable recorrido une Sankt Gallen con el cantón de Appenzell. A medida que las tierras bajas se van quedando atrás, el camino asciende hasta un paisaje montañoso idílico: las colinas se extienden como una alfombra verde hasta la cima de **Säntis** (de 2 502 metros). Las pequeñas granjas son características de la zona, donde las poblaciones se desarrollaron alrededor de las iglesias, una gran parte de las cuales fueron construidas por los miembros de la familia de maestros de obras Grubenmann.

La región es conocida por su tradición artesana y artística: durante años, hombres y mujeres, con brochas y pinturas, tijeras, telares y bastidores, han creado en sus remotas granjas pequeñas obras maestras, que ahora son valoradas por museos y coleccionistas. Fue aquí, en el paisaje pastoril suizo por excelencia, donde surgió el inconfundible arte original conocido como *Senntumsmalerei* o «pintura pastoril» a mediados del siglo XVIII (*véase pág. 265*).

A falta de un centro del cantón, Appenzell, la capital del católico semicantón de Inerrhoden, es algo más que una población pequeña. La capital de la otra mitad del cantón, Außerrhoden, es **Herisau**, un poco más grande que Inerrhoden. Sin embargo, a

ningún habitante de Appenzell le complace esta forma de división: se consideran un *Vorderländer* de **Heiden**, un *Mittelländer* de **Teufen** o simplemente un *Hinterländer* de **Herisau,** y su lugar de encuentro habitual es Sankt Gallen, aunque la ciudad no significa demasiado para ellos. Los ciudadanos de Appenzell celebran la llegada de visitantes, eso sí, siempre que lleven dinero. No se caracterizan por ser los típicos pueblos extravertidos de la montaña dispuestos a conocer a gente nueva; todo lo contrario, su naturaleza obstinada resulta tan incomprensible como el dialecto nasal que hablan. Estas características dieron paso a sus costumbres peculiares; han desarrollado una rica cultura rural, que va desde la música a la pintura pastoril, y aún siguen inmunes a las influencias contemporáneas.

Si viaja por las tierras de Appenzell, debe pasar por las serpenteantes carreteras secundarias o, incluso mejor, caminar por los senderos de la región. Trogen, Heiden, Gais, Urnäsch y Appenzell representan, cada uno a su manera, esta cultura cantonal.

Trogen ❿ se encuentra al sudeste de Sankt Gallen. Igual que su vecina del sur, Gais, Trogen ha recibido premios al «pueblo mejor conservado» y presume de su plaza mayor, como muchas otras poblaciones del cantón. Hasta 1997, alternándose cada dos años con el pueblo de Hundwil, los hombres del cantón se dirigían a esta plaza para depositar su voto y decidir sobre los asuntos cantonales. A lo largo de los siglos, los hombres solían lucir un sable tradicional cuando tomaban parte en el acontecimiento (también se permitía una bayoneta). No obstante, en 1990 se aceptó la participación femenina en este acto en Außerrhoden y desde entonces el sable sustituyó a la papeleta como elemento de entrada. A las mujeres de Innerrhoden se les concedió el derecho un año más tarde, después de que presentaran su caso ante el Tribunal Federal y lo ganaran.

Una visita obligada en la plaza es la **iglesia protestante**, de Hans Ulrich Grubenmann, un elegante telón de fondo para las reuniones del Consejo Administrativo que se celebra el último domingo de abril. Entre otros lugares de interés figuran la **Zellweger-Haus** en el acceso a la plaza, el ayuntamiento de estilo neoclásico y la casa nº 43, la más antigua de todas. Al sur de Trogen se encuentra el **pueblo infantil de Pestalozzi**, donde se han refugiado los huérfanos de guerra de todas las nacionalidades en los últimos cincuenta años.

En dirección sur por las tierras de la comarca de Appenzell, no deje de visitar la ciudad de **Appenzell ⓫**, la capital de **Innerrhoden**. Restaurada a un precio elevado, la ciudad reúne preciosas casas pintadas en intensos colores que pertenecieron a familias nobles, además de una bonita plaza, muy bien conservada. Muy cerca se yergue el macizo de **Alpstein**, una zona frecuentada por los senderistas, con sus pastos alpinos, lagos de color verde esmeralda y numerosas cumbres. Más allá de Herisau, al noroeste, el paisaje asciende por las colinas arboladas hasta la cordillera montañosa de piedra caliza, en cuyas laderas los primeros cazadores que poblaron la región solían resguardarse del mal tiempo, como en el asentamiento prehistórico de la **caverna Wildkirchli**. Desde el año 1887, hay un **observatorio meteorológico** en la cima del Säntis. Si no es un consumado montañero, puede subir en teleférico, lo mismo que hasta el **Hohen Kasten**, el **Ebenalp** y el **Kronberg**.

Urnäsch ⓬, a 10 km al oeste de Appenzell, posee una plaza rodeada por distinguidos edificios con fachadas con entramados de madera. El pueblo es conocido en la región por sus procesiones de Año Nuevo, que aún se celebran según el calendario gregoriano. El 13 de enero, los *Sil-*

Mapa página 254

NOTA

Una *Sankt Galler Bratwurst*, salchicha con cebolla y *Röstli*, es un capricho especial para cualquier turista de la ciudad. Las *Bratwurst* de Sankt Gallen son tan conocidas más allá de las fronteras cantonales como su encaje en todo el mundo.

ABAJO: una calle decorada de Appenzell.

Mapa página 254

Pintura de un granjero y sus animales, expuesta en el Museo de Arte Popular de Appenzell.

ABAJO: paisaje montañoso de los alrededores de Trogen.

vesterkläuse (duendes) «feo» y «guapo» desfilan por las calles luciendo unos tocados que pueden alcanzar el tamaño de una rueda de carro, con imágenes en miniatura de la vida rural cotidiana.

En Urnäsch hay una taberna por cada cien habitantes y a los naturales de Appenzell les gusta acercarse a la población para tomarse una sidra o un café con *Schnapps* (aguardiente). Así mismo, cuenta con un **Museo de Historia Local**, aunque también se puede visitar el **Museo de Stein**, la tercera población yendo desde Urnäsch, más moderno y extenso. El **Appenzeller Volkskunde Museum** (Museo de Arte Popular de Appenzell) dispone de una buena colección de arte del siglo XIX y acoge, además, una exposición de quesos, *Schaukäserei*, en el cual se explica la elaboración del queso en la región.

El Toggenburg, el valle del Rin y el lago Walen

El cantón de Sankt Gallen, con la región de Appenzell, se extiende por el valle del Rin y el Toggenburg hasta el lago Walen. Entre el lago y el comienzo de los Alpes hay numerosas regiones diferentes. El **Toggenburg**, igual que el Appenzell, es un lugar idóneo para los paseos, sobre todo **Wildhaus** ⓭, **Unterwasser** y **Alt St. Johann**; en invierno es frecuentado por los esquiadores. En Wildhaus, donde nació el famoso reformador Zwinglio, se yergue su casa natal, la **Zwinglihaus**, que es además una de las casas de madera más antiguas de Suiza.

Desde la carretera principal se puede acceder a las poblaciones vinícolas del **valle del Rin**; después, el recorrido continúa hacia el sur por el Rin hasta **Werdenberg,** con su castillo y el asentamiento de casas de madera antiguas. Al este comienza otro país distinto: **el principado de Liechtenstein**. Este pequeño Estado, que se adhirió a las Naciones Unidas en 1990, se ha convertido en una sede con un reducido pasivo fiscal para muchas empresas, algunas de las cuales sólo existen en el papel. Puede ser una visita recomendable. La capital, **Vaduz** ⓮, donde la familia del príncipe reinante ha residido desde 1939 en el castillo del mismo nombre, alberga el **Museo de Arte de Liechtenstein**, que fue presentado al país por el abuelo del actual monarca y expone obras destacadas de las escuelas holandesa, flamenca e inglesa. Y para los aficionados a la filatelia, en el nº 37 de la Stadtle, en la casa denominada Engländerbau, se halla el **Museo del Sello Postal de Liechtenstein**.

En dirección sur hacia **Sargans** ⓯, en la frontera meridional del principado, un **castillo** desafiante delimita el final de las tierras de Sankt Gallen en el valle del Rin. En la actualidad, un albergue juvenil y el **Museo de Sargans** ocupan el edificio. Desde Sargans puede llegar al balneario internacional de **Bad Ragaz** y a **Pfäfers**, donde Paracelso ejerció por primera vez su medicina natural (fue el primer médico de medicina natural) y donde Zwinglio solía acudir a aliviar sus dolencias reumáticas y la gota que contrajo en las campañas militares. Si se atreve, puede aventurarse a las profundidades del **Tamina-schlucht** ⓰ (Garganta de Tamina; abierta todos los días de 7:30 a 21:00 h; se paga entrada). Antes de que el agua fuera conducida al balneario, los visitantes de esta garganta y balneario eran bajados cientos de metros en cestas hasta las aguas medicinales, con temperaturas de hasta 37 ºC.

El recorrido prosigue hasta **Walensee** ⓱**,** o lago Walen, en el trayecto de **Walenstadt** a **Weesen** o a **Quinten**. Aquí el camino se abre hacia el soleado sur: en Quinten es posible ver cultivos de kiwis, incluso se recogen caquis e higos, almendras y castañas dulces.

La pintura pastoril

El *Senntumsmalerei*, nombre con el que se conoce este tipo de pintura, ocupa un lugar muy especial en el arte popular de Suiza, que no guarda la menor relación con el de Europa. La especial calidad de la cultura de los campesinos de los Alpes tiene sus raíces en la estructura histórica de Suiza: su topografía, sus rasgos naturales y su clima hacen de las tierras bajas un lugar idóneo para la ganadería. Las vacas no tenían mucho valor y su cuidado recaía en manos de las mujeres y los niños. El *Bergbauer* o campesino de las montañas altas, en cambio, vivía en una lucha constante por la supervivencia y tenía que cultivar y obtener todo por sus propios medios. Sin embargo, aunque en las montañas las vacas eran más importantes que en las tierras bajas, «das Hirten» (el pastoreo) también formaba parte del trabajo de las mujeres.

Entre estas costumbres extremas se encontraban las zonas alpinas cubiertas de prados y tierras de pasto: las estribaciones orientales y occidentales de los Alpes, así como el Oberland bernés, el Urschweiz (Uir, Schwyz, Obwalden y Nidwalden), Glaris y el Oberland de Sankt Gallen. Estos pueblos han vivido de la ganadería y de la elaboración de quesos desde tiempos inmemoriales y la economía, junto con las tradiciones y costumbres, ha girado en torno a la vaca. Otras regiones contaban con una tradición agrícola cooperativa más arraigada, pero los campesinos de los alrededores de Appenzell o Toggenburg, con numerosas granjas individuales, eran sus propios dueños y señores, y se encargaban ellos solos de la ganadería y la elaboración de quesos. La industria de los derivados lácteos ha sido trabajo de los hombres, mientras que las mujeres se han dedicado a la artesanía doméstica.

Las herramientas de trabajo se decoraban desde el siglo XVIII, sobre todo con grabados. A principios del siglo XIX, se empezaron a adornar las bases de los *Fahreimer* (cubos de madera que los principales pastores transportaban por los Alpes) con una pieza circular de madera pintada de muchos colores que se colocaba en la base del cubo. Estos *Fahreimerbödeli* sólo se utilizaban en los trayectos por las montañas y se guardaban con mucho cuidado. Solían llevar el nombre de al menos un pastor y una vaca, además del nombre del dueño y el año de fabricación. Otro elemento característico es el *Sennenstreifen*: una larga tabla o una tira de papel (con imágenes de los rebaños mientras eran conducidos a los pastos de los Alpes) que se cuelga sobre la puerta de la cuadra o de la sala de estar. Y un tercer tipo de decoración consiste en un gran retrato de un pastor pintado en el lado exterior de las contraventanas, conocido como *Wächterbild*.

Los *Senntum-Tafelbilder*, pequeños cuadros dibujados sobre papel o cartón, desempeñan un papel destacado en la pintura pastoril de la Suiza oriental. Algunos de los motivos incluyen vacas, pastores, mozos de labranza, casas y paisajes. Otra de las imágenes más frecuentes es la de un rebaño de vacas camino de los montes. También suelen representarse las granjas e incluso las posadas del campo, además de las ferias de ganado y los pastores jugando a cartas. Muchos hombres y mujeres se han dado a conocer a través de este tipo de arte desde mediados del siglo XIX hasta la Segunda Guerra Mundial. Hoy día se pueden apreciar sus trabajos en los museos de todo el país.

DERECHA: muestra del *Senntumsmalerei* en el Museo de Appenzell.

BASILEA

Esta antigua ciudad situada a orillas del Rin, entre Francia y Alemania, es conocida sobre todo por su calendario lleno de fiestas y carnavales, que culminan en el animado Fastnacht

PÁGINAS ANTERIORES: un desfile de caramillos del *Fastnacht*.
IZQUIERDA: el ayuntamiento (Rathaus) de Basilea.
ABAJO: el Spalentor de Basilea, la puerta de acceso al casco antiguo.

Basilea, la segunda ciudad más populosa de Suiza, está situada en el centro de algunos de los mejores viñedos de Europa. Las zonas de cultivo de la vid de Baden y Alsacia y las regiones vinícolas del lago Leman, el Valais, Tesino y la Suiza oriental, forman una especie de guirnalda alrededor de la «rodilla» del Rin; sin embargo, el *Basler* (ciudadano de Basilea) prefiere la cerveza.

Kleinbasel o la Pequeña Basilea (zona industrial de la ciudad) nació con la construcción del primer puente sobre el río en el siglo XIII. La industria propició la aparición de los populosos barrios obreros, donde los rostros de sus habitantes resplandecen en todos los sentidos, igual que los *Beizen*, los restaurantes típicos de la zona. La vida nocturna de Kleinbasel y todo lo que encierra se despliega feliz dentro de los estándares suizos.

Punto de encuentro de tres países

Más allá de Kleinbasel, a la izquierda, se puede percibir en lontananza el perfil de los Vosgos, de un azul nebuloso brillante, montañas desbordantes de historia que separan las regiones francesas de Alsacia y Lorena; y a la derecha, ya se pueden adivinar las primeras crestas de la Selva Negra de Alemania. Por último, si la Gran-Basilea o Großbasel no obstaculizase la vista al sur, también las montañas del Jura serían visibles.

Hace mucho tiempo, los celtas se asentaron en ciertos puntos del Jura, los Vosgos y la Selva Negra y describieron un triángulo astronómico, y si se sitúa cerca de la catedral o Münster, se encontrará justo en el centro. Aquí surgió la Basilea de hoy día.

Debido a esta peculiaridad geográfica, las personas que se han acercado a la ciudad para someterse a algún tipo de exilio espiritual, siempre se han sentido como en casa: desde el humanista Erasmo de Rotterdam hasta el filósofo Karl Jaspers, o desde el pintor Hans Holbein hasta el dramaturgo Rolf Hochhuth. Su riqueza cultural, sus bien abastecidos museos, sus archivos y sus librerías de anticuarios hacen de la ciudad un lugar más que agradable para afincarse. A partir de 1521 fue el principal centro histórico del humanismo y atrajo a distinguidos humanistas y profesores de diferentes procedencias.

El *Basler*, o natural de Basilea, representa una combinación extraña y poco frecuente, un vestigio de la historia. Situada en la «rodilla» del río, la ciudad mira por encima de la llanura del Upper Rhein, su lugar de nacimiento cultural y al que no ha pertenecido desde 1501. Además de sus propias características, Basilea ofrece numerosas formas de acceso a la ciudad: dispone de un aeropuerto ubicado entre tres naciones (en las afueras de Mulhouse, Francia, a 5 km de distancia) y dos estaciones de ferrocarril, de las líneas que circulan entre los tres países colindantes (la principal **Basel SBB**, hacia Francia, y **Basel Bad,** para trenes procedentes de Alemania, ambas con su control de pasaportes).

Una nueva forma de protegerse del sol en las terrazas de los cafés de Basilea.

Visitar el centro de la ciudad

Antes de iniciar cualquier recorrido por los lugares de interés de Basilea, el mejor lugar para disfrutar de una vista panorámica de la ciudad es el **Pfalz**, una antigua terraza de piedra bordeada de árboles situada en un bastión que ofrece vistas a la Münster (catedral) de Basilea. Existen dos posibilidades para llegar a ella. El camino más entretenido se extiende por el Oberer Rheinweg, un agradable tramo arbolado que corre paralelo al lado septentrional de la orilla. En pocos minutos llegará al *Leu*, uno de los cuatro transbordadores de madera que cruzan el río, anclados delante de la catedral. Por un precio módico puede navegar, algo tambaleante pero seguro, hasta la orilla opuesta.

El siguiente trecho es algo más agotador, ya que hay que subir unos cien escalones hasta el Pfalz. Desde aquí, se disfruta de una completa panorámica de la ciudad de Basilea, pero lo que se divisa pertenece sobre todo a la zona de **Kleinbasel**, la parte industrial. De hecho, circulan rumores curiosos como el de que algunos habitantes de **Großbasel** jamás en su vida han pisado esta parte de la ciudad. No obstante, Basilea posee numerosas historias como ésta y parece que le sientan bien.

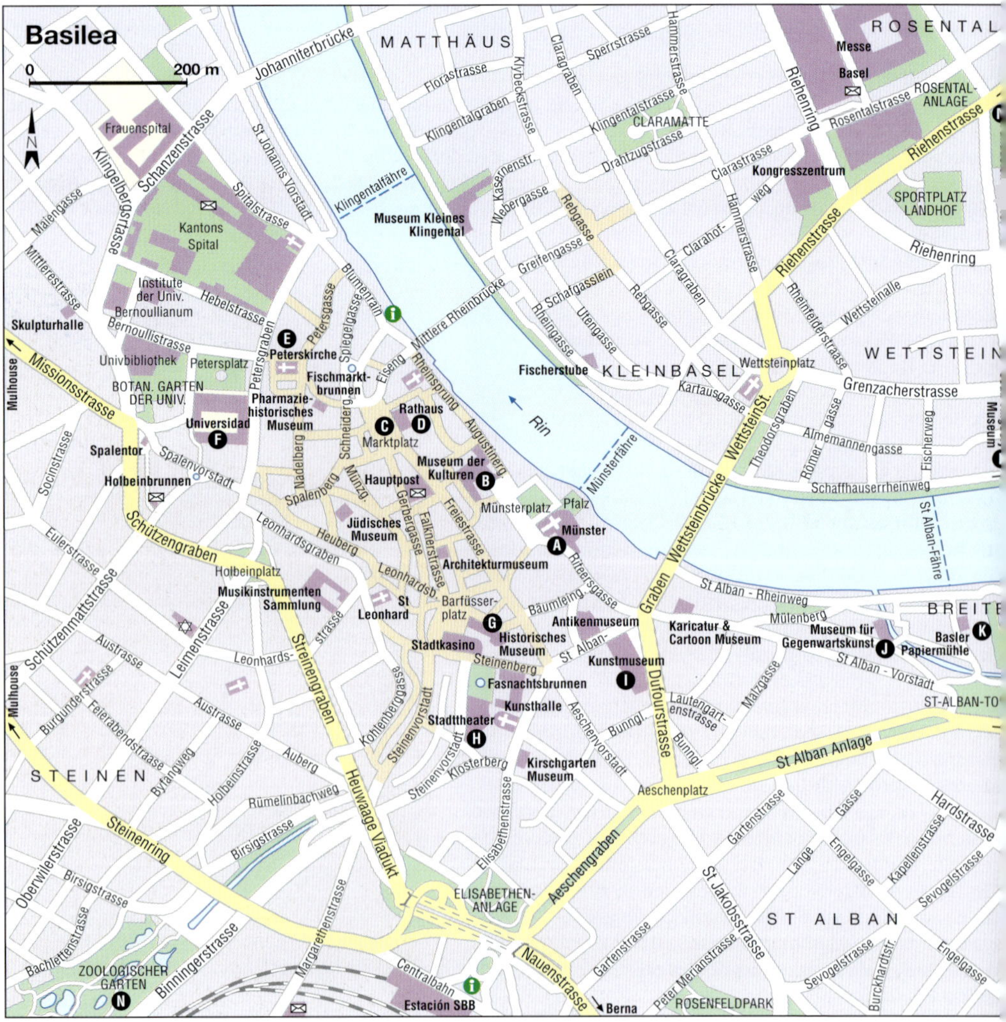

También se puede disfrutar de otra vista del Rin desde el Pfalz, mientras éste describe un interminable círculo y los dos extremos se desvanecen en la distancia. Justo en este lugar, el río traza su curva en ángulo recto o recodo antes de continuar hacia el norte. A menudo, justo cuando uno se encuentra a punto de sacar una fotografía panorámica, se oye el ruido sordo del motor de una embarcación y un buque, cargado hasta los topes, se abre camino río arriba y se encoge para pasar por debajo de uno de los arcos del **Mittlere Rheinbrücke**, uno de los principales puentes del Rin (y el primero de la ciudad, tendido en 1225).

La catedral

Los tranvías números 1 y 8 lo llevarán de la estación central (Basel SBB) hasta Schifflände, por el Mittlere Rheinbrücke. Desde aquí puede caminar por la Rheinsprung, una estrecha calle repleta de oficinas de las autoridades locales y casas de los siglos XV y XVI, hasta el **Münster** Ⓐ, la impresionante catedral de arenisca roja del siglo XIII, pero reconstruida en 1356, tras un devastador terremoto. En su interior podrá visitar la tumba del filósofo y humanista Erasmo de Rotterdam, una de las personalidades mas sobresalientes del Renacimiento. Otros elementos de interés incluyen una tabla en relieve de san Vicente, en la que se describe la historia del mártir; un púlpito con un intrincado trabajo de talla y otras tumbas de distinguidos ciudadanos de Basilea menos conocidos (abierta todos los días; tel.: 272-9157).

Si le apetece tomarse un descanso, los 24 castaños dispuestos de forma equidistante en la plaza de la catedral le invitan a sentarse a su sombra. Como alternativa, puede dirigirse al complejo de la Augustinergasse, donde se hallan el **Museum der Kulturen** Ⓑ, que exhibe una extensa colección de elementos culturales, sobre todo de Oceanía y Melanesia (Museo de las Culturas; abierto de martes a domingo de 10:00 a 17:00 h; se paga entrada; tel.: 266-5500), y el contiguo **Naturhistorisches Museum** (Museo de Historia Natural), dedicado a la geología en general, que reúne los fósiles y minerales de la región de los Alpes y el Jura (abierto de martes a domingo de 10:00 a 17:00 h; se paga entrada, salvo los domingos; tel.: 266-5500).

Tras un recorrido inicial por los principales lugares de interés de esta ciudad situada a orillas del Rin, le puede parecer que merece un descanso, que ya ha oído suficiente sobre esta urbe de humanistas y científicos galardonados con premios Nobel, sobre las clases de Nietzsche en la universidad, sobre el historiador Burckhardt, sobre los pintores Holbein y Böcklin, sobre los matemáticos Bernoulli y Euler y sobre Herman Hesse, quien escribió su obra *El lobo estepario* en Basilea.

Puede que también se haya saciado de observar el paisaje urbano y la arquitectura del siglo XVIII, representada en edificios como la **Wildtsche Haus**, en la **Petersplatz**, o quizás, la **Haus zum Kirschgarten**, que forma parte del Museo de Historia. Tras estas visitas quizá deba detenerse a tomar una cerveza o una copa de vino.

Alegría de vivir

A pesar de que en Basilea se hable alemán, su entusiasmo por la comida, la vida nocturna y la moda es una característica muy francesa. Después del reposo, puede que le apetezca recorrer algunas de las mejores tiendas, clubs, bares y excelentes restaurantes.

En primer lugar, acérquese a la **Marktplatz** Ⓒ (Plaza del Mercado), donde los vendedores se frotan las manos detrás de sus sólidos puestos mientras ensalzan las cua-

Plano página 270

NOTA

La fábrica de cerveza **Fischerstube**, la más pequeña de Suiza, suministra cerveza a una pequeña taberna situada en el nº 45 de la Rheingasse en Kleinbasel; por las noches, sus mesas están siempre ocupadas.

ABAJO: edificio del ayuntamiento y la Marktplatz.

El mayor centro de exposiciones de Basilea es el ***Messe Basel,*** *en la Messeplatz, cerca de la estación de trenes de Bad. Desde la Edad Media se han celebrado ferias comerciales, y durante la época de ferias de primavera y otoño es difícil encontrar una habitación en la ciudad.*

lidades de sus flores, frutas, hortalizas, pan y queso, donde el rojo de las manzanas se funde con el color del majestuoso **Rathaus** Ⓓ o ayuntamiento y cientos de palomas revolotean por todas partes. El ala principal de este destacado edificio es de estilo gótico borgoñón, mientras que el ala del lado izquierdo y la torre del lado derecho son elementos añadidos en el siglo XIX. El centro está decorado con un llamativo reloj (1511-1512), obra de un artesano autóctono, con las figuras de la Virgen, el emperador Enrique II y su esposa Cunegunda; todo el edificio fue levantado por los gremios constructores de la ciudad, quizás como una burla descarada a las clases gobernantes. Se sintieron capaces de no salir malparados de esta broma y, en una ocasión, incluso llegaron a encerrar en su interior a unos dirigentes que se encontraban de visita mientras celebraban una fiesta en las calles. Si entra en el edificio, se topará con otra sorpresa: una serie de coloristas frescos (un rasgo del siglo XVI que aún se puede admirar en otros rincones de la ciudad).

En la esquina de la Marktplatz con la **Freie Straße** se yergue el gremio de los mercaderes de vino, la **Geltenzunfthaus** (1578) de estilo renacentista, y en el nº 25, el gremio de los cerrajeros, que data del año 1488, pero que está decorado en estilo barroco en 1733.

Las plazas de la ciudad

Por las escaleras del Totengässlein llegará a la tranquila **Petersplatz**. Se trata de un precioso parque delimitado en un lado por la impresionante iglesia gótica de **Peterskirche** Ⓔ (iglesia de San Pedro), y en el otro lado por la **Universidad** Ⓕ, hogar de los miles de jóvenes que deambulan por las calles del centro y cada noche llenan de vitalidad el ambiente urbano.

La zona que se extiende entre la Markplatz y la **Barfüsserplatz** reúne las tiendas más selectas, boutiques de los diseñadores más *chic* y grandes almacenes exclusivos.

ABAJO: un transbordador surca las aguas del Rin, con la catedral de Basilea al fondo.

Debido a que la mayoría de las callejuelas están cerradas al tráfico, es un lugar agradable para pasear, además de seguro, incluso cuando vaya cargado de bolsas de compras. De noche, muchos restaurantes y bares distinguidos (pero caros) con mesas en el exterior son frecuentados por gente joven que sabe disfrutar de la vida y lucir sus elegantes atuendos, mientras bebe la clara cerveza autóctona y baila toda la noche.

En la Barfüsserplatz podrá visitar la iglesia del siglo XIV **Barfüsserkirche** (iglesia de los Frailes Descalzos) que ahora acoge el **Historisches Museum** ❻ (Museo de Historia), que cuenta con una interesante colección de exposiciones históricas de la cultura centroeuropea. Entre sus obras más destacadas figuran tapices del gótico tardío y el denominado *Lällenkönig* (Rey Balbuciente), que consiste en una cabeza coronada, con lengua y ojos que se mueven (abierto todos los días excepto los martes de 10:00 a 17:00 h; se paga entrada; tel.: 271-0505).

Muy cerca de la plaza se halla uno de los focos culturales más destacados de la ciudad, el Museo de Arte. Camino del museo, pasará por delante de la **Fasnachtsbrunnen** (fuente del Carnaval) con sus diferentes formas de lanzar los chorros de agua. Fue construida en 1977 por el célebre Jean Tinguely, ya fallecido, uno de los más conocidos escultores y artistas de Suiza, que inició su carrera artística en Basilea. Detrás de su fuente, se levanta el moderno **Stadttheater** ❽ (Teatro Municipal).

Museos y galerías

La innumerable oferta de museos de Basilea puede satisfacer toda una variedad de intereses. En parte, esto se debe al hecho de que el entorno de la ciudad instauró su propia forma de mecenazgo y los ricos aristócratas de siglos pasados, los llamados *Daig* (proviene de la palabra *Teig,* que significa «masa»), abastecían las exposiciones periódicamente. En algunos casos, incluso, un acaudalado benefactor ordenaba erigir un nuevo museo para exhibir las obras.

Un retrato de Hans Holbein el Joven que se exhibe en el Museo de Arte.

ABAJO: la Casa Wildtsche, en la Peterplatz.

NOTA

El distrito judío de Basilea se encuentra al oeste de una de las estaciones de trenes (se puede ir en autobús o tranvía hasta las paradas de Bachletten, Holbeinstrasse o la sinagoga), con *kosher delis* y tiendas. El Museo Judío se encuentra más adelante, en el nº 8 de la Konrhausgasse.

ABAJO: la fuente del Carnaval en Bärfusserplatz.

A 5 minutos a pie desde el teatro se halla el **Kunstmuseum** **I** (Museo de Arte), en el nº 16 de St. Alban-Graben. La escultura *Los burgueses de Calais*, de Auguste Rodin, da la bienvenida a los visitantes de la colección de arte más antigua del mundo. Ubicada originalmente en las salas de exposiciones privadas de Basilius Amerbach, cuenta con una extensa colección de obras de Konrad Witz y Hans Holbein el Joven (1493-1543), junto con varios cuadros de Pablo Picasso. Parte de estas obras fueron adquiridas con fondos públicos después de que los ciudadanos de Basilea decidieran en plebiscito lo que querían para su museo y consiguieran un préstamo para ello. Su admiración llegó a conmover tanto a Picasso que el artista donó algunas obras. El museo acoge, además, una notable colección del arte de los siglos XIX y XX de artistas de todo el mundo como Gauguin, Van Gogh, Chagall, Klee, Ernst y Kandinsky, y de otros originarios de la ciudad, como Arnold Bocklein. Según se cuenta, Dostoievski y Lenin permanecieron durante varias horas ante el cuadro *El cuerpo de Cristo,* de Holbein, en sus visitas a la ciudad (abierto de martes a domingo de 10.00 a 17:00 h; se paga entrada; tel.: 206- 6262).

El **Museum für Gegenwartskusnt** **J** (Museo de Arte Contemporáneo), situado en el nº 60 de St. Alban-Rheinweg, es otra parada interesante durante su paseo por el caso antiguo. Fue construido en 1980 gracias a una donación que hizo la filántropa Maya Sacher, la mujer más acaudalada de Suiza en aquella época. La colección muestra trabajos de los artistas suizos Giacometti, Klee y Tinguely, así como obras de De Chirico, Braque, Dalí, Chagall y Mondrian (abierto todos los días excepto los lunes, de 11:00 a 17:00 h; se paga entrada; tel.: 272-8183).

Ubicado casi al lado del Museo de Arte, a orillas del río, en los nºs 35-37 de St. Alban-Tal, encontrará el **Basler Papiermühle** **K** (Fábrica de Papel de Basilea), en la actualidad un museo, otro lugar de interés. Basilea tiene una larga tradición de fabricación de papel de gran calidad (razón por la cual iban filósofos como Erasmo de

FASTNACHT

La fiesta de la Cuaresma, que dura tres días, es la mejor forma, aunque algo agotadora, de conocer el verdadero carácter de la ciudad y de sus habitantes.

Comienza el lunes siguiente al Miércoles de Ceniza, exactamente a las cuatro de la madrugada, cuando todas las luces de la ciudad se encienden y decenas de miles de personas, denominadas *Fasnächtler*, organizadas en pequeños grupos comienzan a tocar los tambores y los caramillos, mientras las máscaras que cubren sus rostros brillan a la luz de las farolas. La gente se echa a la calle para presenciar la gigantesca pero ordenada procesión que abre un espectáculo de música, bailes y canciones satíricas. El agudo y cortante sonido de los flautines, que se confunde con el ensordecedor retumbar de los pesados tambores de Basilea, recuerda los días en que Suiza era una de las grandes potencias militares de Europa.

Al igual que todas las celebraciones de la Cuaresma en las culturas cristianas, las raíces del *Fastnacht* son paganas. En sus comienzos, la fiesta constituía una muestra de protesta popular, una rebelión contra los que no necesitaban salir a las calles para manifestar su poder e influencia; pero después de la Reforma, todos estos festejos fueron prohibidos. En su forma actual, el *Fastnacht* se ha celebrado sólo en los últimos sesenta años, a pesar de que algunas personas aseguran que tiene más de un siglo de tradición.

Rotterdam: sabían que podrían transmitir sus ideas) y el museo consigue explicarlo todo. La cafetería es un buen lugar para comer al aire libre, bastante frecuentado y nada caro (abierto de 14:00 a 17:00 h; lunes cerrado; se paga entrada; tel.: 272-9652).

Plano página 270

El Museo Tinguely

En dirección este, después de cruzar el Rin por el Schwarzwaldbrücke, verá el reciente **Jean Tinguely Museum** Ⓛ (Museo Jean Tinguely), emplazado en el nº 210 de la Grenzacherstraße, donde redondeará su paseo por la ribera. Se trata de una colección variada, recomendada tanto para los adultos como para los niños, y cuyas exposiciones presentan estilos muy diversos; desde lo más extraño (como la *Danza de la Muerte de Mengele* de 1986) hasta lo más jovial; todos ellos fruto de la productiva mente de Tinguely y de su habilidad para transformar los objetos más raros –entre ellos una rueda de bicicleta, unos viejos calcetines, varias piezas de motores– en un arte que invita a reflexionar (abierto de miércoles a domingo, de 11:00 a 19:00 h; se paga entrada; tel.: 681-9320).

Si toma el tranvía número 6 que va por la orilla del río hasta la **Fundación Beyeler** Ⓜ, en el nº 77 de Baselstraße en Riehen, cerca de la estación de ferrocarril alemana de Basel Bad, podrá disfrutar de la segunda mejor galería de arte (que en muchas ciudades sería la primera) de Basilea: una maravillosa colección privada con obras representativas del impresionismo y el cubismo pertenecientes a artistas como Klee, Cézanne, Matisse y Picasso (abierto todos los días, excepto los martes, de 10:00 a 17:00 h; se paga entrada; tel.: 645-9500).

Y por último, unas manzanas más allá de la estación de ferrocarril, en el nº 40 de la Binningerstraße, se extiende el afamado y exuberante **Zoologischer Garten** Ⓝ de Basilea, uno de los mejores zoológicos del país. Aparte de exhibir una serie de animales en peligro de extinción, dispone de una zona pensada para los niños, en donde

Un dato morboso pero real de la historia local de Basilea es que el zoológico está construido sobre el lugar donde se llevó a cabo la última ejecución pública de la ciudad.

ABAJO: el *Haus zum Kirschgarten*, el Museo de la Vida Doméstica, el Arte y la Artesanía.

pueden montar en un poni o acariciar a algunos de los animales, los menos peligrosos, por supuesto (abierto todos los días de 8:00 a 17:30 h, de finales de marzo a octubre; se paga entrada; tel.: 295-3535).

Excursiones desde Basilea

Si quiere salir de la ciudad, puede elegir entre varios destinos. Desde **Basilea** ❶, muchos lugares de interés se encuentran a corta distancia, incluso el precioso paisaje campestre, que alcanza su momento culminante en el mes de abril, cuando florecen los cerezos.

Entre los destinos interesantes cabe citar **Riehen** (al nordeste), **Münchestein** (al sur) y los barrios periféricos de **Bottmingen** y **Binningen**, con sus casas de campo y sus mansiones; además de los castillos de **Pfeffingen**, **Waldenburg** y **Dorneck** y de pueblecitos como **Liestal**, **Gelterkinden** o **Pratteln**, todos ellos bastante cerca al sudeste de la ciudad.

Restos romanos en Augusta Raurica.

Puede emprender un viaje en el tiempo por carretera o por el río hasta **Augusta Raurica** ❷, unas ruinas romanas en un inmejorable estado de conservación. El agradable paseo en barco dura media hora (tel.: 639-9500) y en coche, menos de 10 minutos. Una vez allí, podrá ver una parte de una ciudad romana reconstruida, con un anfiteatro que a veces acoge conciertos, algunos templos y un auténtico burdel romano que data de la época de la ocupación. El **Römermuseum** (Museo Romano), situado en el nº 17 de la Giebenacherstraße, explica el asentamiento de hace 2 000 años y muestra algunos objetos únicos de plata dejados por los romanos hace más de 1 600 años (abierto todos los días de 10:00 a 17:00 h, excepto los lunes, en que cierra a las 13:00 h; se paga entrada; tel.: 816-2222).

ABAJO: el letrero de una posada en el pueblo de Liestal. **DERECHA:** verdes pastos.

A **Rheinfelden** ❸, fundado por la familia Zähringen, se puede llegar en un barco de vapor, tras un recorrido de dos horas y media (los barcos salen desde el céntrico puente de Mittlere Rheinbrücke, entre mayo y octubre), o bien en tren en 15 minutos. Se encontrará con un ambiente relajado de pueblo, situado ante un telón de fondo maravilloso. Cuenta con un ayuntamiento decorado con frescos, varias iglesias y museos, y con una serie de apetecibles restaurantes. Si va a pasar aquí todo el día, puede empezar con un tranquilo paseo por las calles y después continuar por el río. También dispone de balneario con un par de baños interiores que presumen de tener una de las aguas más saladas de Europa, y en los cuales el agua se bebe como medicamento natural.

La localidad de **Dornach** ❹, situada a tan sólo 20 minutos en tren desde Basilea, acoge la sede Goetheanum del movimiento de antroposofía, en honor a Goethe (tel.: 061-706 4269; con el restaurante *Speisehaus* en el interior). La localidad es también conocida por las escuelas Waldorf y Steiner.

Si dispone de más tiempo, puede recorrer las poblaciones vinícolas de la región de Alsacia justo al otro lado de la frontera francesa, en el norte, a tan sólo una hora en coche. Si no cuenta con vehículo, puede realizar un trayecto de 45 minutos en tren hasta el adoquinado municipio de **Colmar**.

Así mismo, es fácil llegar a la aduana y a las oscuras gargantas de la Selva Negra, en la frontera alemana, tanto en coche como en tren. La «capital» de la región, **Freiburg im Breisau**, una ciudad universitaria de tendencias izquierdistas, está muy cerca de la estación alemana de Basel Bad, desde la que salen frecuentes trenes y autobuses en dirección a la estación suiza.

EL JURA

Esta cadena de montañas, que forma una frontera natural con Francia y comprende los cantones del Jura, Vaud y Neuchâtel, ofrece una rica combinación de atractivos, desde ruinas romanas hasta extensos bosques

Mapa página 282

Las montañas del Jura, que se extienden entre las ciudades de Ginebra y Basilea, marcan de manera casi continuada la frontera con Francia. Comparada con las elevadas cumbres alpinas, esta cadena es relativamente baja; de hecho, muy pocos picos superan los 1 500 metros de altitud. Se trata de una vasta región constituida por frondosos bosques de pinos, verdes pastos y valles muy cerrados, donde hasta no hace demasiados años los campesinos vivían aislados casi por completo del resto del país, hasta que llegaron la carreteras y las líneas férreas. En invierno, ciertas zonas del Jura son extremadamente frías, con temperaturas que descienden muy por debajo de los cero grados centígrados; así por ejemplo, La Brévine, emplazada entre Le Locle y Les Verrières, en la frontera, es conocida como la «Siberia suiza», ya que aquí a veces la temperatura llega a los –34 ºC.

Según los geólogos, las montañas del Jura, un imponente sistema que se extiende a lo largo de 780 km, son una de las más jóvenes del planeta. Hace unos 150 millones de años, esta cordillera de complejidad inusual formaba una especie de acantilado infinito, parecido a los vecinos Alpes. Los helechos, las coníferas y los ginkgos formaban una alfombra en las laderas de la nueva tierra y el primero de los reptiles voladores sobrevolaba sus cimas. Luego llegaron las primeras aves, los pequeños carnívoros y otros mamíferos, mientras que el mar estaba repleto de dinosaurios gigantes, peces, serpientes, amonitas e innumerables formas de vida diminutas. En la actualidad, entre las colecciones de historia local de los numerosos museos de los pueblos se pueden admirar decenas de miles de fósiles, las pruebas petrificadas que demuestran la existencia de estas criaturas.

A los ojos del ciudadano medio de Suiza, el cantón del Jura no es mucho más que el vigesimosexto y más reciente miembro de la Confederación (constituido el 24 de septiembre de 1978). Se ha escrito mucho sobre las dificultades que implicó y es que esta región del noroeste de Suiza, con sus tres lagos, siempre ha estado –y parece que seguirá estándolo– dividida en el ámbito político. La disparidad de los habitantes de la región es un fiel reflejo de la variedad del paisaje.

Por otro lado, en esta región coexisten dos industrias muy distintas, lo que sin duda también ha contribuido a incrementar esta disparidad: la cría de caballos y la relojería, esta última concentrada principalmente alrededor de las poblaciones de Le Locle y La Chaux-de-Fonds; en cuanto al negocio de la cría de caballos, se localiza más al norte, en Franches-Montagnes.

Un pueblo muy dispar

A los historiadores les gustaría conocer algo más sobre los ráuricos, guerreros y héroes que poblaron los bosques y valles del Jura hace mucho tiempo. Esta tribu celta se había desplazado hacia el sur de Europa junto con los helvecios, pero en el año 58 a.C. fueron detenidos por las legiones romanas en Bibracte. Las derrotadas hor-

PÁGINAS ANTERIORES: los verde valles del Jura.
IZQUIERDA: la capilla de Vue des Alpes.
ABAJO: la colegiata de Neuchâtel.

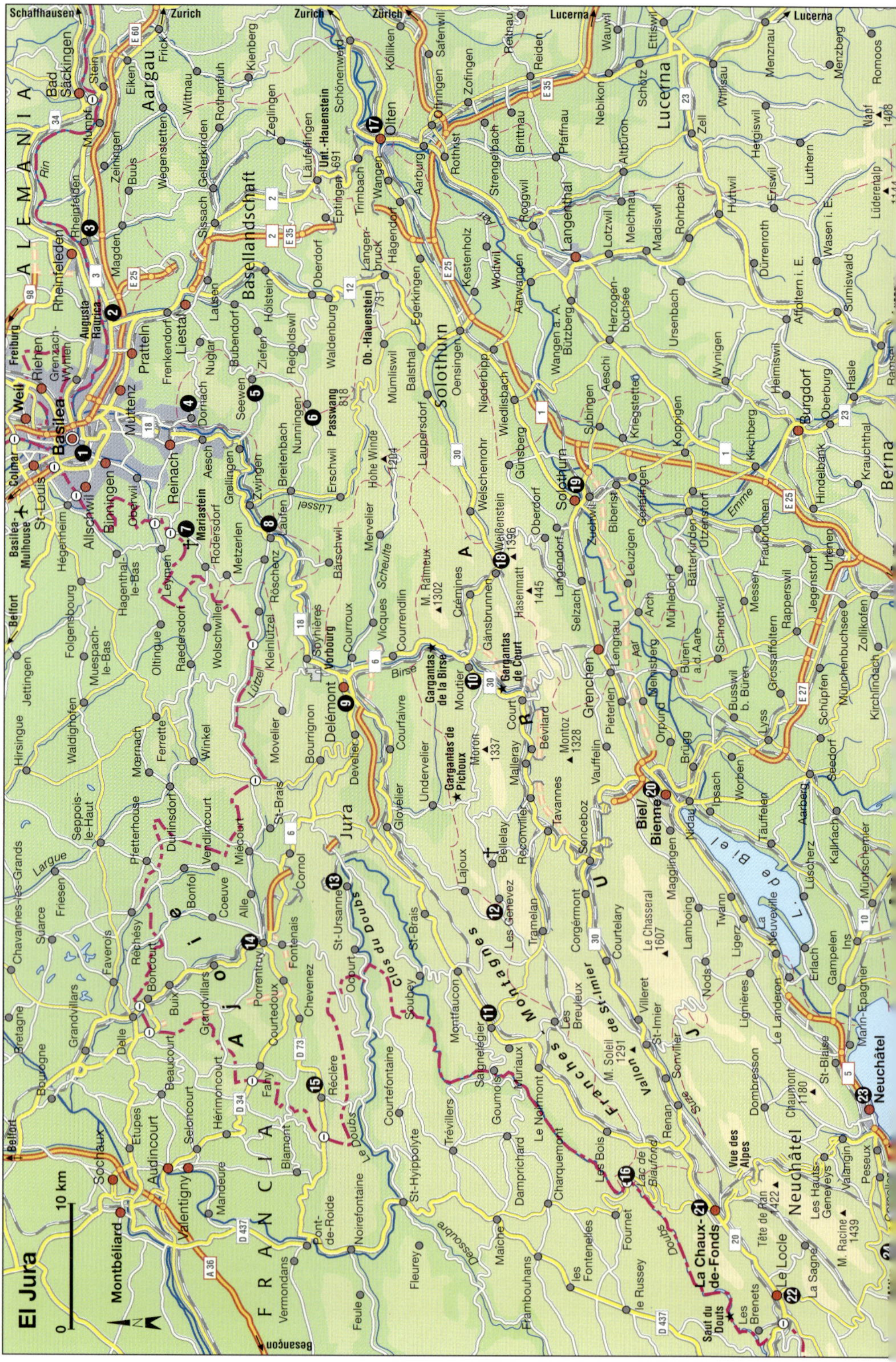
El Jura
0
10 km
N
ALEMANIA
FRANCIA
Ajoie
JURA
Lucerna
Berna
Aargau
Basellandschaft
Solothurn
Neuchâtel
Jura
Franches Montagnes
Clos du Doubs
Vallon de St-Imier
Schaffhausen
Zurich
Lucerna
Freiburg
Colmar
Basilea-Mulhouse
Belfort
Besançon
Basilea
Weil
St-Louis
Allschwil
Binningen
Muttenz
Pratteln
Riehen
Reinach
Liestal
Rheinfelden
Bad Säckingen
Augusta Raurica
Dornach
Mariastein
Laufen
Breitenbach
Passwang 818
Delémont
Vorbourg
Moutier
Gargantas de la Birse
Gargantas de Court
Gargantas de Pichoux
Weißenstein 1396
Solothurn
Grenchen
Biel/Bienne
L. de Biel
La Neuveville
Neuchâtel
St-Blaise
Marin-Epagnier
La Chaux-de-Fonds
Le Locle
Saut du Doubs
Les Brenets
Vue des Alpes
Chaumont 1180
Tête de Ran 1422
M. Racine 1439
Le Chasseral 1607
M. Soleil 1291
St-Imier
Villeret
Sonvilier
Renan
Tavannes
Tramelan
Les Genevez
Bellelay
Reconvilier
Malleray
Court
Montoz 1328
Moron 1337
M. Raimeux 1302
Hasenmatt 1445
Saignelégier
Montfaucon
Soubey
St-Ursanne
St-Brais
Porrentruy
Courtedoux
Fontenais
Chevenez
Alle
Cornol
Boncourt
Delle
Beaucourt
Montbéliard
Sochaux
Audincourt
Valentigny
Pont-de-Roide
Maîche
Goumois
Le Noirmont
Les Bois
Lac de Biaufond
Charquemont
Damprichard
Trévillers
Frambouhans
Les Fontenelles
Le Russey
Fournet
Olten
Aarau
Aarburg
Zofingen
Langenthal
Burgdorf
Wangen
Oensingen
Balsthal
Mümliswil
Hägendorf
Egerkingen
Niederbipp
Wiedlisbach
Günsberg
Oberdorf
Langendorf
Selzach
Bettlach
Lengnau
Pieterlen
Büren a.d. Aare
Lyss
Aarberg
Erlach
Ins
Gampelen
Twann
Ligerz
Nods
Lignières
Le Landeron
Dombresson
Valangin
Peseux
Les Hauts-Geneveys
La Sagne
Ob.-Hauenstein 731
Unt.-Hauenstein 691
Hohe Winde 1204
Napf 1408
Rin
Doubs
Aar
Emme
Birse
Lützel
Lüssel
Scheulte
Suze
Dessoubre
Largue
Allaine

das tuvieron que retroceder hasta las regiones que ellos mismos habían incendiado antes. (En la actualidad, la Sociedad de Amigos de la Historia Ráurica de la región de habla alemana, muy activa, mantiene viva esta herencia céltica).

Otros pueblos los sucedieron y hoy día se puede ver la sorprendente variedad de la población del Jura: los habitantes de las montañas, algunos de los cuales llevan pobladas barbas, que cambian del francés al alemán; los artistas, muchos de los cuales son hoy dueños de no pocas granjas de la región; los habitantes de las ciudades, que intentan escapar del ajetreo de la vida cotidiana; los marginados; los agricultores alternativos y muchos más, pero todos ellos en busca de una mejor calidad de vida.

Suiza y Francia tienen cada una su parte correspondiente de la cordillera del Jura. Los franceses y los suizos la denominan *Le Jura*, sin ningún topónimo que la distinga entre los dos países. No obstante, no se debe pasar por alto el hecho de que estas montañas de caliza se extienden por el cantón de Schaffhausen hasta el Jura de Franconia, en Alemania, una zona conocida como «la pequeña Suiza».

Si mira hacia esta cordillera azulada de cimas no demasiado pronunciadas, entenderá por qué a menudo se las denomina las «montañas azules». No existe un lugar mejor para emprender un recorrido por los alrededores que el río Blauenberg, que separa la fosa tectónica del valle del Rin de la cuenca terciaria de Laufen. Se extiende en dirección oeste desde la garganta de **Angenstein,** en el **valle de Birs,** hasta el **valle de Lüssel**, a 18 km, donde abandona Suiza para adentrarse en Francia.

Al este del Blauenberg se extiende la **meseta de Gempen**, por una gran parte de la cual discurre el Birs. En estos alrededores se pueden encontrar algunas preciosas poblaciones, como **Seewen ❺**, a 10 km al este de Zwingen, en la que se halla el conocido **Museum für Automaten** (Museo de Autómatas), la colección más amplia de cajas de música e instrumentos musicales mecánicos de toda Europa. Los más de trescientos objetos expuestos constituyen un recuerdo de la industria de la mecánica de precisión, que en su día dominaban los infatigables suizos y que demuestra que pocos los superan en la fabricación de maquinaria; la colección está repartida en tres grandes salas: orquestinas de merendero, cajas de discos, autómatas con formas humanas y animales, organillos y, por supuesto, cajas de música, que, en el año 1880 representaban nada menos que el 10 % del total de las exportaciones suizas (abierto de marzo a noviembre, de martes a sábado, de 14:00 a 17:00 h; el resto del año sólo con cita previa; se paga entrada; tel.: 032-911 0208).

La llanura se extiende por detrás de las montañas en la zona conocida como **Schwarzbubenland**, en el cantón de Solothurn. La ciudad más grande es **Breitenbach**, en el valle de Lüssel, situada en la ruta panorámica llamada **Passwangstraße**, que discurre entre Laufen y Balsthal, desde la que se disfruta del **Hohe Winde** (1 204 metros), el punto más alto del Schwarzbubenland. La antigua capital de la región, sin embargo, es **Nunningen ❻**, a 10 km al sudeste de Breitenbach, donde los señores de Solothurn solían gobernar desde el **castillo de Gilgenberg**, situado en un lugar privilegiado. Otras impresionantes ruinas se hallan en un afloramiento de roca que se alza por encima de la Passwangstraße, en el valle de Lüssel, y en una ocasión fueron el hogar de los gobernadores del valle de Birs.

El río Lüssel discurre por el Passwang y se une al Birse. Otro río interesante, que desciende desde la meseta de Pleigne, fluye hacia Laufen y penetra en la vasta

Mapa página 282

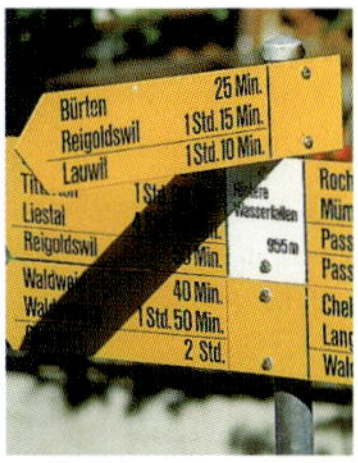

Las señales le guiarán por la red de senderos de las montañas del Jura.

ABAJO: cerezos en flor en la región de Passwang.

«En el Jura puede ir a cualquier sitio y sentirse feliz en cualquier lugar... Toda Suiza es aquí esperanza y sensaciones, y aquello que fuera menos que Suiza, fue de algún modo mejor, en su sumisa sinceridad y sana pureza».

JOHN RUSKIN (1885)

cuenca de Laufen, donde confluye con el Lüssel. La **abadía de Lüssel**, un monasterio cisterciense en su época conocido en todo el mundo, se levantaba a orillas del río, en el estrecho pero pintoresco valle de Lüssel, donde ahora sólo quedan los restos de los muros del monasterio como prueba de su existencia, además del **Étang de Lüssel**, un lago que antaño utilizaban los monjes como estanque de carpas.

Desde aquí, ya se puede apreciar la extensa meseta de **Mariastein**, el segundo santuario de peregrinación más importante de Suiza después de Einsielden. En este lugar las montañas del Jura se alzan junto a la frontera francesa y forman el **Landskronkette**.

El **monasterio benedictino de Mariastein** ❼, situado a unos 7 km al norte de Laufen, es uno de los lugares más interesantes de los alrededores, construido en 1648 en estilo gótico tardío, en una época en que esta tendencia arquitectónica ya había sido sustituida por la renacentista. Sin embargo, la fachada es de estilo neoclásico y el interior, neobarroco, pero la parte más atractiva es la Gnadenkapelle, una capilla construida en una cueva debajo de la iglesia. El monasterio constituye el lugar idóneo para un curso intensivo sobre la historia de las iglesias europeas.

Puertos de vital importancia para el Jura «suizo-francés»

Aparte de los ráuricos, los romanos también dejaron su impronta en la región, considerada, además, de vital importancia. Fueron ellos quienes fortificaron los cruces desde Belford hasta los Alpes, unos puertos de montaña muy importantes que, siglos más tarde, se encargarían de proteger a los Habsburgo austríacos y los obispos de Basilea. Se levantaron castillos a lo largo de los pasos, entre ellos Alt Biederthal (ahora conocido como «Burg»), Blauenstein, Pfeffingen, Frohberg y Angenstein, la mayoría en ruinas en nuestros días.

Antiguamente, para pasar las montañas se seguía el curso de los ríos; el Birse, el Sorne, el Suze, el Alleine y el Doubs han guiado al hombre desde tiempos inme-

ABAJO: granjas de Franches-Montagnes.

Mapa página 282

moriales. En la actualidad, el tren expreso tarda 18 minutos desde Basilea hasta **Laufen** ❽, la principal ciudad del valle de Laufental, de habla alemana. Se trata de una población industrial de apariencia muy limpia y ordenada, cuyo nombre procede de *Lauffen,* cascada en alemán. En su trayecto, el tren pasa por el extraño **castillo** que se levanta cerca de **Zwingen**.

Una característica especial de esta región es la «ruta internacional», que atraviesa las tierras montañosas de Berna, Solothurn y Francia, y después se dirige a Porrentruy, en el Ajoie.

El idioma no es la única diferencia importante entre las comarcas colindantes: en toda la región se respira un ambiente «suizofrancés», que se materializa en parte en la ciudad de **Delémont** ❾, la capital de la república y el cantón del Jura. La Grand-Rue, o calle Mayor sin duda la calle más elegante de Delémont, no deja lugar a dudas sobre las razones que llevaron a los obispos de Basilea a erigir el castillo que con el tiempo se convertiría en su residencia estival, alrededor del año 1716. La vieja ciudad conserva su atractivo, con sus dos antiguas puertas, un convento de 1699 y varias iglesias interesantes. Los habitantes del Jura siempre han celebrado sus encuentros ante la **Maison Bennot** (Casa Bennot), que ahora acoge el excelente **Musée Jurassien** (Museo de Arte e Historia del Jura, 52 Rue du 23 Juin; abierto de martes a domingo de 14:00 a 17:00 h; se paga entrada; tel.: 032-422 8077).

Justo en las afueras de Delémont, en el acceso que conduce a una de las numerosas gargantas del río Birse, se encuentra el **Vorbourg**, un castillo en ruinas sobre un espolón de roca, que también posee una importante capilla votiva (abierto al público; tel.: 032-412 4860). El río Birs bordea la capital y Delémont se extiende entre dos ríos: el **Scheulte**, que fluye desde el **Scheulte Pass** y comunica el **valle de Gulden** de Solothurn con la cuenca de Delémont, y el río **Sorne**, que discurre desde Bellelay. Hasta hace poco, a lo largo de sus orillas había varios molinos de agua, fundi-

Simon Nicolas de Montjoie, príncipe obispo de Basilea (1693-1775).

Abajo: día de mercado en Laufen.

La riqueza y variedad de setas (algunas de ellas especies comestibles) que se pueden recoger en los campos de Franches-Montagnes es muy apreciada entre los expertos.

ciones y aserraderos en funcionamiento. A sus pies se halla la capital, una combinación de lo antiguo y lo nuevo. Más allá, a lo lejos, se pueden divisar los accidentados barrancos de Moutier, las **Gorges de la Birse** (gargantas del Birse) y las tranquilas poblaciones que salpican el valle de Delémont.

La industria del sur del Jura

A corta distancia de Delémont, el Birse se convierte en bernés (al igual que sucede a su paso por el valle de Laufental) en todo el recorrido desde su nacimiento, ya que fluye por la región del **Mourtier**, una de las tres regiones que se mantuvieron bajo la jurisdicción del «viejo cantón», es decir, Berna. Fue después del plebiscito nacional cuando se le concedió al Jura su autonomía en calidad de vigesimosexto estado federal de Suiza, el primer cambio de las fronteras cantonales en 163 años.

Al valle superior del Birse, llamado también Grandval, se puede acceder por la garganta de Moutier, la garganta del Birse, donde podrá contemplar el magnífico paisaje natural. La población de **Moutier** ❿, capital regional, sin embargo, no podría ofrecer un mayor contraste. Desde principios del siglo XX, esta pequeña y limpia ciudad se ha convertido en el centro industrial del Jura (máquinas, aparatos, relojes), como resultado del túnel abierto en Grenchenberg.

La cuenca del valle de Moutier ya era un centro cultural importante en la Edad Media. El **monasterio de Moutier-Grandval** se erguía aquí, donde conoció sus mejores momentos en la segunda mitad del siglo IX, cuando los grandes maestros impartían sus clases. La *Gran Biblia de Moutier-Grandval*, que se guarda en el Museo Británico de Londres, demuestra la enorme influencia que este monasterio ejerció como centro de enseñanza.

La garganta de Moutier se complementa con la de **Court**, 5 km al sudoeste. Ambas constituyen obstáculos naturales para el tráfico y su importancia militar se

ABAJO: el espectáculo equino de Marché-Concours en Saignelégier.

conoce desde la época romana. Esta garganta separa la cuenca de Delémont del valle de Tavannes, que se abre entre las cadenas montañosas de Moron (1 337 metros) y Montoz (1 328 metros), excelentes para los senderistas y los recolectores de setas. Sin embargo, el valle desprende un ambiente rígido, algo sobrio, por su profusa industrialización.

Al galope en Franches-Montagnes

Los habitantes del Jura son amantes del caballo. Estos animales prefieren un suelo no demasiado duro para su equilibrio y la meseta de **Franches-Montagnes,** a 1 000 metros de altura, es considerada el lugar ideal para montar a caballo, además de ser donde se encuentra la mayoría de las industrias dedicadas a la cría caballar.

Como si hiciera falta demostrar esta cualidad de la comarca, el **Marché-Concours**, el espectáculo ecuestre más importante de Suiza, se ha celebrado en **Saignelégier** ⓫ cada segundo fin de semana de agosto desde 1897. Con sus carreras y juegos, se ha convertido en una atracción nacional. La principal población, Saignelégier, dispone de un centro cívico con una piscina, sauna y pista de patinaje. También puede dar un paseo por el campo, donde las lagunas y los pantanos se extienden en medio de una vegetación inusual, que se podría comparar a la de Irlanda, Escandinavia e incluso el norte de Canadá.

La región de Franches-Montagnes se encuentra entre la cuenca del Delémont y La Chaux-de-Fonds, en el cantón de Neuchâtel. Aquí el ambiente es más vigoroso y el paisaje, más abrupto y yermo. Las praderas se alternan con los oscuros bosques de abetos y las poblaciones, algunas de ellas aún bastante aisladas, con sus características casas de tejados anchos pero poco acusados. Algunos ejemplos especialmente recomendables se pueden encontrar en La Bosse, Lajoux, **Muriaux** (con el Museo del Motor), Le Noirmont, Les Prailats y Les Bois.

Destaca, por otra parte, la falta de ríos conocidos, y es que la tierra absorbe la lluvia. En la frontera oriental, donde se alza la antigua **abadía de Bellelay** (también un centro de enseñanza tan importante como el de Moutier), nace el río Sorne, que fluye hasta el Birse: discurre por la romántica y salvaje **garganta de Pichoux**, al oeste de Moutier, cuyas cataratas inspiraron a numerosos pintores de paisajes de los siglos XVIII y XIX. **Bellelay**, situada en las montañas a 25 km al este de Saignelégier, fue fundada en 1136 y reconstruida en estilo barroco en los siglos XVII y XVIII. Así mismo, merece la pena visitar **Les Genevez** ⓬, a 4 km al oeste de Bellelay, donde el precioso **Musée Rural Jurassien** (Museo Rural del Jura), presenta una colección de maquinaria agrícola y utensilios de cocina, además de servir buena comida (abierto sólo los fines de semana de 14:00 a 17:00 h; se paga entrada; tel.: 032-484 9788).

La zona también es adecuada para dar unas buenas caminatas y una red de sendas lleva a los visitantes a hermosos rincones naturales casi intactos, a pesar de la intrusión humana. Se ha procurado aumentar la popularidad del Franches-Montagnes en invierno, como lugar de ocio para esquiadores de fondo, trineos etc. Entre sus numerosas ciénagas, características de la meseta de Franches-Montagnes, probablemente la más conocida sea el **Étang de la Gruère**, un lago situado a 10 km al sudoeste de Saignelégier. En el pasado fue una presa, pero hoy en día es un lago pantanoso de belleza incomparable, un lugar ideal para dar paseos pintorescos por el campo.

Mapa página 282

NOTA

La oficina de turismo de Saignelégier puede facilitarle información interesante sobre posibles paseos por el campo (tel.: 032-952 1952; www.jura.ch y www.franchesmontagne.ch).

ABAJO: por una vez, las vacas eclipsan a los caballos en Saignelégier.

La típica ventana suiza repleta de geranios.

Enigmática belleza

Al oeste, en Francia, nace el **río Doubs**. Se adentra en Suiza por Les Brenets, en el cantón de Neuchâtel, y forma la frontera natural con Francia, que se extiende a lo largo de 45 km. En su recorrido cava un profundo lecho, casi un cañón. Muchos municipios de la comarca de Franches-Montagnes poseen tierras que llegan hasta sus riberas solitarias. El río ofrece una belleza opalina y avanza de forma misteriosa, interrumpido, a veces, por alguna presa. La única localidad realmente destacada que se levanta a sus orillas es **Goumois**, un cruce fronterizo, situado a 9 km en dirección oeste desde Saignelégier.

En **Soubey**, sin embargo, un pueblo lleno de pescadores los fines de semana, el paisaje vuelve a abrirse y enseguida, el río cambia su curso, dirigiéndose ahora hacia el Saona en lugar de hacia el Rin. En una curva del cauce está **St-Ursanne** ⓭, un pueblo histórico con un antiquísimo puente de piedra que lo une con el Clos du Doubs, un saliente que llega hasta la frontera francesa. St-Ursanne, a 16 km al oeste de Delémont, es una urbe medieval con tres puertas de entrada a la ciudad intactas. Posee, además, una iglesia colegial de estilo románico-gótico, uno de los edificios más bonitos de esta parte de Suiza, con una cripta románica y sarcófagos merovingios. El barrio antiguo de la ciudad, bien conservado, y los maravillosos alrededores hacen de esta localidad un excelente destino para la pesca y el ciclismo, lejos de los lugares más frecuentados.

En **Ocourt**, a 6 km al oeste, donde se puede admirar una bonita iglesia que se levanta en medio del campo, el río Doubs abandona el país.

ABAJO: el sereno lago de la Gruère.

El Ajoie

El tren regional tarda menos de una hora en salvar la distancia que separa las ciudades de Delémont y Porrentruy, tras pasar por Courtelle, Courfaivre, Bassecourt,

Mapa página 282

Glovelier, St-Ursanne y Courgenay, y atravesar el túnel del puerto de **Les Rangiers**, que pasa sobre las cuencas del Rin y el Ródano, a 856 metros de altura. Les Rangiers es una importante arteria vial, con rutas que llevan al valle de Delémont, a Franches-Montagnes, St-Ursanne y el Ajoie.

Después de dejar atrás la tierra de pastos, los bosques de coníferas, las extensiones herbáceas de apariencia alpina y St-Ursanne en la cuenca del valle, el tren alcanza la localidad de **Courgenay** y aparecen ante los ojos del viajero los vastos prados del **Ajoie**. Desde el punto de vista geográfico, este «promontorio» que penetra en Francia no forma parte del Jura, aunque se extiende al pie de las montañas; sin embargo, en lo político pertenece al cantón suizo del Jura. El paisaje se muestra poco accidentado y espacioso, y se siente la proximidad de Borgoña.

A menudo se percibe una mancha azul de Borgoña en el cielo de **Porrentruy** ⓮, una pequeña ciudad de 8 000 habitantes, que ha acogido la residencia de los obispos de Basilea desde la Reforma de 1528. Visto desde la torre del castillo que se yergue sobre la población, el casco de Porrentruy se asemeja a la parte antigua de Berna. La ciudad recibió un verdadero impulso gracias a la carta de libertad que en 1283 le concedió Rodolfo de Habsburgo y aún conserva parte del sabor de su pasado.

Si pasa por delante de la **Porte de France** (puerta de Francia) y mira hacia arriba en dirección del amplio **castillo**, podrá experimentar esta sensación del pasado. El castillo ha sido reconstruido en varias ocasiones, sobre todo en estilo renacentista. Los edificios que en su día albergaron a la guardia, además de la casa de la moneda y la capilla, no se conservan, al contrario que algunas partes de los Jardines Episcopales y la casa de la princesa Cristina de Sajonia (1697), que sí han sobrevivido. Dispone, así mismo, de un refugio que data del siglo XIII.

Entre otros lugares de interés de la ciudad cabe destacar el antiguo **colegio Jesuita**, la **église de St-Pierre** (iglesia de San Pedro), en parte de estilo románico, situada en la zona alta, el **ayuntamiento** y varias casas feudales. Así mismo, acoge numerosos festivales, como el festival de jazz que se celebra en el mes de junio y un festival de música rock y folk que tiene lugar un fin de semana variable del mes de agosto. Otra festividad local más sencilla es la de san Martín en el mes de noviembre.

Abajo: Porrentruy.

El **Alleine**, que fluye en dirección norte hacia el Ródano y sale de Suiza en **Boncourt**, es el principal río de la región de Ajoie. Muy cerca se encuentran las misteriosas **Grottes de Milandre** (cuevas de Milandre), donde, según cuenta una leyenda, aparecen unas doncellas de vez en cuando.

Seguramente no las verá, pues las cuevas están cerradas al público, pero sí puede aventurarse en las de **Réclère** ⓯ (visitas de una hora al día, de 10:00 a 12:00 h y de 13:30 a 17:00 h; se paga entrada; tel.: 032-476 6155), situadas en la línea fronteriza que describe el Doubs, donde también tendrá ocasión de visitar el parque prehistórico (el mismo horario y el mismo precio de entrada). Por último, justo a la misma distancia pero en la dirección contraria se extienden los pantanos que pertenecen al antiguo pueblo alfarero de **Bonfold**. Es el lugar ideal para degustar el mejor *Dammassine*, una copa del delicioso aguardiente que añadirá un delicioso toque a un largo día de visitas turísticas.

Al pie del Jura

A orillas del **Lac de Biaufond** ⓰, un lago formado recientemente con la construcción de la presa del Doubs en la frontera entre los cantones del Jura y Neuchâtel,

La última resistencia de Carlos el Temerario

Las laderas del Jura que se elevan por encima de Concise, en las orillas sudorientales del lago de Neuchâtel, presenciaron la primera batalla de las guerras borgoñonas en 1476, conocida con el nombre del castillo y la ciudad cercana, *Grandson*. Después de que Berna declarara la guerra al poderoso Carlos de Borgoña (Carlos el Temerario), los confederados derrotaron a sus caballeros en Grandson, después en Murten y por último en Nancy, donde murió Carlos. Estos acontecimientos fueron resumidos en el siguiente dicho popular: «Carlos perdió su *Gut* (bienes) en Grandson, su *Mut* (coraje) en Murten y su *Blut* (sangre) en Nancy». El principal beneficiado de estas victorias fue el cruel e ingenioso rey Luis XI de Francia.

Sin embargo, las guerras borgoñonas también fueron importantes para Suiza, sobre todo porque se había abierto el camino hacia el oeste del país y se había dado un primer paso en el camino de la anexión de Ginebra y Vaud a la Confederación.

«Grandson fue la primera batalla –escribió el historiador Hans Rudolf Kurz– en la que se mostró la táctica exitosa de la larga pica, un arma que se impuso en el ejército de la Confederación; la formación en cuadro fue sustituida por la forma de cuña, resultaba casi imposible que la caballería contraatacase a los confederados. Los caballeros se abalanzaban contra la formación de "erizo" de sus enemigos, protegidos con picas, y no podían desbandar la infantería en campo abierto.»

Los soldados de la Confederación se apoderaron de 400 tiendas provistas de valiosas tapicerías y servicios de plata, 400 cañones, 10 000 caballos, casi 100 carros, 600 estandartes, 300 barriles de pólvora y 800 ballestas, lo cual supone un considerable botín, que, junto con la recompensa de guerra, sumaría unos cuantos cientos de millones de francos actuales. El cronista Diebold Schilling describió de manera bastante detallada este botín en *Crónica de Lucerna*, escrita en el último cuarto del siglo XV.

No obstante, la derrota de Carlos el Temerario tuvo consecuencias más graves para el monarca. Cuando se firmó el tratado de paz con Saboya, Berna recibió una parte del Vaud de Saboya y el control sobre Aigle y Erlach, mientras que Murten, Grandson, Orbe y Echallens quedaron sometidos a la administración conjunta de Berna y Friburgo. La capital suiza también quería absorber la región del Franco Condado, pero sus aliados de la Confederación se opusieron a la idea. Los suizos se conformaron con dinero en metálico en concepto de reparaciones de guerra.

Con la victoria de los confederados, la gloriosa historia de los señores de Grandson llegó a su fin. El linaje continuó en Inglaterra bajo el nombre de Grandison. Una condesa de Grandson, amante del rey Eduardo III, fue la razón por la que se fundó la condecoración más alta de Gran Bretaña, la Orden de la Jarretera (*Order of the Garter*); la historia es como sigue: ella perdió en un baile su jarretera (una especie de liga), que después fue recogida por el rey mientras murmuraba la ahora histórica frase *Honi soit qui mal y pense* (vergüenza para quien piense mal).

Izquierda: la fuente de Mauritius, en la población de Solothurn, conmemora la historia militar de la región.

una piedra ha marcado las regiones durante 1 000 años. En ella hay tallado un escudo que representa los obispados de Lausana, Basilea y Besançon (Francia). En aquella época, el territorio que poseían los príncipes obispos de Basilea llegaba hasta el lago de Biel (Bieler See en alemán), un territorio que habían obtenido más por fortuna que por otra cosa. El rey Rodolfo III de Borgoña, aterrado ante la proximidad del fin del mundo vaticinado para el día de Año Nuevo del año 1000 y obsesionado por asegurarse un lugar en el cielo, donó vastas propiedades del Jura al obispo de Basilea.

Cuando los habitantes de Solothurn se refieren a «su» Jura, a menudo tienen en la mente el pie del Jura. Probablemente por razones políticas, geográficas e históricas, esta región comienza en el **Unterer Hauenstein**.

Olten ⓱, a 50 km al sudeste de Basilea y la población más grande del cantón de Solorthurn, posee varias cosas interesantes: el casco antiguo, con su puente de madera tendido en el siglo XIII, y la magnífica **Sankt Martin Kirche** (iglesia de San Martín) con sus torres gemelas, construida en 1908. En el **Kunstmuseum** (Museo de Arte) podrá contemplar obras del artista local Martin Disteli (1802-1844), mientras que el **Historisches Museum** (Museo de Historia) presenta los descubrimientos de objetos de hace 40 000 años, además de uniformes militares, armas, trajes y piezas de cerámica. Explica además el desarrollo de los ferrocarriles, que llevaron la industria a la ciudad y la convirtieron en un importante cruce del tráfico norte-sur (abierto de martes a sábado, de 14:00 a 17:00 h, los domingos de 10:00 a 12:00 h y de 14:00 a 17:00 h; entrada gratuita).

En Solothurn, la cordillera del Jura se divide en el Unterer Hauenstein; la cadena de montañas más cercana es la **Weißensteinkette**, situada a unos 40 km al sudoeste de Olten, que atraviesa la profunda garganta de Oensingen, en cuya cima se alza el **castillo de Neu-Bechburg**. La cordillera recibe el nombre de **Weißenstein ⓲**, que

Mapa página 282

Una fuente de agua potable con unas orejas en forma de alas, en Solothurn.

Abajo: la calle principal de Solothurn, con la catedral al fondo.

hace referencia a sus acantilados de caliza blanca, y comprende las montañas más frecuentadas de la zona por sus fantásticos paisajes. También es conocido por su balneario, construido en 1827 y restaurado recientemente. Muchas celebridades (estadistas, artistas, literatos, etc.) han pasado por él: Napoleón III, Alexandre Dumas, Romain Rolland y Carl Spitteler, este último galardonado con el premio Nobel de Literatura en 1919 y autor de la composición en verso *Olympic Spring*, en la cual hizo de Weißenstein un hogar de los dioses. Se puede llegar hasta aquí desde **Oberdorf** en coche o en telesilla.

Solothurn fue el undécimo cantón que se unió a la Confederación en 1481 y desde entonces el 11 se ha convertido en un número clave para la ciudad: su catedral tiene 11 campanas y 11 altares, y sus escaleras se dividen en tramos de 11 peldaños.

Solothurn, ciudad de embajadores

El cantón de Solothurn no constituye una unidad geográfica, sino que es el resultado de un compromiso político. La historia del cantón queda reflejada en la historia de la ciudad del mismo nombre, que cuenta con algunos de los edificios barrocos y neoclásicos mejor conservados de Suiza.

En la ciudad de **Solothurn** ⓳ impera un carácter francés inconfundible. A pesar de que fuera separada del resto de la federación católica por el poderoso cantón protestante de Berna, siempre ha mantenido su fidelidad a la Iglesia Católica y a Francia, e incluso contaba con una oficina de reclutamiento de mercenarios suizos. En un principio poco relevante, se convirtió en una ciudad próspera, un estado feliz en el que sus habitantes demostraban un gran interés por la construción. Su principal logro arquitectónico es el imponente **Altes Zeughaus** (Antiguo Arsenal), en el nº 1 de la Zeughausplatz, que guarda la colección de armas y uniformes más importante de Suiza (abierto de 10:00 a 12:00 h y de 14:00 a 17:00 h de abril a octubre; resto del año sólo por la tarde; se paga entrada).

Otro lugar de interés de la ciudad es la **iglesia de los Jesuitas**, construida en 1680. Con las casas aristocráticas como telón de fondo domina la neoclásica **catedral de San Ursen** (abierta de 9:00 a 12:00 h y de 14:00 a 18:00 h; sólo hasta las 17:00 h en invierno; se paga entrada), construida por la familia Pisoni de Ascona en 1762 y que figura todavía entre los tesoros barrocos de Suiza; su interior aún es más impresionante. Desde la torre podrá disfrutar de un excelente paisaje.

ABAJO: la garganta de Taubenloch, cerca de Biel.

Entre los museos de Solothurn, cabe destacar la **Galería de Arte** (Werkhofstraße 30; abierta de 10:00 a 12:00 h y de 14:00 a 17:00 h; hasta las 21:00 h los jueves y horario continuado los domingos; entrada gratuita; tel.: 032-622 2307), con obras de Holbein, Buchser y, sobre todo, Hodler, entre otros.

En el campo también encontrará algunas atracciones escondidas. En un barranco boscoso en el Weißenstein, al norte, se halla la **ermita de Santa Verena**, cargada de leyendas y ubicada en un precioso paisaje. No está abierta al público, pero puede pedir que le enseñen la capilla, en la que destacan un fresco y el techo pintado.

En el camino que discurre a lo largo de la cordillera desde Weißenstein, en el que se halla el **Jardín Botánico**, en dirección a **Grenchenberg** encontrará la segunda ciudad más grande del cantón de Solothurn, **Grenchen**, que se levanta en la frontera cantonal con Berna. Se trata de un conjunto de casas dominadas por la todopoderosa industria relojera.

Una pequeña extensión llena de contrastes

En otoño, la uva se madura al sol (los viticultores del **Bieler See** producen un buen vino espumoso) en las laderas del **Chasseral**, la cresta más elevada y meridional de la cadena montañosa de la región del **Jura Bernés**. Se puede acceder al Chasseral desde el sur y desde el norte por diferentes caminos, y ofrece incomparables vistas panorámicas de casi todos los Alpes. En su flanco sur se extiende la cañada de **Tessenberg**, una gigantesca terraza soleada, a la que también es posible llegar desde **Ligerz** (en la orilla septentrional del Bieler See) en teleférico o a pie por el barranco de Twannbach. Enfrente se encuentra la **isla de San Pedro**, en realidad una estrecha península que se adentra en el lago, un paraíso para las aves y las plantas; el filósofo Jean-Jacques Rousseau afirmó, en 1765, «aquí pasé las seis mejores semanas de mi vida».

El Bieler See es el más septentrional de los tres lagos del Jura (los otros dos son el de Morat y el de Neuchâtel), que vieron reducido el nivel de sus aguas en el siglo XIX para ganar tierra y como medida de prevención contra el paludismo y otras epidemias que asuelaron la región en 1868. En el lado noroeste del lago se encuentra la ciudad de **Biel** ⓴ (en alemán, y **Bienne** en francés). Merece la pena visitar su barrio antiguo, con varias casas y fuentes bien conservadas del siglo XVI.

La serpenteante **garganta de Taubenloch**, un angosto desfiladero que conduce hasta el puerto de Pierre Pertuis, era considerada inaccesible casi hasta finales del siglo XIX. Después, en 1890, se abrió un camino en la roca, y ahora los amantes de la naturaleza llegan a centenares. Una carretera comunica Biel y **St-Imier**, a unos 25 km al oeste, la autodenominada capital relojera del país, cuyos ajetreados habitantes presumen de una destreza innata para fabricar relojes.

Antiguamente, en el valle, dominado por el **Mont-Soleil**, había un monasterio benedictino donado al obispo de Basilea en el año 999. Lo único que queda es la **iglesia colegial** románica, que sin duda es muy interesante, donde además de la propia iglesia podrá apreciar los miles de narcisos, violetas alpinas y gencianas que crecen en la región.

Mapa página 282

Un reloj del Museo Internacional del Reloj de La Chaux-de-Fonds.

ABAJO: exposición de relojes suizos gigantes.

La fondue, el plato nacional de Suiza, es algo muy serio en el Jura: la combinación de quesos fundidos, el vino blanco espumoso y el aguardiente de cereza fue inventada en Neuchâtel, aunque Friburgo y Vaud también se atribuyen la autoría.

A **La Chaux-de-Fonds** ㉑, una ciudad relativamente moderna situada a 16 km al sudoeste, a unos 1 000 metros de altura y una metrópoli que administrativamente pertenece al Jura de Neuchâtel, se puede llegar de varias formas. Este foco de la industria relojera y ciudad natal de los grandes arquitectos Le Corbusier y el poeta Blaise Cendars fue diseñado sobre una mesa de dibujo y en él predominan los ángulos rectos. El principal museo del reloj de la región, el **Musée International d'Horlogerie**, se halla en esta localidad, en la Rue des Musées, y cuenta con un gigantesco carillón de chimenea y un taller de restauración (abierto de martes a domingo de 10:00 a 12:00 h y de 14:00 a 17:00 h; se paga entrada; tel.: 032-913 0444).

La siguiente ciudad más populosa del valle, **Le Locle** ㉒, dista sólo 7 km y está situada en la frontera francesa. Se considera el lugar de nacimiento de la industria relojera, donde los primeros artífices eran granjeros que necesitaban algo de dinero para sus inviernos fríos. Le Locle posee su propio museo de relojes y otros aparatos mecánicos, ubicado en el **Château des Monts** (abierto todos los días de 10:00 a 17:00 h de abril a octubre, de 12:00 a 17:00 h el resto del año; se paga entrada).

El segundo lugar de interés es un lago de 3 km de longitud que parece un fiordo, **Lac des Brenets**, detrás de los acantilados llamados **Col des Roches**. El río Doubs, que penetra aquí en territorio suizo, fue represado por un desprendimiento de tierra ocurrido en tiempos prehistóricos. Su mayor atractivo es la cascada, el **Saut du Doubs**, que se precipita desde casi 30 metros de altura sobre una garganta rocosa.

El Jura de Neuchâtel

El Haut Jura Neuchâtelois se extiende a lo largo de un buen tramo, hasta **Les Verrières**, a 35 km al sudoeste de Le Locle. A medio camino de estas dos localidades se encuentra **La Brévine**, probablemente la ciudad más gélida de todo el país, ya que en invierno las temperaturas pueden llegar a descender hasta los –40 °C.

ABAJO: la ciudad relojera de La Chaux-de-Fonds

Cerca podrá ver el sereno **lago de Taillères**. Varios caminos llevan al Jura de Neuchâtel y uno de ellos parte de la propia Neuchâtel (asciende por la carretera 20 por el puerto de la **Vue des Alpes** hasta La Chaux-de-Fonds). El puerto no recibió su nombre sin merecerlo: la vista, de kilómetros y kilómetros, es espectacular.

Neuchâtel ㉓, que se alza en el lado inferior de la orilla del lago homónimo, en tierras suizas, es una ciudad muy antigua. Fue fundada en el siglo XI por los condes de Neuenburg, que convirtieron el **castillo** situado sobre la ciudad en una sólida fortaleza. La **Église Collégiale** (colegiata), que el conde Ulrico II mandó construir junto al castillo en 1147, no deja lugar a dudas sobre la relevancia de esta urbe en épocas anteriores y que en la actualidad se ha convertido en un activo foco comercial. Los excelentes museos de la ciudad son prueba de ello. El **Musée d'Art et d'Histoire** (Museo de Arte e Historia; quai Léopold-Robert; abierto de martes a domingo de 10:00 a 17:00 h; los jueves hasta las 21:00 h) presenta una colección de antiguos relojes y otras antigüedades.

Recorriendo el valle de Travers

El Jura se debería recorrer con unas botas adecuadas. Una forma de acceder a las alturas del Jura es desde el lago de Neuchâtel cruzando el **Val de Travers**, un valle lateral que se dio a conocer en el siglo XIX: en las laderas del **Creux du Van**, el circo de caliza más impactante de Europa con 1 200 metros de ancho y 2 000 de alto, crece el ajenjo, una planta con la que se prepara la bebida alcohólica del mismo nombre, también conocida como absenta. En el siglo XIX, en el valle se desarrolló una lucrativa producción de este licor. Se trata de una bebida que contiene *thuja*, un componente altamente adictivo que se conocía como «La Fée Verte» (el hada verde), por lo que las autoridades se vieron obligadas a prohibir la elaboración de absenta.

Môtiers ㉔ es la principal ciudad del valle, a 25 km al oeste de Neuchâtel. Se pueden encontrar varias casas aristocráticas, una de ellas con un museo de historia local; la vecina casa y museo, **Maison Rousseau** (Casa Rousseau, ambos abiertos de mediados de abril a mediados de octubre, de 14:00 a 17:00 h, sólo los lunes, jueves, sábados y domingos; se paga entrada), constituye un recuerdo del célebre filósofo y escritor, que vivió y trabajó en la ciudad entre 1762 y 1765.

También pueden visitarse las cercanas minas de asfalto, que hasta mediados de la década de 1980 seguían explotándose y que ahora están abiertas al público.

El Jura del Vaud

Uno de los edificios más antiguos y más relevantes del país se halla en **Romainmôtier**, a 16 km al sudoeste de Yverdon-les-Bains, en la frontera entre el Jura de Neuchâtel y Vaud: se trata de la **iglesia** de la antigua **abadía de San Pedro y San Pablo**, que ha sido restaurada y ha recobrado sus características originales (abierta todos los días de 7:00 a 18:00 h; entrada libre). Antiguamente representaba el centro de las cajas de música y de las industrias de autómatas musicales y hoy su museo constituye un recuerdo de aquellos años, mientas que los conciertos que se celebran en la abadía durante todo el verano las tardes de domingo contribuyen a mantener la tradición.

En el capítulo *Suiza occidental (págs. 143-149)* se describe la parte más meridional del Jura, que engloba la región del Vaud al sur y al este del lago de Neuchâtel, además del limítrofe cantón de Zurich.

Mapa página 282

La abadía de San Pedro y San Pablo en Romainmôtier.

ABAJO: esquí de fondo en La Brévine.

Ze zyten do der Wynmärkt das
Den Burgern ihr Theatrum was,
Do sach ich viel der Osterspill
Und ouch der Fastnacht kurzewill
Der am Grund-Blätz ouch CYSATVS
Agierredt als POETICVS
Dess freuwt ich mich der Wunnen,
Heiss derohalb „zer Sunnen"
Leinenweberei
Langenthal AG

COUTELLERIE H. WEBER MESSERSCHMIED
weber
CAFE
TEA ROOM

LAS TIERRAS BAJAS DE LUCERNA

Está región central de lomas y valles está dominada por la elegante e histórica ciudad de Lucerna, uno de los principales destinos turísticos de Suiza

PÁGINAS ANTERIORES: una trompa de los Alpes en Lucerna.
IZQUIERDA: Lucerna y su lago.
ABAJO: ballet acuático en el lago Rotsee, cerca de Ebikon.

Las tierras bajas de Lucerna, conformadas por varios valles que son el resultado de las masas de hielo y las morrenas del glaciar de Reuss, se extienden desde Lucerna en dirección noroccidental, al tiempo que tres lagos (el Baleggersee, el Hallwilersee y el Sempachersee) constituyen el legado de los últimos períodos de las glaciaciones de hace más de 10 000 años.

Estos valles, intercalados entre cadenas de pequeñas colinas, están destinados sobre todo a la labranza en las zonas septentrionales orientadas al cantón de Argovia, mientras que las regiones meridionales, que registran una mayor pluviosidad, se dedican a la producción de leche y derivados lácteos. Beromünster, Sempach y Willisau pertenecen a estas tierras bajas de la comarca, que conducen a las zonas alpinas y prealpinas de Aarau, cerca de Lucerna.

Un centro turístico

La ciudad de **Lucerna** ❶ es una de las principales atracciones turísticas, a pesar de tener menos importancia comercial y financiera que Basilea y Zurich. Es la mayor población de Urschweitz y la capital cultural del centro de Suiza, aunque siempre ha sido considerada una entidad independiente por el resto de los habitantes de la zona del lago.

Hace unos 200 años, los poetas descubrieron la belleza de estas montañas y sus poemas constituyeron el primer material de promoción turística del interior del país. Debido a su proximidad a los Alpes, Lucerna se convirtió en una base cómoda desde donde organizar las expediciones que salían en dirección a las montañas. Se encuentra a 439 metros de altura, sólo a 10 km del monte Pilatus, de 2 129 metros.

El turismo de aquella época alteró notablemente el aspecto de la ciudad. Sin embargo, gracias a su pausado desarrollo, Lucerna pudo conservar las murallas medievales hasta el siglo XIX, cuando se desplomaron algunos lienzos. No obstante, 870 metros del **Museggmauer** (la muralla de la ciudad, levantada en el año 1400) siguen en pie y entre Semana Santa y el mes de septiembre se puede caminar por encima de la muralla, desde donde se disfruta de una espectacular vista de la ciudad y de su lago. Se puede acceder por las escaleras situadas en la parte exterior del muro subiendo por el Nölliturm, una de las nueve torres, o por el Schirmerturm, una de las fortificaciones del centro.

El primer gran hotel de la ciudad data del año 1845, al que pronto sucedieron otros que se levantaron en la orilla septentrional, orientada al sol y a los Alpes. Después se construyó el muelle, con el fin de que los habitantes locales y los turistas pudiesen pasear por la orilla del lago de los Cuatro Cantones (*Vierwaldstättersee*) como se denomina el lago de Lucerna.

Una de las figuras del Bourbaki-Panorama.

El corazón de Suiza

Lucerna ha sido durante siglos la capital de Suiza, en ocasiones de forma oficial y en otras no. Lucerna se unió a la Confederación en el año 1832, y hasta las guerras borgoñonas (1474-1477) mantuvo una posición privilegiada y los emisarios de las poblaciones se reunían a menudo en la ciudad. En el siglo XVI, Zurich le arrebató poco a poco su supremacía, aunque para entonces Lucerna era ya la capital incuestionable de los pueblos católicos. Entre 1798 y 1799, durante unos pocos meses, llegó a ser la capital oficial del país.

Cuando se instauró el estado federal en 1848, Lucerna no fue considerada ni siquiera posible candidata a capital, y hasta 1917-1918 tampoco ostentó el cargo de sede de las autoridades de la Confederación. Para muchos, sin embargo, es la capital secreta: si Berna es la cabeza y Zurich la mano de Suiza, Lucerna puede presumir de ser el corazón.

Y en lo que respecta a la cultura, realmente es así. Además de muchas cosas para ver, Lucerna tiene también otras muchas para oír: el ruido sordo que producen los pasos al pasar por el puente de madera cubierto más antiguo de Europa, el **Kappellbrücke** Ⓐ (Puente de la Capilla), reconstruido con mucho esmero después de un trágico incendio que se produjo en el año 1993 y que lo destrozó en su mayor parte. Presenta dos características de especial interés: en primer lugar, el fascinante ciclo de dibujos en el artesonado del techo, y por otra parte, la célebre torre octogonal que se yergue en el agua, que era el bastión de la fortificación del siglo XIII, en donde se guardaban las arcas de la ciudad.

Aguas abajo se encuentra el **Spreuerbrücke**, un puente casi contemporáneo del Kappelbrücke original, que ha conseguido sobrevivir mejor que su hermano mayor. Merece la pena pasar por él y admirar las pinturas que ilustran la danza de la muerte, obra que Kaspar Meglinger realizó entre 1626 y 1635.

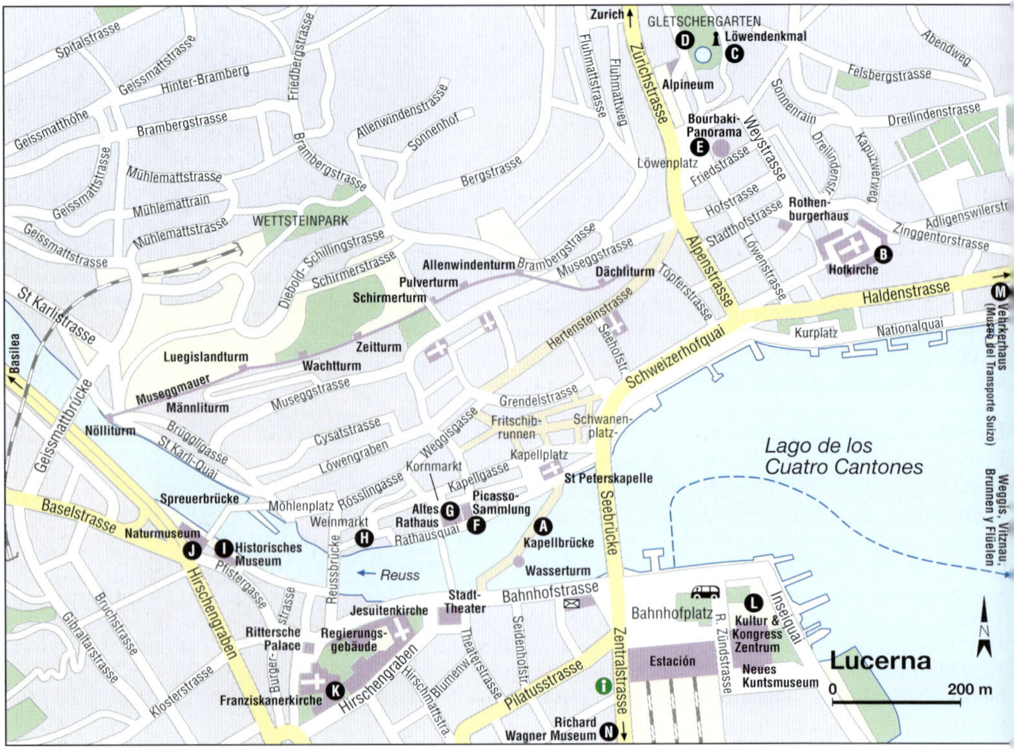

Los lugares de interés

Incluso dando un corto paseo por las calles de esta ciudad, en gran parte peatonal, puede llegar a ver cosas interesantes. A poca distancia del *Nationalquai,* situado en la orilla septentrional, se alza la **Hofkirche B** (iglesia colegial), que anteriormente albergaba un monasterio benedictino y más tarde una fundación canónica. El camposanto interior decorado con arcadas, que era un antiguo cementerio italiano, ofrece unas excelentes vistas del lago. Desvíese de su ruta para ver el **Löwendenkmal C,** un monumento de piedra con forma de león, tallado en la roca viva. El animal conmemora a los oficiales y hombres suizos que murieron por defender a Luis XVI y Maria Antonieta en el ataque al palacio de las Tullerías en 1792.

Más adelante, en el número 4 de la Denkmalstraße, se encuentra el **Gletschergarten D** (jardín del Glaciar), con sus asombrosas simas erosionadas durante la glaciación por la fusión producida por las presiones extremas, y su museo, que acoge un laberinto de espejos que se dispuso para la Exposición de París de 1896, en el cual es muy fácil perderse (abierto todos los días de 9:00 a 18:00 h; se paga entrada; tel.: 041-410 4340).

De nuevo en el río Reuss, pasará por la Löwenplatz, en la que se halla el **Bourbaki-Panorama E**, que también es digno de ver: consiste en un enorme cuadro circular de Édouard Castres, en el que se representa la retirada a Suiza del vencido ejército del general francés Burbaki en 1871, durante la guerra franco-prusiana (abierto de 9:00 a 18:00 h; se paga entrada; tel.: 041-412 3030).

En el maravilloso casco urbano medieval, no puede perderse la colección de Picasso o **Picasso-Sammlung F** ubicada en Am-Rhyn Haus, una antigua y cautivadora casa burguesa, situada en el nº 21 de la Furrengasse, en la que se exhibe una colección de fotografías de los últimos años de vida del gran artista (abierta todos los días de 10:00 a 18:00; se paga entrada; tel.: 041-410 3533).

Puede que lo que le apetezca sea pasear por el centro, mirar los escaparates de las elegantes boutiques, relajarse en una de las terrazas de los cafés o disfrutar de la arquitectura de las plazas. Por ejemplo, en **Hirschenplatz**, varias casas presentan fachadas decoradas con pinturas (la nº 12, la Göldlinhaus, tiene un patio interior de estilo renacentista). Casi seguidas hay otras dos plazas, que en la Edad Media se utilizaban como recintos para mercados. En una de ellas, en **Kornmarkt**, podrá ver el **Altes Rathaus G** (antiguo ayuntamiento) construido entre 1602 y 1606 por Anton Isenmann. Su fachada refleja la influencia del estilo renacentista de Florencia, mientras que el tejado de cuatro aguas es propio de la tradición autóctona. La colorida **Weinmarkt H**, cuya fuente es una réplica del original que ahora se conserva en el Museo de Historia (*véase abajo*) de la ciudad, es la segunda plaza, situada al final de Kornmarktgasse.

Los principales museos

En dirección oeste, cruce el río por el Spreuerbrücke para llegar al **Historisches Museum I** (Museo de Historia Natural), en el nº 24 de la Pfistergasse, que entre sus objetos históricos expuestos con elegancia cuenta con la cota de malla que el duque Leopoldo III de Habsburgo vestía el día de su muerte en la batalla de Sempach en 1386 (abierto de martes a viernes de 10:00 a 12:00 h y de 14:00 a 17:00 h, los sábados y domingos de 10:00 a 17:00 h; lunes cerrado; se paga entrada; tel.: 041-228 5424). En la cercana Kaserneplatz se halla el **Naturmuseum J** (Museo de Historia Natural) que cuenta con

Plano página 300

NOTA

El 5 de diciembre, la ciudad de Küssnacht, en el cantón de Zug, celebra un extraño festejo a la luz de las velas, en el que los hombres y las mujeres desfilan luciendo mitras de obispo.

ABAJO: el histórico Kappelbrücke de Lucerna.

NOTA

Hay barcos que le invitan a dar un paseo de hasta seis horas por el lago de los Cuatro Cantones hasta llegar al otro extremo (tel.: 041-367 6767/227 1717).

numerosas e interesantes exposiciones que «se pueden tocar» (abierto de martes a viernes de 10:00 a 12:00 h y de 14:00 a 17:00 h; sábados y domingos de 10:00 a 17:00 h; lunes cerrado; se paga entrada; tel.: 041-228 5411).

A lo largo del Reuss, en dirección al lago, se encontrará con la **Franziskanerkirche** Ⓚ (iglesia jesuita de San Francisco Javier), el edificio barroco más antiguo de Suiza. Construido entre 1666 y 1667, el templo tiene las primeras muestras de estucado de la escuela de Wessobrunn.

Atracciones culturales

Lucerna es, además, uno de los mejores lugares para ponerse al día sobre la cultura suiza, por ejemplo el dominante estruendo de las bandas de *Guggenmusik* que invade las calles en la época del carnaval (*Fastnacht*), o el sonido mucho más armónico del Festival Internacional de Música (si consigue una de las solicitadísimas entradas). El festival acoge orquestas de la talla de la Filarmónica de Berlín y se celebra en el **Kultur und Kongress Zentrum** Ⓛ, el amplio Centro de Cultura y Congresos que se levanta a orillas del lago, enfrente de la estación ferroviaria. Inaugurado en 1998, tiene la mejor acústica de todas las salas de conciertos internacionales.

El **Neues Kunstmuseum** (Museo de Bellas Artes) se encuentra en el interior de este edificio, que incluso puede ser más interesante que la colección de arte contemporáneo y de paisajes suizos del siglo XIX que guarda (abierto de martes a domingo, de 10:00 a 17:00 h; los miércoles hasta las 20:00 h; se paga entrada; tel.: 041-226 7800).

Dejando atrás el casco urbano por el lado septentrional del lago, llegará a la **Verkehrhaus** Ⓜ (Museo del Transporte Suizo), situado en el nº 5 de la Lidostraße, el mayor museo de su clase en Europa. Reúne exposiciones de todo tipo de medios de transporte mecánicos que uno se pueda imaginar (incluso módulos espaciales y tele-

férricos) y tiene un encomiable carácter interactivo tanto para los adultos como para los niños. Cuenta, además, con el primer cine Imax del país (una excelente opción para los días lluviosos; tel.: 041-375 7575) y con un paseo por una maqueta del túnel de San Gotardo, que reproduce las complicaciones que tuvieron que superar los trabajadores de este proyecto de ingeniería pionero en su género. También se puede visitar la asombrosa colección de trabajos de uno de los mayores artistas suizos del siglo XX, Hans Erni, si bien el plato fuerte es el *Panta Rhei*, una serie de murales con retratos de los grandes filósofos y científicos que han influido en el desarrollo del pensamiento occidental en el transcurso de los siglos (abierto todos los días de 9:00 a 18:00 h; se paga entrada; tel.: 0848-852020).

En la apacible villa de Tribschen, en la orilla meridional del lago, a las afueras de la ciudad, se halla el **Richard Wagner Museum** Ⓝ (Museo de Richard Wagner), en el nº 27 del Richard Wagner Weg. En esta casa, entre 1866 y 1872, el gran compositor escribió su *Siegfried-idyll* (*El idilio de Sigfrido*) en honor de su esposa Cosima. En el museo se pueden admirar una colección de instrumentos musicales y los objetos personales del artista (abierto de martes a domingo de 10:00 a 12:00 h y de 14:00 a 17:00 h; lunes cerrado; se paga entrada; tel.: 041-360 2370).

Mapas páginas 300 y 302

Un tren para la nieve en el Museo del Transporte Suizo.

Las cuencas del Reuss y el Aar

Desde Lucerna, el Reuss fluye en dirección norte hacia el Rin. Al nordeste de la ciudad y del cantón de Lucerna se extiende el cantón de Zug, uno de los más pequeños de Suiza, también con rastros del glaciar en su paisaje. En el antiguo camino desde **Küssnacht** a Immensee, que solía comunicar el lago de los Cuatro Cantones con el Zugersee o lago de Zug, se encuentran el **Hohle Gasse** (desfiladero) y la capilla de Guillermo Tell. Fue aquí donde en el año 1307, al pie del macizo Rigi, murió Gessler, el gobernador de los Habsburgo que ordenó a Guillermo Tell que disparara contra una manzana colocada en la cabeza del hijo del arquero (*véase pág. 27*).

A 173 km al nordeste de Lucerna se encuentra la ciudad de **Zug ❷**, a orillas del lago homónimo. Es una de las capitales cantonales más pequeñas, y nunca ha desarrollado una economía muy activa. La considerable cantidad de obras y construcciones que se están llevando a cabo demuestra su nueva faceta como centro de negocios internacionales, sin que por ello haya experimentado modificaciones la estructura del compacto y atractivo centro histórico.

Fundada en el siglo XIII, Zug posee numerosos lugares de interés: desde el castillo (una vez residencia de los gobernadores Habsburgo, hoy en día un museo) hasta la iglesia católica de St. Oswald, con su elegante sillería del coro y la sorprendente Zytturm (torre del Reloj), con sus baldosas pintadas de azul y blanco (los colores emblemáticos del cantón). Si desea visitar la iglesia, diríjase a la comisaría situada al lado. También llaman la atención las mansiones situadas a orillas del lago y la Brandenberghaus del nº 17 de St. Oswalds-Gasse, profusamente decorada, que alberga el **Afrika-Museum** de la orden de monjas Sodalicio de San Pedro Claver. Se trata de una pequeña pero interesante colección de animales de peluche y de objetos de los siglos XIX y XX traídos de África, entre las cuales figura un fetiche de la República Democrática del Congo (abierto de lunes a viernes de 8:30 a 11:30 h y de 14:00 a 17:30 h; sábados y domingos se recomienda concertar cita previa; entrada gratuita; tel.: 041-711 0417).

ABAJO: uno de los vapores que cruzan el lago.

Una especialidad local de Zug es la Zuger Kirschtorte, *una deliciosa tarta de cereza, con un notable contenido de alcohol.*

En el restaurado castillo, en el nº 11 de la Kirchenstraße, se encuentra el **Museum in der Burg** (Museo Cantonal). Decorado con mucho gusto, conserva algunas destacadas esculturas y muestras sobre la vida de Zug a lo largo de los años (abierto de martes a viernes de 14:00 a 17:00 h; sábados y domingos de 10:00 a 12:00 h y de 14:00 a 17:00 h; se paga entrada; tel.: 041-728 3297).

El cantón de Lucerna

El carácter católico de Lucerna y del cantón es claramente perceptible en **Beromünster ❸**, una ciudad histórica bien conservada, al oeste del lago Baldegger, que creció alrededor del monasterio fundado en 981 por Bero von Lenzburg. El Día de la Ascensión se celebra una «ascensión a caballo»: más de 100 jinetes, entre los que figuran los canónigos laicos de la fundación, participan en una procesión eclesiástica a caballo, que entra en la ciudad al atardecer. Esta antigua ceremonia se asocia con la bendición de los campos y con la comprobación de los indicadores de los límites fronterizos. Llama la atención el interior de estilo rococó de la catedral de San Miguel de Beromünster, que muestra un delicado trabajo de estuco de color azul y escudos heráldicos de los antiguos deanes y canónigos grabados en los muros blanqueados del pórtico.

Sempach ❹, situada al nordeste de Lucerna, refleja un aspecto clave de la historia de Suiza. Todos los libros de texto relatan la batalla de Sempach, que se libró el 9 de julio del año 1386, cuando un pequeño ejército suizo consiguió derrotar a las fuerzas del duque Leopoldo III de Austria. En el escenario de la batalla, ubicado a 4 km de la ciudad en dirección nordeste por la carretera a Hildisrieden y Hochdorf, encontrará un restaurante y una capilla con un fresco que recuerda la acción bélica. Cada año, el primer sábado del mes de julio se celebra un desfile conmemorativo con atuendos militares.

ABAJO: enmascarados para las fiestas de Lucerna.

Mapa página 302

Una lucha más reciente tuvo lugar en un intento de depurar las aguas contaminadas del lago Sempach o **Sempacher See**. Gracias a la oxigenación artificial y a una legislación medioambiental más estricta, se ganó la batalla, lo que supuso una excelente noticia para la zona de observación de aves de **Vogelwarte Sempach**, una de las reservas de avifauna más importantes de Suiza.

Willisau y el cantón de Argovia

Willisau ❺, una ciudad fortificada situada en la frontera nororiental de la región de Napf, se extiende alrededor de una ancha calle medieval adornada de banderas. Se ha consagrado como la sede de un importante festival de música (que se celebra entre el 31 de agosto y el 3 de septiembre cada año) con una mezcla de estilos, desde jazz hasta *rap*. De hecho, los miembros de la asociación local de canto tradicional tirolés se han aventurado a probar los ritmos del jazz. En Willisau nos encontramos en la región de Napf, que también engloba la zona del archiconocido queso Emmental (*véase El Oberland bernés, pág. 123*).

La mayor parte de la región ribereña del Reuss que parte desde Lucerna pertenece al cantón de habla alemana de Argovia, la comarca menos accidentada de Suiza. Es aquí donde la casa de Habsburgo tuvo sus orígenes y abundan los castillos y las casas solariegas en los alrededores, recuerdos de los años de la caballería y de la aristocracia terrateniente, o *Junketum*, del rococó. Argovia ha sufrido notables cambios, pero la memoria de los Habsburgo evoca el antiguo catolicismo que perdura en la abadía benedictina de **Muri ❻**, una población situada entre Aarau y Zug. Fundado en 1027 y considerado uno de los grandes focos del arte religioso de Suiza, el monasterio fue restaurado en estilo barroco por Caspar Mosbrugger en 1695. La capilla de Loreto, emplazada en el lado septentrional del antiguo claustro, acoge el panteón familiar de los Habsburgo.

Un caballero con su atuendo en el histórico desfile anual que conmemora la batalla de Sempach.

ABAJO: el castillo de Hallwil con su foso

NOTA

Una de las especialidades de Willisau es el denominado Willisau Ringli, un bizcocho de jengibre duro como una piedra, de venta en las panaderías. Para que se ablande, tiene que mantener el bizcocho un rato en la boca.

Al norte de Muri, a unos 9 km en línea recta, se halla el precioso pueblo de **Bremgarten** ❼, que conserva numerosos edificios medievales y barrocos, además de un puente cubierto de madera sobre el río Reuss. La población recibió su cédula real de Rodolfo de Habsburgo en 1256 y ha mantenido desde siempre la supremacía católica por la que fue reconocida en su día.

Lugares históricos y balnearios

Los tres principales ríos de la región (el Aar, que fluye en dirección nordeste desde Aarau; el Reuss, en el centro, procedente del norte de Lucerna, y el Limmat, hacia el noroeste de Zurich) convergen antes de discurrir hacia el poderoso Rin, situado al norte. Muchos puntos históricos de poder se encuentran en la extensión triangular que forman el Aar y el Limmat, cuyo ápice septentrional es el Wassertor, una confluencia de estos dos ríos. Con sus característicos campos, bosques y prados que se extienden entre hileras de colinas, el paisaje se puede ver reproducido en las pinturas pastoriles que decoran las numerosas paredes de los castillos.

Dos de los castillos más conocidos se levantan en **Lenzburg** ❽ y **Wildegg** ❾, situados en una línea imaginaria que se dirige hacia el norte desde el lago de Hallwil hasta Brugg. Ambos castillos (también museos) procuran ofrecer al visitante una idea de su rica historia. En algunos casos, los propietarios organizan sus propias atracciones. Por ejemplo, el **Schloß Lenzburg** (castillo de Leuzburg) presenta un espectáculo de luz y sonido de las guerras que asuelaron la región. Entre las exposiciones figura un dragón de fuego que ahuyenta a cualquier visitante. En la cima de una colina y al final de una avenida de preciosos nogales se yergue el **Schloß Wildwegg** (castillo de Wildwegg) perteneciente al Museo Nacional Suizo de Zurich. Se han restaurado las habitaciones y los vestíbulos decorados del castillo, con muebles de la época y muestras de armaduras. En el exterior puede disfrutar de los maravillosos jardines de diseño barroco, con parcelas cultivadas de hierbas poco comunes, frutas y hortalizas, con tomates dispuestos en forma de estrella y patatas azules junto a las flores. Algunas partes de este castillo, propiedad de los Habsburgo, datan del siglo XIII (abierto de mediados de marzo a finales de octubre, de martes a sábado de 10:00 a 12:00 h y de 14:00 y de 17:00 h; se paga entrada; tel.: 062-893 1033).

ABAJO: un prado alpino en flor.

El **castillo de los Habsburgo** ❿, situado a pocos kilómetros al sudoeste de Brugg, es el punto de partida adecuado para entender la historia de esta región y, en cierta forma, la de Europa. El hogar de la dinastía ha ido decayendo como sus dueños: ahora presenta un aspecto reducido y nada presuntuoso, y sólo se conserva su lado oeste. Sin embargo, no debería marcharse desilusionado, pues el restaurante merece la pena por su deliciosa cocina suiza y las apacibles y bucólicas vistas (abierto de 9:00 a 12:00 h, de mayo a septiembre de martes a domingo, y de octubre a abril de miércoles a domingo).

Conocida por los romanos con el nombre de Vindonissa, la ciudad de **Windisch** ⓫ se levanta a orillas del Aar, cerca de la confluencia de este río con el Reuss. En ella podrá apreciar las ruinas del anfiteatro romano que en una ocasión pudo llegar a acoger hasta a 10 000 espectadores y del cual tan sólo queda ahora un bajo muro circular. La localidad de **Brugg** posee un museo romano, el **Vindonissa-Museum** (Museo de Vindonissa, abierto todos los días de 10:00 a 12:00 h y de 14:00 a 17:00 h; los lunes cerrado; se paga entrada; tel.: 056-441 2184). Fuera de las murallas de Brugg se levanta la antigua **abadía de Königsfelden** (siglo XIV), con una magnífica vidriera que data de la década de 1320.

En dirección sudeste, **Baden** ⓬ también puede presumir de su patrimonio romano: las *Aquae Helveticae* aparecen en la obra de Tácito. Ubicada en la margen izquierda del río Limmat, sobre una curva cerrada, esta antigua ciudad y balneario acoge en la actualidad un centro industrial. En el siglo XIX, cuando los balnearios estaban en auge en toda Europa, conoció un período de prosperidad. La idea de una mujer desnuda atrajo a Casanova en 1760, pero los turistas de hoy se acercan por los tratamientos curativos de las aguas sulfurosas, más que por razones del corazón.

Los turistas no necesitados de un remedio curativo deben dar un paseo por el antiguo casco urbano intacto, con las ruinas del castillo Stein dominando la ciudad. El **Landvogteischloß**, (castillo del gobernador), construido entre 1414 y 1712, alberga el **Museo de Historia** (abierto de martes a viernes de 13:00 a 17:00 h; los fines de semana de 10:00 a 17:00 h; se paga entrada; tel.: 056-222 7574). Otra atracción destacada de la ciudad es la **Fundación Langmatt**, en el nº 30 de la Römerstraße, que guarda una maravillosa colección de arte impresionista y fauvista (abierta de abril a octubre, de martes a viernes de 14:00 a 17:00 h; miércoles hasta las 20:00 h; fines de semana de 11:00 a 17:00 h; se paga entrada; tel.: 056-222 5842).

Aarau y Zofingen

Al sudoeste de Baden y a orillas del Aar se levanta **Aarau** ⓭, una ciudad con cautivadores núcleos medievales que forman un entramado de calles y sólidos edificios. En 1798, Aarau se convirtió en la primera capital de la nueva «República Helvética» federal, un título que sólo ostentó 6 meses y no tuvo más remedio que contentarse con ser reconocida como la capital cantonal de Argovia en 1803. Sin embargo, tampoco esto le ha sido fácil: hasta la actualidad ha tenido que enfrentarse a la oposición a ser aceptada como el centro de este heterogéneo cantón, que engloba unas doce poblaciones pequeñas y varias regiones rurales, que antiguamente tenían la misma importancia. No obstante, el destacado papel de Aarau al frente del gobierno, del Parlamento y de la administración cantonal ha contribuido de forma notable a su actual imagen.

El lugar más interesante para los visitantes es una de las antiguas torres del reloj, la **Oberer Turm** (cuya factura es casi toda del siglo XVI, pero algunas partes datan del año 1270). En el lado meridional presenta un curioso mural de la Danza de la Muerte de influencia cubista, pintado por el artista autóctono Felix Hoffmann en el año 1966.

La última localidad de Argovia antes de regresar a las tierras bajas de Lucerna es **Zofingen** ⓮, situada al sudoeste de Aarau, en la carretera que une Olten y Lucerna, por el Sempacher See (lago Sempach). Se trata de un pequeño foco industrial con un centro histórico que se remonta a la Edad Media y se conserva en muy buen estado. Estuvo en manos de los Habsburgo desde el año 1251 y en 1415 sus murallas fueron ocupadas por los berneses. Con sus imponentes edificios de estilo barroco, constituye un buen ejemplo del gran número de poblaciones construidas en los alrededores durante la Baja Edad Media, que determinaron el modelo de asentamientos de Suiza. Los dos suelos con mosaico de una gran **Villa Romana** próxima a Zofingen son otro elemento que nos recuerda a los anteriores habitantes de la zona.

Mapa página 302

NOTA

Cerca de Aarau, en el pueblo de Schönenwerd, se encuentra la fábrica de los conocidos zapatos Belly, que cuenta con un Museo del Calzado ubicado en la villa del anterior dueño de la empresa.

ABAJO: imagen de un tamborilero en el castillo de Lenzburg.

SUIZA CENTRAL

El elemento de unión de los cantones de Uri, Schwyz y Unterwalden es el Rütli, lugar histórico de la declaración de la Confederación Suiza en 1291

En sentido histórico, un punto de partida lógico para un recorrido por el interior de Suiza sería el pequeño prado conocido como **Rütli**, situado en el extremo septentrional del **Urner See** (lago de Uri), que es el sector oriental del lago de los Cuatro Cantones. En este lugar, el 1 de agosto de 1291, se cuenta que tres representantes de las regiones de Uri, Schwyz y Unterwalden celebraron una reunión secreta en la que juraron un pacto de ayuda mutua (*véase pág. 29*). Este prado, en el centro del denominado «interior», presenció, según la leyenda, el nacimiento de la Confederación.

A partir de ese momento, estas regiones se enfrentaron a los Habsburgo y al Sacro Imperio Romano Germánico, por lo que puede decirse que la democracia más antigua del mundo se formó a partir de este juramento. El Día de la Fiesta Nacional Suiza, el 1 de agosto, aunque en algunos cantones no es festivo, los ciudadanos se congregan en este prado para conmemorar este juramento y encienden cientos de hogueras en las laderas de la montaña.

En términos generales, la Suiza central es una región esencialmente civilizada, a la que quizá le faltan el encanto rústico del Valais, las espectaculares diferencias del Oberland bernés y la singularidad que caracteriza a los Grisones. Las casas están muy bien conservadas, limpias, con grandes tejados y dispuestas simétricamente, con las ventanas cubiertas de flores. Los pueblos suelen estar agrupados en torno a sus centros medievales, llenos de tradición, y a las comarcas más agrestes se accede por carreteras en perfecto estado de conservación. La popularidad de la que disfruta esta zona de Suiza entre los turistas ha originado el desarrollo de los hoteles y restaurantes, museos, excursiones organizadas o con guía y transportes, todo lo cual la convierte en unas de las regiones suizas más fáciles de visitar, tanto en automóvil como en ferrocarril. El compositor Richard Wagner afirmaba que no había ningún lugar más maravilloso que éste en todo el mundo.

La cuna de la Confederación

No obstante, el concepto de «Suiza central» no alude a un sentimiento de unidad, ni siquiera a una identidad política, económica o geográfica, y la idea de una unidad confederal que une los cantones de Uri, Schwyz, Obwalden y Nidwalden (estos dos últimos conforman el Unterwalden), junto con Zug y Lucerna es algo que, en el mejor de los casos, provocará una sonrisa de simpatía de los suizos del interior.

¿Qué ha sido de estos «pequeños cantones», como los viajeros del siglo XIX llamaban a los de Uri, Schwyz, Obwalden y Nidwalden? En los últimos años del siglo XIII debían de haber formado un cuerpo político de asombrosa vitalidad, a medida que las semillas de la Confederación empezaron a enraizar gracias al las constantes alianzas cantonales y al crecimiento del comercio impulsado por la apertura al tráfico del puerto de San Gotardo.

PÁGINAS ANTERIORES: claustro de la abadía benedictina de Einsiedeln.
IZQUIERDA: torre del reloj de Zug.
ABAJO: unos actores aficionados interpretan a Guillermo Tell y su hijo.

El tradicional plato suizo, consistente en salchichas y patatas fritas, acompañado de una cerveza fría.

Una ojeada al mapa demuestra que esta región algo encajada no podría alcanzar una unión política y económica. La naturaleza, con la ayuda del lago de los Cuatro Cantones, se las había ingeniado para que las comarcas del Urschweiz no se vieran obligadas a entablar relaciones armoniosas y duraderas. Los tres cantones han llevado a cabo una política de cooperación orientada al otro lado del lago (una política que ellos consideran ante todo conveniente) en función de sus propios intereses. Por tanto, resulta obvio que Schwyz intentara extender su influencia, primero hacia Arth, Zug y Küssnacht, y más tarde hacia Einsiedeln y la llanura de Linth. Hasta el siglo XIX, la única manera de llegar a Uri era cruzando el lago, por lo que solamente podía expandirse hacia el este en dirección al valle de Urseren (cerca de Glaris) y hacia el sur en dirección a los valles alpinos. Finalmente, en el año 1865 se terminaron las obras de la Axenstraße, una estrecha carretera construida a lo largo de la pronunciada orilla del Urnersee desde Brunnen, que comunicaba Uri con el norte.

Unterwalden, medio atrapado entre los montes de Seelisberg y Bürgenstock, entre los Alpes de Uri, el lago y el Brünig, en ningún momento tuvo ocasión de ampliar sus territorios. En su lugar, los habitantes del cantón vivían inmersos en constantes disputas que dieron lugar a la aparición de los cantones de Obwalden y Nidwalden, separados por un pantano y un tenebroso bosque.

Con el paso de los siglos, los poderosos dirigentes del Schwyz, los ganaderos cosmopolitas del Uri y los introvertidos habitantes de Obwalden y Nidwalden (todos ellos muy cerca unos de los otros) desarrollaron unos estilos de vida, unos modelos económicos y unas culturas políticas muy distintas. Hoy, los cantones del Urschweiz se caracterizan por el dominio político del *Christliche Volkspartei* (Partido del Pueblo Cristiano), una forma de continuar con las tradiciones y costumbres antiguas y con la religión común (el catolicismo). Junto a estas cualidades se percibe una especie de conformismo consumista que en el visitante provoca la feliz impresión de una

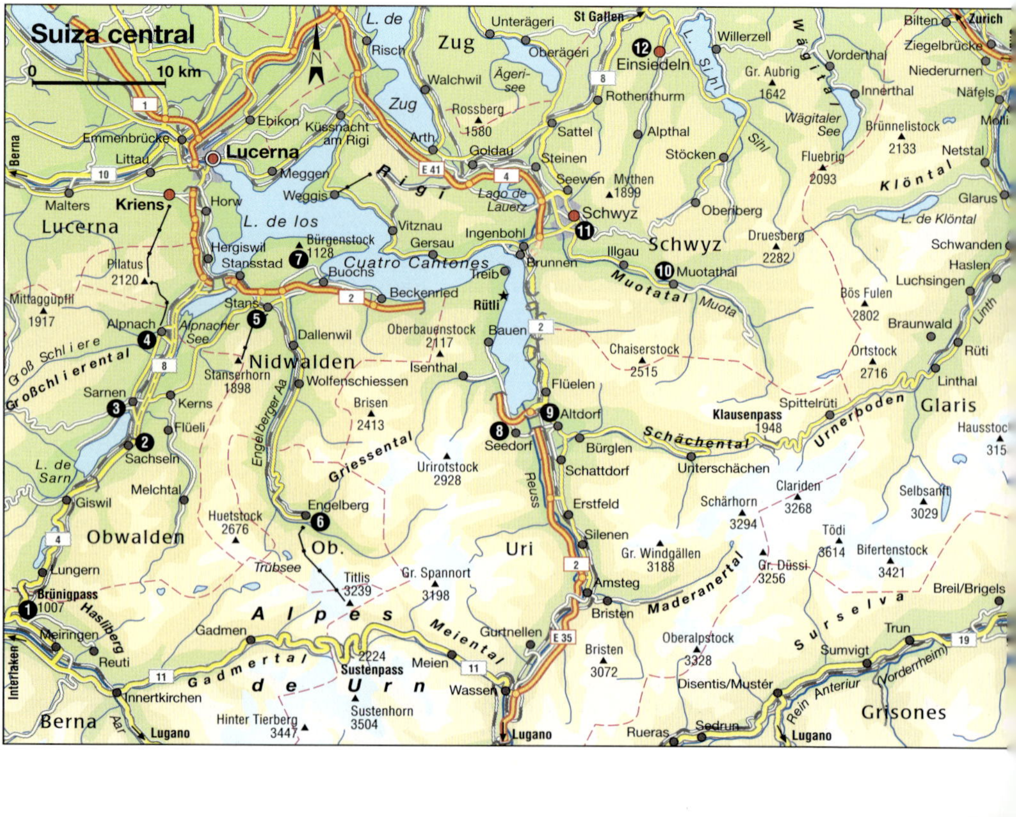

tierra interior en la que algo se cuece con un toque arcaico. Es considerado un lugar encantador, pero a la vez irrelevante, que suele caer en el olvido.

Se podría cuestionar la duración de este maravilloso aislamiento. Con el corredor que se está construyendo para el tráfico de mercancías, el futuro enlace ferroviario transalpino y la cada vez mayor atracción que despierta la zona como destino turístico, no podrá mantener su encantador estancamiento para siempre.

Entrar por la puerta de atrás

Para evitar partir de Lucerna y emprender un recorrido por el interior de Suiza desde uno de sus puntos más exteriores, es aconsejable entrar en el cantón de **Obwalden** por el sur, a través de **Brünigpass** ❶. Ahora verá una carretera, además del **ferrocarril de Brünig**, desde cuyos vagones se divisan hermosas vistas al cruzar el puerto, pero en la Edad Media, una barrera obstaculizaba el paso (y no permitía el acceso a los señores del Oberland bernés que se acercaban con la intención de extender sus propiedades) y las tierras pronunciadas que descendían en dirección a **Lungern** suponían una protección sobreañadida ante invasores y conquistadores.

Al viajar hacia el norte por la carretera 4, después de **Giswil** el paisaje se abre y es menos abrupto, y deja espacio al **Sarnersee**, un pequeño y precioso lago bordeado por suaves colinas, protegidas a su vez por los Alpes que se levantan detrás. Más hacia adelante, los pueblos de **Sachseln** ❷, cerca de **Flüeli**, y **Ranft** constituyen un importante centro de peregrinación. Nicolás de Flüe, el único santo de Suiza, nació en Flüeli en 1417. Tras una activa vida en la política local, ayunó y rezó veinte años en las lejanas tierras de Ranft. Sus restos mortales, que cada año visitan cien mil peregrinos, reposan en la iglesia de Sachseln desde 1934. No es de extrañar, por tanto, la abundancia de hoteles y casas de huéspedes de la zona. En efecto, el primer motel de Suiza fue construido en Sachseln.

Aunque la ciudad de **Sarnen** ❸, capital del cantón de Obwalden situada unos pocos kilómetros al norte, no pueda presumir de santo, cuenta con un moderno e importante **monasterio** y la iglesia de **San Pedro y San Pablo**, de estilo barroco. La colina de la ciudad, de nombre **Landenberg**, era el lugar ideal para el *Landsgemeinde* (votación), que entre 1646 y 1998 se celebraba al aire libre el último domingo del mes de abril. El **Rathaus** (ayuntamiento) atesora el denominado *Weißes Buch* (libro blanco), que comprende el primer documento histórico de la Confederación, escrito en la década de 1470.

De todos los museos del interior de Suiza, el **Heimatmuseum** (Museo Local de Obwalden), situado en el nº 127 de la Brünigstraße, en Sarnen, parece ser el más variado y completo, con una amplia exposición sobre la cultura y la historia de la región. Entre otras cosas se pueden ver objetos prehistóricos, material romano de los asentamientos de Alpnach, armas de la Edad Media, varios ejemplos de arte religioso y cuadros y esculturas de artistas locales desde el siglo XVII hasta la actualidad (abierto de lunes a sábado de 14:00 a 17:00 h de mediados de abril a noviembre; se paga entrada; tel.: 660-6522).

Vuelva a la carretera 4, salga de Sarnen y diríjase hacia **Alpnach** ❹, a 8 km en dirección norte. Ahora se encuentra en las tierras más bajas del cantón. Uno de los trenes cremallera más antiguos de Suiza realiza trayectos de tan sólo 30 minutos entre **Alpnachstad** y el **monte Pilatus** (2 120 metros), en los que podrá disfrutar de paisajes únicos de los Alpes y de toda la región de las tierras bajas. A orillas del lago se han excavado los restos de una villa

Mapa página 312

NOTA

Si le gusta la arquitectura religiosa, no se marche sin visitar la iglesia de **Sarnen**, maravillosamente decorada, sobre todo el techo de la capilla.

ABAJO: haciendo *windsurf* en el lago de Uri.

romana, lo cual demuestra que esta parte del país estuvo habitada por lo menos desde hace 2 000 años. De hecho, este monte recibe su nombre o del latín *pileatus* (que lleva capa), en alusión al hecho de que siempre está cubierto de nubes, o (lo cual es más discutible) por el fantasma de Poncio Pilato, el cual, según dicen, vaga por la cima, ya que el diablo trajo su cuerpo a este lugar después de la Crucifixión de Cristo.

NOTA

Haga un recorrido en uno de los teleféricos de Engelberg con cabinas rotatorias que ofrecen vistas de 360° de los valles circundantes.

El Nidwalden

Si quiere visitar el cantón de **Nidwalden** (que se extiende de norte a sur del lago de los Cuatro Cantones) desde Obwalden, puede tomar el camino que corre a lo largo de las orillas del **lago de Alpnach** en dirección a **Stansstad**. Sin embargo, otra ruta más atractiva discurre por el nordeste de Kerns, a través del tenebroso Kernwald, y por el valle casi llano emplazado en una depresión de la era glaciar que llega hasta **Stans** ❺. Es la principal ciudad de Nidwalden, sede de una pequeña industria aeronáutica. El casco antiguo ha sido esmeradamente restaurado hace unos años y dos museos, el **Höflin**, en el centro, y el **Winkelriedhaus,** situado a las afueras de la población, reflejan la riqueza y el poder de los nobles que residieron aquí. La iglesia barroca, la torre románica y el osario gótico se destacan en la antigua plaza, que también cuenta con un monumento de Arnold von Winkelried, quien, según la leyenda, ayudó a un ejército de la Confederación cerca de Sempach en 1386, cuando cargó contra un bosque de lanzas del enemigo.

Aunque no pertenezca estrictamente a Nidwalden, ya que forma parte de Obwalden, **Engelberg** ❻, a 25 km al sur, se alcanza más fácilmente desde Stans. Con sus excelentes campos, colinas y lagos para caminar, es un destino turístico muy frecuentado, tanto en verano como en invierno. Posee una **abadía benedictina** fundada en el siglo XII y restaurada en estilo barroco entre 1730 y 1737. La abadía alberga una importante biblioteca y se utiliza también como internado.

ABAJO: la caminata diaria por los pastos alpinos.

Por su localización, Engelberg es una estación invernal que registra una gran actividad, en la que está de moda practicar el esquí y el *snowboard*, pero a pesar de que haya escuelas que instruyen en ambas modalidades, las pistas no están tan bien señalizadas como debieran y la población todavía no se ha dedicado por completo al turismo. Por tanto, una visita a la zona podría ser una excursión agradable, que atrae a una asombrosa multitud de jóvenes. La **pared Laub** del Titlis (*véase abajo*) constituye una pista desafiante, sólo para expertos (en ningún caso suba si no tiene experiencia y no dispone de un seguro).

Si prefiere una actividad más ligera en verano, desde Engelberg en teleférico o telesilla puede alcanzar la cima del **Titlis**, que con sus 3 239 metros es el pico más alto de esta región. Además de disfrutar de unas impresionantes panorámicas, también podrá caminar sobre un glaciar (por un camino debidamente señalizado) y tomar algo en un bar construido en una cueva de hielo. El trayecto hasta la cima puede ser caro, pero merece la pena por las vistas del valle y los numerosos lagos y otras cimas elevadas, como el monte Pilatus (2 121 metros) cerca de Alpnachstad. Cumbres menos altas, como el **Brunni** (1 402 metros) al este y el **Fürenalp**, son también accesibles en teleférico desde Engelberg.

Por encima del lago

Otra interesante excursión desde Stans, en esta ocasión hacia el norte por Stansstad, le llevará a la montaña de **Bürgenstock** ❼ (1 128 metros), que dispone de un imponente complejo hotelero del siglo XIX y vistas incomparables del lago de los Cuatro Cantones. Un pequeño camino le conducirá lejos de los hoteles por una superficie rocosa hasta la **Hammet-schwandlift**, un telesilla panorámico, para los que no sienten vértigo, que sube a la cumbre a una velocidad asombrosa. Después, se puede descender al valle en un funicular desde los hoteles.

Mapa página 312

Cencerros de recuerdo, de todas las formas y todos los tamaños.

ABAJO: *Landsgemeinde* (votación al aire libre) en Sarnen.

Otra posibilidad es viajar al nordeste desde Stans hasta el lago de los Cuatro Cantones, a una zona que parece casi mediterránea, donde la carretera desaparece en el **túnel de Seelisberg** para reaparecer en el cantón de Uri unos metros más adelante. En **Beckenried** puede subir a bordo de un barco en la orilla meridional y navegar por el lago hasta **Treib**, al este. Desde aquí, tome el funicular hasta **Seelisberg** y recorrerá el llamado «sendero suizo», trazado como parte de las celebraciones del septingentésimo aniversario de Suiza, por encima del lago de los Cuatro Cantones y el Rütli. El sendero discurre a lo largo de 15 km hacia el sur, pasando por el pequeño castillo de **Beroldingen**, hasta **Bauen** y atraviesa un paso excavado en la roca hasta **Seedorf** ❽, donde puede volver a tomar la autopista.

Freiherr von Attinghausen, protagonista de la obra Guillermo Tell, *del dramaturgo alemán Schiller, murió en el castillo de Attinghausen en 1321.*

La iglesia barroca, la torre de los señores de Seedorf, el castillo del siglo XVI y el cercano convento conforman un maravilloso conjunto conocido como «claustro benedictino», construido en 1197 y restaurado en 1695. Así mismo, nos recuerdan que el lugar fue un importante punto de envío de mercancías procedentes del lago de Urn. Desde aquí, eran transportados por el cantón y a través del puerto de San Gotardo hacia el sur.

Al este de Seedorf se halla **Altdorf** ❾, la capital del cantón de Uri, situada en otro antiguo camino cantonal, que arranca desde **Flüelen** en dirección este pasando por Altdorf hasta **Schächental**, y después se dirige hacia el paso de San Gotardo. Un elemento que refleja la importancia de la ciudad y el denso tráfico es el **Fremdenspital**, un hospital que acogía peregrinos y viajeros enfermos y débiles. También reflejan esta idea de riqueza alimentada por el comercio del San Gotardo las casas de la nobleza y el **monasterio capuchino** enclavados en lo alto de la montaña, origen de la Contrarreforma en Suiza.

Por otra parte, Altdorf y la cercana **Bürglen** se encuentran especialmente relacionados con el legendario origen de la Confederación. Fue en Altdorf donde Guillermo Tell desafió al odiado gobernador Gessler y, como consecuencia, se vio obligado a disparar una flecha contra una manzana colocada en la cabeza de su hijo (*véase pág. 27*). Se cree que la casa de Tell estaba en Bürglen y por eso la localidad acoge el **Tell Museum** (Museo de Guillermo Tell), en la Postplatz (abierto de 10:00 a 11:30 h y de 13:30 a 17:00 h de mayo a octubre; se paga entrada; tel.: 870-4155). Sin embargo, el monumento de Richard Kissling y el **Teatro de Tell** de 1925 conmemoran en Alrtdorf al célebre arquero. El teatro presenta con regularidad escenificaciones de la obra *Guillermo Tell* (1805), de Friedrich von Schiller.

ABAJO: un campesino de la región.

También en la antigua ruta de San Gotardo, un poco más al sur de la población de Altdorf, se hallan las ruinas de un castillo que en su día pertenecieron al señor de Attinghausen.

El tráfico pasado y presente

Durante unos 600 años, tanto los viajeros como las mercancías salían de las poblaciones de Flüelen y Altdorf y se dirigían al sur por la ruta que ahora sigue la carretera número 2, en dirección al puerto de San Gotardo e Italia, tras pasar por la torre residencial de Von Silenen en **Silenen**, el castillo de Zwing Uri cerca de **Erstfeld**, hasta llegar a la iglesia de **Wassen** del siglo XVIII. Anteriormente, el recorrido se realizaba a caballo; más tarde se construyó una carretera y se podía viajar en coche y carruajes. A partir de 1882, el tráfico pasaba por el túnel ferroviario y, desde 1980, por el túnel de carretera de San Gotardo.

En el valle, estrecho y majestuoso, dominado durante siglos por el estruendo del río Reuss, impera el molesto ruido del tráfico rodado las 24 horas del día y, además, los gases de los vehículos de motor contaminan el limpio aire de las montañas. Aunque es posible cruzar a pie el barranco de Schöllenen por el antiguo sendero de la montaña hasta San Gotardo, sólo podrá encontrar tranquilidad y un buen lugar para practicar el senderismo en los valles laterales: en el **Urseren** y en los valles de **Göschener**, **Moderamer**, **Meien** y **Schächen**.

En la década de 1940 se presentó un proyecto para inundar todo el valle de Urseren como parte de un ambicioso plan hidroeléctrico. Pero el proyecto, que ahora parece descabellado, se fue al traste cuando los habitantes de la zona obligaron a abandonar el valle a las personas de la compañía eléctrica de las tierras bajas. Hoy día, el valle es una de las pocas zonas de esquí de Suiza que pueden garantizar nieve todos los años con absoluta seguridad.

En el valle de Schächen aún se cuentan las historias sobre el general Suvorov y su tropa de cosacos, que luchó contra Napoleón y los franceses en tierras suizas. Aunque trajera la guerra, la devastación y la hambruna al país, la marcha forzada del general por los puertos de San Gotardo, Kinzig y Pragel le ganó el respeto y la admiración de los lugareños.

Mapa página 312

Escultura de la Ital-Reding-Haus.

Elegantes construcciones

El cantón de Schwyz vivió su propia experiencia de Suvorov: el general, obligado por los franceses a emprender la retirada, se dirigió hacia el este por **Muotathal** ⑩ en dirección a **Glaris** y sufrió importantes bajas. Se cree que el **icono** de la **iglesia parroquial** (1792) de Muotathal fue abandonado durante esta retirada. Nada se sabe de los orígenes de las **reliquias merovingias** que forman parte del tesoro de la iglesia, a pesar de que la aldea de Muotathal, junto con las de **Illgau** y **Morschach**, estaban habitadas ya en el siglo X: un dato bastante sorprendente para esta región apartada, que se extiende por una garganta arbolada del río Muota.

Al noroeste de Muotathal, la ciudad de **Schwyz** ⑪, capital del cantón, ha presenciado un crecimiento tan descontrolado en los últimos veinte años que casi no se puede distinguir el modelo original de las casas antiguas. El centro urbano conserva rasgos de su antiguo carácter, sobre todo la amplia plaza y la **iglesia de San Martín** de estilo barroco. En su día, unas doce casas, con imponentes fachadas y grandes jardines, adornaban la plaza. Hoy día, sólo unas cuantas casas aristocráticas (de los siglos XVII y XVIII) siguen en pie, rodeadas de edificios modernos.

Destaca de forma especial la **Ital-Reding-Haus** (Casa Ital-Reding), de influencia barroca (abierta de mayo a octubre, de martes a viernes de 14:00 a 17:00 h; los fines de semana de 10:00 a 12:00 h y de 14:00 a 17:00 h; se paga entrada; tel.: 811-4505). La **Haus Bethlehem** (Casa Belén), de 700 años de antigüedad, es la casa de madera más antigua de Suiza, construida en 1287 y restaurada en 1989. En el nº 20 de la Bahnhofstraße se encuentra el **Bundesbriefarchiv** (abierto todos los días de 9:30 a 11:30 h y de 14:00 a 17:00 h; entrada gratuita; tel.: 819-2064), el cual todavía conserva su grandeza original. Estos archivos, que guardan el **Bundesbrief** de 1291 (la escritura original de la Confederación firmada en Rütli), también atesoran otros documentos importantes y pactos escritos de la historia de Suiza y del cantón, además de una colección de banderines, banderas y estandartes.

ABAJO: la Ital-Reding-Haus, en Schwyz.

NOTA

Se organizan excursiones guiadas a las **cuevas de Holloch** (agujero del infierno) en el valle de Muota, a 30 minutos en coche desde Schwyz. Este laberinto de cuevas es el más largo de Europa, con simas y cavernas subterráneas (póngase en contacto con Trekking Team AG para más información; tel.: 0848 808 007; www.trekking.ch).

ABAJO: interior de la Ital-Reding-Haus.

Otro lugar de interés es el **Rathaus** (ayuntamiento; visitas de lunes a viernes de 10:00 a 15:00 h; tel.: 811-4505), situado enfrente de la iglesia de San Martín. Su maravillosa fachada está decorada con una serie de frescos que ilustran los acontecimientos de la historia suiza. En el interior de la Gran Cámara del Consejo se puede admirar una colección de retratos de presidentes cantonales.

Al noroeste de Schwyz hay otros lugares relevantes desde el punto de vista histórico, como las ruinas de **Gesslerburg** en Küssnacht (hogar del gobernador Gessler de los Habsburgo, muerto a manos de Guillermo Tell), las ruinas de la isla de **Schwanau**, en el Lauerzer See, y el **Hohle Gasse** (donde Tell mató a Gessler), cerca del **Immensee**. También es posible visitar los restos de la *Letzine* (barrera de fuego) de Arth, Morgarten, Rothenturm y Brunnen. Estas ruinas son el testimonio de las batallas libradas contra la nobleza local y la casa de los Habsburgo a principios del siglo XIV.

El municipio de **Gersau**, emplazado a 12 km en dirección oeste desde Schwyz, gracias al cálido viento *Föhn* y al lago que lo protege cuenta con abundantes castaños y palmeras. Es digno de ver el camino que lleva de **Brunnen** a **Küssnacht**, a lo largo de 28 km en dirección noroeste, bordeando el lago de los Cuatro Cantones, y por Gersau, Vitznau y Weggi. La ruta se caracteriza por sus numerosas curvas y, en algunos tramos, se asemeja a la cornisa de Montecarlo. Desde Gersau, la **capilla de Astrid**, que dista 20 km, se halla entre Merlischachen y Küssnacht, orientada hacia el lago de los Cuatro Cantones. En su interior se encuentra la tumba de la reina Astrid de Bélgica, que falleció en un accidente en esta población en la década de 1930, y casi es venerada como una santa.

Cerca de **Merlischachen**, a unos 9 km al sur de Küssnacht, podrá visitar un pequeño pueblo, con algunas granjas majestuosas; merece la pena desviarse del trayecto para realizar un breve alto. El Swiss Chalet Hotel, con sus geranios y pequeñas farolas rojas, es un lugar romántico para pasar la noche, y el Schloß Hotel

(frecuentado por las parejas de recién casados) ofrece la posibilidad de dormir en una góndola en una piscina (*véase pág. 342*).

Una comunidad monástica

La ciudad de **Einsiedeln** ⓬, a 20 km al norte de Schwyz por la carretera 8, esconde otro foco destacado del cantón. Los alrededores, cuyos prados están destinados a la práctica del esquí en invierno, son excelentes para disfrutar del campo, y en el lago **Sihlsee**, durante el verano, se puede practicar toda clase de deportes acuáticos, pescar, nadar e incluso acampar en sus orillas.

La importancia de esta ciudad se remonta al siglo X, cuando Eberhard, deán de Estrasburgo, fundó una comunidad monástica sobre los restos de la ermita de un monje de Reichenau, Meinrad, que fue asesinado en 861. El duque Hermann de Suabia donó al monasterio una parte de sus tierras. Durante años, esta abadía dominada por los Habsburgo estuvo involucrada en una larga y enconada disputa con los habitantes de Schwyz por los derechos de las tierras de pasto situadas entre el pueblo y el monasterio. En 1314, un grupo de lugareños atacó la abadía, hizo prisioneros a los monjes, a los que sorprendieron dormidos, se bebieron su vino y profanaron las reliquias.

La abadía, en la que los príncipes-abades acuñaban sus propias monedas, perdió gran parte de su poder en 1798 tras la Revolución Francesa, aunque Einsielden ha sido un importante centro de la cristiandad católica durante siglos como lugar de peregrinación y estaba en la ruta de Santiago de Compostela.

No obstante, el monasterio vivió sus mejores años en los siglos XVII y XVIII, cuando las peregrinaciones para ver el cuadro de la «Virgen Negra» de la **Gnadenkapelle** (capilla de la Gracia) estaban en auge. Entre 1674 y 1770 se construyeron la iglesia barroca y el amplio monasterio, ambos restaurados, que figuran entre los ejemplos más distinguidos de la arquitectura barroca de Suiza.

ABAJO: abadía benedictina de Einsiedeln.

Guía Práctica

GUIAS OCEANO

Discovery CHANNEL
GUIAS OCEANO
Las Guías
del nuevo
milenio
Estambul
Indonesia
Filipinas
Kenia
Tokio
Suiza
República Dominicana y Haití
Marruecos

Sumario

Familiarizarse

Planificar el viaje

Consejos prácticos

Desplazarse

Dónde alojarse

Dónde comer

Cultura

De compras

Deporte

Idioma

Lecturas adicionales

Familiarizarse

Datos locales

Superficie: 41 285 km^2
Distancia máxima: norte-sur 220 km, este-oeste 348 km
Longitud de la frontera: 1 882 km
Población: 7 164 000 (el 19,6% son extranjeros)
Capital: Berna (123 000 habitantes)
Principales ciudades: Zurich (337 000 habitantes), Ginebra (173 500 habitantes), Basilea (169 000), Lausana (11 500)
Idiomas: alemán-suizo (63,7%), francés (19,2%), italiano (7,6%), romanche (0,6%), otros (8,9%)
Religión: catolicismo (46,1%), protestantismo (40%)
Unidad monetaria: franco suizo (FrS)
Huso horario: franja horaria centroeuropea (GMT+1)
Prefijos nacionales: 41 (Suiza) y después 31 (Berna), 61 (Basilea), 22 (Ginebra), 21 (Lausana), 1 (Zurich)

Clima

Debido a su situación geográfica, Suiza reúne los cuatro climas de Europa: el continental, el mediterráneo, el subtropical y el oceánico. Por tanto, debe ir preparado para soportar las temperaturas frías y cálidas cuando visite el país. No se olvide de llevar una chaqueta de abrigo, un chubasquero o una gabardina, unas botas impermeables y un paraguas (incluso en pleno verano), además de gafas de sol y crema de protección solar, también en invierno.

Economía

La economía suiza se ha tenido que amoldar a dos factores decisivos. Por una parte, los recursos naturales del país son escasos y, por otra, una cuarta parte de su superficie es suelo yermo. Sin embargo, la agricultura local ha conseguido satisfacer las necesidades alimentarias de más de la mitad del país. La economía suiza se basa en la importación de materias primas, que son transformadas en productos de exportación de primera calidad. Las empresas del país poseen delegaciones en los cinco continentes. La ingeniería es la industria más avanzada, con fábricas especializadas en la producción de energía, aparatos electrónicos y herramientas para maquinaria. Muy de cerca les sigue en las industrias farmacéutica, la textil y la relojería. Y, cómo no, la producción alimentaria: por todo el mundo encontrará amantes de los quesos y el chocolate suizos, desde Nueva York hasta Tokio. Los suizos consumen más chocolate que cualquier otra nación, alrededor de 8,6 kg por persona y año.

El sector servicios desempeña un papel esencial en la economía. La actividad de los bancos y las empresas aseguradoras se extiende más allá de las fronteras del país. Unas 200 000 personas trabajan en el turismo y en el ramo de la hostelería; de hecho, son considerados los empleados más importantes del país. La población activa suma unos 3,6 millones de habitantes (el 54% del total), de los que el 6% se dedica a la agricultura y a la ingeniería forestal, el 30% a la industria y el 64% al sector servicios.

Previsión meteorológica

Para conocer la previsión del tiempo, llame al TCS de Suiza (tel. 00900 57 1234; 83 céntimos/min.) o entre en: www.sma.ch En la radio o en la televisión ofrecen continuamente noticias sobre el tiempo, en las que se distinguen las zonas septentrionales de los Alpes, el sur del país y Engandina por la división climática que delimitan los Alpes.

Gobierno

Veintitrés cantones, que a su vez se subdividen en distritos más pequeños, componen el rompecabezas de la división política del país. Cada cantón es comparable a un pequeño país soberano con su propio gobierno, Parlamento, legislación y juzgados. Además, incluyen unos 3 000 municipios, que en gran medida conservan cierto grado de autonomía. Todos ellos constituyen la Confederación Suiza, Confederación Helvética, que resuelve el misterio del distintivo «CH» que se ve en los coches del país.

La Confederación se fundó en 1291. Los campesinos de los cantones forestales de Uri, Schwyz y Unterwalden se reunieron y decidieron coaligarse para defender sus derechos tradicionales y sus costumbres ante la poderosa casa de los Habsburgo. Empezó entonces a germinar poco a poco la idea de constituir un conjunto de estados soberanos, pero no fue hasta el año 1848 cuando se formó el primer estado federal como se conoce en la actualidad. Gracias al federalismo, el pueblo suizo tenía garantizados sus derechos en todos los ámbitos.

Cada municipio es autónomo en materia de educación, impuestos,

Datos geográficos

Principales montes
(todos en Valais)
Monte Rosa 4 634 metros
Dom 4 545 metros
Weisshorn 4 506 metros

Principales ríos
Rin (en Suiza) 375 km
Aar 295 km

Principales glaciares
El Aletsch (Valais) 24 km
El Gorner (Valais) 15 km

Principales lagos
Lago Leman 581 km^2
Lago de Constanza 541 km^2
Lago de Neuchâtel 218 km^2

normativa sobre la construcción, etc. Sólo algunos temas muy concretos quedan fuera de la autoridad de los cantones, como por ejemplo la política exterior, la defensa nacional, las directrices de la política económica, la moneda, la legislación penal y civil, la normativa postal y aduanera, además de determinados servicios públicos como el sistema ferroviario.

El Parlamento Federal se compone del Consejo Nacional (formado por 200 diputados) y la Cámara Alta (compuesto por 46 diputados de varios cantones), y las dos cámaras constituyen la Asamblea Federal. Siete consejeros integran el poder ejecutivo, o Consejo Federal, que administran, a su vez, un departamento concreto que se corresponde con un ministerio. La presidencia del Consejo Federal se decide cada año y sus responsabilidades se extienden a los cargos inmediatos. La edad mínima para votar es 18 años y a partir de entonces pueden presentarse a las elecciones o tienen derecho a emitir su voto en cualquier asunto federal.

Los cuatro idiomas del país reflejan su gran variedad. Según el lugar donde se encuentre, oirá hablar romanche, francés, italiano o alemán-suizo (el idioma oficial es el alemán). Pero no crea que como turista necesita dominar una de estas lenguas, ya que la mayoría de la población habla o entiende al menos un idioma extranjero, por lo general el inglés.

Horarios comerciales

Los horarios que se indican en este apartado corresponden a diferentes servicios. Recuerde que encontrará horarios locales o regionales que se apartan de este modelo general.

Las tiendas abren todos los días entre las 8:00 y las 9:00 h hasta las 18:30 h, y los sábados hasta las 16:00 h. (Se espera que Zurich adopte un horario más flexible, hasta las 23:00 h.) En muchas ciudades, los lunes por la mañana no abre el comercio. Una vez por semana, normalmente los jueves o los viernes, las tiendas pueden cerrar a las 21:00 horas.

En las ciudades más pequeñas o en las afueras de las ciudades, el comercio suele cerrar durante un par de horas al mediodía. En las zonas turísticas es posible que el horario de apertura se alargue más o que los domingos abran durante algunas horas.

En las principales ciudades, los bancos y las oficinas de cambio de dinero están abiertos entre las 8:30 y las 16:30 h de lunes a viernes y cerrados los fines de semana. En el resto del país, el horario de apertura es de 8:30 hasta el mediodía y de 13:30 a 16:30 h de lunes a viernes.

En las oficinas de cambio de los aeropuertos y estaciones de ferrocarril puede cambiar dinero, cheques de viaje y Eurocheques al tipo actual (de 6:00 a 21:00 h o 23:00 h) y los aeropuertos más importantes disponen de máquinas de cambio.

Las oficinas de correos abren de 7:30 a 18:30 h y en los pueblos cierran al mediodía hasta las 13:30 h, los sábados sólo hasta las 11:00 h. En las ciudades más grandes la oficina principal atiende al público hasta las 21:00 h, e incluso durante algunas horas los fines de semana.

El horario de los departamentos oficiales y gubernamentales es de 8:00 a 12:00 h y de 14:00 a 17:00 h o 18:00 h, de lunes a viernes.

Los horarios de apertura de los museos son de martes a domingo, de 10:00 a 12:00 h y de 14:00 a 17:00 h. Algunos de los museos más grandes han ampliado su horario, mientras que los museos regionales o los más pequeños sólo se pueden visitar por la mañana o por la tarde, o bien los fines de semana. En cualquier caso, es aconsejable informarse previamente.

Organizaciones internacionales

En 1863, Henri Dumant fundó la Cruz Roja, un símbolo internacional y organismo en defensa del amor fraterno. Aún hoy en día, las sedes del Comité Internacional de la Cruz Roja (CICR) y de la Federación Internacional de la Cruz Roja se encuentran en Ginebra. También tienen su domicilio en Suiza otras organizaciones de ámbito mundial, por ejemplo la Oficina Internacional de Trabajo (OIT) y la representación europea de la Organización de las Naciones Unidas. Así mismo, Suiza es miembro del Consejo Europeo, del Acuerdo General sobre Aranceles y Comercio (GATT), de la Organización de Cooperación y Desarrollo Económico (OCDE), y del Comité de las Naciones Unidas para el Comercio y el Desarrollo.

Por lo demás, Suiza mantiene su histórica política de neutralidad todavía hoy en día: no forma parte de la ONU ni de la OTAN ni de la Unión Europea.

Planificar el viaje

Visados y pasaportes

Los turistas procedentes de otros países del oeste de Europa y los de la mayoría de los países del este de Europa deben poseer un pasaporte en vigor. Los visitantes de Latinoamérica, Estados Unidos, Canadá, Australia y Nueva Zelanda necesitan visado.

Aduanas

A continuación se enumeran los bienes que puede entrar en Suiza sin necesidad de declararlos:

Objetos personales: ropa, material de deporte, cámaras, cámaras de vídeo de aficionado (junto con las películas), instrumentos musicales, equipos de acampada y montañismo, etc.

Comida para el viaje: no puede exceder la cantidad consumible en un día. Se aplica la misma normativa a los alimentos estipulados para dietas especiales, bebés y animales domésticos.

Bebidas alcohólicas: hasta dos litros en bebidas de una graduación de alcohol del 15 % o hasta un litro en bebidas que superen una graduación del 15 %.

Tabaco: 200 cigarrillos, 50 puros o 250 g de tabaco de pipa. Los miembros de los países no europeos pueden llevar el doble de esta cantidad.

Las bebidas alcohólicas y el tabaco pueden ser importados libres de impuestos por personas mayores de 17 años de edad.

Artículos para regalo: no pueden sobrepasar los 100 francos suizos estipulados (las personas menores de 17 años, hasta 50 francos suizos). Existen normativas especiales para la carne fresca y los productos cárnicos.

Para más información y permisos especiales, diríjase a la oficina principal de la Aduana Suiza (Eidgenössische Oberzolldirektion)
en Monbijoustraße 40
CH-3003 Berna
Tel.: 031-322 6511
Fax.: 031-322 7872
www.zoll.admin.ch
En Basilea:
Zolldirektion Basel
Tel.: 061-287 1111
Zolldirektion Schaffhausen
Tel.: 052-633 1111

CUARENTENA

Si viaja con gatos o perros, debe poseer un certificado de su veterinario en el que se haga constar que su animal ha sido vacunado contra la rabia en los últimos doce meses. La vacuna debe haber sido administrada, como mínimo, 30 días antes de la entrada en el país.

Sólo podrá llevar consigo los loros, los periquitos y los conejos que hayan sido autorizados por la oficina federal veterinaria de Suiza (Bundesamt für Veterinärwesen, CH-3003 Berna, tel.: 031-323 8524).

Para hámsters, conejillos de Indias, canarios y peces no se necesita certificado del veterinario.

Bancos y cambio

No existe ningún límite en lo que respecta a la cantidad de dinero que pueda llevar consigo u otro tipo de formas de pago tanto a la entrada como a la salida del país. La moneda nacional es el franco suizo (Schweizer Franken, SFr), que se subdivide en 100 céntimos. Hay monedas de 5, 10, 20 y 50 céntimos y monedas de 1, 2 y 5 francos; los billetes son de 10, 20, 50, 100, 200 y 1 000 francos.

Se pueden cambiar cheques de viaje, dinero y otras formas de pago en los bancos, las oficinas de cambio de dinero, las estaciones de ferrocarril, los aeropuertos, las agencias de viaje y los hoteles. La mayoría de los bancos suizos aceptan eurocheques. A menudo se pueden pagar las facturas de los hoteles, las tiendas, los grandes almacenes y los restaurantes con dinero extranjero. Infórmese del tipo de cambio; en la mayoría de los casos será algo superior al índice actual. Se aconseja emitir los cheques de viaje de los bancos suizos en dinero nacional. Son válidos como dinero en metálico y en Suiza los puede canjear sin comisión.

Fiestas y festivales

FIESTAS TRADICIONALES Y FESTIVALES

A lo largo de todo el año se celebran numerosos festivales. Para una información más detallada y la compra de entradas llame al Switzerland Tourism, tel.: 00800-100 200 30 (desde Suiza o desde el extranjero) o consulte la página: www.MySwitzerland.ch; Swiss Ticket Corner, tel.: 0848-800 800, www.TicketCorner.ch. Otra página recomendable en Internet es: www.events.ch

Enero

(*A principios*) **Vogel Gryff** en Basilea, (*Noche Vieja y el 13 de enero*) **Kläusenacht** de Noche Vieja en Urnäsch cerca de Appenzell; (*a mediados*) **Campeonato Mundial de Lauberhorn** de descenso de esquí en Wengen; (*finales*) **Campeonato de Esquí de gran eslalon de Inferno** en Mürren, semana del **Internacional Hot-air Balooning** (encuentro internacional de globos aerostáticos) en Château d'Oex.

Febrero:

(*A principios*) **Hípica** en los lagos helados de St-Moritz; (*a mediados*) competición de **Cresta Run** en St-Moritz; **Fastnacht** (carnaval) en Basilea y Lucerna y muchas otras ciudades y pueblos; *mediados de febrero y principios de marzo*) en el valle de Lötschen se pueden ver, por ejemplo, las temibles máscaras de la festividad del Corpus Christi.

Marzo/abril

(*El 1 de marzo*) **Chalanda Marz** en los Grisones, con su repique de campanas; (*el 6 de marzo*)

Fridolinsfeuer en Glaris y la **procesión de Viernes Santo** en Mendrisio; (*primer lunes después del 21 de marzo*) el **Sechsläuten** en Zurich (festival de primavera).

Mayo

(*1 de mayo*) **Día de Mayo**, celebraciones en diversos lugares; (*a principios*) **Landsgemeinde** en Glaris, votación sobre temas de ámbito local; (*a mediados*) reunión de los campeones del Valais de **lucha de vacas** en Aproz.

Junio

(*A principios*) Costumbre popular de subir a los Alpes con el ganado; (*a mediados*) **Tour de Suisse**, carrera de ciclismo; (*22 de junio*) celebración de la **batalla de Murten/Morat** con un desfile floral.

Julio

(*A principios*) **Abierto de Suiza** de tenis, Gstaad; (*primer viernes del mes*) **Festival Juvenil de Aarau**; (*a mediados*) **Fstival Medieval**, en St-Ursanne, Jura.

Agosto

(*1 de agosto*) **Día Nacional**, celebrado con fuegos articiales, desfiles, etc., por todo el país; (*a principios*) **desfile callejero de Zurich**: macrofiesta de música tecno; **Fêtes de Genève** en Ginebra; **Marché-Concours**, festival ecuestre en Saignelégier, Jura; (*a finales*) **festival de Chur**; **Campeonatos Internacionales de Patinaje** en Lausana; **Festival Internacional de Folclore** de Friburgo, con muestras de canto y típicas actividades deportivas alpinas.

Fiestas oficiales

Año Nuevo 1 de enero
Viernes Santo, Lunes de Pascua marzo/abril
Día de la Ascensión
Domingo de Pentecostés
Lunes de Pentecostés
Día federal de Acción de Gracias tercer domingo de septiembre
Día nacional 1 de agosto
Día de Navidad 25 de diciembre
Día del Aguinaldo 26 de diciembre

Septiembre

(*A principios*) **Festival de Berna**; (*a mediados*) **Zürich Knabenschiessen**, con ferias de atracciones; **La Bénichon** de Friburgo, un festival tradicional de Acción de Gracias; (*segundo viernes del mes*) **Aarau Bakcfischet**, desfile infantil con faroles chinos; ***Carrera Internacional de Caballos*** de Lucerna. En Friburgo, Neuchâtel, Lugano, Lutry, Morges y en otras poblaciones se celebran fiestas de la vendimia durante todo el mes.

Octubre

(*A principios*) En muchas localidades se celebra la bajada de ganado de los Alpes; (*a finales*) **feria de otoño de Basilea**, feria alimentaria.

Noviembre

(*A principios*) **mercado de San Martín** en Vevey y Porrentruy, un festival gastronómico; (*cuarto lunes del mes*) **Zibele-Märit** («feria de la cebolla») de Berna.

Diciembre

(*6 de diciembre*) **Claus Hunt** en Küssnacht am Rigi y en Arth; y el **Escalade** en Ginebra (*alrededor del 11 de diciembre*); **Lichterschwimmen** en Zurich.

FERIAS DE MUESTRAS

Suiza acoge numerosas ferias de muestras regionales, nacionales e internacionales. A continuación citaremos algunas, pero puede encontrar un calendario detallado en la página de internet www.osec.ch/swisstradefairs
Marzo: Feria Internacional de Relojería y Joyería; **abril:** Feria Suiza de Bienes de Consumo (Muba) (finales de abril/principios de mayo en Basilea); el BEA en Berna (finales de abril); **mayo:** EUROP'ART (en Ginebra); **junio:** Feria de Arte de Basilea; **septiembre:** Comptoir Suisse de Lausana; **octubre:** Cultura en Basilea; OLMA en San Gall (agricultura); **noviembre:** EXPOVINA, feria vinícola de Zurich.
Las numerosas ferias que se celebran en este país constituyen una magnífica ocasión para establecer y reforzar los contactos internacionales.

Oficina de turismo nacional

La oficina de turismo nacional de Suiza facilita información, direcciones y páginas de internet sobre cualquier tema de interés turístico (temas relacionados con el país y sus habitantes que puedan interesarle). Así mismo, se encarga de la venta de entradas, excursiones y viajes organizados y de las reservas de hoteles (tienen una base de datos con más de 10 000 entradas). Puede recibir información por fax o e-mail, o catálogos por correo.

La oficina de turismo tiene una completa página en internet en la que se pueden realizar reservas *on line* y un departamento que sólo se ocupa de las reservas de hotel: **Schweiz Turismus**, Tödistraße, 7, 8027 Zurich (abierto de 8:30 a 19:00 h de lunes a sábado); llamada gratuita desde el extranjero, tel.: 00800-100 200 30; fax gratuito desde el extranjero: 00800-100 200 31. www.MySwitzerland.com; info@switzerlandtourism.ch

Información turística en España

España: Suiza Turismo, Avenida Pau Casals, 4, 08021 Barcelona
Tel.: 93 414 5974; www.misuiza.com

Embajadas suizas

Argentina: Av. Santa Fe, 846, piso 10, 2059 Buenos Aires
Tel.: 311-649115; fax: 313-2998.
Chile: Américo Vespucio Sur, 100, piso 14, Las Condes, Santiago
Tel.: 263-4211; fax: 263-4094.
vertretung@san.rep.admin.ch
España: Calle Núñez de Balboa, 35-37, Edificio Goya, 28001 Madrid
Tel.: 91-436-3960; fax: 91-436-3980.
vertretung@mad.rep.admin.ch

Cómo llegar

EN AVIÓN

Suiza cuenta con cinco aeropuertos internacionales: en Zurich, Ginebra, Basilea, Lugano y Berna. *Swissair* y *Crossair*, las dos principales líneas aéreas, vuelan a numerosas ciudades de todo el mundo. Los aeropuertos de Zurich y Ginebra disponen de estación de ferrocarril propia, que forma parte parte de la red nacional ferroviaria. En ambas ciudades hay servicio permanente entre la estación principal y el aeropuerto. El aeropuerto de Basel-Mulhouse se encuentra emplazado en Francia; el trayecto en autobús del aeropuerto a la estación de ferrocarril suiza dura 25 minutos. Hay enlaces regulares entre los aeropuertos internacionales de Zurich, Basilea y Ginebra y las líneas aéreas regulares y chárter; además, los servicios de taxi aéreo vuelan desde los aeródromos de Bern-Belp, Lugano-Agno, Gstaad-Saanen, Sion y Samedan-St-Moritz.

Gracias a un nuevo sistema de transporte de equipaje, los pasajeros de tren no tendrán que cargar con sus maletas por el aeropuerto; desde el avión se llevan hasta al tren para después recogerlas en el destino final (en 117 estaciones de ferrocarril, de ciudades y principales zonas turísticas). El mismo sistema es válido para el trayecto de vuelta: puede enviar su equipaje (hasta 24 horas antes) al aeropuerto de destino desde la ciudad en que se encuentre. También es posible facturar desde 24 estaciones de ferrocarril (Basilea, Berna, Ginebra, Lausana, Lugano, Lucerna, Neuchâtel, San Gall y Zurich, entre otras) y conseguir la tarjeta de embarque hasta 24 horas antes de la hora de salida. En todas las estaciones de Suiza, tanto en las ciudades como en las localidades más pequeñas, encontará folletos sobre conexión de trenes y vuelos, junto con los horarios de aviones y trenes.

La compañía aérea nacional es *Swissair*. Éstas son algunas de sus delegaciones en el extranjero:

España: tel.: 901-116-706/*Crossair*: tel.: 901 116 712

Chile: tel.: 562-244 2888; fax: 244-2490.

Desde cualquier país puede consultar los horarios de los vuelos, los destinos y las tarifas en: www.swissair.com

EN TREN

Desde Suiza se puede viajar en cómodos trenes interurbanos a las principales ciudades de los países vecinos, con vagones de primera y segunda clase y con salida cada hora. Para más información póngase en contacto con la oficina de información turística de su país o llame gratuitamente al 00800-100 200 30 (también en: www.MySwitzerland.com). En la oficina de turismo le facilitarán los horarios actualizados y los siguientes billetes especiales:

Gruppenfahrkarten (billetes de grupo para diez o más personas) que supone un importante descuento.

Swiss Pass: un billete personal expedido para 4, 8 ó 15 días o un mes, o un pase especial de tres días utilizable durante un período de quince días (llamado **Flexipass**) que es válido para cualquier destino en trenes privados, autocares postales y barcos (y en los autobuses y tranvías de treinta ciudades.

El **Swiss Card** es aconsejable para trayectos de ida y vuelta desde las fronteras suizas o los aeropuertos hasta una zona turística de Suiza. Esta tarjeta, válida para un mes, le aplica un 50 % de descuento sobre la tarifa de cualquier otro viaje (es posible que no esté incluido algún tren de las montañas).

El **Swiss Transfer Ticket** consiste en un billete de vuelta gratuito desde la frontera o el aeropuerto a su destino de vacaciones, dentro de un período de un mes. No se olvide de que lo ha de adquirir fuera de Suiza, si es posible en la oficina de turismo de su país.

Regional Card: en algunas regiones encontrará billetes válidos para 15 días, de los cuales cinco puedes viajar de forma gratuita en una zona limitada. Infórmese en su oficina de turismo.

El **Swiss Half Fare Card** le concede un descuento de un 50 % sobre la tarifa normal en trenes, barcos y autocares postales dentro de Suiza. Puede solicitar información a la compañía de trenes SBB: tel. 41 0 900 300 300; www.sbb.ch

EN COCHE

Se puede entrar en Suiza desde todos los países vecinos tras pasar por las aduanas situadas en las principales autopistas. Hay además, otras muchas aduanas aparte de las principales, pero es posible que no estén abiertas las 24 horas del día.

Los vehículos de motor de hasta 3,5 toneladas (incluidos remolques y caravanas) deben pagar un impuesto fijo de 40 francos suizos al año por el adhesivo obligatorio que debe llevar en su parabrisas para poder conducir por las carreteras suizas. Su período de vigencia es de el 1 de diciembre hasta el 31 de enero (*14 meses*). Estas *taxes routières* se pueden abonar en las fronteras, oficinas de correos, gasolineras y talleres de Suiza y en el extranjero a través de asociaciones automovilísticas, así como en los centros de información turística suiza. El adhesivo debe ser colocado en el lado izquierdo del parabrisas delantero. Los coches de alquiler ya disponen de él.

Touring Club de Suiza (TCS)
Chemin de Blandonnet, 4
CH-1214 Genevè-Vernier
Tel.: 0900 57 1234 (funcionan las 24 horas); fax: 022-417 2020; www.tcs.ch

Automobil Club der Schweiz (ACS)
Wasserwerkgasse, 39
CH-3000 Bern 13
Tel.: 031-328 3111; fax: 031-311 0310.

Oberzolldirektion
Monbijoustraße 40
CH-3003 Bern
Tel.: 031-322 6511; fax: 031-322 7872.

Operadores turísticos especializados

En Suiza puede disfrutar de una gran variedad de vacaciones y actividades especializadas. A continuación le enumeramos las principales actividades. Si necesita ayuda para planear sus vacaciones, puede dirigirse al **Centro de Información Turística de Suiza**, donde le ayudarán a encontrar el operador turístico de la región que más le convenga (teléfono gratuito: 00800-100 200 30, de lunes a sábado de 8:30 a 19:00 h; fax gratuito: 00800-100 200 31). También puede visitar la página: www.MySwitzerland.com.

Actividades de aventura

Eurotrek
Vulkanstraße, 116, CH-8048 Zurich
Tel.: 01-434 3366;
fax: 01-434 3344;
www.eurotrek.ch
Más información sobre actividades de riesgo al aire libre; conocido por las imágenes de «puenting» de la película *Agente 007, «Goldeneye»* en el valle de Verzasca (*veáse capítulo sobre el Tesino, pág. 196*) y una excursión de vivac a las cuevas de Hölloch de 180 km de longitud, en el valle de Muota. También organizan excursiones más pequeñas a otras cuevas.

Swiss Adventures
Bären 3766 Boltigen
Tel.: 033-773 7373;
fax: 773 7374;
www.swissadventures.ch
Para practicar el esquí y el *snowboard*.

Swiss Ski School Information
(Escuela de esquí)
Tel.: 031-810 4111.
Información sobre clases para principiantes y expertos.

Trekking Team AG
6652 Tegna.
Tel.: 0848 808 007 o 091-780 7800;
fax: 091-780 7801.
Aventuras más relajadas, como el senderismo (también la pintura y la fotografía), montañismo, *snowboard* y esquí.

Turismo suizo

Para solicitar información sobre operadores turísticos, póngase en contacto con la oficina de turismo de Suiza: Tödistr. 7, 8027 Zürich; tel. gratuito: 00800-100 200 30; fax gratuito: 00800 -100 200 31; e-mail: info@switzerlandtourism.ch o consulte la página www.MySwitzerland.com.
Así mismo, poseen una completa página en Internet, que ofrece la posibilidad de realizar reservas *on-line*, etc.

Weit Wandern
Markus Zürcher, Allmigässli, 3703 Aeschiried.
Tel.: 033-654 1842; o consulte la página www.weitwandern.ch
Para la escalada, tiro al arco, espeleología, bajada en trineo, etc.

Vacaciones en granjas

Las vacaciones con estancia en granjas han adquirido gran popularidad. La *Schweizer Reisekasse* ofrece 270 lugares en Suiza. Este tipo de vacaciones constituye la mejor forma de conocer el país y a sus gentes y son recomendables, sobre todo, para las familias con niños. Así mismo, también se pueden tramitar estancias para niños (de 6 a 14 años de edad) en familias rurales con la posibilidad de participar en la vida familiar.

Puede solicitar el folleto *Ferien auf dem Bauernhof* (vacaciones en granjas) en las oficinas de turismo. También puede hacer su reserva en:

Pro Emmental
Schlossstraße, 3, CH-3550 Langnau
Tel.: 034-402 4252;
fax: 034-402 4253.
(estancias en la región de Emmental, cerca de Berna).

Schweizerische Reisekasse (Reka)
Swiss Farm Holidays
Neuengasse, 15, CH-3001 Berna
Tel.: 031-329 6633;
fax: 031-329 6601;
www.reka.ch
(de lunes a viernes de 8:00 h a 18:00 h).

Para excursiones o visitas de un día a granjas, con comida y otras atracciones, diríjase a:

Agroimpuls, Erlebnis Bauernhof
Laurstr, 10, 5210 Brugg
Tel.: 056-462 5144;
fax: 442 2212;
www.erlebnis.ch

Si desea participar en la elaboración de su propio queso, póngase en contacto con:

Office du Tourisme
1837 Château d'Oex
Tel.: 026-924 2525;
fax: 924 2526;
www.chateau-doex.ch

Los viajeros más jóvenes (de entre 16 y 25 años) pueden participar en la vendimia en otoño. Los gastos del viaje corren a cargo de cada uno y a cambio del trabajo se ofrece pensión completa, alojamiento y un pequeño salario diario. Lo único que se necesita es tener conocimientos básicos de francés. Hay otras muchas posibilidades de pasar las vacaciones en el campo. Para más información póngase en contacto con:

Landdienst Zentralstelle
Postfach, 728, 8025 Zürich
Tel.: 01-261 4488;
fax: 261 4432.
www.landdienst.ch

Guías del Matterhorn

Para escalar el Matterhorn (o Cervino), el pico más conocido de Suiza (*véase pág. 180*), se pueden contratar guías en el centro alpino de Zermatt (Postfach 403, CH-3920 Zermatt; tel.: 027-966 2460; fax: 966 2469; alpincenter@zermatt.ch; www.zermatt.ch/alpincenter). El precio medio es de 935 francos suizos por persona, con transporte y alojamiento a media pensión incluidos en una cabaña en Hörnli. No incluye el alquiler del equipo ni un seguro (tasa de penalización por la cancelación en caso de condiciones meteorológicas adversas).

Una noche en la cabaña Hörnli es otra opción de alojamiento en la montaña sin tener que realizar el duro ascenso (tel.: 028-67 27 69), o también puede reservar una habitación en el adyacente Hotel Belvédère (tel.: 028-67 22 64), ambos a de 3 260 metros de altura.

VACACIONES EN TREN

La compañía de trenes de Suiza posee su propia agencia de viajes con ofertas especiales para viajar en tren por Suiza. Estos paquetes de viaje suelen incluir billetes de tren, hoteles y ofertas especiales en cada región.

Railtour Suisse SA
Chutzenstr., 24, 3000 Berna 17
Tel.: 031-378 0000;
www.railtour.ch

DESTINOS PARA REPOSAR Y BALNEARIOS

Unos 80 hoteles distribuidos por todo el país ofrecen diversas posibilidades para pasar unas vacaciones relajadas. Para más información o solicitud de folletos póngase en contacto con la **Oficina de turismo de Suiza** en: Schweizer Kurhäuser, Oberdorfstr., 53b, 9100 Herisau
Tel.: 071-350 1414;
fax: 350 1418;
www.wohlbefinden.com

Hay unos veinte 20 balnearios en Suiza especializados en distintos tratamientos medicinales. Muchos disponen de piscinas, baños turcos y romanos, diferentes saunas y solárium. Entre los posibles destinos se encuentran: Bad Ragaz, Leukerbad, St-Moritz, Scuol y Vals. Puede dirigirse a la oficina de turismo o al Schweizer Heilbäder, Rosenbergweg 10c, Postfach 829, 6301 Zug. Tel.: 041-726 3003; fax: 726 3004; www.heilbad.org

En general, todos los balnearios y destinos de descanso suelen estar abiertos al público. Sin embargo, es aconsejable informarse sobre los horarios y precios.

Puede disfrutar de fuentes minerales en: Eptingen, Henniez (VD), Weissenburg (BE), Adelboden (BE), Vals (GR), Elm (GL), Rietbad (SG), Passug (GR). En caso de que sea posible visitar las fuentes naturales, es necesario reservar. Puede informarse con más detalle en las oficinas de turismo locales.

Vacaciones con niños

Reka-Ferien organiza vacaciones para las familias en más de 140 lugares (*véase «Vacaciones en granjas»*, pág. 329). Solicite el folleto «Familienferien» en las oficinas de turismo.

Consejos prácticos

Oficinas locales de información turística

A continuación enumeramos las oficinas de turismo de las principales ciudades, cantones y regiones. Hay, además, oficinas de turismo locales en todas las zonas turísticas y en muchas poblaciones pequeñas especializadas en su zona.

Basilea: Basel Tourismus, Schifflände 5, C-4001 Basel
Tel.: 061-268 6868;
fax: 061-268 6870;
www.baseltourismous.ch

Berna y el Mittelland: Bern Tourismus, Railway Station, 3001 Bern
Tel.: 031-328 1228;
fax: 031-311 1222.

Oberland bernés: Berner Oberland Tourismus, Jungfraustraße, 38, 3800 Interlaken
Tel.: 033-823 0303;
fax: 033-823 0330;
www.berneroberland.ch

Jura bernés: Office du Tourisme du Jura Bernois, 26 Avenue de la Liberté, 2740 Moutier
Tel.: 032-493 6466;
fax: 032-493 6156.

Suiza oriental: Tourist Information Sankt Gallen, Bahnhofplatz 1a, 9001 St Gallen.
Tel.: 071-227 3737;
fax: 071-227 3767;
www.ostschweiz.ch

Friburgo: Union Fribourgeoise du Tourisme, Case postale 921, 1701 Fribourg
Tel.: 026-915 9292;
fax: 026-9159299;
www.pays-de-fribourg.ch

Ginebra: Genève Tourisme, Rue du Mont-Blanc, 3, 1201 Genève
Tel.: 022-909 7000;
fax: 022-909 7011;
www.geneve-tourisme.ch

Grisones: Graubünden Ferien, Alexanderstraße, 24, 7000 Chur
Tel.: 081-254 2424;
fax: 081-254 2400;
www.graubuenden.ch

Interior de Suiza: Zentralschweiz Tourismus, Postfach, 6002 Lucerna
Tel.: 157 120 140;
fax: 041-418 40 81;
www.CentralSwitzerland.ch

Jura: Jura Tourisme, Rue de la Gruère, 1, 2350 Saignelégier
Tel.: 032-952 1952;
fax: 032-9521955.

Región del lago de Leman: Office du Tourisme du Canton de Vaud, 60 Av. d'Ouchy, Case Postale 164, 1000 Lausana
Tel.: 021-613 2626;
fax: 021-613 2600;
www.genferseegebiet.ch

Neuchâtel: Tourisme Neuchâtelois, Hôtel des Postes, 2001 Neuchâtel
Tel.: 032-889 6890;
fax: 032-889 6296;
www.etante.ch

Suiza nororiental: Baden Tourisme, Bahnhofstraße, 50, 5400 Baden
Tel.: 056-222 5318;
fax: 056-222 5320.

Tesino: Ticino Turismo, Casella Postale 1441, 6501 Bellinzona
Tel.: 091-825 7056;
fax: 091-825 3614;
www.tourism-ticino.ch

Valais: Wallis Tourismus, Rue Pré-Fleuri, 6, 1951 Sion
Tel.: 027-327 3570;
fax: 027-327 3571;
www.valaistourism.ch

Zurich: Zürich Tourismus, Tourist Service im Hauptbahnhof, 8023 Zurich
Tel.: 01-215 4040;
fax: 01-215 4041.

Consulados y embajadas

Argentina: *Embajada,* Jungfraustraße, 1, 3005 Berna
Tel.: 031-352 3565,
fax: 031-352 0519.
Consulado, Tdistraße, 5, 8002 Zurich
Tel.: 411-201 2032;
fax: 411-201 3919.

Ecuador: *Embajada,* Ensingerstraße, 48, 3006 Berna
Tel.: 4131-351 1755;
fax: 4131-352 2771.
España: *Embajada,* Kalcheggweg, 24, Postfach 3000 Berna 16
Tel.: 4131-352 0412;
fax: 4131-351 5229.
México: *Embajada,* Bernastr, 57, 3005 Berna
Tel.: 4131-357 4747;
fax 4131-357 4748.
Paraguay: *Embajada,* 2BA Chemin Du Petit Saconnex, 1209 Ginebra
Tel.: 4122- 740 3211/13;
fax: 4122-740 3290;
mission.paraguay@itu.ch
Perú: *Embajada,* Thunstraße, 36, 3005 Berna
Tel. 4131-351 8555;
fax: 4131-351 8567.
lepruberna02@bluewin.ch *Consulado general,* 17 Rue Des Pierres Du Nitton, 1207 Ginebra
Tel.: 4122-707 4917;
fax 4122-707 4918.
consulate.peru@ties.itu.ch

Seguridad y delincuencia

En comparación con otros países, Suiza es muy segura y se registran pocos casos de delincuencia. Sin embargo, es aconsejable no pasar de noche por ciertos lugares de las mayores ciudades. Infórmese en su hotel o en la oficina de turismo. Puede que haya carteristas en lugares muy frecuentados, como en los medios de transporte público o en los supermercados. El número de **urgencia de la policía** en todo el país es el 117.

Telecomunicaciones

Suiza dispone de un excelente sistema de telecomunicaciones. El prefijo internacional del país es el 41 y para llamar desde Suiza al extranjero se debe marcar el 00, seguido del prefijo del país al que se realiza la llamada. Recuerde que los teléfonos de los hoteles son mucho más caros que los demás, pues la tarifa es más alta, sobre todo en las llamadas internacionales. Tampoco debe olvidar que algunos teléfonos públicos no aceptan las monedas pequeñas; las tarjetas son más prácticas. La denominada **taxcard** se vende en las oficinas de correos, las estaciones de ferrocarril y los quioscos a precios de 5, 10, 20 o 50 francos. Las tarjetas de prepago, de Swisscom o Diax (más barata) constituyen otra opción. Se recarga una tarjeta por un precio de entre 20 y 200 francos suizos, se marca el número de acceso (llamada gratuita) y después el código de la tarjeta seguido del número al que desea llamar. Las ventajas son considerables, pues se pueden utilizar desde cualquier teléfono del país o desde el extranjero (puede acabar de agotarla en casa). Estas tarjetas se venden en los quioscos, las oficinas de correos y algunas estaciones de ferrocarril. La tarifa base desde una cabina antigua empieza con los 60 céntimos y los fines de semana puede aprovechar las tarifas reducidas. El uso de los teléfonos móviles (D1 y D2) está muy extendido, a pesar de que la recepción no siempre es buena en zonas de montaña. Si conduce, utilice sólo teléfonos móviles con el dispositivo de manos libres. A continuación le ofrecemos una lista con los números de teléfono más importantes:

Servicio de información suizo: 111 (pago mínimo 2 francos suizos), la mayoría de las cabinas oficiales poseen un servicio electrónico para información gratuita.
Urgencia policial: 117
Boletín turístico (verano)/Noticias sobre el esquí (invierno): 120 (durante el verano se facilitan noticias sobre los acontecimientos de interés general que se celebran en todos los cantones, además de información sobre excursiones; sólo en alemán, francés e italiano. En invierno ofrece información sobre el estado de las pistas de esquí, etc.).
Asistencia en carretera: 140
Parte meteorológico: 162 (sólo en alemán, francés e italiano).
Estado de las carreteras: 0900 57 1234 (servicio de información del Touring Club de Suiza).
Boletín informativo sobre aludes (invierno)/predicción del viento y boletín sobre la concentración del polen (verano): 187 (sólo en alemán, francés e italiano); durante el invierno, el Instituto Federal de Investigación de la Nieve y los Aludes, Weissfluhjoch-Davos, emite un boletín informativo.

La mayoría de los hoteles ofrecen servicio de fax y en todas las oficinas de correos puede recibir y enviar faxes. Asimismo, puede enviar correo electrónico y mensajes a móviles, por un mínimo de 1,5 francos, desde muchos teléfonos públicos.

Periódicos

Podrá adquirir el diario suizo *Blick* en todas partes, incluso en los bares y restaurantes. Entre los diarios de mejor calidad se hallan el *Neue Zürcher Zeitung*, el *Basler Zeitung* y el *Berner Zeitung*, todos ellos en alemán; en la zona francófona, el diario de mayor tirada es *Le Temps*. En las ciudades y en los principales destinos turísticos encontrará una amplia variedad de diarios y revistas extranjeras.

Televisión y radio

Tanto la televisión como la radio ofrecen una programación de notable calidad en lo que respecta al contenido y al sistema técnico, sobre todo los noticiarios. La televisión suiza tiene canales en alemán, francés e italiano y algunas ciudades poseen su propio canal.

En todas las ciudades y hoteles principales se puede ver la programación de algunos canales extranjeros, como la BBC World y CNN, entre otras.

Además de las sintonías de radio oficiales, existen otras locales en las que puede obtener la información que le interese sobre su destino vacacional. **Radio Switzerland International** emite programas en muchas lenguas extranjeras: www.swissinfo.org

Cibercafés

En las ciudades principales del país encontrará cibercafés, puede preguntar en las oficinas de turismo para más información. En la página www.netcafeguide.com, podrá obtener las noticias más frescas sobre los cafés que ofrecen este servicio en Suiza. Dos de los lugares más frecuentados son:
Café Bit, Neuengasse, 36, CH-3011 Berna
Tel.: 031-318 3232.
Precio por hora: 18 francos.
Music Web Café: Musik Hug, Marktgasse, 22, CH-3011, Berna
Tel.: 4131 318 3232.
Precio por hora: 10 francos.

Cursos de verano

Por todo el país se ofrecen clases de casi todos los deportes. Las personas poco aficionadas al deporte también disponen de otras muchas clases sobre temas creativos y culturales, como teatro, danza, música, mimo, arte, manualidades o cocina. En la oficina de turismo más cercana le informarán con detalle.

Desplazarse

Transporte público

Suiza posee una extensa red de transporte (la segunda más densa del mundo). No hay lugar donde no se pueda llegar en tren, autobús o barco. A muchas montañas se puede acceder en tren (*véase más adelante*). Los **billetes** de los trenes, autobuses y barcos se pueden adquirir en cualquier estación de ferrocarril o en la oficina de turismo; también es posible comprarlos en el autobús o en los trenes interurbanos.
Horarios: en el **Offizielle Schweizer Kursbuch** se ofrecen todos los horarios de los transportes públicos. Además de información actualizada de ofertas y servicios de los ferrocarriles, podrá encontrar datos de interés sobre las principales conexiones desde el extranjero. Así mismo, puede dirigirse a cualquier estación de tren para informarse sobre los mejores enlaces de transporte (le imprimirán todos los detalles de su viaje, a veces incluso con el número del andén).

Si no hay servicio de trenes, suba a uno de los autobuses amarillos del **Servicio Postal Suizo**, que además de recorridos a zonas remotas (como por ejemplo, hasta Juf, el pueblo más alto de Europa se encuentra a 2 126 metros de altura -que está habitado durante todo el año) cubren trayectos adicionales.

Las **embarcaciones** que cruzan los principales lagos tienen horarios fijos. También puede dar un paseo nostálgico en barco de vapor por el lago de Leman (Lac Léman), el lago de Zurich (Zürichsee), el lago de Brienz (Brienzer See) y el lago de los Cuatro Cantones (Vierwaldstätter See). Así mismo, puede navegar por el Rin, el Ródano, el Aar y el Doubs.

En las ciudades y los pueblos más grandes hay servicio de autobús y tranvía. Algunas localidades, como Zurich, diponen además de una red de ferrocarriles (S-Bahn) que llegan hasta el aeropuerto. A pesar de que cada ciudad funciona con su propio sistema, por lo general, un único billete es válido para los diferentes medios de transporte. Puede informarse en la estación de trenes más cercana o en la oficina de información turística (*véase también* «Desplazarse») sobre el billete que necesita en cada caso, o utilice las máquinas expendedoras.

A los suizos les encantan los horarios de los medios de transporte públicos. Podrá obtener el horario de cualquier tren, tranvía o autobús y asegúrese de llegar a tiempo, porque el transporte público en Suiza funciona con puntualidad.
Ferrocarriles suizos: (SBB/ CFF/ FFS): Hochschulstr., 6, 3030 Berna; tel.: 051-220 1111 (horarios de oficina: de lunes a viernes de 7:30 a 12:15 h y de 13:00 a 17:30 h); www.sbb.ch
Autobús postal: www.post.ch Su página web está también en inglés y facilita información sobre todos sus servicios, además de la compra *on-line*.

EN TREN

En Suiza es muy cómodo viajar en tren, y es el medio elegido por muchos suizos. Solicite información en las estaciones de ferrocarril y en las oficinas de turismo sobre las ofertas especiales y las excursiones organizada para viajeros (*véase también* «Operadores turísticos»).

El servicio suele ser continuado en Suiza, así que no tendrá que esperar mucho en las estaciones. Los trenes regionales y los interurbanos tienen conexiones con todas las ciudades y las principales zonas turísticas, y hay servicios directos a algunos destinos. Hay un tren **Die Züge** cada hora y a veces cada media hora entre Zurich-Berna, Zurich-Lucerna, Berna-Lausana y Ginebra-San Gallen, por ejemplo.

En todas las taquillas de billetes le facilitarán horarios gratuitos de servicios y transbordos de los trenes interurbanos o regionales.

Si no quiere viajar con su equipaje, puede facturar sus maletas hasta su destino (10 francos por maleta/8 francos para familias, peso máximo 25 kg por pieza). Infórmese en las estaciones de tren o en la página de internet www.sbb.ch, o en el **Servicio Ferroviario Suizo**, tel.: 0900 300 300 (1,19 francos/minuto).

En cada estación hay una oficina de objetos perdidos. Están bien organizadas y gracias a su sistema informático pueden seguir el trayecto de un equipaje por todo el país. Con especificar el tren en el que viajaba, los empleados de la compañía podrán encontrar el objeto extraviado.

Alrededor de 86 trenes disponen de vagón restaurante y 325 trenes de minibar (en general, todos los trenes interurbanos e interregionales). Si piensa desplazarse en un grupo numeroso o a la hora de comer, es aconsejable reservar mesa en la **Swiss Dining Car Association**, Zurich, tel.: 01-444 5111; fax: 01-444 5200; verkauf@passagio.ch

FERROCARRILES DE MONTAÑA

Suiza dispone de alrededor de unos quinientos ferrocarriles de montaña que funcionan con rapidez y comodidad en las regiones montañosas. Entre ellas se incluyen los **trenes cremallera**, **funiculares**, **teleféricos** y **telesquíes**, además de los ferrocarriles subterráneos alpinos (por ejemplo, el Metro-Alpin de Saas Fee). En ellos puede viajar por el interior de la montaña hasta alturas de casi 4 000 metros. Las estaciones ferroviarias y los centros de información turística disponen de horarios.

Transporte privado

NORMAS DE TRÁFICO

Límite de velocidad

En las carreteras nacionales, la velocidad máxima permitida es de 100 km/h; en las autopistas, 120 km/h; y en núcleos de población, 50 km/h.

Normas de seguridad

Es obligatorio el uso del cinturón de seguridad y los niños menores de 12 años deben viajar en el asiento de atrás. Así mismo, los motoristas han de llevar casco. El índice de alcoholemia permitido para conducir es de 0,8 mg/ml.

Formalidades

Si ha pensado viajar a Suiza en su propio coche, debe disponer de pasaporte en regla, número de matriculación y permiso de conducir nacional en vigor.

LA POLICÍA

Como se indica en sus uniformes y diferentes coches de patrulla, la policía suiza está organizada por cantones. Suelen realizarse frecuentes controles de velocidad por radar y de alcoholemia.

APARCAMIENTOS

Cada vez se restringe más la entrada de los vehículos de motor en las ciudades y las zonas peatonales están aumentando. Es aconsejable dejar el vehículo en las afueras o en un aparcamiento.

Si prefiere entrar con el coche al centro urbano, dispone de algunas zonas de aparcamiento (desde media hora hasta unas cuantas horas) con parquímetro. Sólo aceptan monedas de pequeño valor, así que lleve monedas de 20 y 50 céntimos y de 1 franco.
Para cualquier tipo de información viaria:
Automobil Club der Schweiz (ACS)
Wasserwerkgasse, 39
Ch-3000 Bern 13
Tel.: 031-328 3111;
fax: 031-311 0310
Policía Federal de Tráfico
Bundesamt für Polizeiweisen
Abt. Straßenverkehr
Bundesrain, 20, 3003 Berna
Tel.: 031-322 1111;
fax: 031-322 5380.
Touring Club de Suiza (TCS)
Chemin de Blandonnet,
4 CH-1214 Genevè-Vernier
Tel.: 0900 57 1234 (abierto 24 horas, coste de la llamada 84 céntimos/min);
fax: 022-417 2020; www.tcs.ch

INFORMACIÓN VIARIA

Para informarse sobre el estado de las carreteras de Suiza (por ejemplo, si una carretera está cortada, si hay hielo, etc.) llame al centro de información telefónica TCS, Touring Club de Suiza, tel.: 0900 57 1234, o consulta su página en internet: www.tcs.ch

También puede sintonizar las emisiones sobre el tráfico de la radio suiza tras el noticiario cada media hora.

En invierno se comunica el estado de las carreteras a las 5:30, 6:30, 7:30 y 12:15 h de lunes a sábado, y las predicciones meteorológicas de la noche se emiten en los noticiarios de las 18:00 y las 22:00 h. A las 5:30, 6:30; 7:30 y 12:15 h después de los servicios informativos se ofrecen las alteraciones de tráfico registradas por la policía (como obras, desvíos, etc.).

AVERÍAS

Puede marcar el número 140 (para toda Suiza) si necesita ayuda por una avería. Le atenderá uno de los cinco centros operativos del Touring Club de Suiza (TCS) y le pondrán en contacto con el taller más cercano o con la unidad de asistencia en carretera. Si dispone de un carta de conducción segura de su asociación automovilística, la ayuda por la avería será gratuita. En las carreteras encontrará teléfonos de emergencia cada 1,6 km y en los caminos de los puertos también hay teléfonos del TCS y del Club Automovilístico de Suiza.

En caso de accidentes con heridos, es obligatorio informar a la policía. Si no hay heridos pero el vehículo ha sufrido daños, es aconsejable (pero no obligatorio) llamar a la policía. Marcando el 117 se pondrá en contacto con la policía en cualquier lugar de Suiza.

REGULACIONES ESPECIALES

Los vehículos privados provistos de neumáticos con tachones sólo están permitidos en las carreteras nacionales entre el 1 de noviembre y el 31 de marzo. Estos vehículos no pueden circular por las autopistas y las vías principales (señalizadas como «Autobahn» o «Autostraße»). Hay normas especiales para los remolques, las caravanas y las barcas. Para más información, diríjase a la asociación automovilística o a las oficinas de la aduana suiza de las fronteras.

TÚNELES Y PUERTOS

Túneles de carretera

El túnel del Gran San Bernardo (5,8 km) une el Valais y el valle de Aosta (Italia). El precio del peaje depende del tipo de vehículo y la tarifa mínima es de 27 francos. Si se realiza el viaje de vuelta en menos de 30 días, obtendrá una reducción del 30 % en los turismos y del 20 % en autobuses. Puede adquirir un folleto con varios billetes de peaje.

El túnel de Munt la Schera (3,5 km) entre Zernez y Livigno (Italia) está abierto de 8:00 a 20:00 h. Un billete de ida para vehículos privados cuesta 5 francos suizos, más 2 francos suizos por persona.

Se requiere una tarjeta especial para cruzar el túnel de San Gotardo (que conecta el interior de Suiza con el Tesino) y para la carretera que conduce hasta el túnel de San Bernardino (entre los Grisones y el Tesino; 6,6 km). No se pagan tarifas adicionales en el interior del túnel.

Alquiler de vehículos

Los coches de alquiler son caros en Suiza. En todas las ciudades dispondrá de agencias de alquiler, así que no se tendrá ningún problema. La edad mínima exigida es entre los 20 y 25 años, según la empresa. En las estaciones de ferrocarril más grandes podrá utilizar los servicios de alquiler de los Ferrocarriles Federales de Suiza. Si viaja desde Europa, puede salirle más barato alquilar el coche desde su país.

Llevar el coche en el tren

Existe la posibilidad de transportar coches en los túneles ferroviarios alpinos según un horario. Durante las vacaciones de Navidad y Semana Santa se amplía el servicio.

Túnel de Albula, Thusis-Samedan, hasta 10 salidas diarias.

Túnel de Furka, Oberwald-Realp, mínimo 16 salidas diarias.

Túnel de Lötschberg, Kanderteg-Goppenstein, mínimo 33 salidas diarias.

Túnel de Oberalp, Andermatt-Sedrun, 4-5 salidas diarias.

En los túneles de Albula y Oberalp es obligatorio llamar a la estación de trenes con antelación y hacer una reserva para su coche:

Albula: Thusis 081-651 1113. Samedan 081-852 5404

Furka: Realp 041-887 1446; Oberwald 027-973 1141.

Lötschberg: Kandersteg 033-675 1888; Goppenstein 027-939 1169.

Oberalp: Andermatt 041-888 7511; Sedrun 081-949 1137.

En las demás estaciones no es posible reservar.

En los centros de información turística y en las estaciones de ferrocarril podrá obtener más información sobre horarios y precios (con las tarifas de los autobuses, remolques, motos, etc.).

Los ferrocarriles europeos le facilitan **trenes de transporte para coches** con literas o vagones dormitorio, con el fin de ahorrar trayectos innecesarios a los conductores.

Vereina: Información, tel.: 081-288 3738.

Estaciones de servicio

En muchas gasolineras de las autopistas y en las ciudades encontrará máquinas que aceptan billetes suizos. Podrá repostar a cualquier hora del día con billetes de 10, 20 y 50 francos. Los precios suelen variar en función de la situación del mercado internacional y la situación del surtidor. Es posible que en las regiones de las montañas sea más caro.

Puertos de montaña

Épocas en las que están abiertos los siguientes puertos:

Albula
(2 312 metros)
Tiefenscastel-La Punt, de junio a octubre

Bernina
(2 328 metros)
Pontresina-Poschiavo, todo el año (en invierno suele estar cerrado por la noche).

Brünig
(1 008 metros)
Meiringen-Sachseln, todo el año.

Croix
(1 778 metros)
Villars-Les Diablerets, de mayo a noviembre.

Flüela
(2 383 metros)
Davos-Schus, de abril a noviembre (en invierno utilice el túnel de Vereina).

Forclaz
(1 526 metros)
Martigny-Le Châtelard, todo el año.

Furka
(2 431 metros)
Gletsch-Andermatt, de junio a octubre.

Gran San Bernardo
(2 469 metros)
Martigny-Aosta, de junio a octubre (el paso del túnel abierto todo el año).

Grimsel
(2 165 metros)
Meiringen-Gletsch, de junio a octubre.

Il Fuorn
(2 149 metros)
Zernez-Santa Maria, todo el año.

Jaun
(1 509 metros)
Boltigen-Bulle, todo el año.

Julier
(2 284 metros)
Tiefencastel-Silvaplana, todo el año.

Klausen
(1 948 metros)
Altdorf-Linthal, de junio a octubre.

Lukmanier
(1 914 metros)
Dissentis-Biasca, de mayo a noviembre.

Maloja
(1 815 metros)
Chiavenna-Silvaplana, todo el año.

Mosses
(1 445 metros)
Aigle-Château d'Oex, todo el año.

Nufenen
(2 478 metros)
Ulrichen-Airolo, de junio a octubre.

Oberalp
(2 044 metros)

Andermatt-Disentis, de junio a octubre.
Pillon
(1 546 metros)
Aigle-Gsteig, todo el año.
San Bernardino
(2 065 metros)
Thusis-Bellinzona, de junio a octubre (túnel abierto todo el año).
San Gotardo
(2 108 metros)
Andermatt-Airolo, de junio a octubre (túnel abierto todo el año).
Simplon
(2 006 metros)
Brig-Domodossola, todo el año.
Splügen
(2 113 metros)
Thusis-Chiavenna, de junio a octubre.
Susten
(2 224 metros)
Innertkirchen-Wassen, de junio a octubre.
Umbrail
(2 501 metros)
Santa Maria-Stelvio, de junio a octubre.

Recorridos en tren

El Glacier Express

Desde St-Moritz a Zermatt y vuelta (7 h 45 min) o de Davos a Zermatt o viceversa (7 h 15 min).

En esta ruta de 291 km podrá conocer maravillosos paisajes alpinos. En el tren expreso más lento del mundo, con un vagón con vistas panorámicas, pasará por 91 túneles, 291 puentes, por el puerto de Oberalp de 2 033 metros y por el túnel de vía estrecha más largo del mundo.

Para las pendientes más pronunciadas se utiliza el ferrocarril cremallera. Puede comer, además, en un vagón restaurante decorado con mucho gusto. Para más información, consiga un tríptico del *Glacier Express* en cualquier oficina de turismo de Suiza o en las de su país.

El Bernina Express

Desde Chur a Tirano o viceversa (4 h 35 min.).

El Bernina Express cruza el paso ferroviario más elevado de los Alpes, con un desnivel del 7% es el ferrocarril con la pendiente más pronunciada del mundo. A lo largo de sus 145 km de recorrido, primero asciende a la Línea de Albula, a 585 metros de altura (Chur), antes de llegar a Pontresina, 1 744 metros. Desde aquí, el ferrocarril continúa por el puerto de Bernina (2 253 metros) hasta descender serpenteando y describiendo curvas hasta Tirano (429 metros). En un breve tramo, los pasajeros podrán conocer una gran variedad de vegetación desde el glaciar de Piz Bernina (4 049 metros) hasta las palmeras del italiano Tirano. Con buen tiempo, algunos trenes disponen de vagones panorámicos abiertos, una experiencia realmente inolvidable-. Consulte el folleto *Bernina Express* en la oficina de turismo. Puede viajar más adelante, hasta Lugano, con un autobús de Tirano.

El Palm Express

Desde St-Moritz a Palmolino y regreso (4 h 10 min.) entre finales de mayo y mediados de octubre, en verano y otoño hasta Lugano.

El Palm Express, un nuevo enlace entre el autobús postal y el ferrocarril, presta servicio entre las regiones nevadas y los glaciares de los Alpes y las comarcas fronterizas de palmeras del sur de Suiza. Comunica la Engadina y el Valais superior con el Tesino, St-Moritz y Zermatt con Ascona (donde se para una noche) y continúa hasta Locarno y Lugano.

Para mayor información, diríjase a las oficinas de turismo o en el tel.: 081-833 3072.

El Golden Pass

Lucerna, Interlaken, Zweisimmen, Montreux o viceversa (5 h 6 min.)

Es uno de los recorridos clásicos. Transcurre por paisajes encantadores, desde las orillas del lago de los Cuatro Cantones hasta la Riviera suiza. Viajará en SSB Brünigbahn de vía estrecha hasta Interlaken y continuará con el BLS hasta Zweisimmen, donde hará transbordo al tren de MOB hasta Montreux; una experiencia muy agradable en los vagones panorámicos de enormes ventanas.

El expreso de Lötschberg-Centovalli

De Locarno a Domodossola (1 h 30 min.).

Este ferrocarril de vía estrecha recorre el romántico Centovalli y comunica las dos grandes líneas ferroviarias de Europa por los puertos del Simplón y San Gotardo. Es un trayecto de 52 km por puentes, gargantas y pendientes, algunas con un desnivel del 6 %, que se adentra en tierras italianas. La vuelta completa (Zurich-Gotardo-Centovalli-Simplon-Lötschenberg-Brig-Zurich) es un pequeño capricho que se puede cubrir en un solo día.

El Wilhelm Tell Express

Una excursión completa de día entero desde Lucerna hasta Locarno y regreso.

El Wilhelm Tell Express presta servicio todos los días de mayo a mediados de octubre (6 h). Esta ruta, que se extiende entre el interior de Suiza y el Tesino, incluye un tramo en barco de vapor. Podrá disfrutar de los paisajes desde los espaciosos compartimentos o desde el vagón panorámico. En el transbordador se le ofrece la oportunidad de degustar una deliciosa comida en el «Salon Belle Époque».

Heidi Express

Landquart-Davos-Berninapass-Tirano o viceversa (4 h 40 min). Al igual que el Bernina Express, este recorrido de 145 km cruza el puerto de Bernina tras pasar por Landquart hacia el precioso valle de Prättigau, después de Klosters y Davos. El paisaje es cada vez más abrupto, con espectaculares torrentes de montaña. Desde el tren se puede apreciar la

Empresas de alquiler de coches

Las principales empresas de alquiler de coches tienen representación en toda Suiza.

Avis tel.: 0848-811 818
Budget tel.: 01-838 5888
Europcar tel.: 01-813 6566
Hertz tel.: 0848-822 020

gran variedad de flores alpinas, además de los resplandecientes glaciares de la zona de Bernina.

Tras una parada en Tirano (Italia), el viaje continúa por el valle de Valtellina hasta Lugano (sólo en verano).

Necesitará mostrar su pasaporte en este trayecto para cruzar la frontera suiza.

Voralpen Express

Romanshorn-San Gall-Rapperswill-Arth-Goldau-Lucerna o viceversa (2 h 39 min). Recorrerá las estribaciones de los Alpes y algunas zonas de lagos. Merece la pena hacer un alto en el trayecto para hacer alguna pequeña excursión como, por ejemplo, el claustro de Sankt Gallen, la montaña de Säntis, el Appenzellerland (origen del famoso queso), el zoo infantil de Rapperswil, el claustro de Einsielden, el parque natural de Goldau, la montaña Rigi o el Museo del Transporte de Lucerna.

Allalin Express

Desde Berna o Interlaken hasta Lötschberg-Brig-Saas Fee o viceversa (2 h 50 min). Sale del cantón de Berna y pasa por uno de los túneles más altos de Europa (Lötschberg) hacia el cantón del Valais. Podrá apreciar las estribaciones de la región vinícola del valle del Ródano, además de las cimas nevadas que se yerguen a su alrededor. En Brig, un autobús le aguarda para llevarle a Saas Fee, conocida estación de esquí del país. Si aún no se ha cansado de ver paisajes, puede tomar el Alpine-Express desde esta localidad y aventurarse en la gruta excavada en un glaciar más grande del mundo, a 3 500 metros de altura. También es posible cubrir estas rutas con los trenes normales, sin pagar dinero extra, o puede realizar parte del trayecto y regresar si lo prefiere. Así mismo, puede contratar una excursión como parte de un paquete. Es difícil encontrar un recorrido en tren que no sea de su agrado en Suiza, ya que el país es pequeño y el paisaje tan variado que todas las vistas son interesantes.

Los trenes de vapor

Cada primavera, todos los ferrocarriles publican una lista de los recorridos de los trenes de vapor, con información sobre horarios y precios, así como sobre los mismos trenes, un regalo para los amantes del ferrocarril.

Recorridos por carretera

EL AUTOBÚS POSTAL

Los autobuses postales de Suiza constituyen una forma cómoda y segura de viajar por los Alpes, y realizan recorridos por todo el país. Por ejemplo, puede hacer la ruta que pasa por tres puertos (el Grimsel, el Furka y el Susten, saliendo desde Meiringen en el Oberland bernés o desde Andermatt en el cantón de Uri) u otro con cuatro puertos de montaña (el Grimsel, el Nufenen, el San Gotardo y el Susten, con salida de Meiringen) por el interior del Suiza. En los trayectos largos (como el de St-Moritz a Lugano) se realiza una larga parada para que los viajeros puedan descansar y comer algo. Para más información, diríjase a las oficinas de turismo de Suiza o a las oficinas regionales.

EN COCHE

1. *270 km*
Basilea - Biel - Neuchâtel - Murten - Friburgo - Berna - Basilea

2. *445 km*
Basilea - Zurich - lago de los Cuatro Cantones - Wassen - Susten Pass - Meiringen - Brünig - Lucerna - Basilea

3. *505 km*
Basilea - Schaffhausen - lago de Leman - Sankt Gallen - Toggenburg - lago de Zurich - Einsiedeln - lago de los Cuatro Cantones - Lucerna - Basilea

4. *775 km*
Basilea - Jura suizo - lago de Leman - Valais - Furka - Oberalp - Grisones (Graubünden) - interior de Suiza - Lucerna - Basilea

5. *395 km*
Basilea - Biel - Berna - Interlaken - Brünig - Lucerna - Emmental - Olten - Basilea

6. *440 km*
Basilea - Berna - Friburgo - Bulle - Gruyères - Château d'Oex - Col des Mosses - Les Diablerets - Col de la Croix - Villars - Aigle - Lausana - Neuchâtel - Basilea

7. *670 km*
Basilea - Zurich - Landquart - Davos - Flüela Pass - St-Moritz - Julier Pass - Chur - Zurich - Basilea

8. *730 km*
Basilea - Lucerna - Gotardo - Bellinzona - Lugano - Locarno - Centovalli - Domodossola - Simplon Pass - Brig - Martingy - Vevey - Basilea

9. *950 km*
St. Margrethen - Sankt Gallen-Romanshorn - Schaffhausen - Zurich - Lucerna - Langnau - Berna - Friburgo - Vevey - Martigny - Sion - Brig - Ulrichen - Nufenen Pass - Airolo - Lugano - Chiavenna - Maloja - St-Moritz - Scuol - Landeck

10. *490 km*
St. Margrthen - Vaduz - Chur - Oberalp - Andermatt - Altdorf - Klausen Pass - Glaris - Ziegelbrücke - Wattwil - Urnäsch - Appenzell - Sankt Gallen - St. Margrethen

La experiencia de las estaciones suizas

A menudo, las estaciones de ferrocarril suizas tienen un gran atractivo y ofrecen excelentes servicios. Puede comer en un buen restaurante en el recinto de la estación, comprar en sus supermercados abiertos hasta tarde o utilizar sus máquinas dispensadoras de pan, leche e incluso salami. En todas las estaciones podrá disponer del servicio de consigna, salvo en las paradas de las pequeñas poblaciones rurales, con taquillas de tres tamaños. Puede guardar su equipaje sin problemas durante varios días consecutivos.

Los andenes están divididos en sectores y gracias al sistema de megafonía podrá saber en qué sector se detendrá su vagón, para así evitarle el tener que recorrer el tren de punta a punta en el interior. Una experiencia de lo más civilizada.

Taxis

En Suiza los taxis son bastante caros; las tarifas varían de un lugar a otro. Para los servicios extra, como el equipaje, existen precios fijos, que están expuestos en el taxi. La propina está incluida en la tarifa.

11. *360 km*
Schaffhausen - Zurich - Lucerna - Brünig - Interlaken - Berna - Olten - Basilea
12. *745 km*
Schaffhausen - Cataratas del Rin - Zurzach - Baden - Olten - Biel - Neuchâtel - Fleurier - Sainte Croix - Yverdon - Vallorbe - Le Brassus - La Cure - Nyron - Lausana - Vevey - Bulle - Jaun Pass - Speiz - Thun - Berna - Lucerna - Zurich – Schaffhausen

EN BICICLETA

Con un billete especial puede llevar su bicicleta en tren o en barco con usted. En algún caso, también es posible transportarla en un autobús postal. Es necesario acordarlo con antelación.

Puede llevar su propia bicicleta a Suiza, pero debe adquirir una «vignette» en una oficina de correos (una licencia autoadhesiva, 5 francos).

Itinerarios: Suiza dispone de nueve rutas de larga distancia señalizadas, además de numerosos caminos regionales que suelen discurrir apartados del tráfico. Puede obtener un mapa con las rutas en las oficinas de turismo.

Eurotrek es un operador turístico especializado en recorridos en bicicleta. Puede ponerse en contacto con él en:
Vulkanstr., 116
8048 Zurich
Tel.: 01-434 3366;
fax: 01-434 3344;
eurotrek@rbm.ch
www.eurotrek.ch
Así mismo, la **Asociación Suiza del Transporte y el Medio Ambiente** (VCS) facilita mapas a escala de 1:60 000 (con información sobre clasificaciones de calles, carriles para bicicletas y desniveles de las carreteras):
Lagerstraße, 18
3360 Herzogenbuchsee
Tel.: 062-956 5656.

Viajar con niños

Suiza ofrece varias opciones para disfrutar de las vacaciones en familia. Infórmese en las oficinas de turismo (solicite el folleto «Familienferien»).

A continuación le ofrecemos posibles lugares de alojamiento para las familias, con recintos de juego para los niños y atracciones especiales a precios razonables. Le será fácil viajar con niños en Suiza y en los trenes gozará de ciertas ventajas para familias, como el billete familiar, con el que los niños menores de 16 años pueden viajar de forma gratuita con sus padres. Infórmese en las estaciones de ferrocarril.
Interhome AG (apartamentos y casas): Buckhauserstr., 26, 8048 Zurich
Tel.: 01-497 2777;
fax: 497 2760;
www.interhome.ch
Utoring AG (hoteles y apartamentos): Buckhauserstr., 26, 8048 Zurich
Tel.: 01-497 2727;
fax: 497 2760;
www.utoring.ch
Schweizer Hotelier-Verein (hoteles): Monbijourstr., 130, 3001 Berna
Tel.: 031-370 4111;
fax.: 370 4444;
www.swisshotels.ch
Albergues Juveniles de Suiza (algunos con alojamiento para familias): Schaffhauserstr., 14, 8042 Zurich
Tel.: 01-360 1414;
fax: 360 1460;
www.youthhostel.ch
Schweizerische Reisekasse (Reka) (estancias en granjas, *véase también «Operadores turísticos especializados»*): Neuengasse, 15, 3001 Berna
Tel: 031- 329 6633;
fax: 329 6601;
www.reka.ch

Alquiler de bicicletas

Se pueden alquilar bicicletas en *Rent-A-Bike* (www.rent-a-bike.ch) en muchas estaciones de ferrocarril. Todas las estaciones que estén marcadas como punto de partida dentro de la red de itinerarios de bicicleta o senderismo disponen de bicicletas de alquiler modernas y en óptimas condiciones.

Asegúrese, sobre todo en verano, de hacer la reserva. Si cuenta con una tarjeta para viajar por Suiza, podrá disfrutar de un descuento. También encontrará bicicletas para los pequeños de la familia y asientos de niños para acoplar a las bicicletas de adultos.

En algunas ciudades, por ejemplo Zurich y Berna, puede alquilar una bicicleta de forma gratuita con su carné de identidad y un pequeño depósito de dinero.

Viajeros discapacitados

Póngase en contacto con **Mobility International Schweiz** en Froburgstraße, 4, 4600 Olten
Tel.: 062-206 8835;
fax: 062-206 8839,
donde le facilitarán una lista de alojamientos con accesos fáciles y un folleto de recorridos adecuados para personas discapacitadas.
Nautilus Reisen, Froburgstraße, 4, 4600 Olten
Tel.: 062-206 8830;
fax: 062-206 8839,
organiza excursiones y tramita reservas para las vacaciones.
Cato, Scheuchzerstraße, 14, 8006 Zurich
Tel.: 01-350 3175;
fax.: 01-350 3177,
está especializado en actividades y excursiones en grupo con guía, para discapacitados con o sin acompañante.
En casi todas las estaciones de ferrocarril le informarán sobre los servicios especiales de transporte público.

Solicite una lista de escuelas de esquí en las que exista la posibilidad de contar con la asistencia de profesionales para discapacitados

en **Schweizerischer Zentraleverein für das Blindenwesen**,
Schützengasse, 4,
9000 Sankt Gallen
Tel.: 071-223 3636;
fax: 071-222 7318.

Servicios sanitarios

Suiza dispone de unos servicios sanitarios de buena calidad. En caso de urgencia, diríjase al **médico más próximo** o al **servicio de urgencias** del hospital más cercana.

Marque el 144 si necesita una ambulancia. Las ciudades y las poblaciones más grandes disponen de un número de urgencias. Lo encontrará en los periódicos regionales o podrá solicitarlo llamando al número de información 111, donde le facilitarán información sobre las farmacias abiertas las 24 horas del día.

Dónde alojarse

Elegir el hotel

Alrededor de 6 000 hoteles, moteles, pensiones, residencias de montaña y balnearios ofrecen más de 266 000 camas en Suiza. Las casas de campo y los apartamentos disponen de 360 000 plazas y los albergues juveniles, de 7 300. Los lugares de descanso de precios modestos cuentan con 226 000 plazas y los recintos de acampada, con 238 000. Para más información puede llamar a la **Oficina de Turismo Nacional**, Postfach, 695, 8027 Zurich; tel.: 00800 100 200 30; fax: 00800 100 200 31 (de lunes a sábado de 8:30 a 19:00 h). Reservas e información en Internet: www.MySwitzerland.com o en otras páginas de las oficinas de información turística en el extranjero.

Lista de hoteles

Puede informarse sobre hoteles y precios en las listas de hoteles gratuitas y en la amplia *Schweizer Hotelführer* (Guía de hoteles de Suiza), disponibles en las agencias de viaje y en las oficinas de turismo suizas y sus respectivas oficinas en el extranjero.
Asociación Hotelera de Suiza:
Schweizer Hotelier-Verein (SVH),
Monbijoustraße, 130,
CH-3000 Berna
Tel.: 031-370 4111;
fax: 031-370 4444;
www.swisshotels.ch

BASILEA

Resslirytti
Theodorsgraben, 42
Tel.: 061-691 6641;
fax: 691 4590
Un establecimiento moderno, cerca del Messe Basel.
$$$$$

Kunsthotel Teufelhol
Leonhardsgraben, 47-49
Tel.: 061-261 1010;
fax: 261 1004
Ocho habitaciones decoradas por distintos artistas. Un magnífico restaurante, teatro y tiendas.
$$$-$$$$

Merian am Rhein
Rheingasse, 2
Tel.: 061-685 1111;
fax: 061-685 1101.
Excelentes vistas del río y del Münster.
$$$-$$$$

BERNA Y EL OBERLAND BERNÉS

Adelboden

Adler Sporthotel
Dorfstr., 19
Tel: 033-673 4141;
fax: 673 4239
Un agradable hotel-chalé situado en el centro urbano, que cuenta con sauna y solárium. **$$-$$$**

Berna

Bellevue Palace
Kochergasse, 3-5
Tel.: 031-311 4545;
fax: 311 4743
El mejor hotel de la ciudad, con vistas alpinas y una exquisita cocina. **$$$$**

Belle Époque
Gerechtigkeitsgasse, 18
Tel.: 031-311 4336;
fax: 311 3936
Diecisiete habitaciones en el pintoresco casco antiguo, todas amuebladas con elegantes antigüedades. **$$$**

Goldener Schlüssel
Rathausgasse, 72
Tel.: 031-311 0216;
fax: 311 5688
Cerca de la torre del reloj, en el casco antiguo. El restaurante sirve cocina internacional y suiza. **$$**

Brienz

Brienzburli
Tel.: 033-951 1241;
fax: 951 3841
En el casco antiguo de la ciudad, con servicio gratuito de autobús desde la estación de ferrocarril al hotel. Elaboración de pan propia. **$$**

Grindelwald

Hirschen
Tel.: 033-854 8484;
fax: 854 8480
Hotel familiar en el centro de la ciudad. Excelente cocina. **$$**

Gstaad

Palace
Tel.: 033-748 5000;
fax: 748 5001
Conocido hotel de lujo, construido sobre las ruinas de un castillo en la colina de la ciudad. **$$$$**

Posthotel Rössli
Tel.: 033-744 4242;
fax: 744 6142
Pequeño y acogedor hotel en una antigua casa de madera, en el centro urbano. Habitaciones modernas y cocina suiza. **$$$**

Interlaken

Victoria-Jungfrau Grand Hotel&SPA
Höhegweg, 41
Tel.: 033-828 2828;
fax: 828 2880
Antiguo y famoso hotel de lujo. **$$$$**

Sonne
Hauptstraße, 34
Tel.: 033-822 7541;
fax: 823 2915
Hotel familiar con un gran jardín, juegos, bicicletas y un selecto restaurante. **$$**

Lenk

Alpenruh
Tel.: 033-733 1064;
fax: 733 4164
Céntrico hotel-chalé. **$-$$**

Thun

Emmental
Bernstraße, 2
Tel.: 033-222 0120;
fax: 222 0130
Agradable hotel en el centro urbano, con actuaciones en directo de grupos internacionales una vez por semana.

Wengen

Regina
Tel.: 033-855 1512;
fax: 855 1574
Gran hotel tradicional fundado en 1894, con vistas a la ciudad. **$$$-$$$$**

Edelweiss
Tel.: 033-855 2388;
fax: 855 4288
Acogedor hotel familiar cerca de la estación de ferrocarril, con sauna, habitaciones para no fumadores y precios especiales para niños. **$$**

EL NORDESTE

Appenzell

Apenzell
Hauptgasse, 37
Tel: 071-788 1515;
fax: 788 1551
Agradable hotel con bonito diseño interior y elaboración de pan propia. **$$**

Braunwald (GL)

Tödiblick
Tel.: 055-653 6363;
fax: 055-653 6366
Hotel de estilo chalé con magníficas vistas a los Alpes. **$$-$$$**

Sankt Gallen

Gallo
St. Jakobstr., 62
Tel.: 071-245 2727;
fax: 245 4593
Cómodo hotel cerca del centro de congresos, el teatro y la sala de conciertos. **$$$**

Stein am Rhein (SH)

Adler
Tel.: 052-742 6161;
fax: 741 4440
Hotel familiar situado en el centro de la ciudad medieval a orillas del Rin. La fachada fue proyectada por el conocido arquitecto suizo Carigiet. **$$**

Trogen

Krone
Dorf , 3
Tel.: 071-343 6080;
fax: 344 4376
Fantástica casa de Appenzell de 1727, a 10 km de Sankt Gallen. Con frescos en la fachada de 1767 y exquisita cocina. **$$**

Categoría de precios

Los precios son para una habitación doble por noche, con desayuno incluido.
$$$$ más de 300 FrS
$$$ entre 200 y 300 FrS
$$ entre 120 y 200 FrS
$ menos de 120 FrS

Zurich

Glockenhof
Sihlstraße, 31
Tel.: 01-225 9191;
fax: 225 9292
Tradicional establecimiento de primera clase cerca de la estación, con un restaurante en el jardín. **$$$-$$$$**

Zürchenhof
Zähringerstraße, 21
Tel.: 01-269 4444;
fax: 269 4445
Hotel céntrico, frecuentado por hombres de negocio, con un restaurante famoso. **$$-$$$**

Zürichberg
Orellistr., 21
Tel.: 01-268 3535;
fax: 268 3545
En la montaña de Zurich, cerca del zoo y de la tumba de James Joyce, con terrazas, jardín y excelentes vistas del lago y las montañas. **$$-$$$**

Leoneck
Leonhardstraße, 1
Tel.: 01-254 2222;
fax: 254 2200
Cerca de la estación central, zona comercial con restaurante propio de cocina suiza. **$$**

EL SUDESTE

Andeer

Hotel Fravi
Veia Granda 1
Tel.: 081-660 0101;
fax: 660 0102
Hotel con aspecto de antiguo castillo, frecuentado en el pasado por destacadas personalidades, tanto suizas como extranjeras. **$$-$$$**

Arosa

Alpina
Prätsclistraße
Tel.: 081-377 1658;
fax: 377 3752
Acogedor hotel cerca de la estación de ferrocarril de montaña, con posibilidad de practicar el esquí; precios especiales para las familias y las personas mayores. **$$-$$$**

Chur

Duc de Rohan
Masanserstraße, 44
Tel.: 081-252 1022;
fax: 252 4537
Con gimnasio y piscina climatizada. **$$**

Stern
Reichsgasse, 11
Tel.: 081-252 3555;
fax: 252 1915
Tradicional hotel situado en las afueras del casco antiguo, con un buen restaurante. **$$-$$$**

Davos

Larix
Obere Albertistraße, 9
Davos Platz
Tel.: 081-413 1188;
fax: 413 3349
Hotel-chalé. Céntrico. **$$-$$$**

Flims

Curtgin
Flims Dorf
Tel.: 081-911 3566;
fax: 911 3455
Cerca de los ferrocarriles de montaña, en un lugar tranquilo, con bar. **$$-$$$**

Ilanz

Casutt
Glennestraße, 20
Tel.: 081-925 1131;
fax: 925 4147
El edificio data de 1903 y el hotel pertenece aún a la familia. Buen punto de partida para visitar el valle de Vals. Zona de esquí de Obersaxen. **$-$$**

Klosters

Chesa Grischuma
Bahnhofstraße. 12
Tel.: 081-422 2222;
fax: 422 2225
Romántico y pequeño hotel situado en el centro de la ciudad, con buen restaurante. **$$$-$$$$**

Lenzerheide

Collina
Voa Val Sporz, 9
Tel.: 081-384 1817;
fax: 384-6209
Pequeño hotel céntrico. Ideal para los practicantes de deportes de invierno y verano. **$$$**

Categoría de precios

Los precios son para una habitación doble por noche, con desayuno incluido.
$$$$ más de 300 FrS
$$$ entre 200 y 300 FrS
$$ entre 120 y 200 FrS
$ menos de 120 FrS

Maloja

Maloja Kulm
Hauptstraße, 1
Tel.: 081-824 3105;
fax: 824 3466
Con alimentos frescos de su propio huerto. Exposiciones de artistas célebres. **$$-$$$**

Müstaïr

Münsterhof
Tel.: 081-858 5541;
fax: 858 5058
info@muensterhof.ch
Hotel céntrico regentado por la quinta generación de la misma familia. Habitaciones con muebles antiguos y cocina casera. **$$**

Pontresina

Walther
Hauptstraße
Tel.: 081-842 6471;
fax: 842 7922
Antiguo hotel con equipamiento moderno, piscina, gimnasio y pista de tenis **$$$$**

Poschiavo

Suisse
Via de Mez
Tel.: 081-844 0788;
fax: 844 1967
Agradable hotel emplazado en un lugar céntrico. **$$**

Scuol

Filli
Chantröven
Tel.: 081-864 9927;
fax: 864 1336
Bonito hotel familiar, con servicio atento y excelente cocina. **$$$**

Silvaplana

Julier Palace
Tel.: 081-828 9644;
fax: 828 8143
Cómodo hotel, habitaciones a precios razonables. El restaurante sirve sabrosos platos locales. **$$-$$$**

St-Moritz

Soldanella
Tel.: 081-833 3651;
fax: 833 2337
En la ladera de una montaña. **$$-$$$**

Zuoz

Klaver
Tel.: 081-851 3434;
fax: 851 3400
Pequeño hotel en la plaza de Zuoz, regentado por el propio dueño. **$$**

TESINO

Ascona

Schiff-Batello
Piazza G.Motta, 21
Tel.: 091-791 2533;
fax: 792 1315
Situado a orillas del lago en el paseo principal. Regentado por la misma familia desde hace 70 años. **$$-$$$**

Bellinzona

Unione
Via G. Guisan, 1
Tel.: 091-825 5577;
fax: 825 9560
En las faldas del Castelgrande, cerca de la estación de ferrocarril. **$$$**

Locarno

Treff Hotel Arcadia al Lago
Via Orelli, 5
Tel.: 091-756 1818;
fax: 756 1828
Hotel familiar cerca del lago Mayor, con sauna, gimnasio y servicio de guardería. **$$$**

Romantik-Hotel Ticino
Piazza Cioccaro, 1
Tel.: 091-922 7772;
fax: 923 6278
Pequeño pero excelente hotel en el corazón de la ciudad. **$$$-$$$$**

Lugano

Villa Principe Leopoldo & Residence
Via Montalbano, 5
Tel.: 091-985 8855;
fax: 985 8825
Antigua residencia del príncipe Leopoldo de Hohenzollen, en una situación privilegiada en la Collina d'Oro. **$$$-$$$$**

Continental-Parkhotel
Via Basilea 28
Tel.: 091-966 1112;
fax: 966 1213
Cerca de la estación de ferrocarril, dispone de piscina propia y de programas de excursiones. Vistas al lago y las montañas. **$-$$**

VALAIS

Brig

Victoria
Bahnhofstraße, 2
Tel.: 027-923 1503;
fax: 924 2169
Hotel céntrico, con restaurante. Habitaciones con todas las comodidades y vistas de las montañas. **$$-$$$**

Crans-Montana

Eldorado
Rte de Fleurs des Champs
Tel.: 027-481 1333;
fax: 481 9522
Apacible hotel a 5 minutos del centro, magníficas vistas de los Alpes. **$$-$$$**

Leuckerbad/Loeche-L. Bains

Weisses Rössli
Tel.: 027-470 3377;
fax: 470 3380
Pequeño hotel situado cerca del Alpentherme (termas) y el Torrentbahn. **$$**

Obergesteln

St. Hubertus
Tel.: 027-973 2828;
fax: 973 2869
Emplazado en el límite del bosque. Ideal para el esquí de fondo y la práctica de otros deportes. **$$-$$$**

Saas Fee

Feehof
Tel.: 027-957 2308;
fax: 957 2309
Asequible y acogedor, en las afueras del pueblo. **$$**

Sion

Du Rhône
Scex, 10
Tel.: 027-322 8291;
fax: 323 1188
Tranquilo hotel céntrico, con cocina selecta. **$$**

Verbier

Bristol
Route des Creux
Tel.: 027-771 6577;
fax: 771 5150
Pequeño hotel en el centro de Verbier. Especialidades culinarias del cantón. **$$-$$$**

Zermatt

Monte Rosa
Bahnhofstraße
Tel.: 027-967 3333;
fax: 967 1160
Agradable hotel con un ambiente de posada que funciona desde 1839; bonito comedor. **$$$$**

SUIZA CENTRAL

Einsiedeln

Linde
Schimiedenstraße 28
Tel.: 041-418 4848;
fax: 418 4849
Cerca de la abadía, con buenas habitaciones y un excelente restaurante. **$$-$$$**

Engelberg

Europe
Dorfstr., 40
Tel.: 041-637 0094;
fax: 637 2255
Hotel tradicional con excelente cocina y servicio atento. **$$**

Göschenen

Gotthard
Gotthardstraße
Tel.: 041-885 1263;
fax: 885 1765
Pequeño hotel, en la ruta del puerto de San Gotardo. **$**

Lucerna

Château Gütsch
Kanonentraße
Tel.: 041-249 4100;
fax: 249 4191
Hotel de primera con aspecto de castillo, emplazado en una colina; magníficas vistas. **$$$-$$$$**

Goldener Stern
Burgertraße, 35
Tel.: 041-227 5060;
fax: 227 5061
Pequeño hotel al lado de la estación, buena cocina. Dispone de una habitación familiar. **$-$$**

Merlischachen

Schloss Hotel
6402 Merlinschachen
Tel.: 041-854 5454;
fax: 041-854 5466
www.schloss-hotel.ch
Lujoso hotel de estilo chalé de cuatro estrellas situado en un paisaje rural pintoresco con piscina. **$$-$$$**

Swiss Chalet Hotel
6402 Merlinschachen
Tel: 041-854 5454;
fax: 041-854 5466
www.schloss-hotel.ch
Precioso paisaje de montaña. Precios sujetos a las temporadas. **$$-$$$**

Rigi-Klösterli

Des Alpes
Tel.: 041-855 0108;
fax: 855 0109
Pequeño hotel familiar, en el centro de la zona de excursiones del Rigi. **$-$$**

Schwyz

Hirschen
Hinterdorfstraße, 14
Tel.: 041-811 1276
Acogedor hotel de *Bed & Breakfast*. **$**

Weggis

Frohburg
Seestraße, 21
Tel.: 041-392 0060;
fax: 392 0066
Cerca de un lago y un parque; desayuno hasta las 11:00 h. **$$**

Zug

City-Hotel Ochsen
Kolinplatz, 11
Tel.: 041-729 3232;
fax: 729 3222
Lugar tradicional céntrico. **$$$**

EL MITTELLAND

Baden (AG)

Kapperlehof
Bruggerstr., 142
Tel.: 056-222 3834;
fax: 222 5532
Justo en las afueras de la ciudad, con servicio de autobús cada 10 minutos. **$$**

Biel/Bienne (BE)

Worbenbad
Hauptstraße
Tel.: 032-384 6767;
fax: 384 7906

Precios reducidos

Para los viajeros con un presupuesto más ajustado o para quienes prefieran un alojamiento más sencillo, hay una gran variedad de pequeños hoteles y posadas. Los siguientes trípticos, disponibles en las oficinas de turismo, recogen listas de posibles alojamientos: *E+G Hotels*; *Preiswerte Unterkünfte in der Schweiz* (alojamiento a precios razonables); en el *Ferien auf dem Lande* (vacaciones en el campo) encontrará direcciones de *Bed & Breakfast*, apartamentos amueblados, alojamiento colectivo, además de posadas en el campo, lugares de acampada y posadas en las montañas.
También puede alojarse en casas particulares (pregunte en la oficina de turismo), e incluso dormir sobre un montón de paja en algunas granjas: la oficina de turismo publica el folleto *Schlaf im Stroh*.

Con servicio de autobús al centro; piscina. **$$-$$$**

Solothurn

Baseltor
Hauptgasse, 7-9
Tel.: 032- 622 4322;
fax: 622 1879
Céntrico y pequeño hotel, en el casco antiguo; carta y precios buenos.
$$-$$$

SUIZA OCCIDENTAL

Chexbres

Prealpina
Rte de Chardonne
Tel.: 021-946 3434;
fax: 946 3750
Entre los viñedos del Lavaux y con excelentes vistas al lago Leman. **$$**

Friburgo

Duc Bertold
Rue des Bochers, 55
Tel.:026-350 8100;
fax: 350 8181
Justo al lado de la catedral en la parte antigua de la ciudad, con piscina y excelente comida. **$$-$$$**

Ginebra

Angleterre
Quai du Mont-Blanc, 17
Tel.: 022-906 5555;
fax: 906 5556
Tradicional hotel de lujo, con vistas al lago. **$$$$**

Balzac
Rue de l'ancient Port, 14,
tel.: 022-731 0160,
fax: 731 3847
Habitaciones espaciosas en un agradable hotel situado cerca del lago y de la estación de ferrocarril. **$$**

Luserna
Avenue Luserna, 12
Tel.: 022-949 5656;
fax: 949 5636
Pequeño y tranquilo hotel en un parque de árboles añosos, entre la estación de ferrocarril y el aeropuerto. **$-$$**

Gruyères-Moléson

Hostellerie St-Georges
Tel.: 026-921 8300;
fax: 9211 8339
Posada tradicional en el corazón de Gruyère, con deliciosa comida y magníficas vistas. **$$-$$$**

Lausana

Lausanne Palace und Spa
Grand-Chêne, 7-9
Tel.: 021-331 31 31;
fax: 323 2571
Hotel de lujo con unas maravillosas vistas del lago de Ginebra, proyectado por el arista suizo Jean Tinguely.
$$$$

Du Marché
Pré-du-marché, 42
Tel.: 021-647 9900;
fax: 646 4723
Pequeño hotel en el centro del casco antiguo, pero tranquilo. **$$**

Categoría de precios

Los precios son para una habitación doble por noche, con desayuno incluido.
$$$$ más de 300 FrS
$$$ entre 200 y 300 FrS
$$ entre 120 y 200 FrS
$ menos de 120 FrS

Montreux

Le Montreux Palace
Grand-Rue, 100
Tel.: 021-962 1212;
fax: 962 1717
Lujo en habitaciones decoradas en estilo *Belle Époque*. **$$$$**

Murten/Morat

Adler
Hauptgasse, 45
Tel.: 026-672 6666;
fax: 672 6677
Pequeño hotel acogedor situado en el corazón de la ciudad medieval, perfecto para recorrerla. **$$**

Neuchâtel

La Maison du Prussien
Au Gor de Vauseyon
Tel.: 032-730 5454;
fax: 730 2143
Histórico hotel con molino y una colección de animales salvajes.
$$-$$$

Saignelégier/Franches-M.

De La Gare et Du Parc
4, rue Gruère
Tel: 032-951 1121;
fax: 951 1232
Hotel familiar con parque. Localización tranquila. Cocina exquisita con especialidades de temporada. **$$-$$$**

Apartamentos para las vacaciones

Una de las principales agencias que se encargan de buscar alojamiento en apartamentos es Interhome, con alrededor de 3 500 casas disponibles en Suiza: **Interhome AG**, Buckhauserstr., 26, 8048 Zurich; tel.: 01-497 2777; fax: 497-2760; www.interhome.ch

Otras agencias ofrecen chalés para alquilar. En las zonas más turísticas debe realizar su reserva con bastante antelación.
Para conocer las distintas posibilidades, diríjase a un centro turístico local o a otras agencias de Suiza o de su país que le puedan facilitar apartamentos de alquiler.

Yverdon-les Bains

La Maison Blanche
En Calamin
Tel.: 024-423 8311;
fax: 423 8312
Cerca de la autopista en la salida A-1 (Yverdon sur). Lugar tranquilo, con parada de autobús detrás del hotel. **$$**

Cámpings

Suiza dispone de más de 500 recintos de acampada, de los que 90 permanecen abiertos en invierno. Puede pedir una lista de cámpings regionales junto con un mapa en la oficina turística.

Fuera de los lugares oficiales destinados a la acampada, sólo se pueden aparcar las caravanas y los remolques con permiso del dueño de la propiedad, la autoridad local pertinente o la policía. En muchos cantones está permitido pernoctar, por una noche, en los aparcamientos públicos, siendo aconsejable, en este caso, informar de ello a la comisaría más cercana o a las autoridades locales.

El **Touring Club de Suiza (TCS)** publica una guía de cámpings. Solicítela en el TCS, Ch. Blandonnet 4, 1214 Genève-Vernier; tel.: 0900-57 1234 fax: 022-417 2020; www.tcs.ch

Las dos asociaciones siguientes publican todos los años una lista de cámpings y de recintos para caravanas en Suiza:

Schweizerischer Camping und Caravanning Verband, Postfach, 24, CH-6000 Lucerna 4; tel.: 041-210 0002; www.campingtcs.ch

Verband Schweizerischer Campings (VSC/ASC), Seestraße, 119, CH-3800 Interlaken-Thunersee; tel./fax: 033-823 3523; www.swisscamps.ch

Albergues juveniles

La **Asociación de Albergues Juveniles de Suiza** cuenta con 63 albergues, en muy buenas condiciones. Están abiertos a todo el público, de cualquier edad. No necesitará un carné de alberguista, pero si quiere quedarse durante un tiempo, merece la pena obtenerlo, porque se ahorrará 5 francos por noche (22 francos suizos hasta los 18 años, 33 francos los adultos) y lo podrá utilizar en otros 4 500 albergues de todo el mundo. Por lo general disponen de sábanas y la mayoría ofrecen habitaciones dobles. El precio varía en función del tamaño de la habitación y el lugar. Solicite el mapa gratuito con una lista de todos los albergues en la oficina de información turística, y también en: **Schweizer Jugendherbergen** (SJHB), 24 Schaffhauserstraße, Postfach 8042 Zurich; tel.: 01-360 1414; fax: 01-360 1460; www.youthhostel.ch

La organización **Swiss Backpackers** dispone de unos 30 albergues en Suiza, a menudo situados en el centro de las poblaciones, a precios económicos. No se requiere ningún tipo de carné de socio. En las oficinas de información turística le facilitarán su publicación gratuita. Para más información diríjase a: **Swiss Backpackers**, Postfach 530, 8027 Zurich; fax: 01-201 7072; www.backpackers.ch

En los alrededores más tranquilos, en medio de la naturaleza, encontrará albergues del grupo **Naturfreunde** (unos 100 en Suiza), dirigidos por una persona y a menudo situados en históricos edificios pintorescos: **Naturfreunde Schweiz**, Pavillonweg, 3, Postfach, 3001 Berna; tel.: 031-301 6088; fax: 301 6118; www.naturfreunde.ch

El Club Alpino Suizo

Este club tiene más de 150 refugios diseminados por la región alpina de Suiza. A pesar de los excelentes lugares en que están situados, no están pensados como alojamiento para pasar las vacaciones. Son puntos de salida de las expediciones alpinas o de los recorridos en esquí por las altas montañas. Puede solicitar un detallado mapa, en el que se indican los refugios además de otros datos, en el **Schweizer Alpen-Club (SAC)**, Zentralsekretariat, Monbijoustraße, 61, CH-3000 Berna 23; tel.: 031-370 1818; fax: 031.370 1800; www.sac-cas.ch; info@sac-cas.ch

Dónde comer

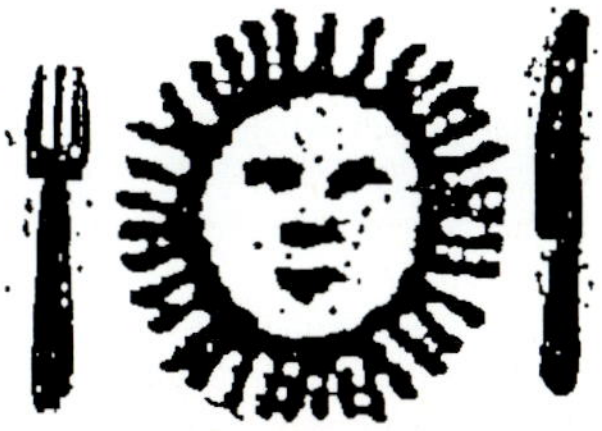

Qué comer

La cocina suiza goza de una excelente reputación internacional. Los innumerables restaurantes, posadas y tabernas del país son conocidos por la gran variedad de su cocina. Según la región en que se encuentre, además de las especialidades nacionales, podrá degustar platos con pronunciada influencia francesa, italiana o alemana.

Entre los distinguidos platos suizos figuran la *fondue*, la *raclette* (queso fuerte fundido dispuesta encima de pan o patatas), la *Bündnerfleisch* (una clase de cecina cortada en lonchas muy finas, del cantón de los Grisones), el *Berner Platte* (choucroute o judías verdes con tocino, salchichas y costilla), el *Zürcher Geschnetzeltes* (ternera en su jugo con una salsa de nata) con guarnición de *Rösti* (patatas ralladas fritas), el *Luzerner Chügelipastete* (un pastel de carne y setas), el *Papet Vaudois* (salchichas y puerro con patatas) y el *risotto* (sabroso plato del arroz italiano).

Los postres más típicos son el *Zuger Kirschtorte* (pastel con crema de mantequilla y aguardiente de cereza), merengues servidos con nata montada, y el *Zabaglione* de Tesino (una crema templada elaborada con huevos y vino).

Suiza produce muchas clases de vino y posee los viñedos más altos de Europa. Algunos de los vinos blancos más destacados son el *Fendant*, *Dorin*, *Féchy*, *Dézaley* y *Twanner*, y de los tintos, el *Dôle*, *Merlot*, *Gamay* y *Pinot Noir*. Los aguardientes también son muy comunes (y se dice que son digestivos): *Kirsch* (cereza), *Pflümli* (ciruela), *Williams* (pera) y *Bätzi* (una combinación de frutas, sobre todo de manzana y pera).

El café se sirve como «Kaffee crème» (con nata) o «Milchkaffee» (al estilo alemán), «café renversé» con leche (estilo francés), y es posible encontrarlo hasta al estilo italiano «capuccino» y «espresso». El «Kaffee Hag» no contiene cafeína, y si pide un «Kafee fertig» se lo servirán con aguardiente. Además de las clases de tés tradicionales, en muchos lugares podrá tomar distintas variedades de infusiones («Kreutertee» alemán, «infusion» francés, «tisana» italiano) como la menta poleo, la manzanilla, etc. En verano, el té con hielo lo encontrará en la carta de todos los restaurantes.

En Suiza el chocolate (*Schokolade /chocolat*) frío o caliente es delicioso y muy nutritivo. También puede probar la bebida de leche con malta (*Overmaltine*).

Un refresco frío es, sin duda, la *Rivella*: elaborada con suero de leche, le proporcionará la energía necesaria para un ajetreado día turístico.

Cada región tiene su propia cerveza: *Feldfschlösschen* (Basilea), *Cardinal* (Friburgo), *Calanda* (Grisones). A la cerveza con limonada se le llama *Panaché,* como en Francia. También hay zumo de manzana (*Apfelsaft/jus de pomme*) y una sidra de nombre *Suure Most.*

HORARIO DE COMIDAS

En general, la comida del mediodía se sirve entre las 11:30 y las 14:00 h y la cena de 18:00 a 21:00 h en las zonas de montaña y hasta las 22:00 h en las ciudades. Las posadas y los restaurantes suelen estar abiertos hasta las 23:30 h (más tarde los fines de semana). En las poblaciones más grandes siempre hay algún lugar en el que sirven hasta las 2:00 h de la madrugada. Durante el día, muchas cafeterías y salones de té ofrecen comidas ligeras y aperitivos, más baratos que en un restaurante.

Restaurantes

BASILEA

Basilea

Stucki
Bruderholzhallee, 42
Tel.: 061-361 8222
El restaurante más selecto de la ciudad, con un buen menú de mediodía. **$$$**

Zum Goldenen Stenern
St-Alban-Rheinweg, 70
Tel.: 061-272 1666;
La posada más antigua de Basilea (1412), con buena comida servida en un jardín en verano. Excelente cocina suiza. **$$-$$$**

St. Alban-Eck
St-Alban-Vorstadt, 60
Malgazze
Tel.: 061-272 0302
Restaurante sencillo pero acogedor, con alimentos frescos. **$$**

BERNA Y EL OBERLAND BERNÉS

Berna

Frohsinn
Münstergasse, 54
Tel/fax: 031-311 3768
Deliciosa comida y relativamente barato.**$$**

Le Neuville
Jean-Jacques Rousseau,
1, prom. J-J. Rousseau
Tel.: 032-752 3652
Vistas a la isla de St. Peter, especialidades regionales de pescado. **$-$$$**

Zimmermania Le Bistro
Brunngasse, 19
Tel.: 031-311 1542
Restaurante acogedor, con buena comida y excelentes postres. **$-$$$**

Brasseie Bärengraben
Muristalden, 1
Tel.: 031-311 4218
Pequeño restaurante cerca del foso de los osos, sobre el río, especialidades bernesas, pescado y deliciosos postres. **$-$$**

Grindelwald

Fischerblick
tel.: 033-853 4453
Ambiente rústico, excelente comida y buena carta de vinos a precios razonables. **$$-$$$**

Gstaad

Chesery
Lauenenstraße
Tel.: 033-744 2451
Antigua casa de estilo rústico, y sin duda alguna el mejor cocinero de la ciudad. **$$-$$$**

Interlaken

Du Nord
Höheweg, 70
Tel.: 033-822 2631
Muy acogedor, agradable, dentro del Hotel Du Nord, cocina internacional, buen vino y precios módicos. **$-$$**

Thun

Schloss Schadau
Seestraße, 45
Tel.: 033-222 2500
Exquisita comida servida en un castillo junto al museo de la gastronomía. **$$**

ESTE DE SUIZA

Appenzell

Säntis
Landsgemeindeplatz
Tel.: 071-788 1111
Excelente cocina regional, buen vino, precios razonables. **$$-$$$**

Glaris

Sonnegg
Beim Sonnenhügel
Tel.: 055-640 1192
Deliciosa comida regional. **$-$$**

Rapperswil

Schloss-Restaurant
Lindenhügel
Tel.: 055-210 1828
Al final del lago de Zurich, en la colina del centro de la ciudad. **$$-$$$**

Sankt Gallen

Jägerhof
Brühlbleichestraße, 11
Tel.: 071-245 5022
Cocina clásica y creativa regional, excelente vino. **$-$$$**

Peter und Paul
Kirchlistraße, 99
Tel.: 071-245 5625
En el centro de San Gall con una vista panorámica del lago de Constanza, excelente comida. **$-$$**

Schaffhausen

Gerbestube
Bachstraße, 8
Tel.: 052-625 2155
Buena comida italiana. **$$-$$$**

Winterthur

Walliser Kanne
Steinberggasse, 25

Restaurante agradable con especialidades de la gastronomía suiza de calidad. **$**

Zurich

Kronenhalle
Rämistraße, 4
Tel.: 01-256 6669
Tradicional restaurante de Zurich, deliciosa cocina francesa. **$$-$$$**

Kaufleuten
Pelikanstr., 18
Tel.: 01-221 1506
Lugar de encuentro de los ciudadanos de Zurich... con buena comida servida hasta después de medianoche. **$-$$**

Rosaly's
Freieckgasse, 7
Tel.: 01-261 4430
Restaurante especializado en platos suizos, frecuentado por nativos para degustar un auténtico «Alpermakkaroni» o un «Glarner Zigerhörnli». **$-$$**

Zunfthaus sur Zimmerleuten
Limmatquai, 40
Tel.: 01-252 0834
Antiguo restaurante tradicional, en una casa de gremios; especialidades locales. **$-$$**

GRISONES

Chur

Zum Kornplatz
Kornplatz, 1
Tel.: 081-252 2759
Frecuentado por jóvenes y mayores, ofrece una deliciosa comida con toque grisón. **$-$$**

Obelisco
Vazerolgasse, 12
Tel.: 081-252 5858
Restaurante italiano, con una amplia carta y buenos vinos. **$-$$**

Davos

Bündnerstübli
Davos-Dorf
Dischmastraße, 8
Tel.: 081-416 3339
Acogedor restaurante, con especialidades grisonas. **$**

Flims Dorf

Conn
Tel.: 081-911 1231
Cocina regional y excelentes vistas de los Alpes. **$-$$**

Categoría de precios

Los restaurantes están clasificados según el precio para dos personas sin bebidas:
$$$ más de 80 FrS
$$ entre 40 y 48 FrS
$ hasta 40 FrS

Ftan

Engiadina
Tel.: 081-864 0434
Restaurante acogedor en la preciosa población de Engadina. **$$**

Le Prese

Le Prese
Tel.: 081-844 0333
Preciosa ubicación a orillas del pequeño lago Le Presse en Val Poschiavo. **$$-$$$**

Pontresina

Saratz
Laret
Tel.: 081-839 4000
Restaurante acogedor, con un vestíbulo decorado con *art nouveau*, y excelente cocina regional. **$-$$**

Scuol/Susch

Crush Alba
Via Maistra
Tel.: 081-862 2953
Buenas especialidades a precios razonables, en una sala de 400 años de antigüedad. **$-$$**

Sils Maria

Waldhaus
Tel.: 081-838 5100
Maravilloso restaurante, con una terraza en el jardín y vistas a los Alpes. **$-$$$**

St-Moritz

Monpol
Via Maistra, 17
Tel.: 081-837 0404
Elegante restaurante, con excelente cocina italiana además de otras especialidades y exquisitos postres. **$-$$$**

La Fontana
Via del Bagn
Entre Bad y Dorf, con platos de pasta con buena relación calidad-precio. **$-$$**

TESINO

Ascona

Giardino Restaurant Aphrodite
Via Segnale
Tel.: 091-791 0101
Restaurante lujoso, con una comida excelente. **$$-$$$**

Bellinzona

Locando Orico
Via Orico, 13
Tel.: 091-825 1518
Al pie de Castel Grande, ambiente agradable. **$$-$$$**

Comano

Ronchetto
Tel.: 091-941 1155
Agradable restaurante del Tesino a 4 km al norte de Lugano, cocina local. **$-$$**

Gudo

Osteria Brack
Tel.: 091-859 1254
El lugar ideal para los amantes de la pasta. Excelentes vinos. Situado a 13 km de Bellinzona. **$-$$**

Locarno

Il Boccalino
Via della Motta 4,
tel/fax: 091-751 9681
Cerca de la Piazza Grande. Comida orgánica bien elaborada. **$-$$**

Villa Pauliska
Via Orselina 6
Tel.: 091-743 0541
Situado en un lugar por encima de la ciudad con fantásticas vistas del lago desde la terraza. Excelente bufé de queso, con una selecta variedad de quesos del Tesino. **$-$$**

Lugano

Al Patrone
Via Cassarate, 3
Tel.: 091-923 5511
Restaurante familiar, con excelente comida y vino. **$$-$$$**

Osteria Trani
Via Cattedrale, 12
Tel.: 091-922 0505
Ubicación tranquila en la zona peatonal de Lugano. Selección de alimentos y quesos regionales. **$-$$**

VALAIS

Brig

Schlosskeller
Alte Simplonstraße, 26
Tel.: 027-923 3352
Excelente comida con un toque francés, en el palacio Stockalper del siglo XVI. Amplia selección de quesos y vinos. **$-$$**

Leukerbad

Les Sources des Alpes
Tel.: 027-470 5151;
fax: 470 3533
Menú regional, que incluye quesos y vinos locales. **$$-$$$**

Saas Fee

Hohenegg
Tel.: 027-957 2268
En verano puede sentarse en la terraza con fantásticas vistas. Siempre encontrará alimentos frescos autóctonos de primera calidad. **$$-$$$**

Savièse

Pont-du-Diable
Chandolin
Tel/fax: 027-771 6323
En una ladera soleada sobre Sion, con una carta variada y vinos regionales, ambiente agradable. **$$-$$$**

Verbier

La Pinte du Rosalp
Route de Médran
Tel.: 027-771 6323
El *bistrot* del lujoso restaurante «Rosalp» (con comidas preparadas por el mismo chef). **$$-$$$**

Zermatt

Mirabeu
Restaurant Corbeau d'Or
Tel.: 027-966 2660
Muy acogedor, con excelente comida; especialidades de marisco y platos de pescado. **$$-$$$**

SUIZA CENTRAL

Aarau

Chez Jeanette
Vordere Vorstadt, 17
Tel.: 062-822 7788;
fax: 822 6212

Categoría de precios

Los restaurantes están clasificados según el precio para dos personas sin bebidas:
$$$ más de 80 FrS
$$ entre 40 y 48 FrS
$ hasta 40 FrS

El mejor restaurante de la ciudad, con especialidades de pescado y otros platos. **$-$$$**

Entlebuch

Drei Könige
Dorf
Tel.: 041-480 1227
Excelente restaurante para los amantes del vino, en un edificio histórico. **$-$$$**

Lucerna

Old Suisse House
Löwenplatz, 4
Tel.: 041-410 6171
Excelente decoración y deliciosa comida y vino. **$$**

Rebstock
St. Leodergastraße, 3
Tel.: 041-410 3581
Atractivo *bistrot* de estilo francés con terraza. **$-$$**

Wirtshaus Galliker
Schütsenstraße, 1
Tel.: 041-420 1002
Especialidades tradicionales desde 1681, platos muy consistentes como el *pot-au-feu* (un típico potaje francés) y el *Leberli* (hígado) con *Rösti* (patatas ralladas fritas). **$-$$**

Vitznau

Park Hotel Vitznau
Kantonsstraße
Tel.: 041-399 6060
Al pie del Rigi, en un prestigioso hotel a orillas del lago. Carta variada. Tradicional desayuno dominical. **$$-$$$**

Zug

Hecht am See
Fischmarkt, 2
Tel.: 041-711 0193
Junto al lago, fundado en 1435, conocido por sus platos de marisco; excelentes vinos. **$$**

SUIZA OCCIDENTAL

Delémont

Hotel du Midi
10, Place de la Gare
Tel.: 032-422 1777
Un *bistro* y restaurante a la vez, con deliciosa comida de varias regiones. **$$-$$$**

Friburgo

Buffet de la Gare CFF
1, Place de la Gare
Tel.:026-322 2816
Cocina exquisita servida en un restaurante situado dentro de la estación de ferrocarril de Friburgo. **$$**

Ginebra

Parc des Eaux-Vives
82, Quai Gustave Ador
Tel.: 022-735 4140
Excelente comida, buena selección de vinos, maravillosa ubicación. **$$-$$$**

Solothurn

Zum alten Stephan
Friedhofplatz, 10
Tel.: 032-622 1109
Famoso restaurante, con excelente comida en el primer piso de su café. **$$-$$$**

Murten/Morat

Le Vieux Manoir au Lac
Rue de Lausanne
Tel.: 026-678 6161
En uno de los mejores hoteles del país, justo a orillas del lago. Con curry indio en la carta. **$-$$$**

Yverdon-Les-Bains

Grand Hôtel du Bains
22, av. des Bains
Tel.: 024-425 7021
Excelente restaurante en el hotel balneario. **$$-$$$**

Café Rive
5 bis, rue de la Terrassière
Tel.: 022-736 7663
Restaurante acogedor, con comida local y francesa. **$-$$**

Le Saint-Germain
61, Boulevard de Saint-Georges
Tel/fax: 022-328 2624
Sin duda alguna el mejor restaurante de marisco (siempre fresquísimo) de la ciudad. **$-$$**

LAUSANA

La Rotonde

17-19, Place du Port
Tel.: 021-613 3339
Maravilloso restaurante de estilo antiguo, en el hotel Beau-Rivage Palace, con cocina internacional y servicio amable. **$$-$$$**

L'Age d'Or
3, rue Pont-Bessières
Tel.: 021-323 7314
Ambiente agradable, con especialidades vegetarianas. **$-$$**

Les Avants

Auberge de la Cergniaulaz
Orgevaux
Tel.: 021-964 4276
Sabrosa comida, con los mejores productos. A 8 km de Montreux. **$-$$**

Neuchâtel

Maison des Halles
Au Premier
4, Rue du Trésor
Tel.: 032-724 3141;
fax: 721 3084
Excelente comida en un edificio de 400 años de antigüedad, exquisitos postres. **$-$$**

Cultura

Música y teatro

La oferta cultural de Suiza abarca un amplio espectro, desde asociaciones de canto tradicional y conciertos hasta grupos de teatro, desde bandas de jazz y rock hasta acontecimientos literarios o musicales y películas.

Toda las ciudades importantes tienen su teatro y su orquesta sinfónica. Celebran espectáculos de artistas de talla internacional, e incluso en las regiones más remotas se organizan actuaciones musicales o teatrales. En la agenda de conciertos, el escenario más destacado es el nuevo Kultur & Kongresszentrum (KKL) proyectado por el francés Jean Nouvel. La Ópera de Zurich goza de fama internacional con las producciones más nuevas por temporada de toda Europa.

En general, la temporada de teatro y conciertos se inaugura en septiembre y se clausura en junio. En verano se celebran algunos festivales de gran reputación en los que músicos y directores distinguidos impresionan a los amantes de la música de todo el mundo. Los más conocidos se celebran en Lausana, Zurich, Thun, Braunwald, en la Engadina, Sion, Interlaken, Gstaad, Lucerna, Ascona y Vevey.

Los festivales de jazz y música folk suelen tener lugar en Berna, Nyon, Montreux, Willisau y Zurich. Las industrias de la televisión y el cine cuentan también con sus puntos de encuentro: la competición por la *Golden Rose* de Montreux, los festivales internacionales de cine de Locarno, Nyon y Les Diablerets, además de los días dedicados al cine y a la literatura en Solothurn.

Aparte de todas estas propuestas, los aficionados al folclore de todo el mundo se congregan en Friburgo y en los Juegos de Tell en Interlaken.

En el **Swiss Ticket Corner** podrá obtener información y billetes con antelación; tel.: 0848 800 800; www.Ticket.Corner.ch (de lunes a viernes de 8:00 a 20:00 h; sábados de 8:00 a 18:00 h; los domingos de 10:00 a 16:00 h).

Principales teatros

Berna: Casino, Herrengasse, 25 (sala de conciertos principal); Stadttheater, Kornhausplatz 20 (teatro principal). Música en directo también en Wasserwerk, Wasserwerkgasse, 5.

Basilea: Stadtcasino; tel.: 061-272 6657 (sala de conciertos principal); Stadttheater, Theaterstraße, 7; tel.: 061-295 1133 (teatro principal). Otras salas de conciertos: Bird's Eye, Kohlenberg, 20; www.jsb.ch. Kaserne, Klybeckstr. 1b.

Zurich: Tonhalle, Claridenstr. 7; tel.: 01-206 3434 (sala de conciertos principal); Opernhaus, Falkenstr., 1; tel.: 01-268 6666; www.operabase.com (ópera y ballet); Schauspielhaus (teatro principal) Rämistr., 34, y Schiffbau en Schiffbaustr., 10; tel.: 01-265 5858; www.schauspielhaus.ch. Otras salas con música en directo: Rote Fabrik. Seestr., 395; www.rotefabrik.ch; Widder Bar, Widdergasse, 6; Kaufleuten, Pelikanstr., 18; Jazzclub Moods, Schiffbaustr., 6; tel.: 01-276 8008.

Lucerna: Kultur- und Kongresszentrum Luzern (KKL), Europaplatz, 1; tel.: 041-226 7070; www.kkl-luzern.ch (principal sala de conciertos y galería). También conciertos en: Boa, Geissensteinring, 41; Jazz Kantine, Grabenstr., 8; Schüür, Tribenstraße, 1.

Ginebra: Victoria Hall, 14 Rue Général-Dufour; tel.: 022-328 8121 (principal sala de conciertos); Grand Théâtre, Place Neuve; Grand Casino, 19 Quai du Mont-Blanc; tel.: 022-732 0600 (ópera). Salas de conciertos: Le Chat Noir, 13 Rue Vautier, Cauroge; Sud des Alpes, 10 Rue des Alpes.

Lausana: Opéra de Lausana, 12 Av. du Théâtre; tel.: 021-310 1600; Salle Métropole; tel.: 021-311 1122 (principal sala de conciertos y actuaciones de ballet). Otras salas:

Chorus, 3 Av. Mon-Repos; Dolce Vita, 30 Rue César-Roux.

Festivales de música y cine

Enero-abril

Festival de Cine de Solothurn (enero); Festival de Cine de Fribrugo (marzo); Primavera Concertística, Festival de Música Clásica de Lugano (abril).

Mayo

Festival Internacional de Jazz de Berna; Festival de Jazz de Schaffhausen; Festival Internacional de Películas Documentales de Nyon; Festival Internacional de Televisión Golden Rose de Montreux.

Junio

Festival al aire libre de Rock y Folk Gurten de Berna; Zurich Caliente, el festival latino más grande de Suiza; Días Literarios de Solothurn; Zürich Festspiele, Festival de Arte (junio y julio); Wilhelm Tell Festspiele de Interlaken (de junio a septiembre); Festival de Música New Orleans de Ascona (junio y julio).

Julio

Festival Alpino de Música de Saas Fee; Festival de Jazz de Lugano, Festival de Jazz de Montreux; Klassik-Musikwochen, Semana de la Música Clásica, de Braunwald (GL); Festival Internacional de Jazz de Arosa; Festival Internacional de Jazz de Friburgo; Festival de Música de Verbier (de finales de julio a principios de agosto); Festival Yehudi Menuhin de Gstaad (julio y agosto); Semanas de la Música Clásica de la Engadina (julio y agosto); Festival Internacional de Blues de Lucerna; Festival Internacional de Música de Davos: conciertos de artistas jóvenes (julio y agosto); actuaciones de teatro al aire libre en el Freilichtmuseum de Ballenberg, cerca de Brienz (julio y agosto); Festival de Payasos de Leukerbad; Festival Internacional de Rock Paléo al aire libre en Nyon (VA); Thuner Schloßkonzerte, Festival de Música Clásica de Thun; Tibor Varga, Festival de Música Clásica y Concurso de Violín de Sion (VS) (de julio a septiembre).

Agosto

Festival de Músicos Callejeros de Neuchâtel; Festival Internacional de Música de Lucerna; Festival Internacional de Música y Poesía Lírica de Montreux (de agosto a septiembre); Festival de Música de Interlaken (de agosto a septiembre); Semanas de la Música de Locarno y Ancona (de agosto a octubre); Festival Internacional del Cine de Locarno; Festival de Jazz de Willisau (Lucerna) (de finales de agosto a principios de septiembre); Festival Internacional de Folclore de Friburgo.

Septiembre-noviembre

Cinemusic de Thun, Festival Internacional de Música y Cine; Festival Internacional de Alpenfilm en Les Diablerets; Festival Internacional de Jazz de Zurich (noviembre).

Arte y arquitectura

Suiza esconde numerosas granjas, mansiones, iglesias, castillos y centros urbanos medievales que puede descubrir. En Avenches, Orbe, Augst, Windish y Martigny se han hallado vestigios de la **época romana**. La capilla bautismal de Riva San Vitale data del **siglo V** y la iglesia de Müstair (Grisones, patrimonio cultural de la UNESCO) fue construida en el período carolingio. La iglesia de San Martín de Zillis atesora el techo de madera pintada más antiguo y el mejor conservado del mundo occidental.

De las épocas **románica** y **gótica** puede ser interesante observar la influencia de las diferentes regiones vecinas: las iglesias del Tesino reciben la influencia de las iglesias de Lombardía en el sur, por ejemplo, la iglesia románica de **Biasca**; algunos ejemplos de catedrales con rasgos borgoñones se encuentran en **Lausana** (románico) y **Basilea** (gótico). Las catedrales de **Berna** (gótico) y **Schaffhausen** (románico) y la **Großmünster** de Zurich muestran la huella de la arquitectura germana. En Chur, Ginebra y Neuchâtel se pueden visitar otras catedrales góticas y románicas, y las de Basilea, Chur, Lausana y Berna poseen esculturas en buen estado de conservación.

Las abadías de **Romainmôtier** y **Payerne** son conocidas por sus pinturas, que fueron prohibidas en las iglesias tras la Reforma de 1536. Ejemplos de edificios **renacentistas** son el **Hôtel de Ville de Palud** de Lausana, la iglesia de **Chêne-Paquer** (VS) y el **ayuntamiento** de Lucerna. En muchas ciudades podrá ver fuentes con esculturas del período rencentista.

El esplendor de la arquitectura **barroca** se refleja en los monasterios de Einsielden, Engelberg y Disentis, además de en la abadía de Sankt Gallen y en las iglesias de Kreuzlingen y Arlesheim. St Maurice (VS), Beromünster y Chur guardan más tesoros para ver. La arquitectura suiza del siglo XVIII muestra la influencia francesa, y entre los pintores de la época figuran Jean-Étienne Liotard (retratos), Anton Graff, Jean-Pierre Saint-Ours, Johann Heinrich Würs, Heinrich Füssli y Félix Valloton.

Museos, parques y zoológicos

Si aprecia las cosas originales, no le será difícil encontrar un museo en Suiza (hay más de 500) sobre temas tan variados como el vino, los

Los artistas suizos

Numerosos artistas de los siglos XIX y XX han conseguido el reconocimiento internacional. Nombres como Arnold Böcklin, Le Corbusier, Ferdinard Hodler, Paul Klee, Alberto Giacometti, Max Bill, Hans Arp, Meret Oppenheim, Bernard Luginbühl, Jean Tinguely y Mario Botta, Herzog y De Meuron, Peter Zumthor (por nombrar sólo a algunos) demuestran la gran creatividad de Suiza. Entre los edificios dignos de visitar figuran el Tinguely Museum y el Ste-Marie-des-Anges, en el Monte Tenero, cerca de Lugano (de Mario Botta), el Fondation Beyeler de Basilea (de Renzo Piano); SPA en Vals (de Peter Zumthor), además de las casas privadas proyectadas por Le Corbusier en Chaux-de-Fonds, entre otros.

indígenas americanos, los deportes, los vehículos de motor, el café, los instrumentos de música, las muñecas... Incluso los pueblos tienen su pequeño museo,

Para más información diríjase a la oficina de información turística más cercana o consulte la página www.museums.ch

Los horarios de apertura cambian de un museo a otro, pero suelen cerrar los días de fiesta oficiales.

El **pase de los museos suizos** le permite la entrada gratuita a más de 180 museos de todo el país. Se puede adquirir este pase para un mes o un año, y se puede comprar, junto con una guía de los museos, en los establecimientos adscritos. Recuerde que algunas de las principales galerías (p. ej., las de Zurich y Basilea) no están adscritas a este convenio. Adultos; 30/90 FrS. La tarjeta *Adult Plus* también incluye la entrada de los niños: 35/105 FrS; los estudiantes y desempleados 25/75 FrS. Para más información llame a la oficina de turismo o al tel.: 01-389 8359; fax: 389 8400.

En los capítulos de la sección *Lugares* se describen los museos más destacados, y a continuación ofrecemos una rápida enumeración de los museos más prestigiosos. Los **museos de arte** de Zurich, Basilea, Berna y Vaduz (Liechtenstein); el **Schweizerisches Landesmuseum** de Zurich (Museo Nacional Suizo, Museumstr., 2; tel.: 01-218 6565. Abierto de martes a domingo de 10:30 a 18:00 h) está dedicado sobre todo a la historia; otros excelentes museos de historia son los de Basilea, Berna, Delémont, Friburgo y Ginebra. Los **museos de historia natural** de Ginebra, Berna y Basilea también gozan de un gran prestigio.

La **Colección Textil de la Fundación Abegg**, de Riggisberg (SG), Vadianstraße, 2; tel.: 071-222 1744. Abierto de 10:00 a 12:00 h y de 14:00 a 17:00 h; la **Colección de Manuscritos de la Fundación Bodmer** de Cologny y la **Colección de Pintura de Oskar Reinhart** de Winterthur, am Römerholz: Haldentrs., 95; tel.: 052-269 2741; abiertos de martes a domingo de 10:00 a 17:00 h.

Cuevas suizas

Cuevas abiertas al público: se pueden visitar con guía alrededor de diez cuevas, entre ellas el tercer sistema de frutas más grande del mundo, el Hölloch del valle de Muota.

Otras cuevas: Beatushöhlen (cerca de Interlaken), Höllgrotten (cerca de Zug), Grotte aux Fées (cerca de St-Maurice, Valais), Grotte de Milandre en Bancourt (cerca de Porrentruy), Grotte de l'Orbe (cerca de Vallorbe), Grotte de St-Léonard en St-Léonard, Kristallhöhle cerca de Oberriet (SG) y Sandbalmhöhle (cerca de Göschenen).
Para más información pregunte en la oficina de turismo más cercana.

En Basilea encontrará el **Jean Tinguley Museum** dedicado a la obra del pintor y diseñado con este fin por el arquitecto Mario Botta, Grenzacherstraße/Solitude Park, tel.: 061-681 9321; fax: 061-681 9321. Abierto de miércoles a domingo de 11:00 a 19:00 h. Otro interesante museo de esta ciudad es la **Fundación Beyeler**, Berowerpark, Basselstraße 77, Riehen; tel.: 061-645 9700; fax: 061-645 9719. Abierto de 10:00 a 18:00 h, los miércoles de 10:00 a 20:00 h. Proyectado por el reconocido artista Renzo Piano y situado en el parque de Berowerk, en el barrio Riehen a las afueras de Basilea, guarda una colección de arte contemporáneo de Hildy y Ernst Beyeler.

Si está más interesado en los inventos de la técnica, visite el **Verkehrshaus der Schweiz** (Museo del Transporte Suizo) de Lucerna, Lidostraße, 5; tel.: 041-370 4444; abierto de abril a octubre de 9:00 a 18:00 h, y de noviembre a marzo de 10:00 a 17:00 h; el **Technorama** de Winterthur, Technoramastr., 1; tel.: 052-243 0505; fax: 052-242 2967; abierto de 10:00 a 17:00h, o bien al **International Uhrenmuseum** (Museo Internacional del Reloj) en La Chaux-de-Fonds, 29 Rue des Musées; tel.: 032-913 0444.

Encontrará las exposiciones más inusuales en el **Schweizerisches Freilichtmuseum** (Museo Suizo al Aire Libre) de la arquitectura rural del Ballenberg por encima de Brienz, abierto desde el 15 de abril al 31 de octubre de 10:00 a 17:00; también en el **Rietberg Museum** de Zurich y en los **museos de antropología** de las ciudades de Basilea, Ginebra, Neuchâtel y Zurich.

Suiza tiene además **zoológicos** y jardines botánicos: los principales se hallan en Basilea, Zurich y Berna. En Rapperswil (ZH) se halla el Kinderzoo (zoo infantil), con atracciones especiales para niños. Así mismo, existen otros zoos más pequeños que acogen animales alpinos, como marmotas y rebecos (en Interlaken, Brienz, Langnau am Albis (ZH), San Gall, Piz Lagalb, etc.).

Si le gustan los **jardines botánicos**, puede visitar los de Basilea, Lausana, Ginebra, Neuchâtel, Friburgo, Berna, Sankt Gallen y Zurich. En Weissenstein (SO), Braunwald (GL), Davos, Alp Grün (GR) y Riederalp (VS) encontrará jardines alpinos.

Reservas naturales

Pese a sus pequeñas dimensiones, Suiza tiene un gran número de reservas naturales (más de 500). El más importante es el **Parque Nacional Suizo**, en el cantón de los Grisones, en la Engadina, a una altitud entre 1 400 y 3 171 metros y con superficie de 172 km^2, reserva natural para la fauna y la flora. Fue fundado en 1914 y cada año 150 000 personas acuden a recorrer sus 80 km de senderos. El camino que se abre por la reserva sigue el Spöl, pasa por el puerto de Ofen (Fuorn) y desciende al valle de Müstair antes de continuar hacia Italia. Una tercera parte del parque está constituida de bosques, otra de prados alpino y la última de tierras yermas. Rebecos, marmotas, corzos, ciervos, íbices y águilas habitan la zona.

Los visitantes menores de 15 años deben de ir acompañados de un adulto y se prohíbe la entrada con perros y acampar en el parque. La Casa Zernez y el museo están abiertos todos los días de junio a octubre de 8:30 a 18:00 h (los martes hasta las 22:00 h).

Entre otras reservas naturales debe mencionarse el conocido **Aletschwald** (bosque de Aletsch). A una altitud de 2 100 metros alcanzará el Valais tras cruzar el glaciar de Aletsch, la lengua de hielo más grande de los Alpes. El bosque alberga viejos abetos, además de otras muchas plantas, algunas poco comunes. Se pueden concertar visitas guiadas en varios idiomas (tel.: 024-426 9341; fax: 426 0340).

El cantón del Tesino atesora preciosos jardines de flores en las **Isole di Brissago** (islas de Brissago) del lago Mayor. Puede llegar hasta ellas en barco desde Brissago o Ancona: una espectacular flora y vegetación mediterránea con limoneros y naranjos.

Desde el barco que presta servicio entre las ciudades de Biel y Solothurn por el **río Aar** podrá gozar de un romántico paisaje verde intenso y salvaje en las riberas (muchas aves habitan la región).

Se pueden avistar las diferentes especies de aves, poco comunes en otros lugares, en el **Untersee**, la orilla occidental del lago Constanza.

Recuerde que en las reservas naturales está prohibido coger plantas o molestar a los animales, así como ensuciar el entorno.

Para más información llame a la organización para la protección de la naturaleza:
Pro Natura, Postfach, 4020 Basilea
Tel.: 061-317 9191; fax: 317 9166;
www.Pronatura.ch;
mailbox@pronatura.ch

Vida nocturna y casinos

Olvídese de la idea de que la vida nocturna de Suiza es provinciana. En las principales ciudades encontrará una gran variedad de bares, clubs, discotecas y otros lugares donde puede bailar. Algunos de los centros turísticos más conocidos también realizan propuestas atractivas para pasar una noche y con programas de ocio de talla mundial. Diríjase a la oficina de información turística local para datos más actualizados o pregunte en su hotel, e incluso puede hablar con alguna persona de la localidad.

Las ciudades suizas poseen abundantes cafés y bares en los que se puede tomar una copa. En Zurich y otras grandes ciudades, podrá encontrar locales de ambiente gay. La música rock y el jazz no faltan en los clubes modernos, una nueva tendencia en auge.

CASINOS

Las ciudades de Bad Ragaz, Baden, Brunnen, Chur, Courrendin, Crans, Davos, Engelberg, Ginebra, Gstaad, Interlaken, Locarno, Lugano, Lucerna, Montreux, Rheinfelden, St-Moritz, Thun, Vaduz (Liechtenstein), Weggis, Wettingen, Zug y Zurich disponen de casinos.

En los casinos de Suiza –sobre todo en los hoteles y destinos de reposo– puede probar suerte en el *Jeu de la boule* (un juego parecido a la ruleta).

De compras

Qué comprar y dónde

Como todos los países turísticos, Suiza ofrece una ampliavariedad de recuerdos. Entre los objetos más interesantes de las diferentes regiones se encuentran los cristales de roca (de las zonas alpinas), los utensilios de cerámica pintados (de diseños distintos según la comarca), los útiles de madera (en varias zonas) y de cristal (de la marca Glasi Hergiswil cerca de Lucerna), las cajas de música (del Jura, de Ste. Croix), las muñecas con trajes regionales, las tallas en madera (Brienz), los bordados y encajes (de regiones diferentes), los pañuelos de seda y corbatas (de la marca Fabric Frontline, Zurich), las bufandas típicas («Glarner Tüechli» del cantón de Glaris), las camisas tradicionales (zona de Toggenburg TG), las campanas y accesorios de cuero (de Appenzell), las joyas, el chocolate, el queso, el vino, el aguardiente, los relojes (del Jura) y los cuchillos del ejército suizo (de la marca de Victorinox o Wenger).

Si busca algo típico y de buena calidad, mire en una de las tiendas de **Schweizerischer Heimatwerke** (artesanía suiza), con sucursales en numerosas ciudades y zonas de mucha población (www.heimatwerke.ch). En ellas encontrará empleados expertos que le informarán sobre todo lo que desee saber, como la empresa o el artista. En Hergiswil (LU) se puede visitar el taller del vidriero y ver su trabajo en el *atelier*.

La tienda de Fabric Frontline tiene su sede en Zurich, donde también se vende tela de seda de diseño por metros. Para joyas o relojes, diríjase al célebre Bucherer de Zurich o a cualquier tienda de *bijouterie*.

Algunas recomendaciones de las especialidades suizas:

BOMBONES

Puede encontrar bombones en cualquier tienda de comestibles. Fíjese en las marcas de auténtico chocolate suizo (por ejemplo, Lindt y Sprüngli, Nestlé, Frey). Se suelen vender bombones artesanales en las panaderías y pastelerías de casi todas las poblaciones. En Zurich, las mejores se encuentran en **Sprüngli** o en el precioso café antiguo **Café Schober**.

La fábrica de chocolate de Lindt y Sprüngli posee un museo que proyecta un vídeo sobre la elaboración del chocolate (Seestraße 204, 8802 Kilchberg/ZH; tel.: 01-716 2233; abierto de miércoles a viernes de 10:00 a 12:00 h y de 13:00 a 16:00 h; www.lindt.com).

DULCES

Deguste o bien llévese a casa la famosa *kirschtorte* (tarta de aguardiente de cereza) de Zug o la *Engadiner nußtorte* (tarta de nueces) de los Grisones, la *Rüeblitorte* de Aargau (tarta de zanahoria), merengue relleno de Meiringen (BE), las *délices* de Ginebra (una especie de bollo en forma de rosquilla), y los *amaretti* rellenos (del Tesino). Las tiendas suelen abrir de 8:00 u 8:30 a 18:30 h y los sábados hasta las 16:00 h. A menudo cierran entre las 12:00 y las 14:00 h. Algunas confiterías de las principales ciudades y de los centros turísticos también abren los domingos.

QUESO Y SALCHICHAS

El queso suizo se puede adquirir en cualquier establecimiento de comestibles, pero si le es posible, le aconsejamos que lo compre en las lecherías de los pueblos o de las granjas de las montañas; encontrará los auténticos productos y su sabor es exquisito. Los quesos más conocidos (normalmente reciben su nombre de la región) son: el appenzell, el emmental (de Berna), el gruyère y el vacherin fribourgeois (de Friburgo), el sbrinz (de Brienz), el schabziger (de Glaris), el tilsiter (del este de Suiza), la raclette (Valais), el tête de Moine (del Jura) y el formaggelli (Tesino).

Hay varias clases de salchichas que proceden de diferentes regiones. Es aconsejable comprarlas en una buena carnicería. Diferentes clases: *klöpfer* de Basilea, *Sankt Gallen Schüblige*, *Bratwürst* (de carne de cerdo, de vaca o mezcla) de Appenzell, *Waadtländer Sausage* (de Vaud), *Longeoles* (cerdo) de Ginebra, *Coppa* (clase de salami) del Tesino, *Salsiz* (clase de salami) de Bündner *Bindefleisch* (cecina cortada en lonchas).

VINOS

Busque las bodegas del oeste de Suiza, el Valais, el Tesino, los Grisones (Graubünden) y otras regiones vinícolas. En muchas de ellas lo venden directamente al cliente; diríjase también a las tiendas especializadas en vinos o a las grandes tiendas de comestibles. Algunos de los nombres son el Chasselas blanco, el Epesses, el St Saphorin (de Lavaux, Ginebra/Vaud), el Dôle tinto (del Valais), el Merlot tinto (Tesino), el Maienfelder Blauburgunder y el Veltliner (de Grisones).

Los mercados

En Suiza es obligatorio que cada producto esté marcado con su precio. Lo verá escrito como «4.50». Los precios se fijan por kilos (*Kilo*) o por unidades (*Stück*), es decir, todo individualmente. Por lo general, el vendedor (*Verkäufer*) le servirá los productos, aunque también existe el sistema de autoservicio; mire lo que hacen los demás. Si va a comprar queso, es posible que le ofrezcan un trozo para probar (*Zum Versuchen*).

degustación *die Degustation*
orgánico *biologisch*
sabor *der Geschmack*
cesta *der Korb*
bolsa *die Tasche*

Deporte

En invierno

ESQUÍ

Mediante los trenes cremallera y los funiculares, los telesillas y telesquís, numerosos aficionados de los deportes de invierno pueden acceder a las pistas de esquí, que gracias a la relevancia que se le otorga a la seguridad, se encuentran en buenas condiciones y siempre señalizadas. Alrededor de 200 escuelas de esquí disponen de unos 4 000 monitores que se dedican a enseñar a cualquier nivel y que ofrecen visitas guiadas. En todas las estaciones de esquí se puede alquilar el equipo.

Monoesquí (snowboard)

En muchas estaciones de esquí puede aprender a esquiar con perros, hacer ballet sobre hielo o practicar el salto de esquí, además de aprender a manejarse en un *snowboard*.

Esquí de fondo

En las principales zonas turísticas de los Alpes, de sus estribaciones y del Jura encontrará recorridos completos para el esquí de fondo. Así mismo, en todas partes encontrará escuelas de esta modalidad.

Recorridos sobre los esquís

Los esquiadores más experimentados pueden ascender pendientes de montañas con pieles de animales dispuestas en los esquís y atados con cuerdas a sus compañeros como medida de seguridad. Después, se desciende por las pistas a velocidades vertiginosas, acompañados por un monitor.

Esquí con trineos

En muchas partes del país hay pistas especiales para el *bobsleigh*.

ESQUÍ SOBRE HIELO, *CURLING* Y HOCKEY SOBRE HIELO

Más de 300 pistas de patinaje naturales y artificiales acogerán a los aficionados a los deportes de hielo.

EN TRINEO

Encontrará de todo, desde las pendientes para trineo de siempre hasta las pistas especiales señalizadas.

SKIJORING

Es un deporte muy solicitado y peligroso, en el que los esquiadores son guiados por unos caballos al galope. La zona donde más se practica es St-Moritz.

A CABALLO Y EN TRINEO

Es posible alquilar caballos, y la mayoría de las escuelas de equitación no cierran en invierno. Pero si prefiere realizar excursiones más relajadas, en más de 70 estaciones podrá disfrutar de un paseo en trineo tirado por caballos.

EXCURSIONISMO

Los amantes de las excursiones pueden aprovechar al máximo su estancia incluso en la temporada de nieve: más de 3 000 km de rutas permanecen abiertas en los meses de invierno.

En verano

EXCURSIONES EN VERANO

Hikers are spoiled for choice in Suiza mima a los excursionistas con sus 50 000 km de recorridos señalizados, además de los que esperan a ser descubiertos. Las señales amarillas le informarán sobre los destinos y la duración estimada.

Intente conseguir las guías y mapas que publica el *Bundesamt für Landestopographie* (departamento oficial de geografía regional), que puede encontrar en librerías, estancos y algunas oficinas de turismo.

Varios centros de información turística organizan recorridos guiados, desde excursiones para observar la naturaleza hasta salidas para contemplar la luna y la salida del sol. Existen más de 300 opciones de este tipo de vacaciones, desde excursiones botánicas hasta viajes para personas mayores, desde el senderismo de aventura hasta largos recorridos.

Los senderos naturales de los centros de información botánica y geológica que transcurren por reservas naturales le servirán de introducción al mundo de la fauna y flora autóctonas de Suiza.

ESCALADA

Los Alpes suizos están poblados de tentadoras cimas para los escaladores y se puede transitar por los glaciares en compañía de un monitor preparado. Dispone de más de 150 cabañas del Club Alpino de Suiza (SAC), además de escuelas que ofrecen clases de escalada.

FOOTING

Alrededor de las ciudades y pueblos, hay más de 500 senderos arbolados, de 2 o 3 km y con gimnasios a lo largo del recorrido, donde podrá descansar del trote.

GOLF

Para los amantes de una buena partida de golf, el país cuenta con más de 30 campos de golf, además de minigolf.

TENIS Y *SQUASH*

En casi todas las ciudades y en la mayoría de las estaciones de esquí encontrará pistas de tenis al aire libre y cubiertas y muchos hoteles tienen sus propias pistas.
En unas 40 ciudades dispondrá de instalaciones de squash.

DEPORTES DESDE EL AIRE

En muchas pistas de aterrizaje regionales se pueden contratar recorridos turísticos en avioneta. Muchos centros ofrecen cursos de paracaidismo, ala delta y parapente para principiantes, iniciados y experimentados.

DEPORTES DE INVIERNO EN VERANO

Algunas zonas de esquí de gran altitud tienen nieve durante todo el año. Así mismo, encontrará instalaciones para practicar el *curling*, el patinaje sobre hielo y el hockey en estas épocas del año.

EQUITACIÓN

En los 90 centros de equitación podrá alquilar caballos para montar en interiores o por el campo. Se suelen organizar semanas especiales dedicadas al senderismo, durante los cuales se pueden explorar antiguos caminos de mulas de los Alpes.

CARRUAJES CUBIERTOS

Si tiene el capricho de recorrer el Jura como solían hacerlo los antiguos gitanos y colonizadores, puede montar en un carruaje tirado por caballos.

DEPORTES ACUÁTICOS

Con sus numerosos lagos y ríos, Suiza se puede adaptar a cualquier tipo de deporte acuático.

Vela y winsdurf

La mayoría de los lagos de los Grisones (*Graubünden*) y del interior de Suiza disponen de escuelas de vela y *windsurf*.

Remo y piragüismo

El Rotsee, cerca de Lucerna, acoge cada año regatas de ámbito internacional y se considera uno de los mejores lagos del mundo para el remo. Los piragüistas tienen su terreno en el río Doubs del Jura y en el Muota del cantón de Schwyz.

Descenso en balsa

Durante todo el verano podrá dsifrutar de descensos en balsa por los ríos más revueltos de los Alpes (como el Inn, el Ródano, el Rin, el Simme y el Saane) o de paseos más relajados en piragua (por el Aar, el Doubs, el Reuss, el Rin, el Ródano y el Thur).

Esquí acuático

La mayoría de los lagos de Suiza son aptos para practicar este deporte, y en las zonas turísticas más grandes incluso dispondrá de escuelas de esquí acuático.

Natación

Los aficionados a la natación pueden elegir entre más de 350 áreas de baño naturales entre ríos y lagos, además de los cientos de piscinas, al aire libre y cubiertas, y alrededor de 200 en los hoteles. Incluso en las zonas turísticas situadas a mayor altitud podrá practicar la natación.

La pesca

Hay alrededor de 32 000 km de aguas corrientes y unas 135 hectáreas de lagos para la pesca. Solicite información sobre las licencias en las oficinas de información turística locales. La normativa suele variar de un cantón a otro, así que es aconsejable que se informen en la policía local o en las administraciones correspondientes a cada zona.

En las oficinas de turismo se facilita un folleto con datos sobre las restricciones de las principales áreas de pesca del país.

Idioma

Qué idioma hablar

Alrededor del 64 por ciento de la población suiza habla el **Schwyzerdütsch**, una variación del alemán, pero puede hablar el alemán estándar (es el idioma escrito oficial y el que se enseña en la escuela). Los otros tres idiomas oficiales son el francés, hablado por un 19 por ciento de la población del oeste de Suiza; el italiano, hablado por un 7 por ciento de la población del sur del país, sobre todo del cantón del Tesino, y el romanche, hablado por un 0,6 por ciento de la población en algunas regiones del cantón de los Grisones. Todos los hablantes del romanche y el italiano también hablan y entienden el alemán. Sin embargo, en las regiones francófonas de Suiza se desenvolverá mejor con el inglés que con el alemán. En general, los suizos son personas amables y pacientes que intentan ayudar a los extranjeros que no hablan su idioma con fluidez.

Si domina el inglés, podrá reconocer parte del vocabulario que está relacionado con el alemán: por ejemplo, *Milch, Kaffee, Markt* o *Bett*, casi no necesitan ser traducidos. No obstante, no se confíe porque algunas palabras, «falsos amigos», pueden confundirle (*véase recuadro de la página 357*).

Una característica desconcertante de los suizos: incluso cuando hablan el alemán estándar, suelen utilizar muchas palabras francesas, como *billet, lavabo* y *portemonnaie*; sobre todo cuando hablan sobre la comida.

Reglas básicas

Aunque no hable ni una palabra de alemán, le será útil aprender algunas frases simples y si demuestra que ha hecho un esfuerzo, es posible que obtenga una respuesta favorable. Cada vez son más las personas de habla alemana que practican su inglés con los turistas, sobre todo los camareros de las cafeterías y restaurantes y las generaciones más jóvenes. La clave está en la pronunciación, ya que no le entenderán si no pronuncia con claridad. Puede ayudarle **enfatizar cada sílaba**.

El uso de «**Sie**» (usted) o «**Du**» (tú) es una cuestión controvertida, aunque se está extendiendo el empleo de «Du». Sin embargo, es aconsejable que utilice la forma más cortés en caso de duda. Para dirigirse a alguien, hágalo «de usted» y si sabe su nombre, añada **Herr** (señor) o **Frau** (señora) delante del apellido, pero emplear estos vocablos como apelativos sin nombre, puede quedar algo ridículo. Utilice las frases «**Guten Tag**» y «**Danke, auf Wiedersehen**» cuando entre y salga de alguna tienda.

Vocabulario y frases hechas

¿Cuánto cuesta? *Wievel kostet das?*
¿Cómo se llama? *Wie heißen Sie?*
Me llamo... *Ich heiße...*
¿Habla inglés? *Sprechen Sie Englisch?*
Soy español/a *Ich bin Spanier/in*
No entiendo... *Ich verstehe nicht*
Por favor, hable más despacio *Sprechen Sie bitte langsam*
¿Podría ayudarme? *Können Sie mir helfen?*
Estoy buscando... *Ich suche...*
¿Dónde está...? *Wo ist...*
Perdone *Entschuldigung*
No lo sé *Ich weiß es nicht*
No hay ningún problema *Kein Problem*
¡Que tenga un buen día! *Eine schönen Tag*
Eso es *Das ist es*
Aquí está *Hier ist es*
Allí está *Dort ist es*
Vamos *Laß uns gehen*
Hasta mañana *Bis morgen*
Hasta pronto *Bis bald*

El alfabeto

Es aconsejable que aprenda a pronunciar el abecedario alemán y, sobre todo, su nombre y apellido.

a = a, **b** = bei, **c** = tsei, **d** = dei, **e** = e, **f** = ef, **g** = guei; **h** = ja; **i** = i, **j** = yot, **k** = ka, **l** = el, **m** = em, **n** = en, **o** = o, **p** = pei, **q** = ku, **r** = er, **s** = es, **t** = tei, **u** = u, **v** = fau, **w** = vei, **x** = iks, **y** = ípsilon, **z** = tset.

Muéstreme la palabra del libro
Zeigen Sie mir das Wort im Buch
¿A qué hora? *Um wieviel Uhr?*
¿Cuándo? *Wann?*
¿Qué hora es? *Wieviel Uhr ist es?*
Sí *Ja*
No *Nein*
Por favor *Bitte*
(Muchas) gracias *Danke (vielmal)*
De nada *Bitte* o *Gern Geschehen*
Disculpe *Entschuldigung*
Hola *Hallo*
Buenos días *Guten Tag*
Buenas tardes *Guten Abend*
Buenas noches *Gute Nacht*
Adiós *Auf Wiedersehen*
De acuerdo *In Ordnung*
Aquí *Hier*
Allí *Dort*
Hoy *Heute*
Ayer *Gestern*
Mañana *Morgen*
Ahora *Jetzt*
Más tarde *Später*
Ahora mismo *Sofort*
Esta mañana *Heute morgen*
Esta tarde *Heute Abend*
Esta noche *Heute Nachmittag*

Al llegar

Quisiera bajar en...
Ich möchte in... aussteigen
¿Este autobús va hasta....?
Fährt dieser Bus nach...?
¿Qué calle es está?
In welcher Straße sind wir?
¿Qué línea debo tomar para ir a ...?
Welche Linie muß ich nehmen nach...?
¿A qué distancia está...?
Wie weit ist...?
Valide su billete
Entwerten Sie Ihr Billet
Aeropuerto *der Flughafen*
Estación de ferrocarril *der Bahnhof*
Estación de autobuses *das Busbahnhof*
Autobús *der Bus*
Parada de autobús *die Bushaltestelle*
Andén *das Perron*
Billete *das Billet*
Billete de vuelta *das Retourbillet*
Autoestop *Autostop*
Lavabos *die Toiletten*
Ésta es la dirección del hotel
Das ist die Adresse des Hotels
Quisiera una habitación
Ich möchte ein Zimmer
...Indivual/doble
Einzelzimmer/Doppelzimmer
...con ducha *...mit Dusche*
...con baño *...mit Bad*
...con vistas *...mit Aussicht*
¿Está incluido el desayuno?
Ist das Frühstück inbegriffen?
Lavabo *das Lavabo*
Cama *das Bett*
Llave *der Schlüssel*
Ascensor *der Lift, der Aufzug*
Aire acondicionado *die Klimaanlage*

Casos de emergencia

¡Ayuda! *Hilfe!*
Llame a un médico
Rufen Sie einen Arzt
Llame una ambulancia
Rufen Sie eine Ambulanz
Llame a la policía
Rufen Sie die Polizei
Llame a los bomberos
Rufen Sie die Feuerwehr
¿Dónde está el teléfono más próximo?
Wo ist das nächste Telefon?
¿Dónde está el hospital más cercano?
Wo ist das nächste Spital?
Estoy enfermo *Ich bin krank*
He perdido mi pasaporte/mi cartera
Ich habe meinen Paß/mein Portemonnaie verloren

En la carretera

¿Dónde está la rueda de repuesto?
Wo ist das Reserverad?
¿Dónde está el taller más próximo?
Wo ist das nächste Garage?
Se ha averiado nuestro coche
Unser Auto hat eine Panne
Necesito que me arreglen el coche
Ich möchte mein Auto reparieren lassen
¡No tiene preferencia!
Sie haben kein Vorfahrt
Debo de haber puesto diesel por equivocación
Ich glaube, ich habe irrtümlicherweiße mit Diesel getankt
El camino a...
Die Straße nach...
Izquierda *links*
Derecha *rechts*
Recto *geradeaus*
Lejos *weit weg, weit entfern*
Cerca *nahe*
Delante gegenüber
Al lado *neben*
Aparcamiento *der Parkplatz*
Por allí *dort drüben*
Al final *am Ende*
A pie *zu Fuss*
En coche *mit dem Auto*
Plano *der Stadtplan*
Mapa de carreteras
die Straßenkarte
Calle *die Straße*
plaza *der Platz*
Ceder el paso *den Vortrit lassen*
Callejón sin salida *die Sackgasse*
Prohibido aparcar *Parkieren verboten*
Autopista *die Autobahne*
Peaje *Die Gebühr*
Límite de velocidad die Tempolimite
Gasolina *das Benzin*
Sin plomo *Bleifrei*
Diesel die Diesel
Agua/aceite *das Wasser/das Oel*
pinchazo *die Reifenpanne*
Batería *die Batterie*
Limpiaparabrisas
die Scheibenwischer

Por teléfono

¿Cómo debo hacer una llamada externa?
Wie telefoniere ich nach auswärts?
Quisiera hacer una llamada internacional (local)
Ich möchte eine internazionalle (lokale) Verbindung
¿Cuál es el número para llamar?
Wie lautet die Vorkennzahl?
Quisiera que me despertaran mañana a las 8
Ich möchte morgen früh um acht Uhr geweckt werden
¿Quién llama?
Wer ist am Apparat?

Espere, por favor
Warten Sie, bitte
La línea está ocupada
Die Leitung ist besetzt
Debo de haber marcado mal
Ich bin falsch verbunden

De compras

¿Dónde está el banco (la oficina de correos) más próximo?
Wo ist die nächste Bank (Post)?
Me gustaría comprar algo
Ich möchte etwas kaufen
¿Cuánto cuesta?
Wieviel kostet es?
¿Acepta tarjetas de crédito?
Nehmen Sie Kreditkarten?
Sólo estoy mirando
Ich schaue nur ein bisschen
¿Tiene...? *Haben Sie...?*
Me lo llevo *Ich nehme es*
Me llevo éste/ése
Ich nehme das hier/das dort
¿Algo más? *Noch etwas?*
Talla *die Grösse*
Barato *billig*
Caro *teuer*
Suficiente *genug*
Demasiado *zu viel*
Un trozo *ein Stück*
Cada uno *das Stück*
Salida de emergencia
Notausgang
Cuenta *die Rechnung*
Farmacia *die Apotheke*
Panadería *die Bäckerei*
Carnicería *die Metzgerei*
Librería *die Buchhalndlung*
Grandes almacenes *das Warenhaus*
Tienda de comestibles
das Lebensmittelgeschäft
Estanco *der Tabakladen, der Kiosk*
Mercado *der Markt*
Supermercado *der Supermarkt*
Tienda de ropa usada
das Brockenhaus

En el restaurante

desayuno *das Frühstück*
almuerzo/comida *das Mittagessen*
cena *das Abendessen*
las comidas *die Mahlzeit*
entrante *die Vorspeise*
plato principal *die Hauptspeise*
a petición *auf Bestelleung*
bebida incluida *Getränk inbegriffen*
carta de vinos *die Weinkarte*
la cuenta *die Rechnung*
tenedor *die Gabel*
cuchillo *das Messer*
cuchara *der Löffel*
plato *der Teller*
vaso *das Glas*
servilleta *die Serviette*
cenicero *der Aschenbecher*

Frühstück und Snacks/desayuno y aperitivos

Brötchen *panecillos*
Brot *pan*
Butter *mantequilla*
Ei *huevo*
...weiche Ei *huevo cocido*
...Eier mit Speck *huevos con beicon*
...Eier mit Schinken *huevos con jamón*
...Spiegeleier *huevos fritos*
...Rühreier *huevos revueltos*
Hönig *miel*
Joghurt *yogur*
Konfiture *mermelada*
Crêpe *crêpe*
Pfeffer *pimienta*
Salz *sal*
Zucker *azúcar*

Hauptgerichte/platos principales

Fleisch *carne*
Blutwurst *morcilla*
Braten *asado*
Bündnerfleisch *cecina*
Ente *pato*
Entrecôte *entrecot*
Fasan *faisán*
Froschschenkel *ancas de rana*
Gans *ganso*
Gnagi, Schweinfuss *manos de cerdo*
Huhn/Poulet *pollo*
Kalb *ternera*
Kalbsleber *hígado de ternera*
Kaninchen/Hase *conejo*
Lamm *cordero*
Leber *hígado*
Leberwurst *salchicha de hígado*
Nieren *riñones*
Schinken *jamón*
Schwein *cerdo*
Salami *salchichón*
Schnecken *caracoles*
Spiessli *kebab*
Steak *filete*
Voressen
Wildschwein *jabalí*
Wurst *salchicha*
Zunge *lengua*

Turismo

ciudad *die Stadt*
casco antiguo *die Altstadt*
abadía *die Abtei, das Kloster*
catedral *die Kathedrale, das Münster*
iglesia *die Kirche*
mansión *das Herrschaftshaus*
hospital *das Spital*
ayuntamiento *das Rathaus*
nave *das Kirchenschiff*
vidriera *das Glasfenster*
escalera *das Treppenhaus*
torre *der Turm*
paseo *der Rundgang*
castillo, residencia del campo *der Schloß*
gótico *gothisch*
romano *römisch*
románico *romanisch*
museo *das Museum*
galería de arte *die Kunstgalerie*
exposición *die Ausstellung*
oficina de información viaria *das Verkehrsbüro*
gratuito *gratis*
abierto *offen*
cerrado *geschlossen*
a diario *täglich*
todo el año *das ganze Jahre über*
todo el día *den ganzen Tag*
piscina *das Schwimmbad*
reservar *reservieren*

wenig gebraten, bleu *poco hecho*
mittel gebraten, à point *medio hecho*
gut gebraten, bien cuit *bien hecho*
grilliert *al grill*
gefüllt *relleno*

Fisch/pescados y mariscos

Aal *anguila*
Auster *ostra*
Egli *una clase de pescado menudo local*
Felchen *un tipo de pescado blanco local*
Forelle *trucha*
Hecht *lucio*
Hummer *langosta*
Kabeljau, Dorsch *bacalao*
Krevetten *gambas*
Lachs *salmón*
Langustine *langostinos*
Muscheln, Moule *mejillones*
Meerfrüchte *marisco*
Sardellen *anchoas*

Schalentiere *marisco*
Thunfisch/Thon *atún*
Tintenfisch *calamar*

Gemüse/hortalizas y legumbres

Artischocke *alcachofa*
Aubergine *berenjena*
Blumenkohl *coliflor*
Bohne *alubia*
Chips *patatas fritas, chips*
Cornichon *pepinillo*
Erbsen *guisantes*
Grüner Salat *ensalada verde*
Hasselnuss *almendra*
Kartoffel *patatas*
Kefen *guisante*
Knoblauch *ajo*
Kohl *berza*
Lauch *puerro*
Linsen *lentejas*
Mais *maíz*
Nuss *nuez*
Petersilie *perejil*
Pilze *setas*
Pommes frites *patatas fritas*
Radieschen *rábanos*
Reis *arroz*
Salatgurke *pepino*
Sallerie *apio*
Spargel *espárrago*
Spinat *espinaca*
Steinpilz *boleto*
Trüffel *trufa*
weiße Rübe *nabo*
Zucchini *calabacín*
Zwiebel *cebolla*
roh *crudo*
Gedämpft *al vapor*
Gekocht *hervido*

Obst/frutas

Ananas *piña*
Apfel *manzanza*
Birne *pera*
Erdbeere *fresa*
Feige *higo*
Grapefruit *pomelo*
Himbeere *frambuesa*
Kirsche *cereza*
Limone *lima*
Mango *mango*
Mirabelle *ciruela amarilla*
Pfirsich *melocotón*
Pflaume *ciruela*
Rotebeere *grosella*
Traube *uva*
Zitrone *limón*
Zwetschge *ciruela*

Desserts/postres

Glacé *helado*
Käse *queso*
Kuchen *pastel*
Schlagrahm *nata montada*
Torte *tarta*
Vermicelles *crema de castaña con nata*

EN LA MESA

Soy vegetariano
Ich bin Vegetarier
Estoy a dieta
ch bin auf Diät
¿Qué me recomienda?
Was empfehlen Sie?
¿Tiene alguna especialidad local?
Haben Sie lokale Spezialitäten?
Quisiera pedir para comer
Ich möchte bestellen
Esto no es lo que había pedido
Das is nicht, was ich bestellt habe
¿Está incluido el servicio?
Ist der Service inbegriffen?
Quisiera más vino, por favor
Ich möchte noch Wein, bitte
¡Que aproveche!
Guten Appetit!

En la cafetería

bebidas *Getränke*
Bebidas con alcohol *alkoholische Getränke/Drinks*
café *Kaffee*
...con leche o nata *mit Milch oder Kaffeerahm*
descafeinado *koffeinfrei*
...café expreso *Epresso*
té *Tee*
...té negro *Schwarztee*
...infusión de hierbas *Kräutertee*
...poleo menta *Pfefferminze*
...escaramujo *Hagebutte*
...manzanilla *Kamille*
chocolate caliente *heiße Schocolade*
leche *Milch*
agua mineral *Mineralwasser*
agua con gas *mit Kohlensäure*
sin gas *ohne Kohlensäure*
agua con gas aromatizado
Mineralwasser mit Aroma
zumo de naranja recién exprimido
frisch gepresster Orangensaft
entera (leche) *voll*
frío *kalt*
cerveza *Bier*
...en botella *in der Flashe*
...de barril *offen*
cerveza clara *Weißbier*
aperitivo *Aperitif*
con hielo *mit Eis*
solo *trocken*
tinto *Rot*
blanco *Weiß*
rosado *Rosé*
seco *herb*
dulce *süss*
vino espumoso *Schaumwein*
vino de la casa *Hauswein*
vino de la región *Landwein*
¿De dónde es este vino?
Woher kommt dieser Wein?
garrafa/jarra *Karaffe/Krug*
...de agua/vino *Wasser/Wein*
medio litro *einen halben Liter*
cerveza con limonada *Panaché*
vino blanco con agua *Gespritzt*
licor digestivo *Digestif*
aguardiente de cereza *Kirsch*
aguardiente de pera *Williams*
aguardiente de ciruela *Pflümli*
¡salud! *Gesundheit!* o *Zum wohl!*
tengo resaca *Ich habe einen Kater*

En Suiza el vino de mesa, y a veces también el agua, se sirve en cantidades de 100 cl. Se suele pedir «2 Dezi», «3 Dezi», «medio litro» o «un litro». Si se trata de un buen vino, debe ser la botella entera, que puede tener varias medidas.

Los números

0 *null*
1 *eins*
2 *zwei*
3 *drei*
4 *vier*
5 *fünf*
6 *sechs*
7 *sieben*
8 *acht*
9 *neun*
10 *zehn*
11 *elf*
12 *zwölf*
13 *dreizehn*
14 *vierzehn*
15 *fünfzehn*
16 *sechzehn*
17 *siebzehn*
18 *achtzehn*
19 *neunzehn*
20 *zwanzig*
21 *einundzwanzig*
30 *dreissig*
40 *vierzig*

50 *fünfzig*
60 *sechzig*
70 *siebzig*
80 *achtzig*
90 *neunzig*
100 *hundert*
1 000 *tausend*
1 000 000 *eine Million*

Los meses y los días

DÍAS DE LA SEMANA

Lunes *Montag*
Martes *Dienstag*
Miércoles *Mittwoch*
Jueves *Donnerstag*
Viernes *Freitag*
Sábado *Samstag*
Domingo *Sonntag*

ESTACIONES DEL AÑO

Primavera *der Frühling*
Verano *der Sommer*
Otoño *der Herbst*
Invierno *der Winter*

LOS MESES

Enero *Januar*
Febrero *Februar*
Marzo *März*
Abril *April*
Mayo *Mai*
Junio *Juni*
Julio *Juli*
Agosto *August*
Septiembre *September*
Octubre *Oktober*
Noviembre *November*
Diciembre *Dezember*

LA FECHA

20 de octubre de 2001
der zwanzigste Oktober
zweitemsendundzeins

«Falsos amigos»

Los falsos amigos son palabras homónimas entre idiomas que poseen significados distintos y pueden producir a malentendidos. Por ejemplo:
Mapa en castellano no equivale a *Die Mappe* (carpeta, archivo) en alemán.

Lecturas adicionales

Librerías y páginas web

En algunas ciudades podrá encontrar librerías con libros en español:

Librería Libromania,
Länggasse, 12,
3001 Berna
Tel.: 031-305 3030;
fax 031-305 3031.

Librería Albatros,
Rue Théodore-Lissignol, 5,
1201 Ginebra
Tel.: 022-731 7543,022-732 9780;
fax: 022-732 9418.
www.entreprises.cortex.ch/albatros;
librairie.albatros@cortex.ch

Ibercultura,
Baselstraße, 67,
6003 Lucerna
Tel.: 041-240 6617.

Librería el Condor;
Leilergraben, Zurich
Tel.: 01-262 0966,
fax: 01-262 0949;
elcondor@bluewin.ch

Librería Española,
Saitta-Partner, Militärstraße, 76,
8004 Zurich
Tel.: 01-241 0421.

Libros y vídeos de referencia

Antología de la poesía suiza contemporánea, traducción de Manuel Jurado, Aguaclara, Alicante, 1992.

Bachamann, J.; von Moos, S.
Nuevos caminos de la arquitecura suiza,
Blume, D.L., Barcelona, Madrid, 1969.

Barrena, Alberto.
El federalismo en Suiza,
Bolaños y Aguilar, Madrid, 1970.

La pintura suiza: de la Edad Media a los albores del siglo XX,
Carroggio, Barcelona, 1978.

Chambost, Édouard.
La trampa suiza,
Espasa-Calpe, D.L., Madrid, 1985.

Deuchler, Florens; Roethlisberger, Marcel; Lüthy, Hans A.
Europa blanca: Guía práctica de todas las estaciones de esquí de los Alpes de Suiza y Austria,
Gaesa, D.L., Madrid, 1994

Historia de Suiza,
Labor, Barcelona, 1935.

La leyenda de Guillermo Tell: leyenda suiza,
Salimos, D.L., Barcelona, 1987.

Lebor, Adam.
Los banqueros secretos de Hitler: cómo Suiza se aprovechó del genocidio nazi,
Grijalbo Mondadori, Barcelona, 1999.

Suiza, corazón de Europa,
Editorial del Instituto Americano de Investigaciones Sociales y Económicas, Buenos Aires, 1942.

Suiza, tierra libre y laboriosa,
Oficina Suiza de Expansión Comercial, Lausana.

Suiza: un ejemplo de democracia,
Fondo de Cultura Económica, México D.F., 1958.

Suiza: viaje por su vida y belleza,
Castell, D.L., Barcelona, 1981.

Walser, Hermann.
Geografía de Suiza,
Labor, Barcelona, 1929.

Ziegler, Jean.
Suiza lava más blanco,
Ediciones B, Barcelona, 1990.

Suiza (vídeo): Svizzera,
producción de Highlight International Film, Metrovideo, D.L., 1990.

Libros de ficción

Byron, Lord.
El prisionero de Chillon

Hesse, Hermann.
El lobo estepario,
Alianza Editorial S. A., 1996.

James, Henry.
Daisy Miller,
Bibliotex S. L., 1998.

Spyri, Johanna.
Las bellas historias de Heidi,
Ediciones B, S. A., 1987.

PROCEDENCIA DE LAS FOTOGRAFÍAS

Danny Aeberhard 93, 126
AKG London 66/67, 68, 69, 70, 71
Emamuel Ammon 8/9, 14, 79, 81, 108/109, 130, 173, 176, 210, 217, 221, 223, 225, 227, 247, 253, 292, 299, 304, 305P, 311, 313P, 314, 315
Marcus Brooke 60, 184/185, 187, 238P, 245, 249, 290, 298, 301, 303
Édouard Curchod 167
Jerry Dennis/Aspa 119, 120P, 121, 123, 127, 128, 129, 130P, 143, 144P, 145P, 150/151, 152, 156, 156P, 157, 158D/I, 158P, 161P, 167P, 1568, 168P, 170/171, 175, 177, 177P, 179, 180, 181P, 183P, 188P, 190, 191, 191P, 193P, 194, 196P, 199P, 200, 207P, 211P, 233, 236, 241, 242, 242P, 243, 246P, 249P, 255P, 256, 258P, 262P, 263, 264, 264P, 265, 271, 273P, 275, 277, 280, 281, 287, 288P, 298P, 300P, 303P, 317, 317P
Herbert Distel 124
Lucia Esler 162
Philip Giegel 12/13, 133, 135, 224, 295
Michael von Graffenried 125, 215
Robert Harding 110/111
Blaine Harrington 4/5, 4Ab., 5Ab., 10/11, 56/57, 61, 62D, 64, 77, 90, 95, 96/97, 98, 101, 102, 104, 105, 114, 134, 136, 136P, 164P, 169, 186, 211, 220P, 232, 235, 237, 240, 240P, 244, 266/267, 270P, 276, 278/279,283P, 308/309, 315P, 316, 320
Walter Imber 112/113, 132, 137, 159, 172, 178, 181, 209, 226, 291, 294
Anthony J. Lambert 94, 103, 218P, 219, 226P
Herbert Meader 6/7
Jean Mohr 153, 155,165
Musée guérie: Bülle 140/141
Musée cantonal d'archéologie Neuchâtel/Roland Stucky 21
NHPA 83/83, 84, 85, 86, 87, 88 89
G. Poschung 259
Punktum Bildarchiv: Schweizerisches Landesmuseum, Zurich 37, 47, 48, 49
Hans R. Schalapfer 148P, 192, 222, 258P, 286
H. Scwab 145
Tony Stone 118
Storto 214
Swiss Tourist Office 274
Switzerland Tourism/Davos Tourism 99, 100
Topham Picturepoint 37, 38, 40, 43, 54, 55, 296/297
Albert Venzago 58/59, 195, 197, 220, 230/231, 262, 293
Verkehrsverein Basel 272
Bill Wassman/Apa 1, 2/3, 2Ab., 19, 62, 62I, 63, 76, 78, 80, 91, 92, 122P, 127P, 246P, 269, 291P, 293P, 310, 312P
Edward Widmer 25, 163, 813, 201, 239, 250/251, 258, 305, 306, 318
Zentralbibliothek Luzern 16/17, 22, 29, 31

SUIZA
GUIAS OCEANO

Editor de cartografía **Zoë Goodwin**
Producción **Linton Donaldson**
Asesores de diseño
Carlotta Junger, Graham Mitchener
Investigación fotográfica
Hilary Genin, Monica Allende, Natasha Babaian

Dobles páginas

Páginas 44/45 Todas las fotografías son de Bill Wassman/Apa, excepto la de la *izquierda de la fila central*: Blaine Harrington.

Páginas 72/73 *Fila superior de izquierda a derecha:* Blaine Harrington, Bill Wassman/Apa, Blaine Harrington; *fila central:* Blaine Harrington; *fila inferior de izquierda a derecha:* Blaine Harrington, Blaine Harrington, Bill Wassman/Apa, Bill Wassman/Apa.

Páginas 138/139 *Fila superior de izquierda a derecha:* Anthony J. Lambert, Anthony J. Lambert, Blaine Harrington, Anthony J. Lambert; *fila central:* Anthony J. Lambert; *fila inferior de izquierda a derecha:* Anthony J. Lambert, Anthony J. Lambert, Blaine Harrington, Anthony J. Lambert.

Páginas 228/229 *Fila superior de izquierda a derecha:* Clough Enterprises, Blaine Harrington, Bill Wassman/Apa, Blaine Harrington; *fila central de izquierda a derecha:* Bill Wassman/Apa, Blaine Harrington; *fila inferior de izquierda a derecha:* Bill Wassman/Apa, Blaine Harrington, Bill Wassman/Apa, Topham, Bill Wassman/Apa.

Mapas
Donnelly/Apa Publications

Índice

Los números en cursiva remiten a las fotografías.

A

B

C

N

O

P

Q

R

W

Y

Z